VPN

Virtual Private Network

가상사설망 완전정복

VPN 가상사설망 완전정복

초판   발행   2011년 9월 6일
개정판   발행   2016년 4월 8일
2쇄   발행   2018년 11월 11일

지은이 | 피터 전, 하예성, 최치원
펴낸이 | 김상일
펴낸곳 | 네버스탑

주   소 | 서울 송파구 도곡로 62길 15-17(잠실동), 201호
전   화 | 031) 919-9851
팩시밀리 | 031) 919-9852
등록번호 | 제25100-2013-000058호

ISBN | 978-89-97030-06-4   93560

VPN

Virtual Private Network

가상사설망 완전정복

전문가들을 위한 최고의 VPN 교과서

피터 전, 하예성, 최치원 공저

NEVER STOP

정상을 향한 멈추지 않는 도전

서문1

우리는 매일 가상사설망(VPN)을 사용하고 있습니다. 인터넷 뱅킹, 전자상거래, 본지사 사이의 업무 등은 모두 가상사설망을 통하여 이루어집니다. 가상사설망은 인터넷과 같이 다수가 공용으로 사용하는 네트워크를 개인이나 조직이 자신들만의 사설 네트워크처럼 사용하는 것을 말합니다.

본서는 현재 대부분의 가상사설망에서 사용하는 기술인 IPsec과 SSL의 동작방식에 대하여 설명하고, 실제 망을 구성하고 운용해 볼 수 있도록 하였습니다. 또, 대부분의 스마트폰이나 PC에서 지원하는 PPTP나 IPsec/L2TP를 이용한 VPN을 구성하고 동작을 확인하는 방법에 대해서도 설명하였습니다.

본서의 주요 내용은 다음과 같습니다.

1장부터 10장까지는 여러 가지 IPsec VPN의 동작방식, 설정방법 및 동작을 확인하는 방법에 다루었습니다. 11장은 디지털 인증서에 대한 내용을 다루었고, 12장은 SSL VPN의 기능과 동작방식을 다루었습니다. 13장은 PPTP와 IPsec/L2TP, 14장은 ASA/PIX에서 VPN을 설정하는 방법을 설명하였습니다.

1장은 일반적인 VPN의 개요 및 IPsec VPN을 구성하는 여러 가지 프로토콜 또는 보안 알고리듬이 동작하는 방식을 설명하였습니다.

2장은 가장 기본적인 IPsec VPN인 순수 IPsec VPN(다이렉트 인캡슐레이션 direct encapsulation IPsec VPN)에 대하여 다루었습니다.

3장은 HSRP와 RRI(reverse route injection)를 이용하거나 다수개의 크립토 피어(crypto peer)를 사용한 IPsec VPN 이중화에 대하여 설명하였습니다.

4장은 GRE(generic router encapsulation)를 이용하여 동적인 라우팅 기능을 제공하는 GRE IPsec VPN에 대한 내용이며, 5장은 GRE IPsec VPN 이중화에 대하여 설명하였습니다.

6장은 대규모의 IPsec VPN을 구성하기에 적합한 DMVPN에 대하여 설명하였고, 7장은 IPsec VTI에 대하여 설명하였습니다.

8장은 IPsec VPN에서 진정한 멀티캐스트와 QoS 지원이 가능한 GET VPN에 대하여 설명하였고, 9장은 쿱(COOP) 서버를 이용하여 GET VPN을 이중화하는 방법에 대하여 설명하였습니다.

10장은 PC에서 IPsec VPN으로 본사 내부의 서버와 연결할 수 있는 이지(easy) VPN에 대하여 다루었습니다. 11장은 라우터를 디지털 인증서 서버로 동작시키는 방법에 대하여 설명하였고, 12장은 여러 가지 VPN 기술을 통합하여 설정할 수 있는 Flex VPN에 대하여 설명하였습니다.

13장은 SSL VPN을 설정하고 동작시키는 방법에 대하여 설명하였습니다.

14장은 외부에서 PC나 스마트폰으로 회사 내부의 라우터, 서버 등과 보안접속을 할 때 사용할 수 있는 IPsec/L2TL와 PPTP를 설정하고 동작을 확인하는 방법에 대하여 설명하였습니다. 15장은 시스코의 전용 방화벽인 ASA나 PIX에서 VPN을 설정하는 방법을 설명하였습니다.

본서는 2장부터 모든 내용을 따라서 실습을 할 수 있도록 구성되어 있습니다. 실습 네트워크의 토폴로지 구성 과정을 생략하지 않고 반복적으로 모두 실었기 때문에 독자 여러분들은 처음부터 별 신경쓰지 않고 그대로 따라서 해볼 수 있습니다.

본서가 독자 여러분들의 VPN 전문 지식을 향상시키기 위한 디딤돌이 될 수 있기를 진심으로 기대합니다.

피터 전

서문2

이번 개정판 6장에서 DMVPN 계층 구조와 12장에서 비대칭 인증을 이용한 Flex VPN, Flex VPN 이중화 부분의 집필을 맡았습니다. 본서의 다양한 예제를 통해 독자 여러분의 VPN 전문 지식이 향상되길 기대합니다.

개정판이 나오기까지 조언을 아끼지 않고 응원해준 모든 분들에게 깊이 감사드립니다. 본서 집필 과정을 함께 하며 큰 도움을 준 동료 최치원에게 고마움을 전합니다.

늘 곁에서 든든한 힘이 되어주시고, 저를 위해 기도해주시는 사랑하는 어머니께 감사드립니다.

하예성

서문3

이 책을 완성하기 직전, 두 개의 기사를 접했습니다. 첫 번째는 기업의 VPN 망을 표적으로 한 멀웨어의 포착과 그동안 높은 비용과 난기술로 인하여 이론상으로만 가능했던 SHA-1의 공격이 이제는 이론에 머물지 않고 실제로도 구현할 수 있게 되었다는 기사였습니다.

기업과 정부를 표적으로 한 공격의 기술은 점점 더 진화하고 성장하여 일각에서는 하나의 예술이라 불릴 정도로 발전하고 있습니다. 그에 비하면 VPN은 'VPN은 안전하다.'라는 안심 속에 큰 변화가 없었습니다. 하지만 VPN 또한 공격의 대상이 될 수 있다는 기사가 나온 이상, 앞으로는 더욱 더 VPN을 목표로 한 공격이 일어날 것입니다. 이를 막기 위해 방화벽이나 IPS, UTM같은 수많은 보안장비와 솔루션이 있지만, 가장 기초적인 VPN 또한 진화를 해야 하며 지금이 그 때라고 생각합니다.

이 책의 초판이 나왔을 때에도 이미 IKEv2가 존재하였지만 그 당시에는 IKEv1을 이용한다 하여 보안상으로 크게 문제가 일어나지 않기 때문에 IKEv2가 많이 사용되지 않았습니다. 아마 지금도 IKEv1를 기반으로 하여 VPN을 사용하는 곳들이 많을 것입니다. 하지만 네트워크를 위협하는 수많은 환경들이 시시각각으로 변화합니다. 보안성이 강화된 IKEv2를 사용하고 그것을 기반으로 설계되어 이번에 새로 다루어 보는 Flex VPN으로 말미암아 진화된 VPN에 대해 많은 관심을 가져주시면 감사하겠습니다.

책을 쓰면서 함께 고생한 동료인 하예성에게 고마움을 전합니다. (이 영광스러운 책을 쓰기까지 나와 함께 자라며 고생을 같이한 친구들 동렬이, 재성이, 민기, 무진이 정말 고맙다.)

다시 한 번 이 책이 독자 여러분들의 VPN 기술향상에 많은 도움이 되기를 염원하며 발전하는 VPN 기술과 함께 독자 분들도 발전해나가시길 기대합니다.

최치원

제1장 VPN 개요

제2장 순수 IPsec VPN

제3장 순수 IPsec VPN 이중화

제4장 GRE IPsec VPN

제5장 GRE IPsec VPN 이중화

제6장 DMVPN

제7장 IPsec VTI

제8장 GET VPN 동작방식 및 설정

제9장 쿱 서버와 GET VPN 응용

제10장 이지 VPN

제11장 디지털 인증서

제12장 Flex VPN

제13장 SSL VPN

제14장 L2TP와 PPTP

제15장 ASA VPN

제1장
VPN 개요

VPN 개요

VPN(virtual private network, 가상사설망)은 인터넷과 같이 여러 사람이 공용으로 사용하는 공중망(public network)을 특정인이나 조직이 단독으로 사용하는 사설망(private network)처럼 동작시키는 것을 말한다.

VPN을 이용하면 본지사간의 네트워크를 전용선으로 구축하는 것에 비하여 훨씬 적은 비용으로 유지할 수 있다. 또, 인터넷 전화 등 업무의 네트워크 의존도가 거의 절대적인 요즈음의 상황에서 전용선의 장애에 대비하여 VPN을 이용한 네트워크의 이중화를 구현한다. 뿐만 아니라, 전용선을 이용한 사설 네트워크 환경에서도 데이터의 보안을 위하여 VPN의 사용은 필수적이다.

VPN의 기능

VPN을 사용하여 공중망을 사설망처럼 안전하게 사용하려면 다음과 같은 기능이 지원되어야 한다.

· 통신 상대방 확인

처음 통신을 시작할 때 상대방이 엉뚱한 사람이 아니라는 것을 확인해야 한다. 이처럼 통신 상대방을 확인하는 것을 인증(authentication)이라고 한다. 인증 방식은 미리 양측에 동일한 암호를 지정하는 PSK(preshared key) 방식과 디지털 인증서를 사용하는 방식 등이 있다.

· 데이터의 기밀성 유지

송수신하는 데이터의 내용을 다른 사람이 알지 못하게 암호화시키는 것을 기밀성(confidentiality) 유지 기능이라고 한다. VPN에서 많이 사용하는 암호화 방식으로 DES, 3DES, AES, RC4 등이 있다.

· 데이터의 무결성 확인

송수신하는 데이터를 도중의 공격자가 변조하는 것을 방지하는 기능을 무결성

(integrity) 확인이라고 한다. 많이 사용하는 무결성 확인 방식으로 MD5와 SHA-1이 있다. 패킷과 암호를 이용하여 MD5나 SHA-1 알고리듬을 적용하여 만든 코드를 해시코드(hash code)라고 한다. 이 해시코드를 패킷에 첨부하여 상대에게 전송한다.

패킷을 수신한 측에서는 동일한 패킷에 동일한 암호를 적용하여 해시코드를 계산한다. 이것이 첨부된 해시코드와 동일하면 변조가 되지 않았다고 판단한다. 해시코드는 변조방지 용도외에 인증용으로도 사용된다.

· 재생방지

재생방지(anti-replay)란 공격자가 자신의 패킷을 도중에 끼워넣는 것을 방지하는 기능을 말한다. 패킷의 순서번호나 도착시간을 확인하여 사전에 지정된 범위의 것들만 받아들임으로써 재생방지의 목적을 달성할 수 있다.

이처럼 VPN을 사용하면 공격자가 데이터를 보거나 변조하는 것을 방지할 수 있어 전용회선과 같은 사설망 환경에서도 VPN 기술을 적용하여 사용한다.

VPN의 종류

현재 사용되는 주요 VPN의 종류를 표로 나타내면 다음과 같다.

표 1-1 VPN의 종류

VPN 종류		암호화 부분	주요 용도	비고
IPsec VPN	순수 IPsec VPN	레이어 3 이상	본지사간의 통신	기본적인 IPsec
	GRE IPsec VPN	레이어 3 이상	본지사간의 통신	GRE를 이용한 라우팅 해결
	DMVPN	레이어 3 이상	본지사간의 통신	대규모 VPN
	IPsec VTI	레이어 3 이상	본지사간의 통신	VPN 설정 간편
	Easy VPN	레이어 3 이상	PC와 본사간의 통신	외부근무 사원의 내부망 접속 허용

	Flex VPN	레이어 3 이상	본지사간의 통신, PC와 본사간의 통신	IKEv2 기반 통합VPN
	GET VPN	레이어 4 이상	본지사간의 통신	대규모 VPN, 멀티캐스트, QoS 지원
SSL VPN		레이어 5 이상	PC와 서버간의 통신	전자상거래 용도
PPTP VPN		레이어 2 이상	PC와 본사간의 통신	외부근무 사원의 내부망접속 허용
L2TP VPN		레이어 2 이상	PC와 본사간의 통신	외부근무 사원의 내부망접속 허용
MPLS VPN		암호화기능없음	본지사간의 통신	IPsec VPN과 동시 사용

본서에서는 위의 표에 있는 VPN 중에서 가장 아래의 MPLS VPN을 제외한 나머지 모든 VPN에 대해서 동작방식과 설정방법을 설명하고, 실제 동작하는 것을 확인한다. MPLS VPN은 필자의 저서‘최신 MPLS’에 자세히 설명되어 있다.

암호의 구분 및 용도

VPN에서는 인증, 데이터 암호화 및 변조 방지를 위하여 암호(키)가 필요하다.

암호는 양측에서 사용된 것이 동일한지의 여부에 따라 대칭키와 비대칭키로 구분된다. 대칭키는 양측에서 사용하는 암호가 동일한 것을 말한다. 대표적인 대칭키로 양측에 미리 설정된 암호(PSK, pre-shared key)나 디피-헬먼(Diffie-Hellman) 알고리듬에 의해서 생성된 키를 들 수 있다.

비대칭키는 한쪽에서 사용한 암호와 상대가 사용하는 암호가 서로 다른 것을 말한다. 즉, 비대칭키는 암호화 및 복호화에 사용되는 키가 서로 다르며, 대표적인 것으로 개발자의 이름을 딴 RSA(Rivest, Shamir, Adelman) 키가 있다.

비대칭키는 공개키(public key)와 개인키(private key)의 쌍으로 이루어진다. 송신자가 상대방의 공개키로 패킷을 암호화해서 보내면 수신자는 자신의 개인키로 복호화한다. 공개키는 다른 사람에게 공개되며 개인키는 각자가 보관한다. 특정인의 공개키로 암호화된 것은 그 공개키와 쌍을 이루는 개인키로만 복호화시킬 수 있다.

인터넷 뱅킹, 전자상거래 등에서 사용할 공인 인증서의 소유자를 인증해주는 조직 즉, 인증기관을 CA(certificate authority)라고 한다. 우리나라에는 한국정보인증(주), (주)코스콤, 금융결제원, 한국정보사회진흥원, 한국전자인증(주), (주)한국무역정보통신 여섯 곳이 CA 서비스를 제공하고 있다. 또, 조직 내부에서 VPN 등의 용도로 사용하기 위하여 라우터나 서버를 CA로 동작시켜 사용할 수도 있다.

일반적으로 보안 통신을 하는 두 개의 장비들은 인증, 데이터 암호화 및 변조 방지를 위하여 별개의 방식으로 생성된 암호를 사용한다. 예를 들어, 인증을 위하여는 대칭키인 PSK(pre-shared key)나 비대칭키인 디지털인증서 (공인인증서)를 사용한다.

그러나, 인증시 사용하는 암호방식의 대칭키 또는 비대칭키 여부와 상관없이 이후 데이터 송수신시에는 암호화 및 변조방지를 위하여 일시적으로 생성한 대칭키를 사용한다.

기본적으로 세션이 종료되면 대칭키를 제거하고, 새로운 세션에는 새로운 대칭키를 생성하여 사용한다. IPsec VPN은 디피-헬먼 알고리듬을 이용하여 암호화 및 해싱을 위한 임시 대칭키를 만들어 사용한다.

SSL VPN은 초기 핸드셰이킹(handshaking) 과정에서 클라이언트가 서버의 공개키를 이용하여 임의의 수를 암호화시킨 후 결과를 서버에게 전송하고, 서버는 자신의 개인키를 이용하여 이를 복호화시킨다. 이때 사용한 임의의 수를 이용하여 양측은 패킷의 암호화 및 복호화에 필요한 임시 암호(키)를 생성하여 사용한다.

IPsec VPN 개요

이번 절에서는 IPsec VPN 개요에 대해서 살펴보자. IPsec VPN은 본지사 사이의 보안통신에 가장 많이 사용되는 것으로 주요한 구성요소는 다음과 같다.

· IKE와 ISAKMP

IKE(internet key exchange)와 ISAKMP(internet security association and key management protocol)는 처음 통신 당사자(피어 peer)를 인증하고, 보안통신에 필요한 보안정책 집합인 SA를 결정하며, 보안통신에 필요한 여러 가지 키(암호)를 결정하기 위한 프로토콜이다.

· SA

SA(security association)란 보안통신을 위해 필요한 여러 가지 알고리듬 및 정책의 집합을 말한다. 예를 들어, ISAKMP 프로토콜을 암호화하기 위하여 AES라는 암호화 방식을 사용하고, 무결성 확인을 위하여 MD5 알고리듬을 사용한다면 이와 같은 여러 가지 보안정책의 집합을 ISAKMP SA라고 한다.

또, 실제 데이터를 IPsec으로 송수신하기 위하여 3DES, SHA-1 등과 같은 보안정책을 사용한다면 이 보안정책의 집합을 IPsec SA라고 한다. SA를 하나의 코드로 표시한 것을 SPI(security parameter index)라고 한다.

· ESP 또는 AH

ESP(encapsulating security payload)와 AH(authentication header)는 실제 데이터를 인캡슐레이션하고 보호하기 위한 프로토콜이다. ESP는 데이터를 암호화시키고, 무결성 확인 기능이 있는 반면, AH는 암호화 기능이 없어 많이 사용하지 않는다. 특히 시스코의 장비중에서 방화벽 및 VPN 게이트웨이 역할을 할 수 있는 ASA나 PIX에서는 AH 자체를 지원하지 않는다. 이제, 앞서 설명한 여러가지 프로토콜의 구체적인 내용을 살펴보자.

IKE와 ISAKMP

두 개의 장비가 보안통신을 하기 위해서는 데이터를 암호화하고 무결성을 확인하기 위한 보안 프로토콜이 정해져야 한다. 또, 통신 상대방이 공격자가 아닌지를 확인하는 인증과정도 거쳐야 한다. 이와 같은 일을 하는 것이 IKE와 ISAKMP이다.

ISAKMP는 이와 같은 일을 하는 절차를 명시한 프로토콜이고, IKE는 ISAKMP가 명시한 각 절차에서 필요한 구체적인 프로토콜의 종류와 사용방법을 정의한다.

그러나, 두 개의 프로토콜이 규정하는 내용도 동일한 것이 많고, 관계도 좀 애매하여 IKE와 ISAKMP를 혼용하여 표현하는 경우가 허다하다.

이와같은 문제들 때문에 현재 주로 사용되고 있는 IKEv1 대신 2005년 12월에 발표되고 2010년 9월에 개정된 IKEv2 (RFC5996)에서는 IKE와 ISAKMP를 통합하였고, ISAKMP라는 용어를 사용하지도 않는다. 기본적으로 IKEv1을 사용하고 있는 시스코의 IOS에서는 관련 명령어들이 모두 **crypto isakmp**로 시작한다.

본서에서는 IKEv1을 중심으로 설명하되 Flex VPN과 일부 VPN은 보안성이 향상된 IKEv2를 사용해 다루어 보겠다. IKE는 두 가지 단계로 동작한다. IKE 제1단계에서는 IKE 제 2단계에서 사용할 보안정책인 ISAKMP SA를 결정하고, 각 보안 알고리듬에서 사용할 임시 키를 생성하며, 상대 장비를 인증한다.

IKE 제2단계에서는 실제 데이터 송수신을 위해서 필요한 보안정책인 IPsec SA를 결정한다. 먼저, IKE 제1단계가 동작하는 절차는 다음과 같다.

1) 통신을 시작하는 송신측에서 ISAKMP SA를 제안한다. ISAKMP SA는 IKE 제2단계에서 사용될 인증방식, 암호화 알고리듬, 해싱 방식, 디피-헬먼 알고리듬용 키 길이, ISAKMP SA 유효기간 등을 의미한다.

2) 이를 수신한 수신측 장비는 자신에게 설정된 ISAKMP SA 세트들과 비교하여 일치하는 SA 세트가 있으면 상대가 제안한 것과 동일한 SA를 전송하여 상대의 제안을 선택했다고 알려준다. 이렇게 두 개의 패킷을 주고 받아 ISAKMP SA가 결정된다.

3) 다음에는 디피-헬먼 알고리듬을 사용하여 양측에서 이후 과정부터 암호화 및 해싱

에 사용할 공통된 키(암호)를 생성한다. 이를 위하여 R1이 자신의 공개키와 R1이 임시로 만든 수 논스(nonce)를 R2에게 전송한다. 이때, R1은 자신의 공개키와 개인키를 사용하여 논스를 만든다.

4) R2도 자신의 공개키와 R2의 논스를 R1에게 전송한다. 이후 R1, R2는 자신의 개인키, 상대에게서 수신한 공개키 및 논스를 이용하여 양측에서 동일한 대칭키를 계산해내고 이것을 패킷의 암호화 및 해시코드 계산용 키로 사용한다.

결과적으로 디피-헬먼 알고리듬을 이용하여 보안성이 없는 네트워크로 연결된 R1, R2가 자신들끼리만 아는 대칭키를 만든다. 이처럼 디피-헬먼 알고리듬 자체는 공개키/개인키라는 비대칭 키를 사용하지만 이를 이용하여 생성한 키(디피-헬먼 키)는 양측에서 동일한 대칭키이다. 이 대칭키는 ISAKMP 세션과 IPsec이 종료될 때까지 사용된다. 그러나, PFS(perfect forward secrecy) 기능을 사용하면 현재 생성된 키는 ISAKMP 단계에서만 사용하고, IPsec 단계에서 사용할 대칭키를 다시 생성한다.

그림 1-1 IKE 제1단계 절차 (메인 모드)

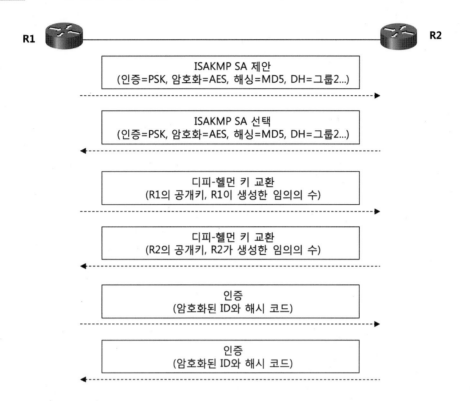

5) 지금부터는 1)과 2)단계에서 결정된 암호화/해싱 알고리듬과 3)과 4)단계에서 계산한 키를 사용하여 패킷을 암호화시키고, 무결성 확인용 해시코드를 만들어 첨부한다. 따라서, 이후부터의 패킷은 제3자가 해독하거나 변조할 수 없다.

이번 단계에서는 두 장비가 서로를 인증하는 절차를 진행한다. R1의 자신의 ID와 인증정보를 R2에게 암호화하여 전송한다. 사전에 양측에 설정된 암호를 사용하는 PSK(pre-shared key) 방식으로 인증하는 경우에는 자신의 ID, 암호를 이용하여 해시코드를 만들고 이를 전송한다.

R2는 R1과 동일하게 사전에 설정된 암호, R1의 ID, 동일한 해싱 알고리듬을 적용하여 해시코드를 계산한다. 이를 R1에게서 수신한 해시코드를 비교하고, 동일한 값이면 인증에 성공한다. PSK가 아닌 디지털 인증서를 사용하도록 설정되어 있다면 인증 서버를 통한 인증 과정을 거친다.

6) R2도 자신의 ID와 인증정보를 R1에게 암호화하여 전송한다. R1은 R2와 동일한 해싱 알고리듬을 적용하여 해시코드를 계산한다. 이를 R2에게서 수신한 해시코드를 비교하고, 동일한 값이면 인증에 성공한다.

이렇게 6단계를 거쳐 실제 데이터 보호를 위한 IKE 제2단계 보안정책을 협상할 준비가 완료된다. 이처럼 6단계를 거쳐 IKE 제1단계 보안정책을 협상하는 방법을 메인모드(main mode)라고 한다. 다음과 같이 3개의 패킷 교환으로 IKE 1단계 협상을 끝내는 것을 어그레시브(aggressive) 모드라고 한다.

그림 1-2 IKE 제1단계 절차 (어그레시브 모드)

어그레시브 모드에서는 첫 번째 패킷에 ISAKMP SA 제안, 디피-헬먼 키 계산에 필요한 정보 및 ID까지 담아 보낸다. 두 번째 패킷에는 응답 장비인 R2에서 선택된 ISAKMP SA, 디피-헬먼 키 계산에 필요한 정보와 함께 R1을 인증한다는 메시지가 포함된다. 마지막으로 R1이 인증 메시지를 전송하여 IKE 1단계 협상이 종료된다.

이처럼 어그레시브 모드를 사용하면 적은 수의 패킷 교환으로 협상이 빠른 시간내에 종료되지만 ID가 공격자에게 노출된다. 따라서, 대부분의 경우 IKE 제1단계 협상 과정에서 어그레시브 모드 대신 메인 모드를 사용한다.

IKE 1단계 협상이 종료되면 실제 데이터를 보호하기 위한 보안정책인 IPsec SA를 협상하는 IKE 제2단계 협상이 시작된다. IKE 제2단계 보안정책 협상은 다음과 같은 과정으로 이루어진다.

그림 1-3 IKE 제2단계 보안정책 협상

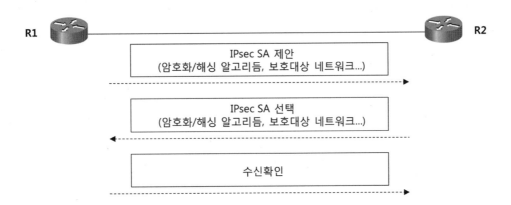

1) R1이 실제 데이터를 보호하기 위한 보안정책 즉, IPsec SA를 제안한다. 여기에는 암호화/해싱 알고리듬, 보호대상 네트워크 정보, VPN 동작 모드(터널 모드 또는 트랜스 포트 모드), 인캡슐레이션 방식(ESP 또는 AH) 등이 포함된다.

앞서의 단계에서 살펴본 ISAKMP 패킷을 보호하기 위한 보안정책과 실제 데이터를 보호하기 위한 IPsec 보안정책은 별개이다. 또, VPN 동작 모드와 인캡슐레이션 방식에 대해서는 나중에 자세히 설명한다.

2) 이를 수신한 R2는 자신이 지원가능한 IPsec SA 세트를 선택하여 R1에게 알려준다.

3) R1은 R2가 동의한 IPsec SA에 대해서 수신확인 메시지를 보낸다.

이처럼 3단계를 거쳐 IPsec 보안정책을 협상하는 것을 퀵 모드(quick mode) 라고 한다. 이렇게 총 9단계를 거쳐 ISAKMP 세션 즉, IKE 세션이 완료된다.

ISAKMP 세션에서 송수신되는 패킷들은 모두 UDP 포트번호 500을 사용한다. 따라서, IPsec VPN 장비 사이에 방화벽을 사용하고 있다면 UDP 포트 500을 허용하도록 설정해야 한다.

보안정책을 적용한 실제 데이터 송수신

이제부터는 앞서 IKE 제2단계에서 협상된 보안정책을 적용한 실제 데이터가 송수신된다. 이 단계에서 송수신되는 패킷을 인캡슐레이션하는 방식으로 ESP와 AH가 있다.

ESP를 사용하면 전송되는 모든 패킷이 암호화되고(encrypt), 변조방지 및 인증을 위하여 해시코드가 첨부된다(digest). 이 패킷을 수신하는 장비는 거꾸로 모든 패킷의 해시코드를 검사하고(verify), 패킷을 복호화한다(decrypt). AH는 암호화 기능은 없으며 변조방지 및 인증을 위한 해시코드만 첨부된다.

ESP는 IP 헤더의 프로토콜 번호 50을 사용하며, AH는 51을 사용한다. 따라서, IPsec VPN 장비 사이에 방화벽을 사용하고 있다면 인캡슐레이션 방식에 따라 IP 프로토콜 50이나 51을 허용해야 한다.

다음 그림은 ESP 인캡슐레이션을 사용하는 IPsec VPN이 설정된 두 장비 사이의 초기 트래픽을 패킷 분석 프로그램인 와이어샤크(wireshark)로 캡처한 것이다.

그림 1-4 ISAKMP와 IPsec 패킷

```
1.1.12.1      1.1.12.2      ISAKMP Identity Protection (Main Mode)
1.1.12.2      1.1.12.1      ISAKMP Identity Protection (Main Mode)
1.1.12.1      1.1.12.2      ISAKMP Identity Protection (Main Mode)
1.1.12.2      1.1.12.1      ISAKMP Identity Protection (Main Mode)
1.1.12.1      1.1.12.2      ISAKMP Identity Protection (Main Mode)
1.1.12.2      1.1.12.1      ISAKMP Identity Protection (Main Mode)
1.1.12.1      1.1.12.2      ISAKMP Quick Mode
1.1.12.2      1.1.12.1      ISAKMP Quick Mode
1.1.12.1      1.1.12.2      ISAKMP Quick Mode
1.1.12.1      1.1.12.2      ESP    ESP (SPI=0xe0eec827)
1.1.12.2      1.1.12.1      ESP    ESP (SPI=0x924756cb)
1.1.12.1      1.1.12.2      ESP    ESP (SPI=0xe0eec827)
1.1.12.2      1.1.12.1      ESP    ESP (SPI=0x924756cb)
1.1.12.1      1.1.12.2      ESP    ESP (SPI=0xe0eec827)
1.1.12.2      1.1.12.1      ESP    ESP (SPI=0x924756cb)
1.1.12.1      1.1.12.2      ESP    ESP (SPI=0xe0eec827)
1.1.12.2      1.1.12.1      ESP    ESP (SPI=0x924756cb)
```

처음 IKE 제1단계에서 6개의 ISAKMP 패킷이 메인모드로 교환되고, 다시 IKE 제2단계에서는 3개의 패킷이 퀵모드로 송수신된다. 이후, 실제 데이터들은 ESP로 인캡슐레이션되어 전송되는 것을 확인할 수 있다.

ESP와 AH

암호화 및 무결성 확인을 위한 보안처리 과정을 거친후 데이터를 포장하여 전송하는데 이때 포장방식 즉, 인캡슐레이션 방식은 크게 ESP(encapsulating security payload)와 AH(authentication header)라는 두가지가 있다. IPsec VPN에서 주로 사용하는 ESP의 포맷은 다음과 같다.

· SPI(security parameter index) : 목적지 IP 주소와 조합하여 현재 패킷의 SA 값을 표시하며 32비트이다. SA(security association)에는 암호화/무결성 확인 알고리듬 종류, 보호대상 네트워크 등의 정보가 포함되어 있다.

· 순서번호(sequence number) : 각 패킷마다 1씩 증가하는 순서번호이고, 패킷의 재생방지를 위하여 사용되며 32비트이다. RFC4303에서는 64비트의 순서번호도 사용할 수 있도록 규정하고 있다. SPI와 순서번호는 암호화시키지 않는다.

· 데이터 : 보호 대상이 되는 원래의 IP 패킷이 위치한다.

그림 1-5 ESP 패킷 포맷

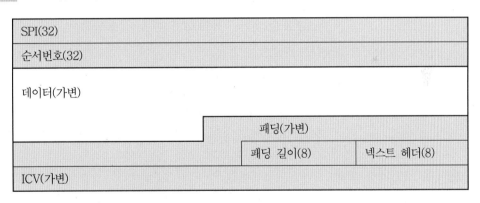

· 패딩(padding) : 사용된 암호화 알고리듬에 따라 필요한 크기를 맞추기 위하여 추가하는 의미없는 데이터이다.

· 패딩 길이(pad length) : 패딩의 길이를 바이트 단위로 표시하며 8비트이다.

· 넥스트 헤더(next header) : ESP 헤더 바로 다음의 프로토콜 종류를 표시한다.

IP 헤더에서 사용하는 프로토콜 필드의 값을 빌려 표시하며 8비트이다. ESP의 필드 중에서 패딩, 패딩 길이 및 넥스트 헤더 필드를 합쳐 ESP 트레일러(trailer)라고 한다.

· ICV(integrity check value) : 데이터의 변조 확인을 위하여 추가하는 해시(hash) 코드 값이며, 기본적으로는 가변적인 길이를 가진다. 패킷 인증 및 무결성 확인을 위하여 사용하는 알고리듬에 따라 길이가 달라진다.

HMAC MD5-96 알고리듬을 사용하면 128비트의 해시코드가 생성된다. 그러나, ESP나 AH에서는 이중에서 96비트만 잘라서 사용한다. 수신측에서는 동일한 해시코드를 계산한 다음 앞부분 96비트만 비교한다. 또, HMAC-SHA-1-96은 160비트의 해시코드를 만들지만, ESP나 AH에서는 앞부분의 96비트만 잘라서 사용한다.

AH의 패킷 포맷은 다음과 같다.

· 넥스트 헤더(next header) : AH 헤더 바로 다음의 프로토콜 종류를 표시한다. IP 헤더에서 사용하는 프로토콜 필드의 값을 빌려 표시하며 8비트이다.

· 길이 : AH의 헤더 길이를 워드 단위로 표시하며 8비트이다.

· SPI(security parameter index) : 목적지 IP 주소와 조합하여 현재 패킷의 SA 값을 표시하며 32비트이다.

· 순서번호(sequence number) : 처음 1부터 시작하여 각 패킷마다 1씩 증가하는 순서 번호이고, 패킷의 재생방지를 위하여 사용되며 32비트이다. 송신측에서는 반드시 사용해야 하며, 수신측에서는 재생방지 기능이 동작할 때 이 필드를 사용한다.

그림 1-6 AH 패킷 포맷

넥스트 헤더(8)	길이(8)	유보(16)
SPI(32)		
순서번호(32)		
ICV(가변)		
데이터		

2^{32}개의 패킷을 전송한 다음에는 새로운 SA를 협상해야 한다. 또, RFC4302에서는 64비트의 순서번호도 사용할 수 있도록 규정하고 있다.

· ICV(integrity check value) : 데이터의 변조 확인을 위하여 추가하는 해시(hash) 코드 값이다. AH 헤더 앞에 위치하는 IP 헤더 중에서 변동되는 값인 TTL, 첵섬, DSCP, ECN 필드 등을 제외한 부분과, AH 헤더 뒤에 위치하는 모든 필드에 대한 해시코드 값을 계산한다.

· 데이터 : 보호 대상이 되는 원래의 IP 패킷 중에서 레이어4 이상의 데이터가 위치한다.

트랜스포트 모드

IPsec VPN은 원래의 데이터 패킷에 VPN 장비의 새로운 IP 헤더를 추가하는 지의 여부에 따라 트랜스포트(transport) 모드와 터널(tunnel) 모드로 구분할 수 있다. 일반적으로 다음 그림과 같이 종단 장비 사이에 직접 IPsec VPN을 이용한 통신이 이루어지는 경우에는 트랜스포트 모드를 사용한다. 그러나, 이 경우에도 터널 모드를 사용할 수도 있다.

그림 1-7 IPsec VPN 트랜스포트 모드 동작 범위

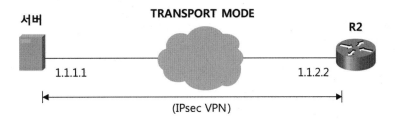

인캡슐레이션 방식을 ESP로 사용하는 IPsec VPN인 경우, 다음 그림과 같이 IP 헤더 다음에 8바이트의 ESP 헤더가 온다. ESP 헤더 다음에는 원래의 데이터가 위치하고, 그 다음에는 ESP 트레일러와 패킷 무결성 확인을 위한 해시코드인 ICV가 첨부된다.

그림 1-8 IPsec VPN 트랜스포트 모드(ESP) 패킷

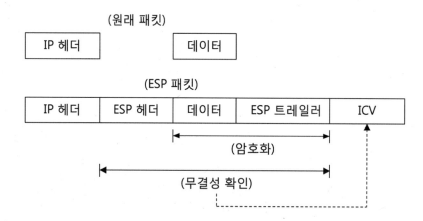

트랜스포트 모드로 동작하는 ESP 패킷은 앞의 그림과 같이 데이터와 ESP 트레일러까지를 암호화하여 보호하고, ESP 헤더부터 ESP 트레일러까지의 정보를 이용하여 무결성 확인용 해시코드를 만들어 패킷의 뒤에 첨부한다. 결과적으로 트랜스포트 모드를 사용하면 레이어 4 정보부터 ESP로 보호된다.

인캡슐레이션 방식을 AH로 사용하는 IPsec VPN인 경우, 다음 그림과 같이 IP 헤더 다음에 AH 헤더가 온다. 트랜스포트 모드에서 AH는 IP 헤더를 포함한 전체 패킷에 대해서 인증 및 무결성 확인 기능을 적용한다.

그림 1-9 IPsec VPN 트랜스포트 모드(AH) 패킷

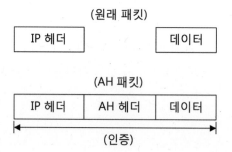

이때 IP 헤더중에서 값이 변동되는 필드인 TTL, DSCP, ECN, 첵섬 등은 해시코드 계산에서 제외한다. 그 이유는 AH 패킷이 전송도중에 이와같은 필드 값들이 변동될 수 있고, 결과적으로 해시코드 값이 달라지기 때문이다. 결과적으로 AH 트랜스포트 모드를 사용하면 레이어 3 정보부터 인증된다.

트랜스포트 모드를 사용하면 20바이트 길이의 추가적인 IP 헤더를 사용하지 않는 반면, 보안통신을 하는 두 장비의 IP 주소가 외부에 노출된다.

터널 모드

다음 그림과 같이 종단 장비들이 전송경로 사이에 있는 IPsec VPN 게이트웨이를 이용하여 통신을 하는 경우에는 터널 모드를 사용하는 것이 일반적이다. 이때, IPsec VPN 관련 처리는 VPN 게이트웨이에서 이루어지고, 종단 장비들은 VPN의 존재를 인식하지 못한다.

순수 IPsec VPN이 아닌 GRE IPsec이나 DMVPN의 경우에는 어차피 원래의 패킷 앞에 GRE 헤더가 첨부되고, 이것이 암호화되므로 종단 장비의 L3 헤더가 노출되지 않는다. 따라서, 이 경우에 터널 모드 대신 트랜스포트 모드를 사용하면 20바이트의 오버헤더를 줄일 수 있다.

그림 1-10 IPsec VPN 터널 모드 동작 범위

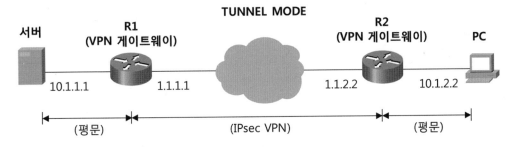

앞 그림과 같이 서버나 PC와 같은 종단 장비들과 인접한 VPN 게이트웨이 사이에는 평문으로 통신이 이루어지며, VPN 게이트웨이 사이에는 IPsec을 이용하여 송수신 데이터를 보호한다.

터널 모드로 동작하는 ESP 패킷은 다음 그림과 같이 원래의 패킷 앞에 VPN 게이트웨이의 주소를 사용한 IP 헤더를 새로 추가한다. 그리고, 원래 패킷 전체와 ESP 트레일러까지를 암호화하여 보호하고, ESP 헤더부터 ESP 트레일러까지의 정보를 이용하여 무결성 확인용 해시코드를 만들어 패킷의 뒤에 첨부한다.

순수 IPsec VPN에서 터널 모드를 사용하면 20바이트 길이의 새로운 IP 헤더가 추가되고 원래의 패킷은 노출되지 않는다. 결과적으로 터널 모드는 레이어 3 정보부터 보호된다.

그림 1-11 IPsec VPN 터널 모드(ESP) 패킷

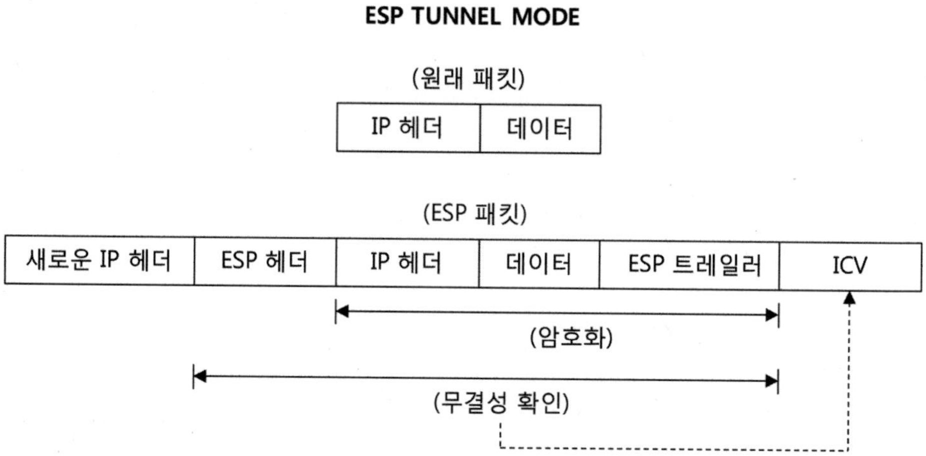

ESP TUNNEL MODE

(원래 패킷)

IP 헤더	데이터

(ESP 패킷)

새로운 IP 헤더	ESP 헤더	IP 헤더	데이터	ESP 트레일러	ICV

(암호화)

(무결성 확인)

터널 모드로 동작하는 AH 패킷은 다음 그림과 같이 원래의 패킷 앞에 VPN 게이트웨이의 주소를 사용한 IP 헤더를 새로 추가한다. 터널 모드에서 AH는 새로운 IP 헤더를 포함한 전체 패킷에 대해서 인증 및 무결성 확인 기능을 적용한다.

그림 1-12 IPsec VPN 터널 모드(AH) 패킷

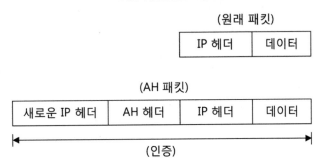

AH TUNNEL MODE

(원래 패킷)

IP 헤더	데이터

(AH 패킷)

새로운 IP 헤더	AH 헤더	IP 헤더	데이터

(인증)

이때 새로운 IP 헤더 중에서 값이 변동되는 필드인 TTL, DSCP, ECN, 첵섬 등은 해시코드 계산에서 제외한다. 그러나, 원래의 IP 헤더는 전송도중 TTL 등이 변경되지 않으므로 해시코드 계산시 모두 포함된다.

VPN과 패킷 분할

IPsec 패킷들은 사용하는 기술에 따라 추가적으로 헤더의 길이가 늘어난다. 예를 들어, DMVPN을 사용하는 경우 80 바이트 이상의 오버헤더가 추가된다. 따라서, FTP 등과 같이 이더넷의 MTU인 1500 바이트 크기의 패킷 전송이 많은 경우, 패킷 분할이 필요하다.

IOS 버전이 12.1(11)E, 12.2(13)T 이후인 경우에 LAF(look ahead fragmentation)라는 기능이 자동으로 모든 물리적인 인터페이스에 활성화되어 있다. IPsec이 동작하는 라우터가 출력 인터페이스의 MTU와 IPsec 패킷에 추가될 헤더를 계산하여 암호화 작업전에 미리 분할을 한다. 수신측 IPsec 장비는 각 분할된 패킷을 복호화시키고 종단 장비로 전송한다. 종단 장비가 최종적으로 분할된 패킷을 조립한다.

그러나, 이와 같은 기능이 지원되지 않는 환경에서는 가능하다면 종단장비인 서버와 PC의 MTU를 조정한다. 시스코에서 권고하는 최적 MTU 값은 1300 바이트이다. 그러나, PC가 많다면 일일이 조정하기가 힘들다. 차선책으로 서버의 MTU만 조정하는 것도 도움이 된다.

종단 장비간에 최소 MTU를 찾아내는 PMTUD(path MTU discovery) 기능을 사용하면 종단 장비가 ICMP 패킷을 이용하여 가장 작은 MTU 값을 찾아내어 자신의 MTU 값을 여기에 맞춘다. 그러나, 중간에 방화벽이 있는 경우 해당 패킷을 차단하면 PMTUD가 제대로 동작하지 않는다.

이 경우에 VPN 인터페이스의 MTU 값을 1300 바이트로 조정하면 된다. GRE 터널을 사용하는 경우, 터널 인터페이스의 MTU 값을 조정해야 한다. 그러나, 터널 인터페이스의 기본 MTU 값이 1514이고, 이 값은 조정되지 않는다. 따라서 **ip mtu 1300** 명령어를 사용하여 조정해야 한다.

ESP 패킷 처리순서

라우터가 패킷을 VPN 터널로 전송하려면 해당 패킷의 목적지가 라우팅 테이블에 존재해야 한다. 이후, ESP가 상대에게 패킷을 전송하기 전에 다음과 같은 과정을 거친다.

1) SA 확인

패킷에 적용할 암호화 알고리듬 등을 결정하기 위하여 해당 SA를 확인한다.

2) 패킷 암호화

앞서 확인한 SA에 따라 패킷을 암호화한다.

3) 순서 번호 생성

순서 번호를 1부터 시작하여 1씩 증가시켜 나간다. 전송패킷 수가 계속 증가하여 최대치에 도달시 재생방지(anti-replay) 기능을 사용하면 다시 SA를 만들고, 재생방지 기능을 사용하지 않으면 순서번호를 다시 0부터 시작한다.

4) ICV 계산

무결성 확인 기능을 사용하는 경우, 이를 위한 ICV(integrity check value, 해시코드)를 계산한다.

5) 분할

패킷에 ESP 프로세싱후 분할한다.

라우터가 ESP 패킷을 수신하면 먼저, 인터페이스의 ACL을 참조한다. 이후, 상대에게서 수신한 ESP 패킷에 대하여 다음과 같은 과정을 거친 후, IPsec ACL이 설정되어 있다면 이를 적용한다. 그러나, 오래된 IOS를 사용하는 경우, 인터페이스 ACL 적용 -> 복호화 -> 인터페이스 ACL 적용이라는 과정을 거친다.

1) 분할 패킷 조립

분할된 패킷을 수신한 경우 조립한다.

2) SA 확인

ESP 헤더의 SPI 값을 참조하여 SA를 찾는다. SA에서 암호화 알고리듬, 재생방지 기능 사용여부, 무결성 확인 여부 등을 확인한다.

3) 순서번호 확인

재생방지 기능 사용시 중복된 순서번호를 가진 패킷이나 특정 시간대 범위안에 들지 않은 패킷을 폐기한다.

4) 무결성 확인

무결성 확인 기능 사용시 ICV 값을 확인하여 잘못된 값을 가진 패킷은 폐기한다.

5) 패킷 복호화

암호화된 패킷을 복호화한다.

NAT-T

NAT-T(NAT traversal)란 IPsec 장비들 사이에 NAT 장비가 있을 때 자동으로 퀵 모드의 ISAKMP 패킷과 ESP 패킷을 UDP 4500번으로 인캡슐레이션하여 전송하는 것을 말한다. 이처럼 NAT-T를 사용하는 이유는 출발지/목적지 포트번호를 500

으로 사용하는 ISAKMP가 변환된 번호로 인하여 제대로 동작을 하지 못하거나, NAT/PAT 장비중에서 TCP와 UDP가 아닌 패킷들은 처리하지 못하는 것들이 있어 ESP나 AH 패킷들은 폐기될 수 있기 때문이다.

또, IPsec 트랜스포트 모드의 패킷이 NAT 장비를 통과하면 IP 주소가 변환되고, IP 주소가 원래 해시 코드를 계산했을 때와 달라진다.

그림 1-13 IP 주소 변경시 해시코드 값이 달라진다

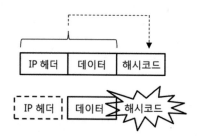

결과적으로 수신장비에서 계산된 해시코드 값이 달라져서 IPsec이 동작하지 않는다. 이와 같은 문제들을 해결하기 위하여 NAT-T를 사용한다. 만약 IPSec 장비 사이에 NAT 장비가 존재하면 IPSec 장비들은 트래픽을 전송할 때 다음 그림과 같이 IPsec 패킷을 UDP 세그먼트 내부에 인캡슐레이션시켜서 전송한다. 이 때 UDP 포트번호 4500을 사용한다.

그림 1-14 UDP 포트번호 4500을 사용한 인캡슐레이션

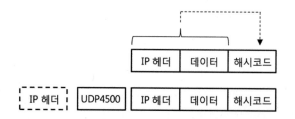

IPSec 장비 사이에 NAT 장비가 존재하는 것을 확인하기 위하여 IKE 제1단계에서 서로에게 해싱된 데이터를 전송한다. 해싱 정보가 달라지면 NAT 장비가 존재함을 의미한다. 그러면 자동으로 IKE 제2단계에서 데이터 전송시 NAT-T 기능을 사용한다.

이상으로 VPN의 개요에 대하여 살펴보았다. 이제, 다음 장부터 다양한 종류의 VPN을 설정해 보고 동작하는 것을 확인해 보기로 한다.

제2장
순수 IPsec VPN

순수 IPsec VPN 설정 및 동작 방식

순수 IPsec VPN 즉, IPsec 다이렉트 인캡슐레이션(direct encapsulation) VPN이란 원래의 패킷에 IPsec 관련 헤더 외에 다른 헤더는 사용하지 않는 방식을 말한다. 이번 장에서는 순수 IPsec VPN의 설정 및 동작 방식에 대해서 살펴보자.

순수 IPsec VPN의 특성

다음 그림은 순수 IPsec VPN 중에서 ESP를 사용하는 트랜스포트 모드와 터널 모드의 패킷 구성을 나타낸다. 첫번째 그림은 트랜스 포트 모드로 IPsec 관련 헤더 외에는 다른 헤더를 사용하지 않는다. 두 번째 그림은 터널 모드로 역시 터널을 위한 새로운 IP 헤더와 ESP 관련 헤더 외에는 다른 헤더를 추가하지 않았다.

그림 2-1 순수 IPsec VPN 패킷 구성

(IPsec direct encapsulation)

IP 헤더	ESP 헤더	데이터	ESP 트레일러	ICV

새로운 IP 헤더	ESP 헤더	IP 헤더	데이터	ESP 트레일러	ICV

그러나, 예를 들어, 나중에 살펴볼 GRE IPsec VPN은 다음 그림과 같이 IPsec 헤더 외에 GRE 헤더가 추가된다. 첫 번째 그림인 트랜스포트 모드나 두 번째 그림인 터널 모드 모두에서 GRE 헤더가 추가된다.

그림 2-2 GRE IPsec 패킷 구성

(GRE IPsec)

IP 헤더	ESP 헤더	GRE 헤더	데이터	ESP 트레일러	ICV

새로운 IP 헤더	ESP 헤더	GRE 헤더	IP 헤더	데이터	ESP 트레일러	ICV

이처럼 IPsec 헤더외에 GRE 헤더를 추가하는 이유는 동적인 라우팅을 지원하거나, 대규모 IPsec VPN 네트워크 구축 및 관리의 편이성을 위해서이다.

순수 IPsec VPN은 가장 기본적인 형태의 IPsec VPN으로서 동적인 라우팅이나 멀티캐스트를 지원하지 않으며, 소규모의 IPsec VPN을 구축하는 곳에 많이 사용된다.

테스트 네트워크 구축

본서의 내용을 따라하기 위해서는 실습 네트워크가 필요하다. 실습 네트워크는 실제 장비를 사용하거나, VIRL(Virtual Internet Routing Labs), GNS3과 같은 에뮬레이터를 사용할 수도 있다. 본서에서 사용하는 실습 네트워크의 물리적인 구성은 다음과 같다.

그림 2-3 실습 네트워크의 물리적인 구성

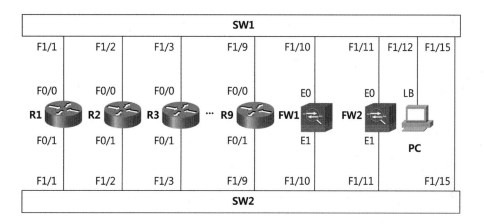

그림과 같이 9대의 라우터, 2대의 이더넷 스위치, 2대의 ASA 또는 PIX, 1대의 PC가 필요하다. 각 라우터의 F0/0 인터페이스는 SW1에 접속되어 있고, F0/1 인터페이스는 SW2에 접속되어 있다.

FW1, FW2는 시스코의 전용 방화벽인 ASA 이다.

실제 장비를 사용한다면 PC의 LAN 카드(NIC) 2개를 장착한 다음 하나는 SW1의 F1/12 포트에 접속하고, 나머지는 인터넷과 연결한다.

에뮬레이터를 사용한다면 PC에 마이크로소프트 루프백 인터페이스를 만들어 이를 SW1의 F1/12 포트에 접속한다.

순수 IPsec VPN의 설정 및 동작 확인을 위하여 앞서의 물리적인 네트워크를 이용하여 다음과 같은 테스트 네트워크를 구축한다. 그림에서 R1, R2는 본사 라우터라고 가정하고, R4, R5는 지사 라우터라고 가정한다. 또, R2, R3, R4, R5를 연결하는 구간은 인터넷 또는 IPsec으로 보호하지 않을 외부망이라고 가정한다.

그림 2-4 테스트 네트워크

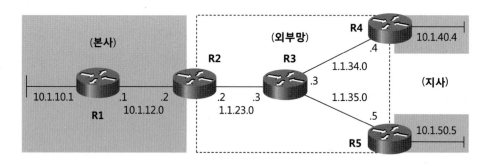

이를 위하여 다음과 같이 각 라우터의 인터페이스에 IP 주소를 부여한다.

그림 2-5 IP 주소

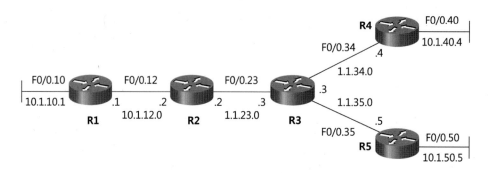

각 라우터에서 F0/0 인터페이스를 서브 인터페이스로 동작시킨다. 서브 인터페이스 번호, 서브넷 번호 및 VLAN 번호를 동일하게 사용한다. 이를 위하여 다음과 같이 SW1에서 VLAN을 만들고, 각 라우터와 연결되는 포트를 트렁크로 동작시킨다.

예제 2-1 SW1 설정

```
SW1(config)# vlan 10
SW1(config-vlan)# vlan 12
SW1(config-vlan)# vlan 23
SW1(config-vlan)# vlan 34
SW1(config-vlan)# vlan 35
SW1(config-vlan)# vlan 40
SW1(config-vlan)# vlan 50
SW1(config-vlan)# exit

SW1(config)# interface range f1/1 - 5
SW1(config-if-range)# switchport trunk encapsulation dot1q
SW1(config-if-range)# switchport mode trunk
```

이번에는 각 라우터의 인터페이스를 활성화시키고, 서브 인터페이스를 만든 다음 IP 주소를 부여한다. R3과 인접 라우터 사이는 인터넷이라고 가정하고, IP 주소 1.0.0.0/8 을 서브넷팅하여 사용한다. 나머지 부분은 내부망이라고 가정하고 IP 주소 10.0.0.0/8 을 서브넷팅하여 사용한다. R1의 설정은 다음과 같다.

예제 2-2 R1 설정

```
R1(config)# interface f0/0
R1(config-if)# no shut
R1(config-if)# exit

R1(config)# interface f0/0.10
R1(config-subif)# encapsulation dot1Q 10
R1(config-subif)# ip address 10.1.10.1 255.255.255.0
R1(config-subif)# exit

R1(config)# interface f0/0.12
R1(config-subif)# encapsulation dot1Q 12
R1(config-subif)# ip address 10.1.12.1 255.255.255.0
```

R2의 설정은 다음과 같다.

예제 2-3 R2 설정

```
R2(config)# interface f0/0
R2(config-if)# no shut
R2(config-if)# exit

R2(config)# interface f0/0.12
R2(config-subif)# encapsulation dot1Q 12
R2(config-subif)# ip address 10.1.12.2 255.255.255.0
R2(config-subif)# exit

R2(config)# interface f0/0.23
R2(config-subif)# encapsulation dot1Q 23
R2(config-subif)# ip address 1.1.23.2 255.255.255.0
```

R3의 설정은 다음과 같다.

예제 2-4 R3 설정

```
R3(config)# interface f0/0
R3(config-if)# no shut
R3(config-if)# exit

R3(config)# interface f0/0.23
R3(config-subif)# encapsulation dot1Q 23
R3(config-subif)# ip address 1.1.23.3 255.255.255.0
R3(config-subif)# exit

R3(config)# interface f0/0.34
R3(config-subif)# encapsulation dot1Q 34
R3(config-subif)# ip address 1.1.34.3 255.255.255.0
R3(config-subif)# exit

R3(config)# interface f0/0.35
R3(config-subif)# encapsulation dot1Q 35
R3(config-subif)# ip address 1.1.35.3 255.255.255.0
```

R4의 설정은 다음과 같다.

예제 2-5 R4 설정

```
R4(config)# interface f0/0
R4(config-if)# no shut
R4(config-if)# exit

R4(config)# interface f0/0.34
R4(config-subif)# encapsulation dot1Q 34
R4(config-subif)# ip address 1.1.34.4 255.255.255.0
R4(config-subif)# exit

R4(config)# interface f0/0.40
R4(config-subif)# encapsulation dot1Q 40
R4(config-subif)# ip address 10.1.40.4 255.255.255.0
```

R5의 설정은 다음과 같다.

예제 2-6 R5 설정

```
R5(config)# interface f0/0
R5(config-if)# no shut
R5(config-if)# exit

R5(config)# interface f0/0.35
R5(config-subif)# encapsulation dot1Q 35
R5(config-subif)# ip address 1.1.35.5 255.255.255.0
R5(config-subif)# exit

R5(config)# interface f0/0.50
R5(config-subif)# encapsulation dot1Q 50
R5(config-subif)# ip address 10.1.50.5 255.255.255.0
```

라우터의 IP 주소 설정이 끝나면 넥스트 홉 IP 주소까지의 통신을 핑으로 확인한다. 다음에는 외부망 또는 인터넷으로 사용할 부분의 라우팅을 설정한다.

그림 2-6 외부망 라우팅

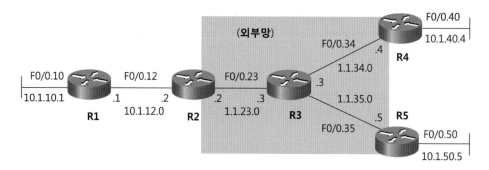

이를 위하여 외부망에 인접한 각 라우터에서 다음과 같이 R3으로 정적인 디폴트 루트를 설정한다.

예제 2-7 디폴트 루트 설정

```
R2(config)# ip route 0.0.0.0 0.0.0.0 1.1.23.3
R4(config)# ip route 0.0.0.0 0.0.0.0 1.1.34.3
R5(config)# ip route 0.0.0.0 0.0.0.0 1.1.35.3
```

설정이 끝나면 R2에서 원격지까지의 통신을 핑으로 확인한다.

예제 2-8 원격지까지의 통신 확인

```
R2# ping 1.1.34.4
R2# ping 1.1.35.5
```

다음 그림과 같이 IP 주소 10.0.0.0/8이 설정된 부분을 내부 네트워크로 사용한다. 본사 네트워크로 사용할 R1, R2간에 EIGRP 1을 설정한다. 또, 앞서 R2에서 설정한 디폴트 루트를 EIGRP에 재분배시켜 R1에게도 광고한다.

그림 2-7 내부망 라우팅

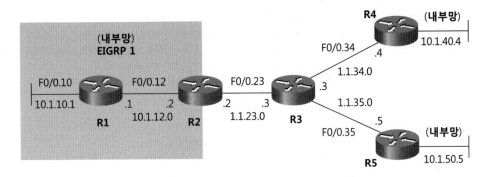

R1, R2에서의 라우팅 설정은 다음과 같다.

예제 2-9 R2, R1에서의 라우팅 설정

```
R1(config)# router eigrp 1
R1(config-router)# network 10.1.10.1 0.0.0.0
R1(config-router)# network 10.1.12.1 0.0.0.0

R2(config)# router eigrp 1
R2(config-router)# network 10.1.12.2 0.0.0.0
R2(config-router)# redistribute static
```

EIGRP 설정 후 R2의 라우팅 테이블에 다음과 같이 R1의 내부망인 10.1.10.0/24 네트워크가 인스톨되는지 확인한다.

예제 2-10 R2의 라우팅 테이블

```
R2# show ip route eigrp
     10.0.0.0/24 is subnetted, 2 subnets
D       10.1.10.0 [90/30720] via 10.1.12.1, 00:03:17, FastEthernet0/0.12
```

경계 라우터인 R2에 다음과 같이 ACL을 설정해 보자. ACL 설정이 꼭 필요한 것은 아니지만 IPsec VPN의 동작을 확인하는데 도움이 된다.

R2의 ACL

```
R2(config)# ip access-list extended ACL-INBOUND
R2(config-ext-nacl)# permit udp host 1.1.34.4 eq 500 host 1.1.23.2 eq 500
R2(config-ext-nacl)# permit udp host 1.1.35.5 eq 500 host 1.1.23.2 eq 500
R2(config-ext-nacl)# permit esp host 1.1.34.4 host 1.1.23.2
R2(config-ext-nacl)# permit esp host 1.1.35.5 host 1.1.23.2
R2(config-ext-nacl)# exit

R2(config)# interface f0/0.23
R2(config-subif)# ip access-group ACL-INBOUND in
```

ACL은 R4, R5가 전송하는 ISAKMP 패킷 및 ESP 패킷을 허용한다. 이제, 순수 IPsec VPN을 설정할 네트워크가 구성되었다.

순수 IPsec VPN 설정

다음 그림과 같이 인터넷과 연결되는 경계 라우터인 R2, R4, R5에서 순수 IPsec L2L VPN을 설정하여 내부망간의 트래픽을 보호해 보자. 그림과 같이 본지사 내부망 사이의 통신을 위한 VPN을 LAN-to-LAN 또는 L2L VPN이라고 한다.

그림 2-8 IPsec L2L VPN 설정

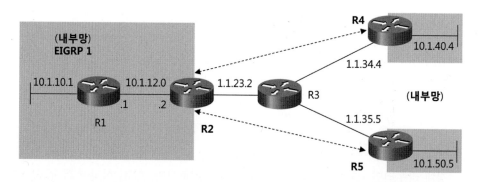

지사 네트워크인 R4의 10.1.40.0/24와 R5의 10.1.50.0/24 네트워크 사이의 통신도 본사 라우터인 R2를 통하도록 설정한다.

기본적인 순수 IPsec L2L VPN을 설정하는 순서는 다음과 같다.

1) IKE 제1단계 정책을 설정한다.

2) IKE 제2단계 정책을 설정한다.

3) 크립토 맵을 만들고 인터페이스에 적용한다.

IKE 제1단계 정책 설정

먼저, **crypto isakmp policy** 명령어를 사용하여 IKE(internet key exchange) 제1
단계 정책을 설정한다. IKE 제1단계 정책을 ISAKMP 정책이라고도 한다. IKE 제1단
계는 상대에 대한 인증 작업을 하고, 보안성이 없는 네트워크를 통하여 송수신되는
패킷에 대해 암호화, 무결성 확인 등을 통하여 보안성을 가진 네트워크로 변경하는
단계이다. 이렇게 IKE 제1단계를 거쳐 보안성을 가진 네트워크로 변경되면 이를 통하
여 IKE 제2단계가 동작한다.

IKE 제1단계의 보안정책 협상 내용을 보호하기 위하여 패킷의 암호화 및 무결성
확인 방식을 지정한다. 마찬가지로 나중에 IKE 제2단계에서도 실제 데이터를 보호하
기 위한 패킷의 암호화 및 무결성 확인 방식을 지정하는데, 이 두가지는 별개이다.
즉, IKE 제1단계에서는 암호화 알고리듬으로 3DES를 사용하고, IKE 제2단계에서는
AES를 사용할 수 있다.

IKE 정책을 설정할 때 사용하는 명령어는 대부분 **crypto isakmp**로 시작한다. 또,
IKE 정책의 동작을 확인할 때 사용하는 명령어도 대부분 **show crypto isakmp**로
시작한다. 별도로 설정하지 않았을 때 기본적인 IKE 제1단계 정책은 다음과 같다.

예제 2-12 기본적인 IKE 제1단계 정책

```
R4# show crypto isakmp policy

Default IKE policy
Protection suite of priority 65507
        encryption algorithm:   AES - Advanced Encryption Standard (128 bit keys).
        hash algorithm:         Secure Hash Standard
        authentication method:  Rivest-Shamir-Adleman Signature
```

```
              Diffie-Hellman group:      #5 (1536 bit)
              lifetime:                   86400 seconds, no volume limit
     Protection suite of priority 65508
              encryption algorithm:    AES - Advanced Encryption Standard (128 bit keys).
              hash algorithm:            Secure Hash Standard
              authentication method:  Pre-Shared Key
              Diffie-Hellman group:      #5 (1536 bit)
              lifetime:                   86400 seconds, no volume limit
     Protection suite of priority 65509
              encryption algorithm:    AES - Advanced Encryption Standard (128 bit keys).
              hash algorithm:            Message Digest 5
              authentication method:  Rivest-Shamir-Adleman Signature
              Diffie-Hellman group:      #5 (1536 bit)
              lifetime:                   86400 seconds, no volume limit
        (생략)
```

기본적으로 8개의 IKE 제1단계 정책을 지원한다. priority 숫자가 작을수록 우선순위가 높고, 더 강력한 암호화 알고리듬을 사용하여 협상한다.

새로운 정책을 만들어서 사용할 경우, 위의 기본적인 정책들은 모두 사라진다.

예제 2-13 사용자 지정 IKE 제1단계 정책

```
R2# show crypto isakmp policy

Global IKE policy
Protection suite of priority 10
    encryption algorithm:      DES - Data Encryption Standard (56 bit keys).
    hash algorithm:            Secure Hash Standard
    authentication method:  Rivest-Shamir-Adleman Signature
    Diffie-Hellman group:      #1 (768 bit)
    lifetime:                   86400 seconds, no volume limit
```

사용자가 생성한 정책의 기본적인 암호화 알고리듬은 DES를 사용한다. 또, 변조 방지를 위한 무결성 확인을 위해서는 SHA(Secure Hash Standard)를 사용하고, 상대방 인증을 위해서는 RSA 시그니쳐(Rivest-Shamir-Adleman Signature)를 사용한다.

패킷 암호화 및 무결성 확인시 사용할 비밀키를 생성하기 위하여 키 길이 768비트의

디피-헬먼 그룹 1 알고리듬을 사용하며, 이와 같은 ISAKMP SA(security association)의 수명은 86,400초, 즉, 1일로 지정된다.

표 2-1

항목	기본값	사용 가능 값
암호화 알고리듬	DES	DES, 3DES, AES
무결성 확인 알고리듬	SHA1	MD5, SHA1, SHA2
인증 방식	RSA-SIG	Pre-Share, RSA-SIG, RSA-ENCR
대칭키 생성 알고리듬	Diffie-Hellman group 1	Diffie-Hellman group 1, 2, 5
보안정책 수명	86,400 초	60 - 86,400 초

예를 들어, 본사 라우터인 R2에서 암호화 알고리듬은 AES, 인증 방식은 각 VPN 라우터에서 미리 암호를 지정하는 PSK(pre-shared key) 방식, 대칭 비밀키 생성은 디피-헬먼 그룹 2를 사용하도록 설정하는 방법은 다음과 같다.

예제 2-14 IKE 제1단계 정책 설정

```
R2(config)# crypto isakmp policy 10
R2(config-isakmp)# encryption aes
R2(config-isakmp)# authentication pre-share
R2(config-isakmp)# group 2
R2(config-isakmp)# exit
```

IKE 제1단계 정책을 설정할 때 **crypto isakmp policy** 명령어 다음에 1에서 10000 까지의 번호를 지정한다. 이 번호가 낮을수록 우선순위가 높다. 즉, 피어 라우터와 정책을 비교할 때 이 값이 낮은 것부터 먼저 비교하고 양측에 일치하는 정책이 있으면 그것을 사용한다. 피어 라우터간에 보안정책 유효기간 서로 다를 때는 값이 적은 것을 사용한다. 나머지 보안 알고리듬들은 반드시 양측이 일치해야 하며, 일치하지 않으면 피어가 맺어지지 않는다.

설정후 다음과 같이 **show crypto isakmp policy** 명령어를 사용하여 확인해 보면 별도로 설정하지 않은 항목들은 기본값을 사용한다.

예제 2-15 IKE 제1단계 정책 보기

```
R2# show crypto isakmp policy

Global IKE policy
Protection suite of priority 10
    encryption algorithm:    AES - Advanced Encryption Standard (128 bit keys).
    hash algorithm:          Secure Hash Standard
    authentication method:   Pre-Shared Key
    Diffie-Hellman group:    #2 (1024 bit)
    lifetime:                86400 seconds, no volume limit
```

다음과 같이 상대 VPN 라우터 즉, 피어(peer)를 인증하기 위한 암호를 지정한다.

예제 2-16 피어 인증을 위한 암호

```
R2(config)# crypto isakmp key cisco address 1.1.34.4
R2(config)# crypto isakmp key cisco address 1.1.35.5
```

만약, 피어의 IPv4 또는 IPv6 주소 대신 호스트 이름을 사용하려면 다음과 같이 hostname 키워드를 사용한 다음 상대의 호스트 이름을 지정하면 된다.

예제 2-17 호스트 이름 사용시의 암호 지정

```
R2(config)# crypto isakmp key cisco hostname r4.cisco.com
```

만약, 암호 자체를 AES로 암호화시켜 저장하려면 다음과 같이 key config-key password-encrypt 명령어를 사용한다. 이후 입력하는 암호는 길이가 8자 이상이어야 하며, 나중에 암호를 암호화하기 위한 설정을 제거할 때 필요하다. password encryption aes 명령어를 사용하여 암호화하는 방식을 AES로 지정한다.

예제 2-18 암호를 AES로 암호화하기

```
R2(config)# key config-key password-encrypt
New key:
Confirm key:
R2(config)# password encryption aes
```

설정후 확인해 보면 다음과 같이 암호 자체가 암호화되어 있다.

예제 2-19 AES로 암호화된 암호

```
R2# show running-config | include isakmp key
crypto isakmp key 6 DX_[fZY]AH[DHgCRLggTPOTQ[liAAB address 1.1.23.3
crypto isakmp key 6 ]TKaU`ENPOhgHWA\hXATSTbeFXAAAB hostname r4.cisco.com
```

이상으로 기본적인 IKE 제1단계 정책 설정이 끝났다.

IKE 제2단계 정책 설정

IKE 제2단계 정책을 IPsec SA라고도 한다. IKE 제2단계 정책은 IPsec 패킷의 인캡슐레이션 방식, 데이터 암호화 알고리듬, 무결성 확인 알고리듬 종류 등과 보호대상 트래픽을 지정하는 것들이 포함된다.

IKE 제2단계 정책 설정을 위해서 먼저 IPsec으로 보호해야 하는 트래픽을 ACL을 사용하여 지정한다. 이를 위하여 다음과 같이 피어 별로 별개의 ACL을 사용하여 보호대상 트래픽을 지정한다.

예제 2-20 보호대상 트래픽 지정

```
R2(config)# ip access-list extended R4
R2(config-ext-nacl)# permit ip 10.1.10.0 0.0.0.255 10.1.40.0 0.0.0.255
R2(config-ext-nacl)# permit ip 10.1.12.0 0.0.0.255 10.1.40.0 0.0.0.255
R2(config-ext-nacl)# permit ip 10.1.50.0 0.0.0.255 10.1.40.0 0.0.0.255
R2(config-ext-nacl)# exit

R2(config)# ip access-list extended R5
R2(config-ext-nacl)# permit ip 10.1.10.0 0.0.0.255 10.1.50.0 0.0.0.255
```

```
R2(config-ext-nacl)# permit ip 10.1.12.0 0.0.0.255 10.1.50.0 0.0.0.255
R2(config-ext-nacl)# permit ip 10.1.40.0 0.0.0.255 10.1.50.0 0.0.0.255
R2(config-ext-nacl)# exit
```

이번에는 다음과 같이 IKE 제2단계 SA 보안 알고리듬을 지정한다.

예제 2-21 IKE 제2단계 SA 보안 알고리듬

```
R2(config)# crypto ipsec transform-set PHASE2-POLICY esp-aes esp-md5-hmac
```

이처럼 IKE 제2단계 정책을 설정하는 명령어는 **crypto ipsec**으로 시작하며, IKE 제2단계 정책의 동작을 확인하는 명령어는 **show crypto ipsec**으로 시작한다. 제2단계에서 패킷의 인캡슐레이션은 ESP(encapsulating security payload)를 사용하고, 암호화 알고리듬은 AES, 무결성 확인 알고리듬은 MD5를 사용하도록 설정했다. 다음과 같이 **show crypto ipsec transform-set** 명령어를 사용하면 현재 설정된 IKE 제2단계 정책, 즉, IPsec SA를 확인할 수 있다.

예제 2-22 IPsec SA 확인하기

```
R2# show crypto ipsec transform-set
Transform set PHASE2-POLICY: { esp-aes esp-md5-hmac  }
   will negotiate = { Tunnel,  },
```

또, 확인 결과에서 기본적인 IPsec 모드가 터널 모드인 것도 알 수 있다.

크립토 맵 만들기

앞서 지정한 보호대상 네트워크, 보안 알고리듬 종류 등을 하나로 묶기 위하여 다음과 같이 크립토 맵(crypto map)을 만든다.

예제 2-23 크립토 맵 만들기

```
R2(config)# crypto map VPN 10 ipsec-isakmp
R2(config-crypto-map)# match address R4
R2(config-crypto-map)# set peer 1.1.34.4
R2(config-crypto-map)# set transform-set PHASE2-POLICY
R2(config-crypto-map)# exit

R2(config)# crypto map VPN 20 ipsec-isakmp
R2(config-crypto-map)# match address R5
R2(config-crypto-map)# set peer 1.1.35.5
R2(config-crypto-map)# set transform-set PHASE2-POLICY
R2(config-crypto-map)# exit
```

마지막으로 앞서 만든 크립토 맵을 다음과 같이 인터페이스에 적용한다.

예제 2-24 크립토 맵을 인터페이스에 적용하기

```
R2(config)# interface f0/0.23
R2(config-subif)# crypto map VPN
```

이상으로 본사 VPN 게이트웨이인 R2에서 기본적인 IPsec L2L VPN 설정이 완료되었다.

지사의 IPsec L2L VPN 설정

이번에는 지사 라우터에서 IPsec L2L VPN을 설정해 보자. R4의 IKE 제1단계 정책 설정은 다음과 같다.

예제 2-25 IKE 제1단계 정책 설정

```
R4(config)# crypto isakmp policy 10
R4(config-isakmp)# encryption aes
R4(config-isakmp)# authentication pre-share
```

```
R4(config-isakmp)# group 2
R4(config-isakmp)# exit
R4(config)# crypto isakmp key cisco address 1.1.23.2
```

피어인 본사와 동일한 IKE 제1단계 보안정책을 사용해야 한다. 즉, AES 알고리듬을
이용하여 패킷을 암호화하고, 인증 방식으로 미리 설정한 암호(PSK)를 사용하며,
암호화 및 무결성 확인을 위한 대칭키를 디피-헬먼 그룹 2 알고리듬을 사용하여 생성
한다. 또, 본사에서 설정한 것과 동일한 암호를 지정하였다.

R4의 IKE 제2단계 정책 설정은 다음과 같다.

예제 2-26 R4의 IKE 제2단계 정책 설정

```
R4(config)# ip access-list extended R2
R4(config-ext-nacl)# permit ip 10.1.40.0 0.0.0.255 10.1.10.0 0.0.0.255
R4(config-ext-nacl)# permit ip 10.1.40.0 0.0.0.255 10.1.12.0 0.0.0.255
R4(config-ext-nacl)# permit ip 10.1.40.0 0.0.0.255 10.1.50.0 0.0.0.255
R4(config-ext-nacl)# exit

R4(config)# crypto ipsec transform-set PHASE2-POLICY esp-aes esp-md5-hmac
R4(cfg-crypto-trans)# exit
```

IPsec으로 보호할 트래픽을 ACL을 이용하여 지정하였다. 본사에서 지정한 내용과
반대로 설정하면 된다. 예를 들어, 본사의 설정에서는 10.1.10.0/24에서
10.1.40.0/24로 가는 패킷을 보호하고, 지사에서는 반대로 10.1.40.0/24에서
10.1.10.0/24로 가는 패킷을 보호하도록 설정한다.

마지막으로 다음과 같이 크립토 맵을 만들고 인터페이스에 적용한다.

예제 2-27 크립토 맵을 만들고 인터페이스에 적용하기

```
R4(config)# crypto map VPN 10 ipsec-isakmp
R4(config-crypto-map)# match address R2
R4(config-crypto-map)# set peer 1.1.23.2
R4(config-crypto-map)# set transform-set PHASE2-POLICY
R4(config-crypto-map)# exit
```

```
R4(config)# interface f0/0.34
R4(config-subif)# crypto map VPN
R4(config-subif)# exit
```

이상과 같이 지사인 R4에서 IPsec L2L VPN을 설정하였다. 다음은 R5에서 IPsec VPN을 설정한다.

예제 2-28 R5의 IPsec VPN 설정

```
R5(config)# crypto isakmp policy 10
R5(config-isakmp)# encryption aes
R5(config-isakmp)# authentication pre-share
R5(config-isakmp)# group 2
R5(config-isakmp)# exit

R5(config)# crypto isakmp key 6 cisco address 1.1.23.2

R5(config)# ip access-list extended R2
R5(config-ext-nacl)# permit ip 10.1.50.0 0.0.0.255 10.1.10.0 0.0.0.255
R5(config-ext-nacl)# permit ip 10.1.50.0 0.0.0.255 10.1.12.0 0.0.0.255
R5(config-ext-nacl)# permit ip 10.1.50.0 0.0.0.255 10.1.40.0 0.0.0.255
R5(config-ext-nacl)# exit

R5(config)# crypto ipsec transform-set PHASE2-POLICY esp-aes esp-md5-hmac
R5(cfg-crypto-trans)# exit

R5(config)# crypto map VPN 10 ipsec-isakmp
R5(config-crypto-map)# match address R2
R5(config-crypto-map)# set peer 1.1.23.2
R5(config-crypto-map)# set transform-set PHASE2-POLICY
R5(config-crypto-map)# exit

R5(config)# interface f0/0.35
R5(config-subif)# crypto map VPN
R5(config-subif)# exit
```

R5의 설정도 R2, R4와 유사하므로 설명은 생략한다. 이상과 같이 IPsec L2L VPN 게이트웨이인 R2, R4, R5의 설정이 완료되었다.

루프백 IP 주소를 이용한 피어 설정

루프백 IP 주소를 이용하여 피어를 설정하면, 피어와 연결되는 다수개의 경로가 있을 때 하나의 경로가 다운되어도 계속적인 VPN 동작이 가능하다. 이를 위하여 다음과 같이 외부망에서 라우팅 가능한 IP 주소를 루프백 인터페이스에 부여한다.

예제 2-29 루프백 주소를 이용한 피어 설정

```
R2(config)# interface lo0
R2(config-if)# ip address 1.1.2.2 255.255.255.0
R2(config)# crypto isakmp key 6 cisco address 1.1.4.4

R2(config)# crypto map VPN local-address loopback 0
R2(config)# crypto map VPN 10 ipsec-isakmp
R2(config-crypto-map)# set peer 1.1.4.4
R2(config-crypto-map)# exit

R2(config)# interface f0/0.23
R2(config-subif)# crypto map VPN
```

그런 다음, 크립토 맵을 만들 때 crypto map VPN local-address loopback 0 명령어를 사용하여 VPN 세션의 출발지 주소가 루프백에 설정된 것임을 알려주면 된다.

IPsec L2L VPN 동작 확인

이제, IPsec L2L VPN의 동작을 확인해 보자. 먼저, 다음과 같이 R2에서 clear access-list counters 명령어를 사용하여 ACL의 통계를 초기화시킨다.

예제 2-30 ACL 통계 초기화

```
R2# clear access-list counters
```

R2에서 다음과 같이 show crypto isakmp peers 명령어를 사용하여 확인해 보면 피어가 없다.

예제 2-31 피어 확인

```
R2# show crypto isakmp peers

R2#
```

본사 내부 라우터인 R1에서 지사의 내부망인 10.1.40.4로 핑을 해보면 성공한다.

예제 2-32 핑 테스트

```
R1# ping 10.1.40.4

Type escape sequence to abort.
Sending 5, 100-byte ICMP Echos to 10.1.40.4, timeout is 2 seconds:
.!!!!
Success rate is 80 percent (4/5), round-trip min/avg/max = 72/133/232 ms
```

즉, R2가 10.1.12.1에서 10.1.40.4로 전송되는 패킷을 IPsec 터널로 전송하고, R4
도 IPsec 터널로 응답했다. R2에서 다시 **show crypto isakmp peers** 명령어를
사용하여 확인해 보면 다음과 같이 R4의 주소인 1.1.34.4가 피어로 등록된다.

예제 2-33 1.1.34.4가 피어로 등록

```
R2# show crypto isakmp peers
Peer: 1.1.34.4 Port: 500 Local: 1.1.23.2
 Phase1 id: 1.1.34.4
```

다음과 같이 **show crypto isakmp sa** 명령어를 사용하여 확인해 보면 상태가
'QM_IDLE'로 표시되면 ISAKMP가 정상적으로 동작하여 피어가 맺어졌음을 의미한
다. 피어 중에서 세션을 먼저 시작하는 측이 출발지(src) 주소로 표시되고 상대가
목적지(dst) 주소로 표시된다.

예제 2-34 ISAKMP SA 확인

```
R2# show crypto isakmp sa
IPv4 Crypto ISAKMP SA
dst              src              state          conn-id  slot  status
1.1.34.4         1.1.23.2         QM_IDLE         1005     0   ACTIVE
```

다음과 같이 **show crypto ipsec sa** 명령어를 사용하여 확인해 보면 보호대상 트래픽 별로 ESP 포맷으로 인캡슐레이션되고, 암호화되며, 무결성 확인을 위해 해시 코드를 추가하여 전송한 패킷의 수가 표시된다. 반대로 상대측에서 수신하여 디캡슐레이션, 복호화 및 무결성 확인 과정을 거친 패킷 수도 표시된다.

예제 2-35 IPsec SA 확인

```
R2# show crypto ipsec sa

interface: FastEthernet0/0.23
    Crypto map tag: VPN, local addr 1.1.23.2
     (생략)

   protected vrf: (none)
   local  ident (addr/mask/prot/port): (10.1.12.0/255.255.255.0/0/0)
   remote ident (addr/mask/prot/port): (10.1.40.0/255.255.255.0/0/0)
   current_peer 1.1.34.4 port 500
     PERMIT, flags={origin_is_acl,}
    #pkts encaps: 4, #pkts encrypt: 4, #pkts digest: 4
    #pkts decaps: 4, #pkts decrypt: 4, #pkts verify: 4
    #pkts compressed: 0, #pkts decompressed: 0
    #pkts not compressed: 0, #pkts compr. failed: 0
    #pkts not decompressed: 0, #pkts decompress failed: 0
    #send errors 1, #recv errors 0

     local crypto endpt.: 1.1.23.2, remote crypto endpt.: 1.1.34.4
     path mtu 1500, ip mtu 1500, ip mtu idb FastEthernet0/0.23
     current outbound spi: 0x6B011CF6(1795235062)

     inbound esp sas:
      spi: 0x491E1CA7(1226710183)
        transform: esp-aes esp-md5-hmac ,
        in use settings ={Tunnel, }
        conn id: 31, flow_id: SW:31, crypto map: VPN
        sa timing: remaining key lifetime (k/sec): (4458915/3109)
```

```
          IV size: 16 bytes
          replay detection support: Y
          Status: ACTIVE

     inbound ah sas:

     inbound pcp sas:

     outbound esp sas:
      spi: 0x6B011CF6(1795235062)
         transform: esp-aes esp-md5-hmac ,
         in use settings ={Tunnel, }
         conn id: 32, flow_id: SW:32, crypto map: VPN
         sa timing: remaining key lifetime (k/sec): (4458915/3109)
         IV size: 16 bytes
         replay detection support: Y
         Status: ACTIVE

     outbound ah sas:

     outbound pcp sas:
      (생략)
```

다음과 같이 show crypto session detail 명령어를 사용하여 확인해 보면 각 SA별
암호화 및 복호화된 패킷 수를 알 수 있다.

예제 2-36 크립토 접속 확인

```
R2# show crypto session detail
Crypto session current status

Code: C - IKE Configuration mode, D - Dead Peer Detection
K - Keepalives, N - NAT-traversal, X - IKE Extended Authentication
F - IKE Fragmentation

Interface: FastEthernet0/0.23
Uptime: 00:00:08
Session status: UP-ACTIVE
Peer: 1.1.34.4 port 500 fvrf: (none) ivrf: (none)
      Phase1_id: 1.1.34.4
      Desc: (none)
  IKE SA: local 1.1.23.2/500 remote 1.1.34.4/500 Active
```

```
            Capabilities:(none) connid:1006 lifetime:23:59:50
    IKE SA: local 1.1.23.2/500 remote 1.1.34.4/500 Inactive
            Capabilities:(none) connid:1005 lifetime:0
    IPSEC FLOW: permit ip 10.1.10.0/255.255.255.0 10.1.40.0/255.255.255.0
        Active SAs: 0, origin: crypto map
        Inbound:  #pkts dec'ed 0 drop 0 life (KB/Sec) 0/0
        Outbound: #pkts enc'ed 0 drop 0 life (KB/Sec) 0/0
    IPSEC FLOW: permit ip 10.1.12.0/255.255.255.0 10.1.40.0/255.255.255.0
        Active SAs: 2, origin: crypto map
        Inbound:  #pkts dec'ed 9 drop 0 life (KB/Sec) 4538655/3591
        Outbound: #pkts enc'ed 9 drop 1 life (KB/Sec) 4538655/3591
    (생략)
```

다음과 같이 show crypto engine connections active 명령어를 사용하여 확인해 보면 앞서 show crypto ipsec sa 명령어로 확인할 수 있는 각 접속 ID별 암호화 및 복호화된 패킷 수를 간단히 알 수 있다.

예제 2-37 크립토 접속 확인

```
R2# show crypto engine connections active
Crypto Engine Connections

  ID  Interface   Type   Algorithm        Encrypt   Decrypt  IP-Address
  31  Fa0/0.23    IPsec  AES+MD5             0         4      1.1.23.2
  32  Fa0/0.23    IPsec  AES+MD5             4         0      1.1.23.2
1005  Fa0/0.23    IKE    SHA+AES             0         0      1.1.23.2
```

다음과 같이 show ip access-lists 명령어를 사용하여 ACL의 적용 통계를 보면 R4가 R2로 전송한 ISAKMP 패킷 (UDP 포트 500)의 수와 ESP 패킷의 수를 확인할 수 있다.

예제 2-38 ACL 통계 확인

```
R2# show ip access-lists
Extended IP access list ACL-INBOUND
    20 permit udp host 1.1.34.4 eq isakmp host 1.1.23.2 eq isakmp (12 matches)
    30 permit udp host 1.1.35.5 eq isakmp host 1.1.23.2 eq isakmp
    40 permit esp host 1.1.34.4 host 1.1.23.2 (4 matches)
    50 permit esp host 1.1.35.5 host 1.1.23.2
```

```
Extended IP access list R4
    10 permit ip 10.1.10.0 0.0.0.255 10.1.40.0 0.0.0.255
    20 permit ip 10.1.12.0 0.0.0.255 10.1.40.0 0.0.0.255 (9 matches)
    30 permit ip 10.1.50.0 0.0.0.255 10.1.40.0 0.0.0.255
Extended IP access list R5
    10 permit ip 10.1.10.0 0.0.0.255 10.1.50.0 0.0.0.255
    20 permit ip 10.1.12.0 0.0.0.255 10.1.50.0 0.0.0.255
    30 permit ip 10.1.40.0 0.0.0.255 10.1.50.0 0.0.0.255
```

다음과 같이 R5에서 R2로 핑을 하여 IPsec이 동작하도록 한다.

예제 2-39 핑 테스트

```
R5# ping 10.1.10.1 source 10.1.50.5

Type escape sequence to abort.
Sending 5, 100-byte ICMP Echos to 10.1.10.1, timeout is 2 seconds:
Packet sent with a source address of 10.1.50.5
.!!!!
Success rate is 80 percent (4/5), round-trip min/avg/max = 120/197/268 ms
```

다시, 다음과 같이 **show ip access-lists** 명령어를 사용하여 ACL의 적용 통계를 보면 R5가 R2로 전송한 ISAKMP 패킷 (UDP 포트 500)의 수와 ESP 패킷의 수를 확인할 수 있다.

예제 2-40 ACL 확인

```
R2# show ip access-lists
Extended IP access list ACL-INBOUND
    10 permit ospf host 1.1.23.3 any (168 matches)
    20 permit udp host 1.1.34.4 eq isakmp host 1.1.23.2 eq isakmp (12 matches)
    30 permit udp host 1.1.35.5 eq isakmp host 1.1.23.2 eq isakmp (15 matches)
    40 permit esp host 1.1.34.4 host 1.1.23.2 (4 matches)
    50 permit esp host 1.1.35.5 host 1.1.23.2 (4 matches)
Extended IP access list R4
    10 permit ip 10.1.10.0 0.0.0.255 10.1.40.0 0.0.0.255
    20 permit ip 10.1.12.0 0.0.0.255 10.1.40.0 0.0.0.255 (9 matches)
    30 permit ip 10.1.50.0 0.0.0.255 10.1.40.0 0.0.0.255
Extended IP access list R5
    10 permit ip 10.1.10.0 0.0.0.255 10.1.50.0 0.0.0.255 (8 matches)
```

```
20  permit ip 10.1.12.0 0.0.0.255 10.1.50.0 0.0.0.255
30  permit ip 10.1.40.0 0.0.0.255 10.1.50.0 0.0.0.255
```

다음과 같이 R2에서 다른 라우터의 내부망이 아닌 인터넷으로 핑을 해보면 실패한다.

예제 2-41 핑 테스트

```
R2# ping 1.1.23.3

Type escape sequence to abort.
Sending 5, 100-byte ICMP Echos to 1.1.23.3, timeout is 2 seconds:
.....
Success rate is 0 percent (0/5)
```

그 이유는 1.1.23.2에서 1.1.23.3으로 전송되는 패킷은 IPsec으로 보호해야 하는 패킷이 아니므로 그냥 전송된다. 이 패킷이 다시 내부로 돌아올 때도 ESP로 인캡슐레이션된 것이 아니므로 ACL-INBOUND에 의해서 차단된다. 다음과 같이 R2의 ACL에서 목적지 IP 주소가 1.1.23.2인 ICMP 패킷을 허용해 보자.

예제 2-42 ICMP 패킷 허용

```
R2(config)# ip access-list extended ACL-INBOUND
R2(config-ext-nacl)# permit icmp any host 1.1.23.2
R2(config-ext-nacl)# exit
```

이제, R2에서 1.1.23.3으로 핑이 된다.

예제 2-43 핑 테스트

```
R2# ping 1.1.23.3

Type escape sequence to abort.
Sending 5, 100-byte ICMP Echos to 1.1.23.3, timeout is 2 seconds:
!!!!!
Success rate is 100 percent (5/5), round-trip min/avg/max = 8/41/92 ms
```

ISAKMP SA와 IPsec SA를 모두 지우려면 다음과 같이 clear crypto session

remote 명령어를 사용한다. 그러면, IPsec VPN 접속이 끊긴다.

예제 2-44 IPsec 세션 끊기

```
R2# clear crypto session remote 1.1.34.4
```

잠시후 show crypto isakmp sa 명령어를 사용하여 확인해 보면 다음과 같이 피어 주소 1.1.34.4에 대한 ISAKMP SA가 존재하지 않는다.

예제 2-45 1.1.34.4에 대한 ISAKMP SA가 없다

```
R2# show crypto isakmp sa
IPv4 Crypto ISAKMP SA
dst              src              state          conn-id  slot  status
1.1.23.2         1.1.35.5         QM_IDLE        1006     0  ACTIVE
```

ISAKMP가 동작하는 것을 실시간으로 확인하려면 다음과 같이 debug crypto isakmp 명령어를 사용한다.

예제 2-46 ISAKMP 디버깅

```
R2# debug crypto isakmp
```

다음과 같이 R1에서 R4의 내부망으로 핑을 때려 IPsec으로 보호해야 하는 트래픽을 발생시킨다.

예제 2-47 IPsec 트래픽 발생

```
R1# ping 10.1.40.4

Type escape sequence to abort.
Sending 5, 100-byte ICMP Echos to 10.1.40.4, timeout is 2 seconds:
.!!!!
Success rate is 80 percent (4/5), round-trip min/avg/max = 32/175/324 ms
```

R2에서의 ISAKMP 동작 디버깅 결과를 다음과 같이 일부만 표시하였다.

예제 2-48 ISAKMP 동작 디버깅

```
R2#
ISAKMP:(0):found peer pre-shared key matching 1.1.34.4   ①

ISAKMP:(0): beginning Main Mode exchange   ②
ISAKMP:(0):Checking ISAKMP transform 1 against priority 10 policy
ISAKMP:        encryption AES-CBC
ISAKMP:        keylength of 128
ISAKMP:        hash SHA
ISAKMP:        default group 2
ISAKMP:        auth pre-share
ISAKMP:        life type in seconds
ISAKMP:        life duration (VPI) of  0x0 0x1 0x51 0x80

ISAKMP:(1008):beginning Quick Mode exchange, M-ID of -1458007633   ③
ISAKMP:(1008):Checking IPSec proposal 1
ISAKMP: transform 1, ESP_AES
ISAKMP:    attributes in transform:
ISAKMP:        encaps is 1 (Tunnel)
ISAKMP:        SA life type in seconds
ISAKMP:        SA life duration (basic) of 3600
ISAKMP:        SA life type in kilobytes
ISAKMP:        SA life duration (VPI) of  0x0 0x46 0x50 0x0
ISAKMP:        authenticator is HMAC-MD5
ISAKMP:        key length is 128
ISAKMP:(1008):atts are acceptable.

ISAKMP:(1008):Old State = IKE_QM_I_QM1  New State = IKE_QM_PHASE2_COMPLE
TE
```

① 미리 설정된 인증용 암호 (PSK)로 피어를 인증한다.

② IKE 제1단계에서 사용할 보안정책을 협상하여 결정한다.

③ IKE 제2단계에서 사용할 보안정책을 협상하여 결정한다.

IPsec 동작과정을 확인하려면 다음과 같이 **debug crypto ipsec** 명령어를 사용한다.

예제 2-49 IPsec 디버깅

```
R2# clear crypto session remote 1.1.34.4
R2# un all
R2# debug crypto ipsec
```

R1에서 R4의 내부망인 10.1.40.4로 핑을 때려 IPsec으로 보호해야 하는 트래픽을 발생시킨다. 이후, R2에서의 IPsec 동작 디버깅 결과를 다음과 같이 일부만 표시하면 다음과 같다. IPsec SA는 입력 및 출력 방향에 따라 별개로 생성된다.

예제 2-50 IPsec 동작 디버깅 결과

```
R2#
IPSEC(sa_request): ,
  (key eng. msg.) OUTBOUND local= 1.1.23.2, remote= 1.1.34.4,
    local_proxy= 10.1.12.0/255.255.255.0/0/0 (type=4),
    remote_proxy= 10.1.40.0/255.255.255.0/0/0 (type=4),
    protocol= ESP, transform= esp-aes esp-md5-hmac  (Tunnel),
    lifedur= 3600s and 4608000kb,
    spi= 0x0(0), conn_id= 0, keysize= 128, flags= 0x0

IPSEC(create_sa): sa created,
  (sa) sa_dest= 1.1.23.2, sa_proto= 50,
    sa_spi= 0x62223D9(102900697),
    sa_trans= esp-aes esp-md5-hmac , sa_conn_id= 39
      (생략)
```

이상으로 기본적인 IPsec L2L VPN을 설정하고, 동작하는 방식을 살펴보았다.

동적 크립토 맵

동적인 크립토 맵(dynamic crypto map)을 사용하면 각 피어에 대해서 일일이 미리 크립토 맵을 만들 필요가 없어 대단히 편리하다. 또, 원격 피어가 xDSL이나 케이블 망과 같이 유동 IP 주소를 사용하여 미리 IP 주소를 사용한 크립토 맵을 만들 수 없는 경우, 동적 크립토 맵을 사용하면 인증 과정을 거친후 원격 피어가 전송하는 IP 주소 등을 이용하여 일시적인 크립토 맵을 만들 수 있다.

동적 크립토 맵을 사용하면 본사에서 먼저 터널 구성을 할 수 없다. 따라서, 한 번 원격 피어가 구성한 터널이 끊어지지 않도록 IP SLA(sevice level agreement), NTP(network time protocol), 시스코 콜 매니저(call manager) 등과 같이 주기적인 트래픽을 발생시키는 기능이나 프로토콜을 사용하여야 한다.

테스트 네트워크 구축

동적 크립토 맵을 사용하기 위하여 다음과 같은 테스트 네트워크를 구축한다. 앞 절의 네트워크 구성과 다른 점은 지사 라우터인 R4, R5의 외부 인터페이스 IP 주소가 DHCP 서버인 R3에서 받아와서 사용하는 유동 IP라는 것이다.

그림 2-9 테스트 네트워크

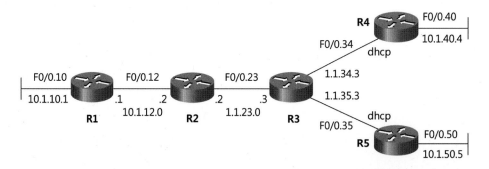

앞 절에서 설정했던 것과 동일한 방법으로 테스트용 네트워크를 구성한다.

1) SW1에서 VLAN을 만들고, 라우터와 연결되는 인터페이스를 트렁크로 설정한다.

2) 각 라우터의 인터페이스에 IP 주소를 부여한다.

3) 경계 라우터인 R2에서 R3 방향으로 정적인 디폴트 루트를 설정한다. 지사의 경계 라우터인 R4, R5는 나중에 DHCP를 통하여 디폴트 루트를 광고받으므로 설정할 필요가 없다.

4) 본사 라우터인 R1, R2에서 EIGRP 1을 설정한다. 이때, R2에서 정적인 경로를 EIGRP로 재분배한다.

설정이 끝나면 R2의 라우팅 테이블에 다음과 같이 본사 내부 네트워크인 10.1.10.0/24 가 인스톨되는지 확인한다.

예제 2-51 R2의 라우팅 테이블

```
R2# show ip route
    (생략)

Gateway of last resort is 1.1.23.3 to network 0.0.0.0

    1.0.0.0/24 is subnetted, 1 subnets
C       1.1.23.0 is directly connected, FastEthernet0/0.23
    10.0.0.0/24 is subnetted, 2 subnets
D       10.1.10.0 [90/30720] via 10.1.12.1, 00:09:23, FastEthernet0/0.12
C       10.1.12.0 is directly connected, FastEthernet0/0.12
S*   0.0.0.0/0 [1/0] via 1.1.23.3
```

이번에는 R3에서 R4, R5에게 IP 주소를 부여하기 위하여 다음과 같이 DHCP 서버를 구성한다.

예제 2-52 DHCP 서버 구성

```
R3(config)# ip dhcp pool POOL-34
R3(dhcp-config)# default-router 1.1.34.3
R3(dhcp-config)# network 1.1.34.0 255.255.255.0
R3(dhcp-config)# exit

R3(config)# ip dhcp pool POOL-35
R3(dhcp-config)# default-router 1.1.35.5
```

```
R3(dhcp-config)# network 1.1.35.0 255.255.255.0
R3(dhcp-config)# exit
```

다음과 같이 R4, R5가 유동 IP를 사용하도록 설정한다.

예제 2-53 유동 IP 사용 설정

```
R4(config)# interface f0/0.34
R4(config-subif)# ip address dhcp

R5(config)# interface f0/0.35
R5(config-subif)# ip address dhcp
```

잠시후 R4, R5에서 다음과 같이 IP 주소를 할당받는지 확인한다.

예제 2-54 IP 주소 할당 확인

```
R4# show ip interface brief
Interface            IP-Address      OK?  Method   Status        Protocol
FastEthernet0/0      unassigned      YES  unset    up            up
FastEthernet0/0.34   1.1.34.1        YES  DHCP     up            up
FastEthernet0/0.40   10.1.40.4       YES  manual   up            up
```

또, DHCP를 통하여 디폴트 루트도 받아왔는지 확인한다.

예제 2-55 DHCP를 통하여 수신한 디폴트 루트

```
R5# show ip route
      (생략)


Gateway of last resort is 1.1.35.5 to network 0.0.0.0

      1.0.0.0/24 is subnetted, 1 subnets
C        1.1.35.0 is directly connected, FastEthernet0/0.35
      10.0.0.0/24 is subnetted, 1 subnets
C        10.1.50.0 is directly connected, FastEthernet0/0.50
S*    0.0.0.0/0 [254/0] via 1.1.35.5
```

이제, 동적 크립토 맵 (dynamic crypto map)을 설정하고 동작을 확인할 준비가
완료되었다.

동적 크립토 맵을 이용한 IPsec VPN 구성

다음 그림과 같이 지사의 외부 네트워크 IP 주소를 DHCP로 할당받는 환경에서 본사
의 IPsec VPN 게이트웨이 라우터인 R2에서 동적 크립토 맵을 이용하여 IPsec VPN
을 구성해 보자.

그림 2-10 동적 크립토 맵을 이용한 IPsec VPN

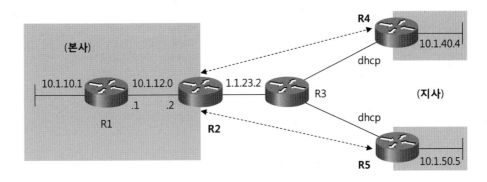

이를 위한 R2의 설정은 다음과 같다.

예제 2-56 R2의 설정

```
① R2(config)# crypto isakmp policy 10
   R2(config-isakmp)# encryption 3des
   R2(config-isakmp)# authentication pre-share
   R2(config-isakmp)# hash md5
   R2(config-isakmp)# group 2
   R2(config-isakmp)# exit

② R2(config)# crypto isakmp key cisco address 0.0.0.0 0.0.0.0

③ R2(config)# ip access-list extended ACL-VPN-TRAFFIC
   R2(config-ext-nacl)# permit ip 10.1.0.0 0.0.255.255 10.1.40.0 0.0.0.255
   R2(config-ext-nacl)# permit ip 10.1.0.0 0.0.255.255 10.1.50.0 0.0.0.255
   R2(config-ext-nacl)# exit
```

```
④ R2(config)# crypto ipsec transform-set PHASE2 esp-aes esp-sha-hmac
   R2(cfg-crypto-trans)# exit

⑤ R2(config)# crypto dynamic-map DMAP 10
   R2(config-crypto-map)# match address ACL-VPN-TRAFFIC
   R2(config-crypto-map)# set transform-set PHASE2
   R2(config-crypto-map)# exit

⑥ R2(config)# crypto map VPN 10 ipsec-isakmp dynamic DMAP

⑦ R2(config)# interface f0/0.23
   R2(config-subif)# crypto map VPN
```

① ISAKMP 폴리시를 설정한다.

② 피어 인증을 위해 사용할 PSK(pre-shared key)를 지정한다.

③ IPsec으로 보호할 트래픽을 지정한다.

④ IPsec SA를 지정한다.

⑤ 동적인 크립토 맵을 만든다. 동적 크립토 맵은 피어 주소 등 나중에 피어와 연결된 후 채워질 정보들이 빠져있다.

⑥ 정적 크립토 맵에서 앞서 만든 동적 크립토 맵을 참조한다.

⑦ 인터페이스에 정적 크립토 맵을 적용한다.

유동 IP를 사용하는 지사 라우터인 R4의 설정은 다음과 같다. 지사에서는 정적 크립토 맵을 사용하며, 앞 절에서 사용한 정적 크립토 맵들과 내용이 동일하다.

예제 2-57 R4의 설정

```
R4(config)# crypto isakmp policy 10
R4(config-isakmp)# encryption 3des
R4(config-isakmp)# authentication pre-share
R4(config-isakmp)# hash md5
R4(config-isakmp)# group 2
R4(config-isakmp)# exit
```

```
R4(config)# crypto isakmp key cisco address 1.1.23.2

R4(config)# ip access-list ext ACL-VPN-TRAFFIC
R4(config-ext-nacl)# permit ip 10.1.40.0 0.0.0.255 10.1.0.0 0.0.255.255
R4(config-ext-nacl)# exit

R4(config)# crypto ipsec transform-set PHASE2 esp-aes esp-sha-hmac
R4(cfg-crypto-trans)# exit

R4(config)# crypto map VPN 10 ipsec-isakmp
R4(config-crypto-map)# match address ACL-VPN-TRAFFIC
R4(config-crypto-map)# set peer 1.1.23.2
R4(config-crypto-map)# set transform-set PHASE2
R4(config-crypto-map)# exit

R4(config)# interface f0/0.34
R4(config-subif)# crypto map VPN
```

유동 IP를 사용하는 지사 라우터인 R5의 설정은 다음과 같다.

예제 2-58 R5의 설정

```
R5(config)# crypto isakmp policy 10
R5(config-isakmp)# encryption 3des
R5(config-isakmp)# authentication pre-share
R5(config-isakmp)# hash md5
R5(config-isakmp)# group 2
R5(config-isakmp)# exit

R5(config)# crypto isakmp key cisco address 1.1.23.2

R5(config)# ip access-list extended ACL-VPN-TRAFFIC
R5(config-ext-nacl)# permit ip 10.1.50.0 0.0.0.255 10.1.0.0 0.0.255.255
R5(config-ext-nacl)# exit

R5(config)# crypto ipsec transform-set PHASE2 esp-aes esp-sha-hmac
R5(cfg-crypto-trans)# exit

R5(config)# crypto map VPN 10 ipsec-isakmp
R5(config-crypto-map)# match address ACL-VPN-TRAFFIC
R5(config-crypto-map)# set peer 1.1.23.2
R5(config-crypto-map)# set transform-set PHASE2
```

```
R5(config-crypto-map)# exit

R5(config)# interface f0/0.35
R5(config-subif)# crypto map VPN
```

이상으로 동적 크립토 맵을 이용한 IPsec VPN 구성이 완료되었다.

동적 크립토 맵을 이용한 IPsec VPN 동작 확인

동적인 크립토 맵을 사용하는 본사 라우터에서 먼저 IPsec 세션을 시작할 수 없다.
다음과 같이 본사 라우터에서 지사로 핑이 되지 않는다.

예제 2-59 핑 테스트

```
R1# ping 10.1.40.4

Type escape sequence to abort.
Sending 5, 100-byte ICMP Echos to 10.1.40.4, timeout is 2 seconds:
.....
Success rate is 0 percent (0/5)
```

지사에서 먼저 통신을 시작하면 된다.

예제 2-60 지사에서 통신 시작하기

```
R4# ping 10.1.10.1 source 10.1.40.4
```

이렇게 세션이 맺어지면 이제 본사에서 지사로도 핑이 된다.

예제 2-61 본사에서의 핑 테스트

```
R1# ping 10.1.40.4

Type escape sequence to abort.
Sending 5, 100-byte ICMP Echos to 10.1.40.4, timeout is 2 seconds:
!!!!!
```

```
Success rate is 100 percent (5/5), round-trip min/avg/max = 24/151/264 ms
```

다음과 같이 지사 사이에 핑이 되지 않는다.

예제 2-62 지사 사이의 핑

```
R4# ping 10.1.50.5 source 10.1.40.4
```

그 이유는 R5와 본사 사이에 IPsec 세션이 구성되지 않았기 때문이다. 다음과 같이
R5에서 본사로 핑을 한다.

예제 2-63 R5에서 본사로 핑하기

```
R5# ping 10.1.10.1 source 10.1.50.5
```

다시 지사 사이에 핑을 해보면 이번에는 성공한다.

예제 2-64 지사간의 핑

```
R4# ping 10.1.50.5 source 10.1.40.4

Type escape sequence to abort.
Sending 5, 100-byte ICMP Echos to 10.1.50.5, timeout is 2 seconds:
Packet sent with a source address of 10.1.40.4
!!!!!
Success rate is 100 percent (5/5), round-trip min/avg/max = 204/304/436 ms
```

R2에서 **show crypto map** 명령어를 사용하여 확인해보면 다음과 같이 현재의 피어
주소 등 필요한 내용이 완성된 임시 크립토 맵이 만들어져 있는 것을 알 수 있다.

예제 2-65 임시 크립토 맵

```
R2# show crypto map
Crypto Map "VPN" 10 ipsec-isakmp
        Dynamic map template tag: DMAP

Crypto Map "VPN" 65536 ipsec-isakmp
        Peer = 1.1.35.1
        Extended IP access list
            access-list  permit ip 10.1.0.0 0.0.255.255 10.1.50.0 0.0.0.255
            dynamic (created from dynamic map DMAP/10)
        Current peer: 1.1.35.1
        Security association lifetime: 4608000 kilobytes/3600 seconds
        PFS (Y/N): N
        Transform sets={
                PHASE2,
        }

Crypto Map "VPN" 65537 ipsec-isakmp
        Peer = 1.1.34.1
        Extended IP access list
            access-list  permit ip 10.1.0.0 0.0.255.255 10.1.40.0 0.0.0.255
            dynamic (created from dynamic map DMAP/10)
        Current peer: 1.1.34.1
        Security association lifetime: 4608000 kilobytes/3600 seconds
        PFS (Y/N): N
        Transform sets={
                PHASE2,
        }
        Interfaces using crypto map VPN:
                FastEthernet0/0.23
```

이처럼 동적인 크립토 맵을 사용하면 지사에서 유동 IP를 사용하는 환경을 지원할 뿐만 아니라 지사가 추가되어도 본사에서 추가적인 ACL 정도만 조정해주면 되므로 편리하다. 이상으로 순수 IPsec VPN을 설정하고 동작을 확인해 보았다.

제3장
순수 IPsec VPN
이중화

HSRP와 RRI를 이용한 VPN 이중화

이번 장에서는 장애에 대비하여 순수 IPsec VPN을 이중화하는 방법에 대하여 살펴본다. 순수 IPsec VPN을 이중화할 수 있는 방법은 다음과 같다.

· HSRP와 RRI(reverse route injection)를 이용한 IPsec VPN 이중화

· 다수개의 크립토 피어를 이용한 이중화

· SSO나 SSP를 이용한 이중화

먼저, HSRP와 RRI를 이용하여 IPsec VPN을 이중화해 보자.

테스트 네트워크 구축

IPsec VPN 이중화 구성을 위하여 다음과 같은 테스트 네트워크를 구축한다. 그림에서 R1, R2, R3, R4는 본사 라우터라고 가정하고, R6, R7은 지사 라우터라고 가정한다. 또, R4, R5, R6, R7을 연결하는 구간은 인터넷 또는 외부망이라고 가정한다.

그림 3-1 테스트 네트워크

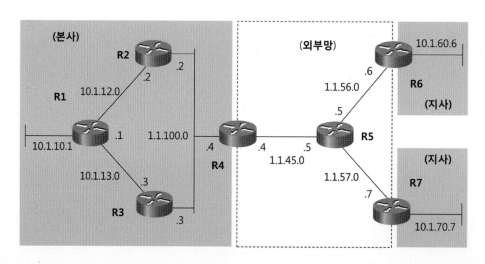

테스트 네트워크 구축을 위하여 다음과 같이 각 라우터의 인터페이스에 IP 주소를 부여한다.

그림 3-2 인터페이스별 IP 주소

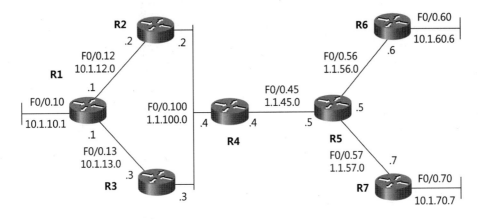

각 라우터에서 F0/0 인터페이스를 서브 인터페이스로 동작시킨다. 서브 인터페이스 번호, 서브넷 번호 및 VLAN 번호를 동일하게 사용한다. 이를 위하여 다음과 같이 SW1에서 VLAN을 만들고, 각 라우터와 연결되는 포트를 트렁크로 동작시킨다.

예제 3-1 SW1 설정

```
SW1(config)# vlan 10
SW1(config-vlan)# vlan 12
SW1(config-vlan)# vlan 13
SW1(config-vlan)# vlan 100
SW1(config-vlan)# vlan 45
SW1(config-vlan)# vlan 56
SW1(config-vlan)# vlan 57
SW1(config-vlan)# vlan 60
SW1(config-vlan)# vlan 70
SW1(config-vlan)# exit

SW1(config)# interface range f1/1 - 7
SW1(config-if-range)# switchport trunk encapsulation dot1q
SW1(config-if-range)# switchport mode trunk
```

이번에는 각 라우터의 인터페이스를 활성화시키고, 서브 인터페이스를 만든 다음 IP 주소를 부여한다. R1의 설정은 다음과 같다.

```
R1(config)# interface f0/0
R1(config-if)# no shut
R1(config-if)# exit

R1(config)# interface f0/0.10
R1(config-subif)# encapsulation dot1q 10
R1(config-subif)# ip address 10.1.10.1 255.255.255.0
R1(config-subif)# exit

R1(config)# interface f0/0.12
R1(config-subif)# encapsulation dot1q 12
R1(config-subif)# ip address 10.1.12.1 255.255.255.0
R1(config-subif)# exit

R1(config)# interface f0/0.13
R1(config-subif)# encapsulation dot1q 13
R1(config-subif)# ip address 10.1.13.1 255.255.255.0
R1(config-subif)# exit
```

R2의 설정은 다음과 같다.

예제 3-3 R2의 설정

```
R2(config)# interface f0/0
R2(config-if)# no shut
R2(config-if)# exit

R2(config)# interface f0/0.12
R2(config-subif)# encapsulation dot1Q 12
R2(config-subif)# ip address 10.1.12.2 255.255.255.0
R2(config-subif)# exit

R2(config)# interface f0/0.100
R2(config-subif)# encapsulation dot1Q 100
R2(config-subif)# ip address 1.1.100.2 255.255.255.0
R2(config-subif)# exit
```

R3의 설정은 다음과 같다.

R3의 설정

```
R3(config)# interface f0/0
R3(config-if)# no shut
R3(config-if)# exit

R3(config)# interface f0/0.13
R3(config-subif)# encapsulation dot1Q 13
R3(config-subif)# ip address 10.1.13.3 255.255.255.0
R3(config-subif)# exit

R3(config)# interface f0/0.100
R3(config-subif)# encapsulation dot1Q 100
R3(config-subif)# ip address 1.1.100.3 255.255.255.0
R3(config-subif)# exit
```

R4의 설정은 다음과 같다.

예제 3-5 R4의 설정

```
R4(config)# interface f0/0
R4(config-if)# no shut
R4(config-if)# exit

R4(config)# interface f0/0.100
R4(config-subif)# encapsulation dot1Q 100
R4(config-subif)# ip address 1.1.100.4 255.255.255.0
R4(config-subif)# exit

R4(config)# interface f0/0.45
R4(config-subif)# encapsulation dot1Q 45
R4(config-subif)# ip address 1.1.45.4 255.255.255.0
R4(config-subif)# exit
```

R5의 설정은 다음과 같다.

예제 3-6 R5의 설정

```
R5(config)# interface f0/0
R5(config-if)# no shut
R5(config-if)# exit

R5(config)# interface f0/0.45
R5(config-subif)# encapsulation dot1Q 45
R5(config-subif)# ip address 1.1.45.5 255.255.255.0
R5(config-subif)# exit

R5(config)# interface f0/0.56
R5(config-subif)# encapsulation dot1Q 56
R5(config-subif)# ip address 1.1.56.5 255.255.255.0
R5(config-subif)# exit
R5(config)# interface f0/0.57
R5(config-subif)# encapsulation dot1Q 57
R5(config-subif)# ip address 1.1.57.5 255.255.255.0
R5(config-subif)# exit
```

R6의 설정은 다음과 같다.

예제 3-7 R6의 설정

```
R6(config)# interface f0/0
R6(config-if)# no shut
R6(config-if)# exit

R6(config)# interface f0/0.56
R6(config-subif)# encapsulation dot1Q 56
R6(config-subif)# ip add 1.1.56.6 255.255.255.0
R6(config-subif)# exit

R6(config)# interface f0/0.60
R6(config-subif)# encapsulation dot1Q 60
R6(config-subif)# ip add 10.1.60.6 255.255.255.0
R6(config-subif)# exit
```

R7의 설정은 다음과 같다.

```
R7(config)# interface f0/0
R7(config-if)# no shut
R7(config-if)# exit

R7(config)# interface f0/0.57
R7(config-subif)# encapsulation dot1Q 57
R7(config-subif)# ip address 1.1.57.7 255.255.255.0
R7(config-subif)# exit

R7(config)# interface f0/0.70
R7(config-subif)# encapsulation dot1Q 70
R7(config-subif)# ip address 10.1.70.7 255.255.255.0
R7(config-subif)# exit
```

라우터의 IP 주소 설정이 끝나면 모든 라우터에서 넥스트 홉 IP 주소까지의 통신을 핑으로 확인한다. 넥스트 홉까지의 통신 확인이 끝나면 다음 그림의 진한 부분에 대해 정적 경로를 설정한다.

그림 3-3 외부망 라우팅

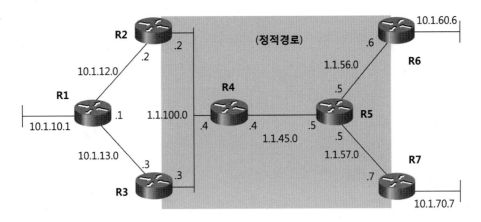

R2, R3에서 R4 방향으로 정적인 디폴트 루트를 설정하고, R4에서 R5 방향으로, R6, R7에서 R5 방향으로도 정적인 디폴트 루트를 설정한다. R5에서는 R4 내부에서 공인 IP 주소로 사용할 1.1.100.0/24 네트워크에 대해서 정적 경로를 설정한다. 각 라우터의 설정은 다음과 같다.

```
R2(config)# ip route 0.0.0.0 0.0.0.0 1.1.100.4
R3(config)# ip route 0.0.0.0 0.0.0.0 1.1.100.4
R4(config)# ip route 0.0.0.0 0.0.0.0 1.1.45.5
R5(config)# ip route 1.1.100.0 255.255.255.0 1.1.45.4
R6(config)# ip route 0.0.0.0 0.0.0.0 1.1.56.5
R7(config)# ip route 0.0.0.0 0.0.0.0 1.1.57.5
```

정적 경로 설정이 끝나면 각 라우터의 라우팅 테이블을 확인하고, 원격지까지의 통신을 핑으로 확인한다. 예를 들어, R2의 라우팅 테이블은 다음과 같다.

예제 3-10 R2의 라우팅 테이블

```
R2# show ip route
    (생략)

Gateway of last resort is 1.1.100.4 to network 0.0.0.0

     1.0.0.0/24 is subnetted, 1 subnets
C       1.1.100.0 is directly connected, FastEthernet0/0.100
     10.0.0.0/24 is subnetted, 1 subnets
C       10.1.12.0 is directly connected, FastEthernet0/0.12
S*   0.0.0.0/0 [1/0] via 1.1.100.4
```

R2에서 R6, R7의 외부 네트워크까지 핑이 되는지를 다음과 같이 확인한다.

예제 3-11 핑 테스트

```
R2# ping 1.1.56.6
R2# ping 1.1.57.7
```

외부망 정적 경로 설정이 끝나면 다음 그림과 같이 R2, R3에서 HSRP를 설정한다. HSRP는 나중에 본사 IPsec VPN 게이트웨이로 사용할 R2, R3의 장애에 대비한 IPsec VPN 이중화를 위하여 사용한다.

그림 3-4 HSRP 설정

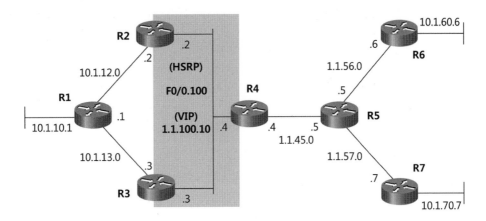

HSRP 그룹 1을 설정하고 이름을 GROUP1로 지정한다. 가상 IP 주소 (VIP, virtual IP)는 1.1.100.10으로 설정하고, R2를 액티브 라우터로 동작시킨다. R2의 각 인터페이스에 장애가 발생하면 R3이 액티브 라우터가 되도록 한다. 이를 위한 R2의 설정은 다음과 같다.

예제 3-12 HSRP 설정

```
R2(config)# interface f0/0.100
R2(config-subif)# standby 1 ip 1.1.100.10
R2(config-subif)# standby 1 priority 105
R2(config-subif)# standby 1 preempt
R2(config-subif)# standby 1 track f0/0.12
R2(config-subif)# standby 1 name GROUP1
R2(config-subif)# exit
```

R3의 HSRP 설정은 다음과 같다.

예제 3-13 R3의 HSRP 설정

```
R3(config)# interface f0/0.100
R3(config-subif)# standby 1 ip 1.1.100.10
R3(config-subif)# standby 1 preempt
R3(config-subif)# standby 1 name GROUP1
R3(config-subif)# exit
```

설정후 다음과 같이 **show standby brief** 명령어를 사용하여 HSRP가 제대로 동작하는지 확인한다.

예제 3-14 HSRP 동작 확인

```
R3# show standby brief

Interface   Grp  Pri  P State     Active     Standby    Virtual IP
Fa0/0.100   1    100  P Standby   1.1.100.2  local      1.1.100.10
```

이번에는 다음 그림과 같이 내부망에서의 라우팅을 설정한다.

그림 3-5 내부망 라우팅

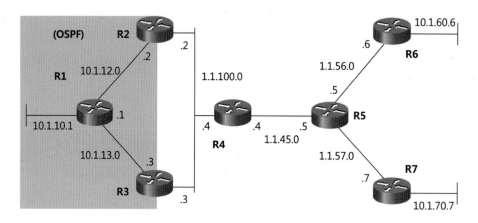

본사의 내부 라우터인 R1, R2, R3에서는 OSPF 에어리어 0을 설정한다. 앞서 R2와 R3에서 R4 방향으로 설정한 디폴트 루트를 OSPF를 통하여 R1에게 광고한다. R1의 라우팅 설정은 다음과 같다.

예제 3-15 R1의 OSPF 설정

```
R1(config)# router ospf 1
R1(config-router)# network 10.1.10.1 0.0.0.0 area 0
R1(config-router)# network 10.1.12.1 0.0.0.0 area 0
R1(config-router)# network 10.1.13.1 0.0.0.0 area 0
```

R2의 라우팅 설정은 다음과 같다. 내부 라우터인 R1로 디폴트 루트를 광고할 때 metric-type 1 옵션을 사용하여 평소에는 R2를 선호하도록 한다.

예제 3-16 R2의 OSPF 설정

```
R2(config)# router ospf 1
R2(config-router)# network 10.1.12.2 0.0.0.0 area 0
R2(config-router)# default-information originate metric-type 1
```

R3의 라우팅 설정은 다음과 같다.

예제 3-17 R3의 OSPF 설정

```
R3(config)# router ospf 1
R3(config-router)# network 10.1.13.3 0.0.0.0 area 0
R3(config-router)# default-information originate
R3(config-router)# exit
```

설정후 각 라우터에서 라우팅 테이블을 확인한다. 예를 들어, R1의 라우팅 테이블은 다음과 같다.

예제 3-18 R1의 라우팅 테이블

```
R1# show ip route
    (생략)
Gateway of last resort is 10.1.12.2 to network 0.0.0.0

    10.0.0.0/24 is subnetted, 3 subnets
C       10.1.10.0 is directly connected, FastEthernet0/0.10
C       10.1.13.0 is directly connected, FastEthernet0/0.13
C       10.1.12.0 is directly connected, FastEthernet0/0.12
O*E1 0.0.0.0/0 [110/2] via 10.1.12.2, 00:01:39, FastEthernet0/0.12
```

이상으로 IPsec VPN을 설정할 네트워크가 완성되었다.

HSRP, RRI 및 DPD를 이용한 VPN 이중화

다음 그림과 같이 IPsec L2L VPN을 구성해 보자.

그림 3-6 IPsec L2L VPN

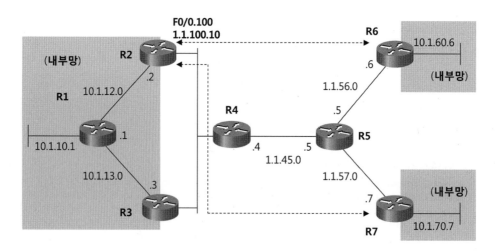

본지사 사이의 VPN이 평소에는 본사의 R2를 통하여 구성된다. 그러다가, R2에 장애가 발생하면 R3을 통하여 VPN이 구성되도록 해보자. R2의 설정은 다음과 같다.

예제 3-19 R2의 설정

```
① R2(config)# crypto isakmp policy 10
   R2(config-isakmp)# encryption aes
   R2(config-isakmp)# authentication pre-share
   R2(config-isakmp)# group 2
   R2(config-isakmp)# exit

② R2(config)# crypto isakmp key cisco address 1.1.56.6
   R2(config)# crypto isakmp key cisco address 1.1.57.7

③ R2(config)# crypto isakmp keepalive 10

④ R2(config)# ip access-list extended R6
   R2(config-ext-nacl)# permit ip 10.0.0.0 0.255.255.255 10.1.60.0 0.0.0.255
   R2(config-ext-nacl)# exit
   R2(config)# ip access-list extended R7
   R2(config-ext-nacl)# permit ip 10.0.0.0 0.255.255.255 10.1.70.0 0.0.0.255
```

```
   R2(config-ext-nacl)# exit

⑤ R2(config)# crypto ipsec transform-set PHASE2 esp-aes esp-sha-hmac
   R2(cfg-crypto-trans)# exit

⑥ R2(config)# crypto map VPN 10 ipsec-isakmp
   R2(config-crypto-map)# match address R6
   R2(config-crypto-map)# set peer 1.1.56.6
   R2(config-crypto-map)# set transform-set PHASE2
⑦ R2(config-crypto-map)# reverse-route
   R2(config-crypto-map)# exit
   R2(config)# crypto map VPN 20 ipsec-isakmp
   R2(config-crypto-map)# match address R7
   R2(config-crypto-map)# set peer 1.1.57.7
   R2(config-crypto-map)# set transform-set PHASE2
   R2(config-crypto-map)# reverse-route
   R2(config-crypto-map)# exit

   R2(config)# interface f0/0.100
⑧ R2(config-subif)# crypto map VPN redundancy GROUP1
   R2(config-subif)# exit
```

① IKE 제1단계 정책을 설정한다.

② IKE 제1단계 정책 설정시 피어 인증방식을 PSK(pre-shared key)로 지정했기 때문에 각 피어 별로 PSK를 설정한다.

③ DPD(dead peer detection) 기능을 활성화시킨다.

DPD는 ISAKMP 킵얼라이브(keepalives)를 개선하여 만든 기능으로 피어의 정상적인 동작 여부를 감시한다.

피어로부터 정상적인 IPsec 트래픽을 수신하면 해당 피어가 정상적으로 동작한다고 가정하고 헬로 메시지를 전송하지 않는다. 특정 기간 동안 피어로부터 트래픽을 수신하지 못하면 DPD가 ISAKMP R_U_THERE 헬로 메시지를 보낸다. 만약, 특정 횟수 동안 응답을 하지 않으면 피어가 죽은 것으로 간주하고 IPsec 터널을 끊는다. 즉, 상대 피어와의 ISAKMP SA 및 IPsec SA를 제거한다.

이와 같이 DPD를 이용하면 상대 피어의 장애를 감지하지 못하고 패킷을 전송하여 블랙홀이 발생하는 현상을 방지할 수 있으며, ISAKMP 킵얼라이브를 사용하는 것에 비해 CPU의 부하를 줄일 수 있다. DPD는 양측 피어에 모두 설정되어야 한다.

④ IPsec으로 보호할 트래픽을 지정한다.

⑤ 실제 데이터를 보호하기 위하여 사용할 암호화 알고리듬과 무결성 확인 방식을 지정한다.

⑥ 보호 대상 트래픽, 피어, 보호용 알고리듬 등을 묶어주는 정적인 크립토 맵을 만든다.

⑦ 크립토 맵내에서 **reverse-route** 명령어를 사용하면 RRI가 동작한다.

RRI(reverse route injection)는 IPsec SA에서 보호 대상 네트워크를 추출하여 해당 네트워크로 가는 정적 경로를 자동으로 만들어 라우팅 테이블에 인스톨시키는 기능이다. 결과적으로 IPsec VPN이 설정된 각 라우터들은 해당 보호 대상 패킷의 목적지 네트워크로 가는 경로를 알게 된다. 즉, ⑥ 번 크립토 맵의 정보에서 보호 대상 트래픽 (목적지 네트워크, 10.1.60.0/24)과 피어 (목적지 네트워크로 가는 게이트웨이 주소, 1.1.56.6) 정보를 이용하여 10.1.60.0/24로 가는 게이트웨이는 1.1.56.6이라는 정적 경로를 자동으로 생성한다.

필요시 RRI가 인스톨시킨 정적 경로를 동적 라우팅 프로토콜에 재분배하면 IPsec VPN이 설정된 라우터 후방에 있는 내부 라우터들도 목적지 네트워크를 알게 된다. RRI는 피어의 동작여부와 무관하게 무조건 라우팅 테이블에 정적 경로를 인스톨시키거나, DPD 기능이 해당 피어의 장애를 감지했을 때 RRI가 라우팅 테이블에 인스톨시킨 정적 경로를 제거하게 할 수도 있다.

reverse-route 명령어만 사용하면 피어와 연결된 경우에만 정적 경로가 인스톨되고, **reverse-route static** 명령어를 사용하면 피어의 동작 여부와 상관없이 무조건 정적 경로를 인스톨한다. 현재의 토폴로지와 같이 HSRP 액티브 라우터가 RRI를 이용한 정적경로를 인스톨해야 하는 경우에는 **static** 옵션을 사용하지 않는다.

RRI에 의해서 자동으로 만들어진 정적 경로를 내부 라우터들에게 알려주기 위하여 다음과 같이 OSPF에 정적 경로를 재분배한다.

예제 3-20 OSPF에 정적 경로 재분배하기

```
R2(config)# router ospf 1
R2(config-router)# redistribute static subnets
R2(config-router)# exit
```

⑧ 인터페이스 설정모드에서 crypto map VPN redundancy GROUP1 명령어를
사용하여 HSRP와 IPsec VPN이 함께 동작하도록 설정한다.

R3의 설정은 다음과 같이 R2의 설정과 완전히 동일하다.

예제 3-21 R3의 설정

```
R3(config)# crypto isakmp policy 10
R3(config-isakmp)# encryption aes
R3(config-isakmp)# authentication pre-share
R3(config-isakmp)# group 2
R3(config-isakmp)# exit

R3(config)# crypto isakmp key cisco address 1.1.56.6
R3(config)# crypto isakmp key cisco address 1.1.57.7

R3(config)# crypto isakmp keepalive 10

R3(config)# ip access-list extended R6
R3(config-ext-nacl)# permit ip 10.0.0.0 0.255.255.255 10.1.60.0 0.0.0.255
R3(config-ext-nacl)# exit
R3(config)# ip access-list extended R7
R3(config-ext-nacl)# permit ip 10.0.0.0 0.255.255.255 10.1.70.0 0.0.0.255
R3(config-ext-nacl)# exit

R3(config)# crypto ipsec transform-set PHASE2 esp-aes esp-sha-hmac
R3(cfg-crypto-trans)# exit

R3(config)# crypto map VPN 10 ipsec-isakmp
R3(config-crypto-map)# match address R6
R3(config-crypto-map)# set peer 1.1.56.6
R3(config-crypto-map)# set transform-set PHASE2
R3(config-crypto-map)# reverse-route
R3(config-crypto-map)# exit
R3(config)# crypto map VPN 20 ipsec-isakmp
R3(config-crypto-map)# match address R7
```

```
R3(config-crypto-map)# set peer 1.1.57.7
R3(config-crypto-map)# set transform-set PHASE2
R3(config-crypto-map)# reverse-route
R3(config-crypto-map)# exit

R3(config)# interface f0/0.100
R3(config-subif)# crypto map VPN redundancy GROUP1
R3(config-subif)# exit

R3(config)# router ospf 1
R3(config-router)# redistribute static subnets
R3(config-router)# exit
```

R6의 설정은 다음과 같다. R6에서도 R2, R3과 마찬가지로 crypto isakmp keepalive 명령어를 사용하여 DPD를 동작시켰다. 원격 지사인 R6에서 본사의 VPN 피어 주소를 설정할 때 실제 주소가 아닌 HSRP의 가상 IP 주소(VIP)인 1.1.100.10을 지정하였다.

예제 3-22 R6의 설정

```
R6(config)# crypto isakmp policy 10
R6(config-isakmp)# encryption aes
R6(config-isakmp)# authentication pre-share
R6(config-isakmp)# group 2
R6(config-isakmp)# exit

R6(config)# crypto isakmp key 6 cisco address 1.1.100.10

R6(config)# crypto isakmp keepalive 10

R6(config)# ip access-list extended ACL-VPN-TRAFFIC
R6(config-ext-nacl)# permit ip 10.1.60.0 0.0.0.255 10.0.0.0 0.255.255.255
R6(config-ext-nacl)# exit

R6(config)# crypto ipsec transform-set PHASE2 esp-aes esp-sha-hmac
R6(cfg-crypto-trans)# exit

R6(config)# crypto map VPN 10 ipsec-isakmp
R6(config-crypto-map)# match address ACL-VPN-TRAFFIC
R6(config-crypto-map)# set peer 1.1.100.10
R6(config-crypto-map)# set transform-set PHASE2
R6(config-crypto-map)# exit
```

```
R6(config)# interface f0/0.56
R6(config-subif)# crypto map VPN
R6(config-subif)# exit
```

R7의 설정은 다음과 같다. R7에서도 crypto isakmp keepalive 명령어를 사용하여
DPD를 동작시켰다. R7에서도 본사의 HSRP 가상 IP 주소를 사용하여 피어를 설정한다.

예제 3-23 R7의 설정

```
R7(config)# crypto isakmp policy 10
R7(config-isakmp)# encryption aes
R7(config-isakmp)# authentication pre-share
R7(config-isakmp)# group 2
R7(config-isakmp)# exit

R7(config)# crypto isakmp key 6 cisco address 1.1.100.10

R7(config)# crypto isakmp keepalive 10

R7(config)# ip access-list extended ACL-VPN-TRAFFIC
R7(config-ext-nacl)# permit ip 10.1.70.0 0.0.0.255 10.0.0.0 0.255.255.255
R7(config-ext-nacl)# exit

R7(config)# crypto ipsec transform-set PHASE2 esp-aes esp-sha-hmac
R7(cfg-crypto-trans)# exit

R7(config)# crypto map VPN 10 ipsec-isakmp
R7(config-crypto-map)# match address ACL-VPN-TRAFFIC
R7(config-crypto-map)# set peer 1.1.100.10
R7(config-crypto-map)# set transform-set PHASE2
R7(config-crypto-map)# exit

R7(config)# interface f0/0.57
R7(config-subif)# crypto map VPN
R7(config-subif)# exit
```

이상과 같이 HSRP, RRI 및 DPD를 이용한 VPN 이중화 구성이 완료되었다. 다음과
같이 지사 라우터인 R6에서 본사의 내부망으로 핑을 해보면 성공한다.

예제 3-24 핑 테스트

```
R6# ping 10.1.10.1 source 10.1.60.6

Type escape sequence to abort.
Sending 5, 100-byte ICMP Echos to 10.1.10.1, timeout is 2 seconds:
Packet sent with a source address of 10.1.60.6
..!!!
Success rate is 60 percent (3/5), round-trip min/avg/max = 124/300/536 ms
```

반대로, 본사의 내부망에서 지사 라우터인 R7로 핑을 해도 된다.

예제 3-25 핑 테스트

```
R1# ping 10.1.70.7

Type escape sequence to abort.
Sending 5, 100-byte ICMP Echos to 10.1.70.7, timeout is 2 seconds:
..!!!
Success rate is 60 percent (3/5), round-trip min/avg/max = 156/224/280 ms
```

본사의 주 VPN 게이트웨이 역할을 하는 R2에서 show crypto isakmp sa 명령어를
사용하여 확인해 보면 다음과 같이 R6 (1.1.56.6), R7 (1.1.57.7)과 ISAKMP SA가
만들어져 있다.

예제 3-26 ISAKMP SA 확인

```
R2# show crypto isakmp sa
IPv4 Crypto ISAKMP SA
dst              src              state         conn-id   slot   status
1.1.100.10       1.1.56.6         QM_IDLE       1001      0      ACTIVE
1.1.57.7         1.1.100.10       QM_IDLE       1002      0      ACTIVE
```

본사의 주 VPN 게이트웨이 역할을 하는 R2에서 show crypto ipsec sa 명령어를
사용하여 확인해 보면 다음과 같이 R6, R7의 내부망과 IPsec으로 보호되어 송수신
패킷의 수를 확인할 수 있다.

예제 3-27 IPsec SA 확인

```
R2# show crypto ipsec sa

interface: FastEthernet0/0.100
    Crypto map tag: VPN, local addr 1.1.100.10

  protected vrf: (none)
  local  ident (addr/mask/prot/port): (10.0.0.0/255.0.0.0/0/0)
  remote ident (addr/mask/prot/port): (10.1.60.0/255.255.255.0/0/0)
  current_peer 1.1.56.6 port 500
    PERMIT, flags={origin_is_acl,}
   #pkts encaps: 5, #pkts encrypt: 5, #pkts digest: 5
   #pkts decaps: 5, #pkts decrypt: 5, #pkts verify: 5
     (생략)


  protected vrf: (none)
  local  ident (addr/mask/prot/port): (10.0.0.0/255.0.0.0/0/0)
  remote ident (addr/mask/prot/port): (10.1.70.0/255.255.255.0/0/0)
  current_peer 1.1.57.7 port 500
    PERMIT, flags={origin_is_acl,}
   #pkts encaps: 3, #pkts encrypt: 3, #pkts digest: 3
   #pkts decaps: 3, #pkts decrypt: 3, #pkts verify: 3
     (생략)
```

그러나, 백업 역할을 하는 R3은 show crypto isakmp sa 명령어를 사용하여 확인해 보면 다음과 같이 생성된 ISAKMP SA가 없다. 즉, 현재 R3은 IPsec 통신에 참여하고 있지 않다는 것을 알 수 있다.

예제 3-28 ISAKMP SA 확인

```
R3# show crypto isakmp sa
IPv4 Crypto ISAKMP SA
dst              src            state       conn-id   slot    status

IPv6 Crypto ISAKMP SA

R3#
```

RRI 동작 확인

R2의 라우팅 테이블을 확인해 보면 다음과 같이 자동으로 RRI를 이용하여 R6의 내부망인 10.1.60.0/24와 R7의 내부망인 10.1.70.0/24로 가는 정적 경로가 인스톨 되어 있다.

예제 3-29 R2의 라우팅 테이블

```
R2# show ip route
      (생략)

Gateway of last resort is 1.1.100.4 to network 0.0.0.0

      1.0.0.0/24 is subnetted, 1 subnets
C        1.1.100.0 is directly connected, FastEthernet0/0.100
      10.0.0.0/24 is subnetted, 5 subnets
O        10.1.10.0 [110/2] via 10.1.12.1, 00:36:34, FastEthernet0/0.12
O        10.1.13.0 [110/2] via 10.1.12.1, 00:36:34, FastEthernet0/0.12
C        10.1.12.0 is directly connected, FastEthernet0/0.12
S        10.1.60.0 [1/0] via 1.1.56.6
S        10.1.70.0 [1/0] via 1.1.57.7
S*    0.0.0.0/0 [1/0] via 1.1.100.4
```

또, 이것이 OSPF로 재분배되어 내부망인 R1의 라우팅 테이블에도 다음과 같이 인스톨 된다.

예제 3-30 R1의 라우팅 테이블

```
R1# show ip route
      (생략)

Gateway of last resort is 10.1.12.2 to network 0.0.0.0

      10.0.0.0/24 is subnetted, 5 subnets
C        10.1.10.0 is directly connected, FastEthernet0/0.10
C        10.1.13.0 is directly connected, FastEthernet0/0.13
C        10.1.12.0 is directly connected, FastEthernet0/0.12
O E2     10.1.60.0 [110/20] via 10.1.12.2, 00:09:40, FastEthernet0/0.12
O E2     10.1.70.0 [110/20] via 10.1.12.2, 00:08:46, FastEthernet0/0.12
O*E1  0.0.0.0/0 [110/2] via 10.1.12.2, 00:33:23, FastEthernet0/0.12
```

결과적으로 내부망인 R1에서 목적지가 10.1.60.0/24이거나 10.1.70.0/24인 패킷들은 라우팅 테이블을 참조하여 모두 R2로 전송한다. 이를 수신한 R2는 목적지가 10.1.60.0/24이거나 10.1.70.0/24인 패킷들을 RRI가 만든 라우팅 테이블을 참조하여 해당 게이트웨이인 R6 또는 R7로 전송한다.

그림 3-7 정상시의 통신 경로

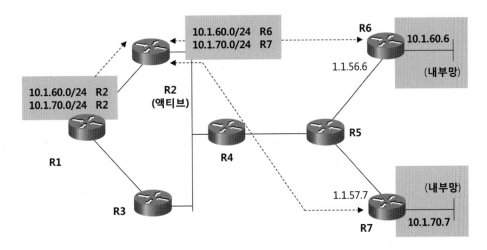

그러다가, R2에 장애가 발생하면 다음 그림과 같이 R3과 지사 라우터들간에 IPsec 세션이 만들어지고 이번에는 R3이 RRI를 이용하여 정적 경로를 생성한 후 OSPF를 통하여 R1에게 광고한다.

그림 3-8 장애 발생시의 통신 경로

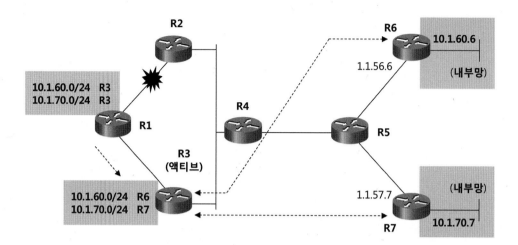

이제 R1에서 목적지가 10.1.60.0/24이거나 10.1.70.0/24인 패킷들은 라우팅 테이블을 참조하여 모두 R3으로 전송된다. 이를 수신한 R3은 목적지가 10.1.60.0/24이거나 10.1.70.0/24인 패킷들을 RRI가 만든 라우팅 테이블을 참조하여 해당 게이트웨이인 R6 또는 R7로 전송한다.

VPN 이중화 동작 확인

실제 HSRP, DPD 및 RRI가 결합되어 IPsec 다이렉트 인캡슐레이션 VPN의 이중화가 동작하는 것을 확인해 보자. 다음과 같이 본사의 VPN 게이트웨이에서 ISAKMP와 IPsec을 디버깅한다.

예제 3-31 IPsec 디버깅

```
R2# debug crypto isakmp
R2# debug crypto ipsec

R3# debug crypto isakmp
R3# debug crypto ipsec
```

지사 라우터에서 본사 내부의 네트워크로 핑을 한다.

예제 3-32 핑 테스트

```
R6# ping 10.1.10.1 source 10.1.60.6 repeat 100000
```

다음과 같이 주 VPN 게이트웨이인 R2의 인터페이스를 셧다운시켜 장애를 발생시킨다.

예제 3-33 R2의 인터페이스 셧다운시키기

```
R2(config)# interface f0/0.12
R2(config-subif)# shut
```

그러면, 다음과 같이 잠시동안 핑이 빠진다. 즉, IPsec VPN이 끊어졌다가 다시 연결된다.

예제 3-34 IPsec VPN의 재동작

```
R6# ping 10.1.10.1 source 10.1.60.6 repeat 100000

Type escape sequence to abort.
Sending 100000, 100-byte ICMP Echos to 10.1.10.1, timeout is 2 seconds:
Packet sent with a source address of 10.1.60.6
!!!!!!!!!!!!!!!!!!!!!!!!!!!!!!!!!!!!!!!!!!!!!!!!!!!.....................!!!!!!!!!!!!!!!!!!!!!!!!!!!!!!!!!!!!!!!!!!!!!!!!!!!!!!!!
!!!!!!!!!!!!!!!!!!!!!!!!!!!!!!!!!!!!!!!!!!!!!!!!!!!!!!!!!!!!!!!!!!!!!!!!!!!!!!!!!!!!!!!!!!!!!!!!!!!!!!!!!!!!
```

결과적으로 다음 그림과 같이 장애가 발생한 R2를 대신하여 R3이 IPsec VPN 게이트웨이 역할을 이어 받는다.

그림 3-9 장애 발생시의 IPsec VPN 게이트웨이

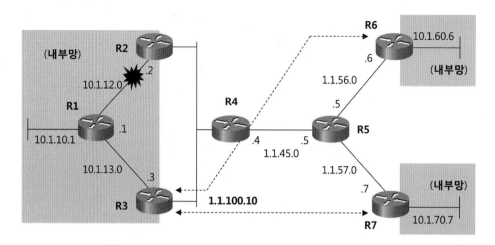

다음 디버깅 결과를 참조하여 IPsec VPN 이중화가 동작하는 것을 살펴보자.

예제 3-35 디버깅 결과

```
R3#
① %HSRP-5-STATECHANGE: FastEthernet0/0.100 Grp 1 state Standby -> Active

② %CRYPTO-4-RECVD_PKT_INV_SPI: decaps: rec'd IPSEC packet has invalid spi for
destaddr=1.1.100.10, prot=50, spi=0x33C701EA(868680170), srcaddr=1.1.56.6

③ ISAKMP: ignoring request to send delete notify (no ISAKMP sa) src 1.1.100.10 dst
1.1.56.6 for SPI 0x33C701EA

④ ISAKMP (0:0): received packet from 1.1.56.6 dport 500 sport 500 Global (N) NEW
SA

⑤ ISAKMP:(0):found peer pre-shared key matching 1.1.56.6
SAKMP:(0): local preshared key found
ISAKMP : Scanning profiles for xauth ...
ISAKMP:(0):Checking ISAKMP transform 1 against priority 10 policy
ISAKMP:        encryption AES-CBC
ISAKMP:        keylength of 128
ISAKMP:        hash SHA
ISAKMP:        default group 2
ISAKMP:        auth pre-share
ISAKMP:(0):atts are acceptable. Next payload is 0
```

```
⑥ IPSEC(update_current_outbound_sa): updated peer 1.1.56.6 current outbound sa
to SPI DD8C4BB4
```

① R2에 장애가 발생하여 R3이 HSRP 액티브 라우터가 된다.

② 목적지가 HSRP 가상 IP 주소인 1.1.100.10으로 가는 패킷이 모두 R3으로 전송된다. 기존에 R6에서 R2로 전송되던 IPsec 패킷을 R3이 수신한다. R3에는 해당 IPsec SA가 없으므로 SPI(security parameter index)가 잘못된 패킷이라는 로그 메시지를 생성한다.

③ 해당 패킷을 폐기한다.

④ DPD에 의해서 R2-R6간의 IPsec 세션에 장애가 생긴 것을 감지한 R6이 새로운 ISAKMP SA 협상을 시도한다.

⑤ 새로운 ISAKMP SA가 만들어진다.

⑥ 새로운 IPsec SA가 만들어진다.

이후 R3의 라우팅 테이블을 확인해 보면 다음과 같이 RRI에 의한 정적 경로가 인스톨된다.

예제 3-36 R3의 라우팅 테이블

```
R3# show ip route
    (생략)

Gateway of last resort is 1.1.100.4 to network 0.0.0.0

     1.0.0.0/24 is subnetted, 1 subnets
C        1.1.100.0 is directly connected, FastEthernet0/0.100
     10.0.0.0/24 is subnetted, 4 subnets
O        10.1.10.0 [110/2] via 10.1.13.1, 00:45:44, FastEthernet0/0.13
C        10.1.13.0 is directly connected, FastEthernet0/0.13
O        10.1.12.0 [110/2] via 10.1.13.1, 00:45:44, FastEthernet0/0.13
S        10.1.60.0 [1/0] via 1.1.56.6
S*   0.0.0.0/0 [1/0] via 1.1.100.4
```

다음과 같이 show crypto engine connections active 명령어를 사용하여 확인해 보면 R3이 암호화/복호화한 IPsec 패킷의 수가 증가한다.

예제 3-37 IPsec 패킷 수 확인

```
R3# show crypto engine connections active
Crypto Engine Connections

ID Interface   Type   Algorithm        Encrypt  Decrypt   IP-Address
 1 Fa0/0.100   IPsec  AES+SHA             0        91      1.1.100.10
 2 Fa0/0.100   IPsec  AES+SHA            91         0      1.1.100.10
```

R1의 라우팅 테이블에도 R3이 RRI를 이용하여 만든 정적 경로가 OSPF를 통하여 인스톨된다.

예제 3-38 R1의 라우팅 테이블

```
R1# show ip route ospf

O E2    10.1.60.0 [110/20] via 10.1.13.3, 00:06:03, FastEthernet0/0.13
O*E2 0.0.0.0/0 [110/1] via 10.1.13.3, 00:06:06, FastEthernet0/0.13
```

이상으로 HSRP, DPD 및 RRI를 이용한 IPsec 다이렉트 인캡슐레이션 VPN의 이중화에 대하여 살펴보았다.

다수개의 크립토 피어를 이용한 이중화

지사에서 본사의 VPN 게이트웨이 다수개를 차례로 지정하여 IPsec 다이렉트 인캡슐레이션 VPN의 이중화를 구성할 수 있다. 이때 크립토 맵에서 지정하는 첫 번째 크립토 피어와 VPN 터널을 구성한다. 만약, 첫 번째 피어에 장애가 발생하면 다음 피어와 VPN 터널을 구성하여 이중화를 구현한다.

테스트 네트워크 구성

앞서 사용했던 테스트 네트워크를 약간 수정한다. 먼저, 다음과 같이 본사의 R2, R3에서 인터페이스에 적용된 크립토 맵을 제거하고, HSRP도 삭제한다.

예제 3-39 기존 설정 삭제하기

```
R2(config)# interface f0/0.100
R2(config-subif)# no crypto map VPN
R2(config-subif)# no standby 1

R3(config)# interface f0/0.100
R3(config-subif)# no crypto map VPN
R3(config-subif)# no standby 1
```

나머지 IPsec 관련 항목들은 그대로 둔다. 즉, ISAKMP SA, IPsec SA, DPD, RRI, 크립토 맵 등 HSRP 관련 항목만 제외하고 나머지는 앞 절에서 사용한 것을 그대로 사용한다. 따라서, 앞서 만든 크립토 맵을 인터페이스에 적용한다.

예제 3-40 크립토 맵 적용하기

```
R2(config)# interface f0/0.100
R2(config-subif)# crypto map VPN

R3(config)# interface f0/0.100
R3(config-subif)# crypto map VPN
```

다수개의 크립토 피어를 이용한 이중화 구성을 위해서 본사에서는 앞서와 같이 두 개 이상의 VPN 게이트웨이를 구성하면 된다.

다수개의 크립토 피어를 이용한 이중화 구성하기

이번에는 각 지사에서 다수개의 크립토 피어를 이용하여 이중화를 구성한다. 예를
들어, R6에서 본사와 연결되는 피어를 다음 그림과 같이 R2, R3 두 개를 지정한다.
이 때 R2를 먼저 지정하여 평소에는 R2-R6간에 IPsec VPN 터널이 구성되도록
한다.

그림 3-10 다수개의 크립토 피어를 이용한 이중화

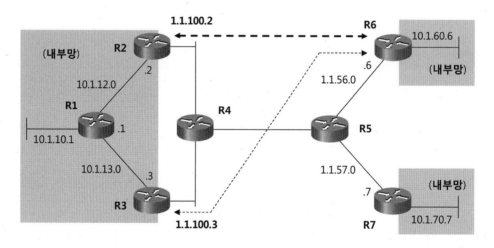

R7에서도 다음 그림과 같이 본사와 연결되는 피어를 R2, R3 두 개를 지정한다.

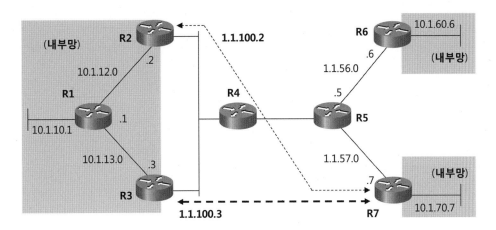

그림 3-11 다수개의 크립토 피어를 이용한 이중화

이 때에도 R3을 먼저 지정하여 평소에는 R3-R7간에 IPsec VPN 터널이 구성되도록 한다. 다음과 같이 R6, R7의 설정을 초기화시킨다.

예제 3-41 설정 초기화

```
R6# erase startup-config
R6# reload
```

장비가 다시 부팅되면 앞 그림을 참조하여 IP 주소를 할당하고, R5 방향으로 정적인 디폴트 루트를 설정한다. R6의 설정은 다음과 같다.

예제 3-42 R6의 설정

```
R6(config)# interface f0/0
R6(config-if)# no shut
R6(config-if)# exit

R6(config)# interface f0/0.56
R6(config-subif)# encapsulation dot1Q 56
R6(config-subif)# ip address 1.1.56.6 255.255.255.0
R6(config-subif)# exit

R6(config)# interface f0/0.60
R6(config-subif)# encapsulation dot1Q 60
```

```
R6(config-subif)# ip address 10.1.60.6 255.255.255.0
R6(config-subif)# exit

R6(config)# ip route 0.0.0.0 0.0.0.0 1.1.56.5
```

R7의 설정은 다음과 같다.

예제 3-43 R7의 설정

```
R7(config)# interface f0/0
R7(config-if)# no shut
R7(config-if)# exit

R7(config)# interface f0/0.57
R7(config-subif)# encapsulation dot1Q 57
R7(config-subif)# ip address 1.1.57.7 255.255.255.0
R7(config-subif)# exit

R7(config)# interface f0/0.70
R7(config-subif)# encapsulation dot1Q 70
R7(config-subif)# ip address 10.1.70.7 255.255.255.0
R7(config-subif)# exit

R7(config)# ip route 0.0.0.0 0.0.0.0 1.1.57.5
```

설정이 끝나면 R6, R7에서 R2, R3의 외부 인터페이스와 통신이 되는지 다음과 같이
핑으로 확인한다.

예제 3-44 핑 테스트

```
R6# ping 1.1.100.2
R6# ping 1.1.100.3
```

이제, 지사 라우터인 R6에서 본사와 연결되는 두 개의 피어를 지정하여 IPsec VPN
이중화를 구성해 보자. R6의 설정은 다음과 같다.

```
① R6(config)# crypto isakmp policy 10
   R6(config-isakmp)# encryption aes
   R6(config-isakmp)# authentication pre-share
   R6(config-isakmp)# group 2
   R6(config-isakmp)# exit

② R6(config)# crypto isakmp key cisco address 1.1.100.2
   R6(config)# crypto isakmp key cisco address 1.1.100.3

③ R6(config)# crypto isakmp keepalive 10

④ R6(config)# ip access-list extended ACL-VPN-TRAFFIC
   R6(config-ext-nacl)# permit ip 10.1.60.0 0.0.0.255 10.0.0.0 0.255.255.255
   R6(config-ext-nacl)# exit

⑤ R6(config)# crypto ipsec transform-set PHASE2 esp-aes esp-sha-hmac
   R6(cfg-crypto-trans)# exit

⑥ R6(config)# crypto map VPN 10 ipsec-isakmp
   R6(config-crypto-map)# match address ACL-VPN-TRAFFIC
⑦ R6(config-crypto-map)# set peer 1.1.100.2 default
⑧ R6(config-crypto-map)# set peer 1.1.100.3
⑨ R6(config-crypto-map)# set security-association idle-time 120
   R6(config-crypto-map)# set transform-set PHASE2
   R6(config-crypto-map)# exit

⑩ R6(config)# interface f0/0.56
   R6(config-subif)# crypto map VPN
   R6(config-subif)# exit
```

① ISAKMP SA를 설정한다.

② 디폴트 피어와 백업 피어에 대해 PSK를 설정한다.

③ DPD를 설정하여 피어의 장애를 신속하게 감지하도록 한다.

④ IPsec으로 보호할 트래픽을 지정한다.

⑤ IPsec SA를 설정한다.

⑥ 크립토 맵을 만든다.

⑦ set peer 1.1.100.2 default 명령어와 같이 default 키워드를 사용하여 현재의 피어를 디폴트 피어로 사용할 것임을 선언한다. R6은 항상 1.1.100.2와 먼저 피어를 맺는다. 만약, 1.1.100.2와 세션을 맺을 수 없으면 다음에 지정하는 백업 피어와 접속한다. 단, 백업 피어를 먼저 설정한 후에 디폴트 피어를 선언하면'The default peer needs to be the first peer in the list'라는 메시지와 함께 명령어가 적용되지 않는다.

⑧ 디폴트 피어 장애시 사용할 백업 피어를 지정한다.

R6은 백업 피어와 세션을 맺어 통신을 하다가, 디폴트 피어가 살아나도 바로 디폴트 피어로 변경하지는 않는다. 다음에 지정하는 기간동안 통신이 없으면 백업 피어와의 세션을 종료한다. 이후 다시 시작하는 세션은 장애에서 복구된 디폴트 피어와 맺어진다.

⑨ 이 기간동안 백업 피어와 송수신하는 트래픽이 없으면 세션을 종료한다.

⑩ 인터페이스에 크립토 맵을 적용한다.

R7의 설정은 다음과 같다. R7에서는 1.1.100.3을 디폴트 피어, 1.1.100.2를 백업 피어로 설정한다.

예제 3-46 R7의 설정

```
R7(config)# crypto isakmp policy 10
R7(config-isakmp)# encryption aes
R7(config-isakmp)# authentication pre-share
R7(config-isakmp)# group 2
R7(config-isakmp)# exit

R7(config)# crypto isakmp key cisco address 1.1.100.2
R7(config)# crypto isakmp key cisco address 1.1.100.3
R7(config)# crypto isakmp keepalive 10

R7(config)# ip access-list extended ACL-VPN-TRAFFIC
R7(config-ext-nacl)# permit ip 10.1.70.0 0.0.0.255 10.0.0.0 0.255.255.255
R7(config-ext-nacl)# exit

R7(config)# crypto ipsec transform-set PHASE2 esp-aes esp-sha-hmac
R7(cfg-crypto-trans)# exit

R7(config)# crypto map VPN 10 ipsec-isakmp
```

```
R7(config-crypto-map)# match address ACL-VPN-TRAFFIC
R7(config-crypto-map)# set peer 1.1.100.3 default
R7(config-crypto-map)# set peer 1.1.100.2
R7(config-crypto-map)# set security-association idle-time 120
R7(config-crypto-map)# set transform-set PHASE2
R7(config-crypto-map)# exit

R7(config)# interface f0/0.57
R7(config-subif)# crypto map VPN
```

R7의 설정은 R6과 유사하다. 다만, 크립토 맵에서 디폴트 피어를 1.1.100.3으로 지정하고, 백업 피어를 1.1.100.2로 지정한다.

다수의 크립토 피어를 이용한 이중화 동작 확인

이중화 동작 확인을 위하여 다음과 같이 지사 라우터인 R6에서 디버깅을 설정한다.

예제 3-47 IPsec 디버깅

```
R6# debug crypto isakmp
R6# debug crypto ipsec
```

다음과 같이 지사 라우터인 R6, R7에서 본사의 내부망으로 핑을 때린다.

예제 3-48 핑 테스트

```
R6# ping 10.1.10.1 source 10.1.60.6 repeat 100000
R7# ping 10.1.10.1 source 10.1.70.7 repeat 100000
```

R2에서 show crypto isakmp sa 명령어를 사용하여 확인해 보면 다음과 같이 R6 (1.1.56.6)과 IPsec 세션이 맺어져 있다.

예제 3-49 R2의 ISAKMP SA

```
R2# show crypto isakmp sa
IPv4 Crypto ISAKMP SA
```

```
dst              src              state        conn-id  slot  status
1.1.100.2        1.1.56.6         QM_IDLE      1004     0     ACTIVE
```

R3은 R7 (1.1.57.7)과 IPsec 세션이 맺어져 있다.

예제 3-50 R3의 ISAKMP SA

```
R3# show crypto isakmp sa
IPv4 Crypto ISAKMP SA
dst              src              state        conn-id  slot  status
1.1.100.3        1.1.57.7         QM_IDLE      1002     0     ACTIVE
```

즉, 다음 그림과 같이 R6, R7이 각각 디폴트 피어를 이용하여 본사와 IPsec VPN을 구성한다.

그림 3-12 디폴트 피어를 이용한 평상시의 IPsec VPN

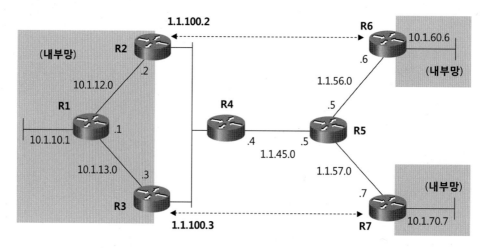

이제, 다음과 같이 R2에서 장애를 발생시켜 보자.

예제 3-51 장애 발생시키기

```
R2(config)# interface f0/0.100
R2(config-subif)# shut
```

잠시후 R3에서 확인해 보면 다음과 같이 R6과 ISAKMP SA가 수립되어 있다. 즉, R6에서 디폴트 피어인 R2의 장애를 감지하고, 백업 피어인 R3과 IPsec 세션을 시작하였다.

예제 3-52 R3의 ISAKMP SA

```
R3# show crypto isakmp sa
IPv4 Crypto ISAKMP SA
dst            src             state        conn-id   slot  status
1.1.100.3      1.1.56.6        QM_IDLE      1003      0     ACTIVE
1.1.100.3      1.1.57.7        QM_IDLE      1002      0     ACTIVE
```

결과적으로 다음 그림과 같이 R6, R7이 모두 R3을 통하여 본사와 통신하고 있다.

그림 3-13 장배 발생시의 IPsec VPN

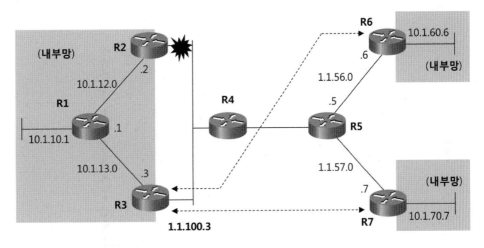

이후 R6과 R3 사이에 계속 트래픽 송수신이 일어나는 동안에는 디폴트 피어의 장애가 복구되어도 통신 경로는 변경되지 않는다. 그러나, 타이머에서 지정한 120초 동안 트래픽이 없으면 R6과 백업 피어인 1.1.100.3과의 세션이 종료되고, ISAKMP SA도 제거된다. 이후, 새로운 세션을 시작할 때 디폴트 피어를 이용하게 된다.

이상으로 다수개의 크립토 피어를 이용한 IPsec VPN 이중화에 대하여 살펴보았다.

제4장
GRE IPsec VPN

GRE IPsec VPN 설정 및 동작 확인

GRE(generic routing encapsulation)는 IP, IPv6, IPX, IPsec 등과 같은 여러 가지 패킷을 IP 패킷에 실어 전송할 때 사용하는 터널링 프로토콜이다. GRE 터널은 포인트 투 포인트와 멀티 포인트 터널이 있다. 이번 장에서는 포인트 투 포인트 GRE 터널을 사용한 IPsec VPN에 대하여 살펴본다.

GRE 동작 방식

먼저, GRE의 동작 방식에 대하여 살펴보자. GRE는 원래의 패킷에 GRE를 위한 헤더를 추가한다. 예를 들어, 다음 그림에서 사설 IP 주소 10.1.45.5를 사용하는 R5가 원격지의 R1에게 패킷을 전송하는 경우를 생각해 보자.

그림 4-1 GRE 동작 방식

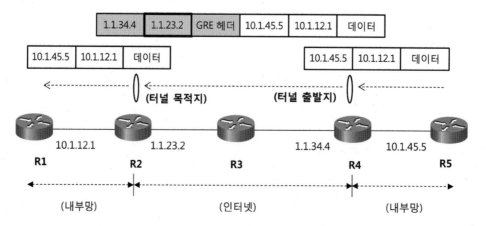

R5는 출발지 IP 주소가 10.1.45.5이고 목적지 IP 주소가 10.1.12.1인 패킷을 R4에게 전송한다. GRE 터널 출발지인 R4는 원래의 패킷에 GRE를 위한 20 바이트 길이의 IP 헤더와 GRE 관련 정보를 표시하는 4바이트 길이의 GRE 헤더를 추가한다.

추가된 IP 헤더에서 사용하는 출발지 IP 주소는 터널의 출발지 주소인 1.1.34.4를 사용하고, 목적지 IP 주소는 터널의 목적지 IP 주소인 1.1.23.2로 설정된다. GRE 패킷을 전송하는 도중의 라우터들은 터널의 목적지 IP 주소인 1.1.23.2를 참조하여 해당 패킷을 라우팅시킨다.

따라서, GRE 헤더 내부의 패킷이 예와 같이 인터넷에서 라우팅시킬 수 없는 사설 IP 주소를 사용하든, IPv6 또는 IPX 주소를 사용해도 GRE를 위하여 추가된 라우팅 가능한 터널 목적지 주소만을 참조하므로 인터넷을 통하여 전송이 가능하다.

4바이트 길이의 GRE 헤더에는 GRE 내부의 패킷 정보가 표시된다. 즉, 16비트 길이의 프로토콜 타입 필드에 GRE가 실어나르는 패킷의 종류가 표시된다. 프로토콜 타입 필드에서 사용하는 프로토콜의 종류는 이더넷에서 사용하는 것과 동일하다.

GRE IPsec 동작 방식

GRE IPsec은 다음 그림과 같이 GRE 패킷을 다시 IPsec으로 보호한다.

그림 4-2 GRE IPsec

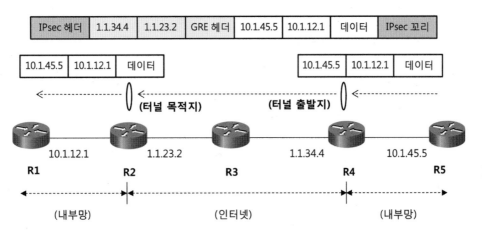

일반적으로 지사에서는 GRE 터널과 IPsec 터널이 시작되는 라우터가 동일하지만, 본사에서는 두 라우터를 다르게 운용할 수도 있다. 앞장에서 살펴본 순수 IPsec만 사용한 IPsec VPN에 비해서 GRE 터널을 이용하는 GRE IPsec VPN은 다음과 같은 장점이 있다.

· 동적인 라우팅 프로토콜을 사용할 수 있다.

· 멀티캐스트 패킷을 전송할 수 있다.

· 동적인 라우팅 프로토콜을 이용하여 이중화 구성이 용이하다.

GRE IPsec VPN 테스트 네트워크 구축

GRE IPsec VPN의 설정 및 동작 확인을 위하여 다음과 같은 테스트 네트워크를 구축한다. 그림에서 R1, R2는 본사 라우터, R4, R5는 지사 라우터라고 가정한다. 또, R2, R3, R4, R5를 연결하는 구간은 인터넷 또는 IPsec으로 보호하지 않을 외부망이라고 가정한다.

그림 4-3 테스트 네트워크

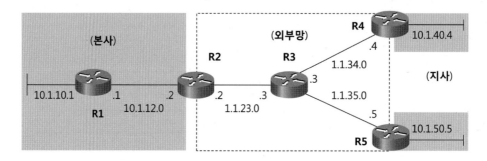

이를 위하여 다음과 같이 각 라우터에 IP 주소를 부여한다.

그림 4-4 IP 주소

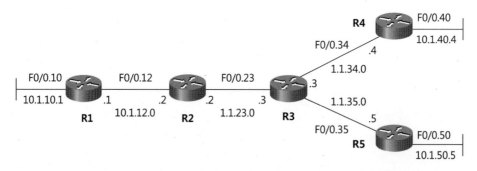

각 라우터에서 F0/0 인터페이스를 서브 인터페이스로 동작시킨다. 서브 인터페이스

번호, 서브넷 번호 및 VLAN 번호를 동일하게 사용한다. 이를 위하여 다음과 같이
SW1에서 VLAN을 만들고, 각 라우터와 연결되는 포트를 트렁크로 동작시킨다.

예제 4-1 SW1 설정

```
SW1(config)# vlan 10
SW1(config-vlan)# vlan 12
SW1(config-vlan)# vlan 23
SW1(config-vlan)# vlan 34
SW1(config-vlan)# vlan 35
SW1(config-vlan)# vlan 40
SW1(config-vlan)# vlan 50
SW1(config-vlan)# exit

SW1(config)# interface range f1/1 - 5
SW1(config-if-range)# switchport trunk encapsulation dot1q
SW1(config-if-range)# switchport mode trunk
```

이번에는 각 라우터의 인터페이스를 활성화시키고, 서브 인터페이스를 만든 다음 IP
주소를 부여한다. R3과 인접 라우터 사이는 인터넷이라고 가정하고, IP 주소 1.0.0.0/8
을 서브넷팅하여 사용한다. 나머지 부분은 내부망이라고 가정하고 IP 주소 10.0.0.0/8
을 서브넷팅하여 사용한다. R1의 설정은 다음과 같다.

예제 4-2 R1의 설정

```
R1(config)# interface f0/0
R1(config-if)# no shut
R1(config-if)# exit

R1(config)# interface f0/0.10
R1(config-subif)# encapsulation dot1Q 10
R1(config-subif)# ip address 10.1.10.1 255.255.255.0
R1(config-subif)# exit

R1(config)# interface f0/0.12
R1(config-subif)# encapsulation dot1Q 12
R1(config-subif)# ip address 10.1.12.1 255.255.255.0
```

R2의 설정은 다음과 같다.

예제 4-3 R2의 설정

```
R2(config)# interface f0/0
R2(config-if)# no shut
R2(config-if)# exit

R2(config)# interface f0/0.12
R2(config-subif)# encapsulation dot1Q 12
R2(config-subif)# ip address 10.1.12.2 255.255.255.0
R2(config-subif)# exit
R2(config)# interface f0/0.23
R2(config-subif)# encapsulation dot1Q 23
R2(config-subif)# ip address 1.1.23.2 255.255.255.0
```

R3의 설정은 다음과 같다.

예제 4-4 R3의 설정

```
R3(config)# interface f0/0
R3(config-if)# no shut
R3(config-if)# exit

R3(config)# interface f0/0.23
R3(config-subif)# encapsulation dot1Q 23
R3(config-subif)# ip address 1.1.23.3 255.255.255.0
R3(config-subif)# exit

R3(config)# interface f0/0.34
R3(config-subif)# encapsulation dot1Q 34
R3(config-subif)# ip address 1.1.34.3 255.255.255.0
R3(config-subif)# exit

R3(config)# interface f0/0.35
R3(config-subif)# encapsulation dot1Q 35
R3(config-subif)# ip address 1.1.35.3 255.255.255.0
```

R4의 설정은 다음과 같다.

예제 4-5 R4의 설정

```
R4(config)# interface f0/0
R4(config-if)# no shut
R4(config-if)# exit

R4(config)# interface f0/0.34
R4(config-subif)# encapsulation dot1Q 34
R4(config-subif)# ip address 1.1.34.4 255.255.255.0
R4(config-subif)# exit

R4(config)# interface f0/0.40
R4(config-subif)# encapsulation dot1Q 40
R4(config-subif)# ip address 10.1.40.4 255.255.255.0
```

R5의 설정은 다음과 같다.

예제 4-6 R5의 설정

```
R5(config)# interface f0/0
R5(config-if)# no shut
R5(config-if)# exit

R5(config)# interface f0/0.35
R5(config-subif)# encapsulation dot1Q 35
R5(config-subif)# ip address 1.1.35.5 255.255.255.0
R5(config-subif)# exit

R5(config)# interface f0/0.50
R5(config-subif)# encapsulation dot1Q 50
R5(config-subif)# ip address 10.1.50.5 255.255.255.0
```

라우터의 IP 주소 설정이 끝나면 넥스트 홉 IP 주소까지의 통신을 핑으로 확인한다. 다음에는 외부망 또는 인터넷으로 사용할 R3과 인접 라우터간에 라우팅을 설정한다. 이를 위하여 R2, R4, R5에서 R3 방향으로 정적인 디폴트 루트를 설정한다.

그림 4-5 외부망 라우팅

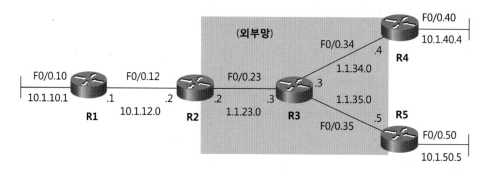

각 라우터에서 다음과 같이 디폴트 루트를 설정한다.

예제 4-7 디폴트 루트 설정

```
R2(config)# ip route 0.0.0.0 0.0.0.0 1.1.23.3
R4(config)# ip route 0.0.0.0 0.0.0.0 1.1.34.3
R5(config)# ip route 0.0.0.0 0.0.0.0 1.1.35.3
```

설정이 끝나면 R2의 라우팅 테이블을 확인하여 디폴트 루트가 제대로 인스톨되어
있는지 다음과 같이 확인한다.

예제 4-8 R2의 라우팅 테이블

```
R2# show ip route
      (생략)

Gateway of last resort is 1.1.23.3 to network 0.0.0.0

      1.0.0.0/24 is subnetted, 1 subnets
C        1.1.23.0 is directly connected, FastEthernet0/0.23
      10.0.0.0/24 is subnetted, 1 subnets
C        10.1.12.0 is directly connected, FastEthernet0/0.12
S*    0.0.0.0/0 [1/0] via 1.1.23.3
```

또, 원격지까지의 통신을 핑으로 확인한다.

핑 테스트

```
R2# ping 1.1.34.4
R2# ping 1.1.35.5
```

경계 라우터인 R2에 다음과 같이 ACL을 설정해 보자.

예제 4-10 ACL 설정

```
R2(config)# ip access-list extended ACL-INBOUND
R2(config-ext-nacl)# permit udp host 1.1.34.4 host 1.1.23.2 eq isakmp
R2(config-ext-nacl)# permit udp host 1.1.35.5 host 1.1.23.2 eq isakmp
R2(config-ext-nacl)# permit esp host 1.1.34.4 host 1.1.23.2
R2(config-ext-nacl)# permit esp host 1.1.35.5 host 1.1.23.2
R2(config-ext-nacl)# permit gre host 1.1.34.4 host 1.1.23.2
R2(config-ext-nacl)# permit gre host 1.1.35.5 host 1.1.23.2
R2(config-ext-nacl)# exit

R2(config)# interface f0/0.23
R2(config-subif)# ip access-group ACL-INBOUND in
```

ACL의 내용은 R4, R5가 전송하는 GRE, ISAKMP 패킷 및 ESP 패킷을 허용한다. 이제, GRE IPsec VPN을 설정할 네트워크가 구성되었다.

GRE 터널 구성

다음 그림과 같이 본사 라우터인 R2와 지사 라우터인 R4, R5간에 포인트 투 포인트 GRE 터널을 구성한다.

그림 4-6 GRE 터널

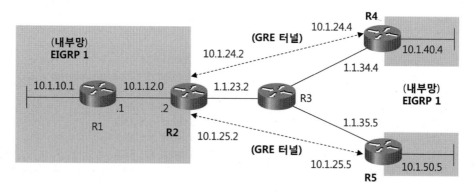

R2에서 터널을 구성하는 방법은 다음과 같다.

예제 4-11 R2의 GRE 터널 설정

```
① R2(config)# interface tunnel 24
② R2(config-if)# tunnel source 1.1.23.2
③ R2(config-if)# tunnel destination 1.1.34.4
   R2(config-if)# ip address 10.1.24.2 255.255.255.0
④ R2(config-if)# keepalive 10 3
   R2(config-if)# exit

⑤ R2(config)# interface tunnel 25
   R2(config-if)# tunnel source 1.1.23.2
   R2(config-if)# tunnel destination 1.1.35.5
   R2(config-if)# ip address 10.1.25.2 255.255.255.0
   R2(config-if)# keepalive 10 3
```

① 적당한 터널 번호를 사용하여 R4와의 GRE 터널 설정모드로 들어간다.

② 인터넷 또는 외부망에서 라우팅 가능한 IP 주소를 사용하여 터널의 출발지 IP 주소를 지정한다.

③ 인터넷 또는 외부망에서 라우팅 가능한 IP 주소를 사용하여 터널의 목적지 IP 주소를 지정한다. interface tunnel 24 명령어를 사용하여 터널을 만드는 순간 터널은 UP/DOWN 상태가 된다. tunnel destination 1.1.34.4 명령어를 사용하여 지정하는 터널의 목적지 IP 주소가 라우팅 가능하면 이 순간 터널이 UP/UP 상태로 변경된다.

본사에서 지정한 터널의 출발지/목적지 IP 주소를 사용하여 지사에서는 반대로 출발지/목적지 IP 주소로 설정해야 한다.

④ GRE 킵얼라이브 (keepalive) 기능을 사용하도록 지정한다. GRE 킵얼라이브 기능을 사용하면 주기적으로 GRE 킵얼라이브 메시지를 전송한다. 설정된 횟수동안 응답하지 않으면 터널이 다운된 것으로 간주한다. GRE 킵얼라이브 주기를 10초, 재전송 횟수를 3회로 지정하였다.

동적인 라우팅 프로토콜도 유사한 기능을 제공하지만 GRE 킵얼라이브도 동시에 사용하면 SNMP 트랩을 발생시키는 등 관리에 유용하다. 또, 말단 라우터에서 동적인 라우팅 프로토콜을 사용하지 않는 경우에도 터널의 동작여부를 신속히 파악할 수 있어 편리하다.

GRE 킵얼라이브나 동적인 라우팅 프로토콜이 사용되는 경우라도 DPD를 사용하는 것이 좋다. 이 경우, 한쪽 피어의 SA를 수동으로 제거하거나 재부팅이 일어나는 경우 신속하게 감지할 수 있다.

⑤ 적당한 터널 번호를 사용하여 R5와의 GRE 터널 설정모드로 들어가서, 필요한 설정을 한다.

지사 라우터인 R4에서도 다음과 같이 GRE 터널을 구성한다.

예제 4-12 R4의 GRE 터널 설정

```
R4(config)# interface tunnel 24
R4(config-if)# tunnel source f0/0.34
R4(config-if)# tunnel destination 1.1.23.2
R4(config-if)# ip address 10.1.24.4 255.255.255.0
R4(config-if)# keepalive 10 3
```

지사 라우터인 R5에서도 다음과 같이 GRE 터널을 구성한다.

예제 4-13 R5의 GRE 터널 설정

```
R5(config)# interface tunnel 25
R5(config-if)# tunnel source 1.1.35.5
R5(config-if)# tunnel destination 1.1.23.2
R5(config-if)# ip address 10.1.25.5 255.255.255.0
R5(config-if)# keepalive 10 3
```

GRE 터널 설정이 끝나면 다음과 같이 본사 라우터인 R2의 라우팅 테이블에 터널 인터페이스에 설정된 네트워크가 인스톨되는지 확인한다.

예제 4-14 R2의 라우팅 테이블

```
R2# show ip route
      (생략)


Gateway of last resort is 1.1.23.3 to network 0.0.0.0

      1.0.0.0/24 is subnetted, 1 subnets
C        1.1.23.0 is directly connected, FastEthernet0/0.23
      10.0.0.0/24 is subnetted, 3 subnets
C        10.1.12.0 is directly connected, FastEthernet0/0.12
C        10.1.25.0 is directly connected, Tunnel25
C        10.1.24.0 is directly connected, Tunnel24
S*    0.0.0.0/0 [1/0] via 1.1.23.3
```

터널을 통하여 원격지와 통신이 되는지 다음과 같이 핑으로 확인한다.

예제 4-15 핑 테스트

```
R2# ping 10.1.24.4
R2# ping 10.1.25.5
```

이상으로 본사와 지사 사이에 GRE 터널이 구성되었다.

GRE를 통한 라우팅 설정

이번에는 GRE를 통한 동적인 라우팅을 설정한다. 라우팅 프로토콜은 EIGRP을 사용하기로 한다. 이를 위한 각 라우터의 설정은 다음과 같다.

예제 4-16 라우팅 설정

```
R1(config)# router eigrp 1
R1(config-router)# network 10.1.10.1 0.0.0.0
R1(config-router)# network 10.1.12.1 0.0.0.0

R2(config)# router eigrp 1
R2(config-router)# network 10.1.12.2 0.0.0.0
R2(config-router)# network 10.1.24.2 0.0.0.0
R2(config-router)# network 10.1.25.2 0.0.0.0
R2(config-router)# redistribute static

R4(config)# router eigrp 1
R4(config-router)# network 10.1.24.4 0.0.0.0
R4(config-router)# network 10.1.40.4 0.0.0.0

R5(config)# router eigrp 1
R5(config-router)# network 10.1.25.5 0.0.0.0
R5(config-router)# network 10.1.50.5 0.0.0.0
```

R2에서 설정한 정적인 디폴트 루트를 내부 라우터인 R1로 재분배시켰다. VPN 동작을 위해서는 이 설정이 불필요하지만 R1에서 인터넷을 사용할 수 있게 하기 위하여 이와 같이 재분배하였다. EIGRP 설정이 끝나면 본사의 내부 라우터인 R1에 다음과 같이 지사의 네트워크가 인스톨되는지 확인한다.

예제 4-17 R1의 라우팅 테이블

```
R1# show ip route
     (생략)


Gateway of last resort is 10.1.12.2 to network 0.0.0.0

     10.0.0.0/24 is subnetted, 6 subnets
C       10.1.10.0 is directly connected, FastEthernet0/0.10
C       10.1.12.0 is directly connected, FastEthernet0/0.12
```

```
D        10.1.25.0 [90/297246976] via 10.1.12.2, 00:03:43, FastEthernet0/0.12
D        10.1.24.0 [90/297246976] via 10.1.12.2, 00:03:43, FastEthernet0/0.12
D        10.1.40.0 [90/297249536] via 10.1.12.2, 00:03:25, FastEthernet0/0.12
D        10.1.50.0 [90/297249536] via 10.1.12.2, 00:03:11, FastEthernet0/0.12
D*EX 0.0.0.0/0 [170/30720] via 10.1.12.2, 00:00:10, FastEthernet0/0.12
```

또, 다음과 같이 지사까지의 통신을 핑으로 확인한다.

예제 4-18 핑 테스트

```
R1# ping 10.1.40.4
R1# ping 10.1.50.5
```

지사 라우터인 R4에 다음과 같이 본사 및 원격지 지사의 네트워크가 인스톨되는지
확인한다.

예제 4-19 R4의 라우팅 테이블

```
R4# show ip route
    (생략)
    1.0.0.0/24 is subnetted, 1 subnets
C       1.1.34.0 is directly connected, FastEthernet0/0.34
    10.0.0.0/24 is subnetted, 6 subnets
D       10.1.10.0 [90/297249536] via 10.1.24.2, 00:04:59, Tunnel24
D       10.1.12.0 [90/297246976] via 10.1.24.2, 00:04:59, Tunnel24
D       10.1.25.0 [90/310044416] via 10.1.24.2, 00:04:59, Tunnel24
C       10.1.24.0 is directly connected, Tunnel24
C       10.1.40.0 is directly connected, FastEthernet0/0.40
D       10.1.50.0 [90/310046976] via 10.1.24.2, 00:04:41, Tunnel24
S*   0.0.0.0/0 [1/0] via 1.1.34.3
```

또, 다음과 같이 지사 사이의 통신을 핑으로 확인한다.

```
R4# ping 10.1.50.5
```

이상으로 본사와 지사 사이에 GRE 터널을 구성하고, 라우팅 프로토콜을 설정하였다.

GRE IPsec VPN 구성

이제, 다음 그림과 같이 본사와 지사간에 GRE IPsec VPN을 구성해 보자.

그림 4-7 GRE IPsec VPN

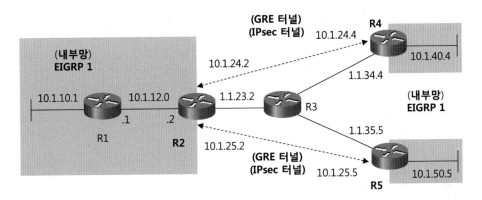

본사 라우터인 R2에서 GRE IPsec VPN을 구성하는 방법은 다음과 같다.

예제 4-21 R2의 GRE IPsec VPN 구성

```
① R2(config)# crypto isakmp policy 10
   R2(config-isakmp)# encryption aes
   R2(config-isakmp)# authentication pre-share
   R2(config-isakmp)# exit

② R2(config)# crypto isakmp key cisco address 1.1.34.4
   R2(config)# crypto isakmp key cisco address 1.1.35.5

③ R2(config)# crypto isakmp keepalive 10
```

```
④ R2(config)# ip access-list extended R4-VPN-TRAFFIC
   R2(config-ext-nacl)# permit gre host 1.1.23.2 host 1.1.34.4
   R2(config-ext-nacl)# exit
   R2(config)# ip access-list extended R5-VPN-TRAFFIC
   R2(config-ext-nacl)# permit gre host 1.1.23.2 host 1.1.35.5
   R2(config-ext-nacl)# exit

⑤ R2(config)# crypto ipsec transform-set PHASE2 esp-aes esp-md5-hmac
   R2(cfg-crypto-trans)# exit

⑥ R2(config)# crypto map VPN 10 ipsec-isakmp
   R2(config-crypto-map)# match address R4-VPN-TRAFFIC
   R2(config-crypto-map)# set peer 1.1.34.4
   R2(config-crypto-map)# set transform-set PHASE2
   R2(config-crypto-map)# exit
   R2(config)# crypto map VPN 20 ipsec-isakmp
   R2(config-crypto-map)# set peer 1.1.35.5
   R2(config-crypto-map)# set transform-set PHASE2
   R2(config-crypto-map)# exit

⑦ R2(config)# interface f0/0.23
   R2(config-subif)# crypto map VPN
```

① ISAKMP 정책을 설정한다.

② 각 피어별 암호를 지정한다.

③ DPD(dead peer detection)을 설정한다.

④ IPsec으로 보호할 트래픽을 지정한다. 본지사 사이의 트래픽은 모두 GRE 터널을 통과하므로 GRE 패킷들을 모두 보호하면 된다. 이처럼, GRE IPsec VPN에서 보호 대상 트래픽을 지정하는 방법은 간단하다.

⑤ IPsec SA를 지정한다.

⑥ 정적인 크립토 맵을 만든다.

⑦ 정적인 크립토 맵을 인터페이스에 적용한다. 12.2(13)T 이전까지는 크립토 맵을 물리적인 인터페이스와 GRE 터널 인터페이스에 동시에 적용해야 한다. 그러나, 12.2(13)T부터는 앞의 예와 같이 물리적인 인터페이스에만 적용해야 한다.

지사 라우터인 R4에서 GRE IPsec VPN을 구성하는 방법은 다음과 같다. 지사 라우터에서의 설정도 본사와 동일하다. 다만, 피어가 하나뿐인 것만 다르다.

예제 4-22 R4의 GRE IPsec VPN 구성

```
R4(config)# crypto isakmp policy 10
R4(config-isakmp)# encryption aes
R4(config-isakmp)# authentication pre-share
R4(config-isakmp)# exit

R4(config)# crypto isakmp key cisco address 1.1.23.2

R4(config)# crypto isakmp keepalive 10

R4(config)# ip access-list extended VPN-TRAFFIC
R4(config-ext-nacl)# permit gre host 1.1.34.4 host 1.1.23.2
R4(config-ext-nacl)# exit

R4(config)# crypto ipsec transform-set PHASE2 esp-aes esp-md5-hmac
R4(cfg-crypto-trans)# exit

R4(config)# crypto map VPN 10 ipsec-isakmp
R4(config-crypto-map)# match address VPN-TRAFFIC
R4(config-crypto-map)# set peer 1.1.23.2
R4(config-crypto-map)# set transform-set PHASE2
R4(config-crypto-map)# exit

R4(config)# interface f0/0.34
R4(config-subif)# crypto map VPN
```

지사 라우터인 R5에서 GRE IPsec VPN을 구성하는 방법은 다음과 같다.

예제 4-23 R5의 GRE IPsec VPN 구성

```
R5(config)# crypto isakmp policy 10
R5(config-isakmp)# encryption aes
R5(config-isakmp)# authentication pre-share
R5(config-isakmp)# exit

R5(config)# crypto isakmp key cisco address 1.1.23.2

R5(config)# crypto isakmp keepalive 10
```

```
R5(config)# ip access-list extended VPN-TRAFFIC
R5(config-ext-nacl)# permit gre host 1.1.35.5 host 1.1.23.2
R5(config-ext-nacl)# exit

R5(config)# crypto ipsec transform-set PHASE2 esp-aes esp-md5-hmac
R5(cfg-crypto-trans)# exit

R5(config)# crypto map VPN 10 ipsec-isakmp
R5(config-crypto-map)# match address VPN-TRAFFIC
R5(config-crypto-map)# set peer 1.1.23.2
R5(config-crypto-map)# set transform-set PHASE2
R5(config-crypto-map)# exit

R5(config)# interface f0/0.35
R5(config-subif)# crypto map VPN
```

설정 후 R5의 라우팅 테이블을 확인해 보면 다음과 같이 모든 내부망 네트워크가
EIGRP를 이용하여 인스톨되어 있는 것을 알 수 있다.

예제 4-24 R5의 라우팅 테이블

```
R5# show ip route eigrp

D       10.1.10.0 [90/297249536] via 10.1.25.2, 00:11:37, Tunnel25
D       10.1.12.0 [90/297246976] via 10.1.25.2, 00:11:37, Tunnel25
D       10.1.24.0 [90/310044416] via 10.1.25.2, 00:11:37, Tunnel25
D       10.1.40.0 [90/310046976] via 10.1.25.2, 00:11:37, Tunnel25
```

원격지의 지사인 R4로 핑을 해보면 성공한다. 현재 본사와 지사 사이에 포인트 투
포인트 GRE 터널을 사용하고 있으므로 지사 사이의 통신은 모두 본사를 통하여 이루
어진다.

예제 4-25 핑 테스트

```
R5# ping 10.1.40.4
```

다음과 같이 ACL 카운트를 초기화시키고 IPsec 세션을 다시 맺도록 해보자.

예제 4-26 ACL 카운트 및 IPsec 세션 초기화

```
R2# clear ip access-list counters
R2# clear crypto session
```

GRE 터널간에 EIGRP 헬로 패킷이 전송되므로 자동으로 IPsec 터널이 구성된다.

예제 4-27 IPsec 터널의 자동 구성

```
R2# show crypto isakmp sa
IPv4 Crypto ISAKMP SA
dst              src              state        conn-id  slot  status
1.1.35.5         1.1.23.2         QM_IDLE      1006     0     ACTIVE
1.1.34.4         1.1.23.2         QM_IDLE      1005     0     ACTIVE
```

R2에서 ACL 통계를 확인해 보면 GRE에 매칭되는 패킷은 보이지 않는다. 즉, GRE 패킷이 ESP에 인캡슐레이션되어서 전송되기 때문이다.

예제 4-28 ACL 통계 확인

```
R2# show ip access-lists
Extended IP access list ACL-INBOUND
    10 permit udp host 1.1.34.4 host 1.1.23.2 eq isakmp (12 matches)
    20 permit udp host 1.1.35.5 host 1.1.23.2 eq isakmp (15 matches)
    30 permit esp host 1.1.34.4 host 1.1.23.2 (26 matches)
    40 permit esp host 1.1.35.5 host 1.1.23.2 (25 matches)
    50 permit gre host 1.1.34.4 host 1.1.23.2
    60 permit gre host 1.1.35.5 host 1.1.23.2
Extended IP access list R4-VPN-TRAFFIC
    10 permit gre host 1.1.23.2 host 1.1.34.4 (55 matches)
Extended IP access list R5-VPN-TRAFFIC
    10 permit gre host 1.1.23.2 host 1.1.35.5 (51 matches)
```

이상으로 포인트 투 포인트 GRE 터널을 통한 IPsec VPN을 구성하고, 동작을 확인해 보았다.

동적 크립토 맵을 사용한 GRE IPsec VPN

이번 절에서는 지사의 라우터와 외부 인터페이스를 연결할 때 xDSL이나 케이블 네트워크와 같이 유동 IP를 사용하는 환경에서, 동적 크립토 맵을 사용하여 GRE IPsec VPN을 구성하는 방법에 대하여 살펴보자.

테스트 네트워크 구성

동적 크립토 맵을 사용한 GRE IPsec VPN을 설정하기 위하여 다음과 같은 테스트 네트워크를 구성한다. 앞 절의 네트워크 구성과 다른 점은 지사 라우터인 R4, R5의 외부 인터페이스 IP 주소가 DHCP 서버인 R3에서 받아오는 유동 IP라는 것이다.

그림 4-8 테스트 네트워크

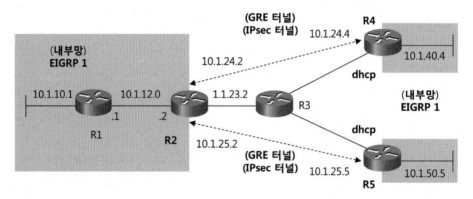

이를 위하여 다음과 같이 각 라우터에 IP 주소를 부여한다.

그림 4-9 IP 주소

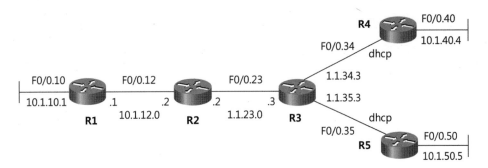

각 라우터에서 F0/0 인터페이스를 서브 인터페이스로 동작시킨다. 서브 인터페이스 번호, 서브넷 번호 및 VLAN 번호를 동일하게 사용한다. 이를 위하여 다음과 같이 SW1에서 VLAN을 만들고, 각 라우터와 연결되는 포트를 트렁크로 동작시킨다.

예제 4-29 SW1 설정

```
SW1(config)# vlan 10
SW1(config-vlan)# vlan 12
SW1(config-vlan)# vlan 23
SW1(config-vlan)# vlan 34
SW1(config-vlan)# vlan 35
SW1(config-vlan)# vlan 40
SW1(config-vlan)# vlan 50
SW1(config-vlan)# exit

SW1(config)# interface range f1/1 - 5
SW1(config-if-range)# switchport trunk encapsulation dot1q
SW1(config-if-range)# switchport mode trunk
```

이번에는 각 라우터의 인터페이스를 활성화시키고, 서브 인터페이스를 만든 다음 IP 주소를 부여한다. R3과 인접 라우터 사이는 인터넷이라고 가정하고, IP 주소 1.0.0.0/8을 서브넷팅하여 사용한다. 나머지 부분은 내부망이라고 가정하고 IP 주소 10.0.0.0/8을 서브넷팅하여 사용한다. R1의 설정은 다음과 같다.

예제 4-30 R1 설정

```
R1(config)# interface f0/0
R1(config-if)# no shut
R1(config-if)# exit

R1(config)# interface f0/0.10
R1(config-subif)# encapsulation dot1Q 10
R1(config-subif)# ip address 10.1.10.1 255.255.255.0
R1(config-subif)# exit

R1(config)# interface f0/0.12
R1(config-subif)# encapsulation dot1Q 12
R1(config-subif)# ip address 10.1.12.1 255.255.255.0
```

R2의 설정은 다음과 같다.

예제 4-31 R2 설정

```
R2(config)# interface f0/0
R2(config-if)# no shut
R2(config-if)# exit

R2(config)# interface f0/0.12
R2(config-subif)# encapsulation dot1Q 12
R2(config-subif)# ip address 10.1.12.2 255.255.255.0
R2(config-subif)# exit

R2(config)# interface f0/0.23
R2(config-subif)# encapsulation dot1Q 23
R2(config-subif)# ip address 1.1.23.2 255.255.255.0
```

R3의 설정은 다음과 같다.

예제 4-32 R3 설정

```
R3(config)# interface f0/0
R3(config-if)# no shut
R3(config-if)# exit

R3(config)# interface f0/0.23
```

```
R3(config-subif)# encapsulation dot1Q 23
R3(config-subif)# ip address 1.1.23.3 255.255.255.0
R3(config-subif)# exit

R3(config)# interface f0/0.34
R3(config-subif)# encapsulation dot1Q 34
R3(config-subif)# ip address 1.1.34.3 255.255.255.0
R3(config-subif)# exit

R3(config)# interface f0/0.35
R3(config-subif)# encapsulation dot1Q 35
R3(config-subif)# ip address 1.1.35.3 255.255.255.0
```

R4의 설정은 다음과 같다. 인터넷과 연결되는 F0/0.34 인터페이스에는 DHCP를 통하여 IP 주소를 할당받도록 설정한다.

예제 4-33 R4 설정

```
R4(config)# interface f0/0
R4(config-if)# no shut
R4(config-if)# exit

R4(config)# interface f0/0.34
R4(config-subif)# encapsulation dot1Q 34
R4(config-subif)# ip address dhcp
R4(config-subif)# exit

R4(config)# interface f0/0.40
R4(config-subif)# encapsulation dot1Q 40
R4(config-subif)# ip address 10.1.40.4 255.255.255.0
```

R5의 설정은 다음과 같다. R4와 마찬가지로 인터넷과 연결되는 F0/0.35 인터페이스에는 DHCP를 통하여 IP 주소를 할당받도록 설정한다.

예제 4-34 R5 설정

```
R5(config)# interface f0/0
R5(config-if)# no shut
R5(config-if)# exit
```

```
R5(config)# interface f0/0.35
R5(config-subif)# encapsulation dot1Q 35
R5(config-subif)# ip address dhcp
R5(config-subif)# exit

R5(config)# interface f0/0.50
R5(config-subif)# encapsulation dot1Q 50
R5(config-subif)# ip address 10.1.50.5 255.255.255.0
```

인터넷 라우터인 R3에서 R4, R5에게 IP 주소를 부여하기 위하여 다음과 같이 DHCP 서버를 설정한다.

예제 4-35 DHCP 서버 설정

```
R3(config)# ip dhcp pool POOL-34
R3(dhcp-config)# default-router 1.1.34.3
R3(dhcp-config)# network 1.1.34.0 255.255.255.0
R3(dhcp-config)# exit

R3(config)# ip dhcp pool POOL-35
R3(dhcp-config)# default-router 1.1.35.3
R3(dhcp-config)# network 1.1.35.0 255.255.255.0
R3(dhcp-config)# exit
```

잠시후 R4, R5에서 다음과 같이 IP 주소를 할당받는지 확인한다.

예제 4-36 IP 주소 할당 확인

```
R4# show ip interface brief
Interface            IP-Address      OK?  Method   Status        Protocol
FastEthernet0/0      unassigned      YES  unset    up            up
FastEthernet0/0.34   1.1.34.1        YES  DHCP     up            up
FastEthernet0/0.40   10.1.40.4       YES  manual   up            up
```

또, DHCP를 통하여 디폴트 루트도 받아왔는지 확인한다.

예제 4-37 디폴트 루트 할당 확인

```
R5# show ip route
```

```
    (생략)

Gateway of last resort is 1.1.35.3 to network 0.0.0.0

    1.0.0.0/24 is subnetted, 1 subnets
C       1.1.35.0 is directly connected, FastEthernet0/0.35
    10.0.0.0/24 is subnetted, 1 subnets
C       10.1.50.0 is directly connected, FastEthernet0/0.50
S*    0.0.0.0/0 [254/0] via 1.1.35.3
```

이번에는 다음 그림과 같이 인터넷 또는 외부망으로 사용할 R2, R3, R4, R5간의
라우팅을 설정한다. R4와 R5에서는 이미 DHCP를 통하여 R3 방향으로 디폴트 루트
가 설정되어 있다.

그림 4-10 외부망 라우팅

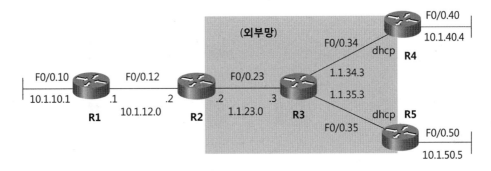

따라서, 다음과 같이 R2에서만 R3 방향으로 디폴트 루트를 설정하면 된다.

예제 4-38 디폴트 루트 설정

```
R2(config)# ip route 0.0.0.0 0.0.0.0 1.1.23.3
```

설정이 끝나면 다음과 같이 R4, R5에서 R2의 외부 인터페이스와 핑이 되는지 확인한다.

예제 4-39 핑 테스트

```
R4# ping 1.1.23.2
R5# ping 1.1.23.2
```

이제, 유동 IP 주소를 환경에서 동적 크립토 맵(dynamic crypto map)을 사용하여 GRE IPsec VPN을 설정하고 동작을 확인할 준비가 완료되었다.

GRE 터널 구성

다음 그림과 같이 본사 라우터인 R2와 지사 라우터인 R4, R5간에 포인트 투 포인트 GRE 터널을 구성한다. 터널의 출발지와 목적지로 사용할 IP 주소를 위하여 별도의 루프백 인터페이스를 만들고 IP 주소를 부여한다.

만약, R2, R4, R5 등의 내부망의 인터페이스에 부여된 IP 주소를 터널의 출발지/목적지 주소로 사용하는 경우를 가정해 보자. 이 경우, 해당 네트워크를 내부망의 라우팅에 포함시켜야 해당 인터페이스에 연결된 사용자들 사이에 통신이 된다.

그림 4-11 GRE 터널

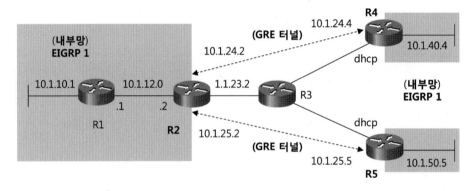

그러나, 터널 목적지 주소를 터널을 통하여 광고받게 되는 상황이 발생하며, 이 경우 터널이 다운된다. 따라서, 라우팅이 불필요한 별도의 루프백 인터페이스에 할당된 IP 주소를 터널의 출발지/목적지 주소로 사용해야 한다.

일반적인 경우와 같이 공인 IP 주소를 터널의 출발지/목적지 주소로 사용하면 이와 같은 일이 발생하지 않는다. 그러나, 터널을 구성해야 하는 한 쪽이 유동 IP 주소를 사용하므로 공인 IP 주소를 이용해서는 터널을 구성할 수 없다.

실제, GRE 터널을 이용한 라우팅 정보의 교환은 IPsec 터널 구성이 완료된 다음에 일어나므로 GRE 터널의 출발지/목적지 주소를 사설 IP로 설정해도 문제없다. 즉, GRE 터널의 주소는 IPsec을 위하여 새로이 추가되는 헤더 다음에 오기 때문에 도중의 라우터들은 이를 참조할 수도 없고, 참조하지도 않는다.

R2에서 터널을 구성하는 방법은 다음과 같다.

예제 4-40 R2의 GRE 터널 구성

```
R2(config)# interface loopback 0
R2(config-if)# ip address 10.1.2.2 255.255.255.255
R2(config-if)# exit

R2(config)# interface tunnel 24
R2(config-if)# ip address 10.1.24.2 255.255.255.0
R2(config-if)# tunnel source loopback 0
R2(config-if)# tunnel destination 10.1.4.4
R2(config-if)# keepalive 10 3

R2(config)# interface tunnel 25
R2(config-if)# ip address 10.1.25.2 255.255.255.0
R2(config-if)# tunnel source loopback 0
R2(config-if)# tunnel destination 10.1.5.5
R2(config-if)# keepalive 10 3
```

지사 라우터인 R4에서도 다음과 같이 GRE 터널을 구성한다.

예제 4-41 R4의 GRE 터널 구성

```
R4(config)# interface loopback 0
R4(config-if)# ip address 10.1.4.4 255.255.255.255
R4(config-if)# exit

R4(config)# interface tunnel 24
R4(config-if)# ip address 10.1.24.4 255.255.255.0
R4(config-if)# tunnel source lo0
R4(config-if)# tunnel destination 10.1.2.2
R4(config-if)# keepalive 10 3
```

지사 라우터인 R5에서도 다음과 같이 GRE 터널을 구성한다.

R5의 GRE 터널 구성

```
R5(config)# interface loopback 0
R5(config-if)# ip address 10.1.5.5 255.255.255.255
R5(config-if)# exit

R5(config)# interface tunnel 25
R5(config-if)# ip address 10.1.25.5 255.255.255.0
R5(config-if)# tunnel source lo0
R5(config-if)# tunnel destination 10.1.2.2
R5(config-if)# keepalive 10 3
```

이번에는 GRE를 통한 동적인 라우팅을 설정한다. 라우팅 프로토콜은 EIGRP을 사용하기로 한다. 이를 위한 각 라우터의 설정은 다음과 같다.

예제 4-43 라우팅 프로토콜 설정

```
R1(config)# router eigrp 1
R1(config-router)# network 10.1.10.1 0.0.0.0
R1(config-router)# network 10.1.12.1 0.0.0.0

R2(config)# router eigrp 1
R2(config-router)# network 10.1.12.2 0.0.0.0
R2(config-router)# network 10.1.24.2 0.0.0.0
R2(config-router)# network 10.1.25.2 0.0.0.0

R4(config)# router eigrp 1
R4(config-router)# network 10.1.40.4 0.0.0.0
R4(config-router)# network 10.1.24.4 0.0.0.0

R5(config)# router eigrp 1
R5(config-router)# network 10.1.50.5 0.0.0.0
R5(config-router)# network 10.1.25.5 0.0.0.0
```

라우팅 설정시 터널의 출발지 IP 주소는 반드시 제외시켜야 한다. 예를 들어, R2에서 10.1.2.2 네트워크를 EIGRP에 포함시키면 R4, R5에서 터널의 목적지 IP 주소인 10.1.2.2에 대한 라우팅 광고를 터널을 통하여 수신한다. 즉, 터널의 목적지로 가는 경로가 터널을 통하는 경우를 '재귀적 라우팅 (recursive routing)'이라고 하며, 이 경우 구성된 터널이 다운된다. 이상으로 본사와 지사 사이에 GRE 터널을 구성하고,

라우팅 프로토콜을 설정하였다.

GRE IPsec VPN 구성

이제, 다음 그림과 같이 본사와 지사간에 GRE IPsec VPN을 구성해 보자.

그림 4-12 GRE IPsec VPN

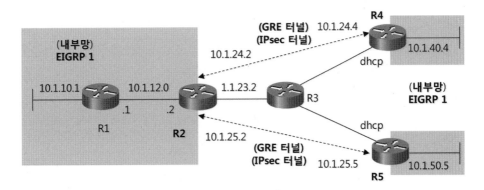

본사 라우터인 R2에서 GRE IPsec VPN을 구성하는 방법은 다음과 같다.

예제 4-44 R2의 GRE IPsec VPN 구성

```
① R2(config)# crypto isakmp policy 10
   R2(config-isakmp)# encryption aes
   R2(config-isakmp)# authentication pre-share
   R2(config-isakmp)# exit

② R2(config)# crypto isakmp key cisco address 0.0.0.0 0.0.0.0

③ R2(config)# crypto isakmp keepalive 10

④ R2(config)# ip access-list extended VPN-TRAFFIC
   R2(config-ext-nacl)# permit gre host 10.1.2.2 host 10.1.4.4
   R2(config-ext-nacl)# permit gre host 10.1.2.2 host 10.1.5.5
   R2(config-ext-nacl)# exit

⑤ R2(config)# crypto ipsec transform-set PHASE2 esp-aes esp-md5-hmac
   R2(cfg-crypto-trans)# exit

⑥ R2(config)# crypto dynamic-map DMAP 10
```

```
R2(config-crypto-map)# match address VPN-TRAFFIC
R2(config-crypto-map)# set transform-set PHASE2
R2(config-crypto-map)# exit

⑦ R2(config)# crypto map VPN 10 ipsec-isakmp dynamic DMAP

⑧ R2(config)# interface f0/0.23
R2(config-subif)# crypto map VPN
```

① ISAKMP SA를 설정한다.

② PSK 설정시 ISAKMP 피어가 유동 IP 주소를 사용하므로 직접 피어의 주소를 지정할 수 없다. 따라서, 불특정 IP 주소를 의미하는 0.0.0.0 0.0.0.0을 사용한다.

③ DPD를 설정한다.

④ 보호대상 네트워크를 지정한다.

⑤ IPsec SA를 지정한다.

⑥ IPsec 피어가 유동 IP 주소를 사용하므로 정적인 크립토 맵에서 피어 주소를 지정할 수 없다. 따라서, 동적 크립토 맵을 사용하여 현재 시점에서 결정된 IPsec SA만 지정하였다.

⑦ 크립토 맵에서 앞서 설정한 동적 크립토 맵을 참조한다.

⑧ 인터페이스에 크립토 맵을 활성화시킨다.

유동 IP를 사용하는 지사 라우터인 R4의 설정은 다음과 같다. 지사에서는 정적 크립토 맵을 사용하며, 앞 절에서 사용한 정적 크립토 맵들과 내용이 동일하다.

예제 4-45 R4의 GRE IPsec VPN 구성

```
R4(config)# crypto isakmp policy 10
R4(config-isakmp)# encryption aes
R4(config-isakmp)# authentication pre-share
R4(config-isakmp)# exit
```

```
R4(config)# crypto isakmp key 6 cisco address 1.1.23.2

R4(config)# crypto isakmp keepalive 10

R4(config)# ip access-list extended VPN-TRAFFIC
R4(config-ext-nacl)# permit gre host 10.1.4.4 host 10.1.2.2
R4(config-ext-nacl)# exit

R4(config)# crypto ipsec transform-set PHASE2 esp-aes esp-md5-hmac
R4(cfg-crypto-trans)# exit

R4(config)# crypto map VPN 10 ipsec-isakmp
R4(config-crypto-map)# match address VPN-TRAFFIC
R4(config-crypto-map)# set peer 1.1.23.2
R4(config-crypto-map)# set transform-set PHASE2
R4(config-crypto-map)# exit

R4(config)# interface f0/0.34
R4(config-subif)# crypto map VPN
```

지사 라우터인 R5에서 GRE IPsec VPN을 구성하는 방법은 다음과 같다.

예제 4-46 R5의 GRE IPsec VPN 구성

```
R5(config)# crypto isakmp policy 10
R5(config-isakmp)# encryption aes
R5(config-isakmp)# authentication pre-share
R5(config-isakmp)# exit

R5(config)# crypto isakmp key 6 cisco address 1.1.23.2

R5(config)# crypto isakmp keepalive 10

R5(config)# ip access-list extended VPN-TRAFFIC
R5(config-ext-nacl)# permit gre host 10.1.5.5 host 10.1.2.2
R5(config-ext-nacl)# exit
R5(config)# crypto ipsec transform-set PHASE2 esp-aes esp-md5-hmac
R5(cfg-crypto-trans)# exit

R5(config)# crypto  map VPN 10 ipsec-isakmp
R5(config-crypto-map)# match address VPN-TRAFFIC
R5(config-crypto-map)# set peer 1.1.23.2
R5(config-crypto-map)# set transform-set PHASE2
```

```
R5(config-crypto-map)# exit

R5(config)# interface f0/0.35
R5(config-subif)# crypto map VPN
```

IPsec VPN을 설정하면 EIGRP가 헬로를 보내고 자동으로 지사와 본사간의 IPsec
터널 및 GRE 터널이 구성된다. 잠시후 R5의 라우팅 테이블을 확인해 보면 다음과
같이 모든 내부망 네트워크가 EIGRP를 이용하여 인스톨되어 있는 것을 알 수 있다.

예제 4-47 R5의 라우팅 테이블

```
R5# show ip route
     (생략)


Gateway of last resort is 1.1.35.3 to network 0.0.0.0

       1.0.0.0/24 is subnetted, 1 subnets
C         1.1.35.0 is directly connected, FastEthernet0/0.35
       10.0.0.0/8 is variably subnetted, 7 subnets, 2 masks
D         10.1.10.0/24 [90/297249536] via 10.1.25.2, 00:03:50, Tunnel25
D         10.1.12.0/24 [90/297246976] via 10.1.25.2, 00:03:50, Tunnel25
C         10.1.5.5/32 is directly connected, Loopback0
C         10.1.25.0/24 is directly connected, Tunnel25
D         10.1.24.0/24 [90/310044416] via 10.1.25.2, 00:03:50, Tunnel25
D         10.1.40.0/24 [90/310046976] via 10.1.25.2, 00:03:50, Tunnel25
C         10.1.50.0/24 is directly connected, FastEthernet0/0.50
S*     0.0.0.0/0 [254/0] via 1.1.35.3
```

원격지의 지사인 R4로 핑을 해보면 다음과 같이 성공한다. 현재 본사와 지사 사이에
포인트 투 포인트 GRE 터널을 사용하고 있으므로 지사 사이의 통신은 모두 본사를
통하여 이루어진다.

예제 4-48 핑 테스트

```
R5# ping 10.1.40.4

Type escape sequence to abort.
Sending 5, 100-byte ICMP Echos to 10.1.40.4, timeout is 2 seconds:
```

```
!!!!!
Success rate is 100 percent (5/5), round-trip min/avg/max = 280/448/560 ms
```

R2에서 **show crypto map** 명령어를 사용하여 확인해보면 다음과 같이 현재의 피어 주소 등 필요한 내용이 추가된 임시 크립토 맵이 만들어져 있는 것을 알 수 있다.

예제 4-49 임시 크립토 맵

```
R2# show crypto map
Crypto Map "VPN" 10 ipsec-isakmp
        Dynamic map template tag: DMAP

Crypto Map "VPN" 65536 ipsec-isakmp
        Peer = 1.1.34.1
        Extended IP access list
            access-list  permit gre host 10.1.2.2 host 10.1.4.4
            dynamic (created from dynamic map DMAP/10)
        Current peer: 1.1.34.1
        Security association lifetime: 4608000 kilobytes/3600 seconds
        PFS (Y/N): N
        Transform sets={
                PHASE2,
        }

Crypto Map "VPN" 65537 ipsec-isakmp
        (생략)
```

이처럼 동적인 크립토 맵을 사용하면 지사에서 유동 IP를 사용하는 환경을 지원한다. 또, 지사가 추가되면 본사에서는 포인트 투 포인트 GRE 터널을 구성하고, 추가적인 ACL 정도만 조정해주면 되므로 편리하다. 즉, 추가되는 지사에 대한 별도의 크립토 맵을 설정할 일은 없다.

이상으로 GRE IPsec VPN을 설정하고 동작을 확인해 보았다.

제5장
GRE IPsec VPN
이중화

GRE IPsec VPN 이중화

이번 장에서는 GRE IPsec VPN을 이중화하는 방법에 대하여 살펴본다. GRE IPsec VPN은 동적인 라우팅 프로토콜을 사용하기 때문에 라우팅 자체의 이중화 기능을 이용하여 VPN의 이중화를 구현한다. 즉, 평소에는 주 라인을 사용하다가 주 라인에 장애가 발생하면 라우팅 프로토콜이 백업 회선을 이용하며, VPN 터널도 따라서 변경된다.

GRE IPsec VPN 이중화 테스트 네트워크 구축

GRE IPsec VPN의 이중화 설정 및 동작 확인을 위하여 다음과 같은 테스트 네트워크를 구축한다. 그림에서 R1, R2, R3은 본사 라우터라고 가정하고, R5, R6은 지사 라우터라고 가정한다. 또, R2, R3, R5, R6을 연결하는 구간은 인터넷 또는 IPsec으로 보호하지 않을 외부망이라고 가정한다.

그림 5-1 테스트 네트워크

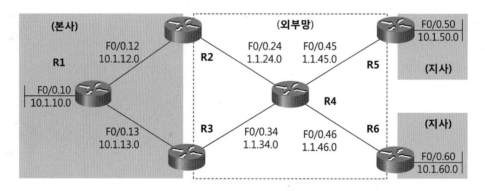

각 라우터에서 F0/0 인터페이스를 서브 인터페이스로 동작시킨다. 서브 인터페이스 번호, 서브넷 번호 및 VLAN 번호를 동일하게 사용한다. 이를 위하여 다음과 같이 SW1에서 VLAN을 만들고, 각 라우터와 연결되는 포트를 트렁크로 동작시킨다.

예제 5-1 SW1 설정

```
SW1(config)# vlan 10
SW1(config-vlan)# vlan 12
SW1(config-vlan)# vlan 13
SW1(config-vlan)# vlan 24
SW1(config-vlan)# vlan 34
SW1(config-vlan)# vlan 45
SW1(config-vlan)# vlan 46
SW1(config-vlan)# vlan 50
SW1(config-vlan)# vlan 60
SW1(config-vlan)# exit

SW1(config)# interface range f1/1 - 6
SW1(config-if-range)# switchport trunk encapsulation dot1q
SW1(config-if-range)# switchport mode trunk
```

이번에는 각 라우터의 인터페이스를 활성화시키고, 서브 인터페이스를 만든 다음 IP 주소를 부여한다. R4와 인접 라우터 사이는 인터넷이라고 가정하고, IP 주소 1.0.0.0/8을 서브넷팅하여 사용한다. 나머지 부분은 내부망이라고 가정하고 IP 주소 10.0.0.0/8을 서브넷팅하여 사용한다. R1의 설정은 다음과 같다.

예제 5-2 R1 설정

```
R1(config)# interface f0/0
R1(config-if)# no shut
R1(config-if)# exit

R1(config)# interface f0/0.10
R1(config-subif)# encapsulation dot1Q 10
R1(config-subif)# ip address 10.1.10.1 255.255.255.0
R1(config-subif)# exit

R1(config)# interface f0/0.12
R1(config-subif)# encapsulation dot1Q 12
R1(config-subif)# ip address 10.1.12.1 255.255.255.0
R1(config-subif)# exit

R1(config)# interface f0/0.13
R1(config-subif)# encapsulation dot1Q 13
R1(config-subif)# ip address 10.1.13.1 255.255.255.0
```

R2의 설정은 다음과 같다.

예제 5-3 R2 설정

```
R2(config)# interface f0/0
R2(config-if)# no shut
R2(config-if)# exit

R2(config)# interface f0/0.12
R2(config-subif)# encapsulation dot1Q 12
R2(config-subif)# ip address 10.1.12.2 255.255.255.0
R2(config-subif)# exit

R2(config)# interface f0/0.24
R2(config-subif)# encapsulation dot1Q 24
R2(config-subif)# ip address 1.1.24.2 255.255.255.0
```

R3의 설정은 다음과 같다.

예제 5-4 R3 설정

```
R3(config)# interface f0/0
R3(config-if)# no shut
R3(config-if)# exit

R3(config)# interface f0/0.13
R3(config-subif)# encapsulation dot1Q 13
R3(config-subif)# ip address 10.1.13.3 255.255.255.0
R3(config-subif)# exit

R3(config)# interface f0/0.34
R3(config-subif)# encapsulation dot1Q 34
R3(config-subif)# ip address 1.1.34.3 255.255.255.0
```

R4의 설정은 다음과 같다.

예제 5-5 R4 설정

```
R4(config)# interface f0/0
R4(config-if)# no shut
R4(config-if)# exit
```

```
R4(config)# interface f0/0.24
R4(config-subif)# encapsulation dot1Q 24
R4(config-subif)# ip address 1.1.24.4 255.255.255.0
R4(config-subif)# exit

R4(config)# interface f0/0.34
R4(config-subif)# encapsulation dot1Q 34
R4(config-subif)# ip address 1.1.34.4 255.255.255.0
R4(config-subif)# exit

R4(config)# interface f0/0.45
R4(config-subif)# encapsulation dot1Q 45
R4(config-subif)# ip address 1.1.45.4 255.255.255.0
R4(config-subif)# exit

R4(config)# interface f0/0.46
R4(config-subif)# encapsulation dot1Q 46
R4(config-subif)# ip address 1.1.46.4 255.255.255.0
```

R5의 설정은 다음과 같다.

예제 5-6 R5 설정

```
R5(config)# interface f0/0
R5(config-if)# no shut
R5(config-if)# exit

R5(config)# interface f0/0.45
R5(config-subif)# encapsulation dot1Q 45
R5(config-subif)# ip address 1.1.45.5 255.255.255.0
R5(config-subif)# exit

R5(config)# interface f0/0.50
R5(config-subif)# encapsulation dot1Q 50
R5(config-subif)# ip address 10.1.50.5 255.255.255.0
```

R6의 설정은 다음과 같다.

예제 5-7 R6 설정

```
R6(config)# interface f0/0
R6(config-if)# no shut
R6(config-if)# exit

R6(config)# interface f0/0.46
R6(config-subif)# encapsulation dot1Q 46
R6(config-subif)# ip address 1.1.46.6 255.255.255.0
R6(config-subif)# exit

R6(config)# interface f0/0.60
R6(config-subif)# encapsulation dot1Q 60
R6(config-subif)# ip address 10.1.60.6 255.255.255.0
```

라우터의 IP 주소 설정이 끝나면 넥스트 홉 IP 주소까지의 통신을 핑으로 확인한다. 다음에는 외부망 또는 인터넷으로 사용할 R4와 인접 라우터간에 라우팅을 설정한다. 이를 위하여 R2, R3, R5, R6에서 R4 방향으로 정적인 디폴트 루트를 설정한다.

그림 5-2 외부망 라우팅

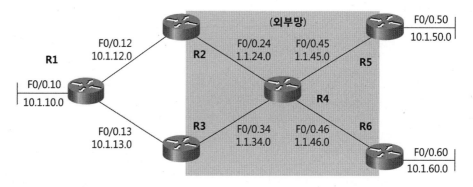

각 라우터에서 다음과 같이 디폴트 루트를 설정한다.

예제 5-8 디폴트 루트 설정

```
R2(config)# ip route 0.0.0.0 0.0.0.0 1.1.24.4
R3(config)# ip route 0.0.0.0 0.0.0.0 1.1.34.4
R5(config)# ip route 0.0.0.0 0.0.0.0 1.1.45.4
R6(config)# ip route 0.0.0.0 0.0.0.0 1.1.46.4
```

설정이 끝나면 R2의 라우팅 테이블에 디폴트 루트가 제대로 인스톨되어 있는지 다음과 같이 확인한다.

예제 5-9 R2의 라우팅 테이블

```
R2# show ip route
      (생략)

Gateway of last resort is 1.1.24.4 to network 0.0.0.0

      1.0.0.0/24 is subnetted, 1 subnets
C        1.1.24.0 is directly connected, FastEthernet0/0.24
      10.0.0.0/24 is subnetted, 1 subnets
C        10.1.12.0 is directly connected, FastEthernet0/0.12
S*    0.0.0.0/0 [1/0] via 1.1.24.4
```

또, 원격지까지의 통신을 핑으로 확인한다.

예제 5-10 핑 테스트

```
R2# ping 1.1.34.3
R2# ping 1.1.45.5
R2# ping 1.1.46.6
```

이제, GRE IPsec VPN을 설정할 네트워크가 구성되었다.

GRE 터널 구성

다음 그림과 같이 본사 라우터인 R2, R3과 지사 라우터인 R5, R6 사이에 포인트 투 포인트 GRE 터널을 구성한다.

그림 5-3 GRE 터널 구성

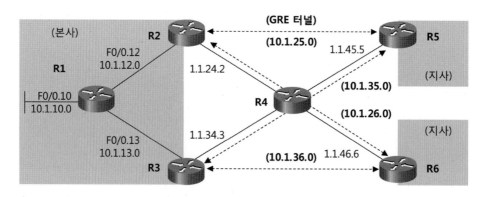

R2에서 터널을 구성하는 방법은 다음과 같다.

예제 5-11 R2의 GRE 터널 구성

```
R2(config)# interface tunnel 25
R2(config-if)# ip address 10.1.25.2 255.255.255.0
R2(config-if)# tunnel source 1.1.24.2
R2(config-if)# tunnel destination 1.1.45.5
R2(config-if)# keepalive 10 3
R2(config-if)# exit
R2(config)# interface tunnel 26
R2(config-if)# ip address 10.1.26.2 255.255.255.0
R2(config-if)# tunnel source 1.1.24.2
R2(config-if)# tunnel destination 1.1.46.6
R2(config-if)# keepalive 10 3
```

R3에서는 다음과 같이 GRE 터널을 구성한다.

예제 5-12 R3의 GRE 터널 구성

```
R3(config)# interface tunnel 35
R3(config-if)# ip address 10.1.35.3 255.255.255.0
```

```
R3(config-if)# tunnel source 1.1.34.3
R3(config-if)# tunnel destination 1.1.45.5
R3(config-if)# keepalive 10 3
R3(config-if)# exit

R3(config)# interface tunnel 36
R3(config-if)# ip address 10.1.36.3 255.255.255.0
R3(config-if)# tunnel source 1.1.34.3
R3(config-if)# tunnel destination 1.1.46.6
R3(config-if)# keepalive 10 3
```

R5에서는 다음과 같이 GRE 터널을 구성한다.

예제 5-13 R5의 GRE 터널 구성

```
R5(config)# interface tunnel 25
R5(config-if)# ip address 10.1.25.5 255.255.255.0
R5(config-if)# tunnel source 1.1.45.5
R5(config-if)# tunnel destination 1.1.24.2
R5(config-if)# keepalive 10 3
R5(config-if)# exit

R5(config)# interface tunnel 35
R5(config-if)# ip address 10.1.35.5 255.255.255.0
R5(config-if)# tunnel source 1.1.45.5
R5(config-if)# tunnel destination 1.1.34.3
R5(config-if)# keepalive 10 3
```

R6에서는 다음과 같이 GRE 터널을 구성한다.

예제 5-14 R6의 GRE 터널 구성

```
R6(config)# interface tunnel 26
R6(config-if)# ip address 10.1.26.6 255.255.255.0
R6(config-if)# tunnel source 1.1.46.6
R6(config-if)# tunnel destination 1.1.24.2
R6(config-if)# keepalive 10 3
R6(config-if)# exit

R6(config)# interface tunnel 36
R6(config-if)# ip address 10.1.36.6 255.255.255.0
```

```
R6(config-if)# tunnel source 1.1.46.6
R6(config-if)# tunnel destination 1.1.34.3
R6(config-if)# keepalive 10 3
```

GRE 터널 설정이 끝나면 각 라우터의 라우팅 테이블에 터널 인터페이스에 설정된 네트워크가 인스톨되는지 확인한다. 예를 들어, R2의 라우팅 테이블은 다음과 같다.

예제 5-15 R2의 라우팅 테이블

```
R2# show ip route
     (생략)

Gateway of last resort is 1.1.24.4 to network 0.0.0.0

     1.0.0.0/24 is subnetted, 1 subnets
C       1.1.24.0 is directly connected, FastEthernet0/0.24
     10.0.0.0/24 is subnetted, 3 subnets
C       10.1.12.0 is directly connected, FastEthernet0/0.12
C       10.1.26.0 is directly connected, Tunnel26
C       10.1.25.0 is directly connected, Tunnel25
S*   0.0.0.0/0 [1/0] via 1.1.24.4
```

터널을 통하여 원격지와 통신이 되는지 다음과 같이 핑으로 확인한다.

예제 5-16 핑 테스트

```
R2# ping 10.1.25.5
R2# ping 10.1.26.6
```

이상으로 본사와 지사 사이에 포인트 투 포인트 GRE 터널이 구성되었다.

GRE를 통한 라우팅 설정

이번에는 GRE를 통한 동적인 라우팅을 설정한다. 라우팅 프로토콜은 OSPF를 사용하기로 한다. 이를 위한 각 라우터의 설정은 다음과 같다.

예제 5-17 GRE를 통한 동적인 라우팅 설정

```
R1(config)# router ospf 1
R1(config-router)# network 10.1.10.1 0.0.0.0 area 0
R1(config-router)# network 10.1.12.1 0.0.0.0 area 0
R1(config-router)# network 10.1.13.1 0.0.0.0 area 0

R2(config)# router ospf 1
R2(config-router)# network 10.1.12.2 0.0.0.0 area 0
R2(config-router)# network 10.1.25.2 0.0.0.0 area 0
R2(config-router)# network 10.1.26.2 0.0.0.0 area 0

R3(config)# router ospf 1
R3(config-router)# network 10.1.13.3 0.0.0.0 area 0
R3(config-router)# network 10.1.35.3 0.0.0.0 area 0
R3(config-router)# network 10.1.36.3 0.0.0.0 area 0

R5(config)# router ospf 1
R5(config-router)# network 10.1.25.5 0.0.0.0 area 0
R5(config-router)# network 10.1.35.5 0.0.0.0 area 0
R5(config-router)# network 10.1.50.5 0.0.0.0 area 0

R6(config)# router ospf 1
R6(config-router)# network 10.1.26.6 0.0.0.0 area 0
R6(config-router)# network 10.1.36.6 0.0.0.0 area 0
R6(config-router)# network 10.1.60.6 0.0.0.0 area 0
```

OSPF 설정이 끝나면 본사의 내부 라우터인 R1에 다음과 같이 지사의 네트워크가 인스톨되는지 확인한다.

예제 5-18 R1의 라우팅 테이블

```
R1# show ip route
    (생략)
     10.0.0.0/24 is subnetted, 9 subnets
C       10.1.10.0 is directly connected, FastEthernet0/0.10
```

```
C        10.1.13.0 is directly connected, FastEthernet0/0.13
C        10.1.12.0 is directly connected, FastEthernet0/0.12
O        10.1.26.0 [110/11112] via 10.1.12.2, 00:07:11, FastEthernet0/0.12
O        10.1.25.0 [110/11112] via 10.1.12.2, 00:07:11, FastEthernet0/0.12
O        10.1.35.0 [110/11112] via 10.1.13.3, 00:06:13, FastEthernet0/0.13
O        10.1.36.0 [110/11112] via 10.1.13.3, 00:06:03, FastEthernet0/0.13
O        10.1.60.0 [110/11113] via 10.1.13.3, 00:05:43, FastEthernet0/0.13
                   [110/11113] via 10.1.12.2, 00:05:43, FastEthernet0/0.12
O        10.1.50.0 [110/11113] via 10.1.13.3, 00:00:18, FastEthernet0/0.13
                   [110/11113] via 10.1.12.2, 00:06:51, FastEthernet0/0.12
```

또, 다음과 같이 지사까지의 통신을 핑으로 확인한다.

예제 5-19 핑 테스트

```
R1# ping 10.1.50.5
R1# ping 10.1.60.6
```

지사 라우터인 R5에 다음과 같이 본사 및 원격지 지사의 네트워크가 인스톨되는지 확인한다.

예제 5-20 R5의 라우팅 테이블

```
R5# show ip route
    (생략)


Gateway of last resort is 1.1.45.4 to network 0.0.0.0

    1.0.0.0/24 is subnetted, 1 subnets
C       1.1.45.0 is directly connected, FastEthernet0/0.45
    10.0.0.0/24 is subnetted, 9 subnets
O       10.1.10.0 [110/11113] via 10.1.35.3, 00:02:12, Tunnel35
                  [110/11113] via 10.1.25.2, 00:08:34, Tunnel25
O       10.1.13.0 [110/11112] via 10.1.35.3, 00:02:12, Tunnel35
O       10.1.12.0 [110/11112] via 10.1.25.2, 00:08:34, Tunnel25
O       10.1.26.0 [110/22222] via 10.1.25.2, 00:08:34, Tunnel25
C       10.1.25.0 is directly connected, Tunnel25
C       10.1.35.0 is directly connected, Tunnel35
O       10.1.36.0 [110/22222] via 10.1.35.3, 00:02:12, Tunnel35
O       10.1.60.0 [110/22223] via 10.1.35.3, 00:02:12, Tunnel35
```

```
              [110/22223] via 10.1.25.2, 00:07:26, Tunnel25
C        10.1.50.0 is directly connected, FastEthernet0/0.50
S*    0.0.0.0/0 [1/0] via 1.1.45.4
```

이상으로 본사와 지사 사이에 GRE 터널을 구성하고, 라우팅 프로토콜을 설정하였다.

GRE IPsec VPN 구성

이제, 다음 그림과 같이 본사와 지사간에 GRE IPsec VPN을 구성해 보자.

그림 5-4 GRE IPsec VPN

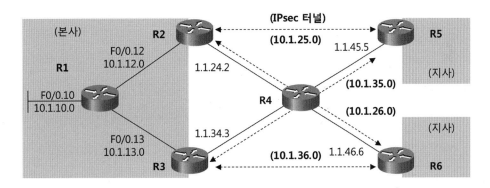

본사 라우터인 R2에서 GRE IPsec VPN을 구성하는 방법은 다음과 같다. 모든 라우터에서 기본적인 IPsec VPN만 설정하면 된다.

예제 5-21 R2의 GRE IPsec VPN 구성

```
R2(config)# crypto isakmp policy 10
R2(config-isakmp)# encryption 3des
R2(config-isakmp)# authentication pre-share
R2(config-isakmp)# exit

R2(config)# crypto isakmp key cisco address 1.1.45.5
R2(config)# crypto isakmp key cisco address 1.1.46.6

R2(config)# crypto isakmp keepalive 10

R2(config)# ip access-list extended R5
```

```
R2(config-ext-nacl)# permit gre host 1.1.24.2 host 1.1.45.5
R2(config-ext-nacl)# exit
R2(config)# ip access-list extended R6
R2(config-ext-nacl)# permit gre host 1.1.24.2 host 1.1.46.6
R2(config-ext-nacl)# exit

R2(config)# crypto ipsec transform-set PHASE2 esp-aes esp-sha-hmac
R2(cfg-crypto-trans)# exit

R2(config)# crypto map VPN 10 ipsec-isakmp
R2(config-crypto-map)# match address R5
R2(config-crypto-map)# set peer 1.1.45.5
R2(config-crypto-map)# set transform-set PHASE2
R2(config-crypto-map)# exit
R2(config)# crypto map VPN 20 ipsec-isakmp
R2(config-crypto-map)# match address R6
R2(config-crypto-map)# set peer 1.1.46.6
R2(config-crypto-map)# set transform-set PHASE2
R2(config-crypto-map)# exit

R2(config)# interface f0/0.24
R2(config-subif)# crypto map VPN
```

본사 라우터인 R3에서 GRE IPsec VPN을 구성하는 방법은 다음과 같다.

예제 5-22 R3의 GRE IPsec VPN 구성

```
R3(config)# crypto isakmp policy 10
R3(config-isakmp)# encryption 3des
R3(config-isakmp)# authentication pre-share
R3(config-isakmp)# exit

R3(config)# crypto isakmp key cisco address 1.1.45.5
R3(config)# crypto isakmp key cisco address 1.1.46.6

R3(config)# crypto isakmp keepalive 10

R3(config)# ip access-list extended R5
R3(config-ext-nacl)# permit gre host 1.1.34.3 host 1.1.45.5
R3(config-ext-nacl)# exit
R3(config)# ip access-list extended R6
R3(config-ext-nacl)# permit gre host 1.1.34.3 host 1.1.46.6
R3(config-ext-nacl)# exit
```

```
R3(config)# crypto ipsec transform-set PHASE2 esp-aes esp-sha-hmac
R3(cfg-crypto-trans)# exit

R3(config)# crypto map VPN 10 ipsec-isakmp
R3(config-crypto-map)# match address R5
R3(config-crypto-map)# set peer 1.1.45.5
R3(config-crypto-map)# set transform-set PHASE2
R3(config-crypto-map)# exit
R3(config)# crypto map VPN 20 ipsec-isakmp
R3(config-crypto-map)# match address R6
R3(config-crypto-map)# set peer 1.1.46.6
R3(config-crypto-map)# set transform-set PHASE2
R3(config-crypto-map)# exit

R3(config)# interface f0/0.34
R3(config-subif)# crypto map VPN
```

지사 라우터인 R5에서 GRE IPsec VPN을 구성하는 방법은 다음과 같다.

예제 5-23 R5의 GRE IPsec VPN 구성

```
R5(config)# crypto isakmp policy 10
R5(config-isakmp)# encryption 3des
R5(config-isakmp)# authentication pre-share
R5(config-isakmp)# exit

R5(config)# crypto isakmp key cisco address 1.1.24.2
R5(config)# crypto isakmp key cisco address 1.1.34.3

R5(config)# crypto isakmp keepalive 10

R5(config)# ip access-list extended HQ-R2
R5(config-ext-nacl)# permit gre host 1.1.45.5 host 1.1.24.2
R5(config-ext-nacl)# exit
R5(config)# ip access-list extended HQ-R3
R5(config-ext-nacl)# permit gre host 1.1.45.5 host 1.1.34.3
R5(config-ext-nacl)# exit

R5(config)# crypto ipsec transform-set PHASE2 esp-aes esp-sha-hmac
R5(cfg-crypto-trans)# exit

R5(config)# crypto map VPN 10 ipsec-isakmp
```

```
R5(config-crypto-map)# match address HQ-R2
R5(config-crypto-map)# set peer 1.1.24.2
R5(config-crypto-map)# set transform-set PHASE2
R5(config-crypto-map)# exit
R5(config)# crypto map VPN 20 ipsec-isakmp
R5(config-crypto-map)# match address HQ-R3
R5(config-crypto-map)# set peer 1.1.34.3
R5(config-crypto-map)# set transform-set PHASE2
R5(config-crypto-map)# exit
R5(config)# interface f0/0.45
R5(config-subif)# crypto map VPN
```

지사 라우터인 R6에서 GRE IPsec VPN을 구성하는 방법은 다음과 같다.

예제 5-24 R6의 GRE IPsec VPN 구성

```
R6(config)# crypto isakmp policy 10
R6(config-isakmp)# encryption 3des
R6(config-isakmp)# authentication pre-share
R6(config-isakmp)# exit

R6(config)# crypto isakmp key cisco address 1.1.24.2
R6(config)# crypto isakmp key cisco address 1.1.34.3

R6(config)# crypto isakmp keepalive 10

R6(config)# ip access-list extended HQ-R2
R6(config-ext-nacl)# permit gre host 1.1.46.6 host 1.1.24.2
R6(config-ext-nacl)# exit

R6(config)# ip access-list extended HQ-R3
R6(config-ext-nacl)# permit gre host 1.1.46.6 host 1.1.34.3
R6(config-ext-nacl)# exit

R6(config)# crypto ipsec transform-set PHASE2 esp-aes esp-sha-hmac
R6(cfg-crypto-trans)# exit

R6(config)# crypto map VPN 10 ipsec-isakmp
R6(config-crypto-map)# match address HQ-R2
R6(config-crypto-map)# set peer 1.1.24.2
R6(config-crypto-map)# set transform-set PHASE2
R6(config-crypto-map)# exit
R6(config)# crypto map VPN 20 ipsec-isakmp
```

```
R6(config-crypto-map)# match address HQ-R3
R6(config-crypto-map)# set peer 1.1.34.3
R6(config-crypto-map)# set transform-set PHASE2
R6(config-crypto-map)# exit

R6(config)# interface f0/0.46
R6(config-subif)# crypto map VPN
```

이상으로 IPsec VPN 설정이 끝났다.

GRE IPsec VPN 이중화 및 부하분산

GRE IPsec VPN은 동적인 라우팅 프로토콜을 사용한다. 따라서, 라우팅 프로토콜을
사용하여 VPN을 이중화시킬 수 있다. 다음 그림에서 R5와 본사간의 통신시 본사
라우터 R2를 사용하여 VPN이 구성되게 하려면 라우팅 프로토콜이 R2-R5 사이의
터널을 우선하도록 하면 된다.

그림 5-5 GRE IPsec VPN 이중화

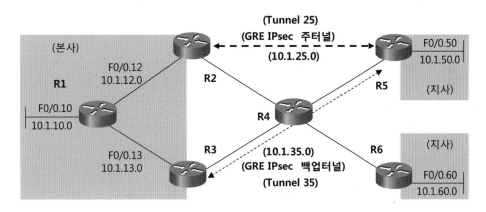

이를 위하여 tunnel 25 인터페이스의 대역폭을 R3-R5 사이를 연결하는 tunnel 35
보다 좀 더 크게 설정해주면 된다. 기본적으로 터널 인터페이스의 대역폭은 9kbps이다.

터널 인터페이스 정보 확인하기

```
R2# show interfaces tunnel 25
Tunnel25 is up, line protocol is up
  Hardware is Tunnel
  Internet address is 10.1.25.2/24
  MTU 1514 bytes, BW 9 Kbit/sec, DLY 500000 usec,
    reliability 255/255, txload 1/255, rxload 1/255
  Encapsulation TUNNEL, loopback not set
  Keepalive set (10 sec), retries 3
  Tunnel source 1.1.24.2, destination 1.1.45.5
  Tunnel protocol/transport GRE/IP
    (생략)
```

다음과 같이 tunnel 25의 대역폭을 다른 터널보다 약간 빠른 10kbps 정도로 설정한다.

예제 5-26 터널 인터페이스 대역폭 조정

```
R2(config)# interface tunnel 25
R2(config-if)# bandwidth 10

R5(config)# interface tunnel 25
R5(config-if)# bandwidth 10
```

반대로 R6과 본사간의 통신시 다음 그림과 같이 본사 라우터 R3을 이용하여 VPN이 구성되게 하려면 라우팅 프로토콜이 R3-R6 사이의 터널을 우선하도록 설정하면 된다.

그림 5-6 GRE IPsec VPN 이중화

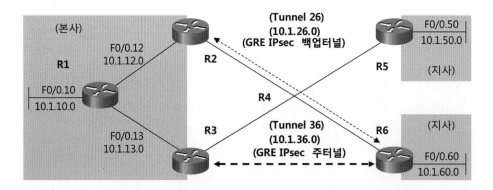

이를 위하여 다음과 같이 tunnel 36의 대역폭을 다른 터널보다 약간 빠른 10kbps 정도로 설정한다.

예제 5-27 터널 인터페이스 대역폭 조정

```
R3(config)# interface tunnel 36
R3(config-if)# bandwidth 10

R6(config)# interface tunnel 36
R6(config-if)# bandwidth 10
```

설정 후 R5의 라우팅 테이블을 확인해 보면 다음과 같이 본사를 통하는 모든 경로가 tunnel 25와 연결되는 R2를 통한다.

예제 5-28 R5의 라우팅 테이블

```
R5# show ip route
     (생략)


Gateway of last resort is 1.1.45.4 to network 0.0.0.0

     1.0.0.0/24 is subnetted, 1 subnets
C       1.1.45.0 is directly connected, FastEthernet0/0.45
     10.0.0.0/24 is subnetted, 9 subnets
O       10.1.10.0 [110/10002] via 10.1.25.2, 00:03:16, Tunnel25
O       10.1.13.0 [110/10002] via 10.1.25.2, 00:03:16, Tunnel25
O       10.1.12.0 [110/10001] via 10.1.25.2, 00:03:16, Tunnel25
O       10.1.26.0 [110/21111] via 10.1.25.2, 00:03:16, Tunnel25
C       10.1.25.0 is directly connected, Tunnel25
C       10.1.35.0 is directly connected, Tunnel35
O       10.1.36.0 [110/21113] via 10.1.25.2, 00:03:16, Tunnel25
O       10.1.60.0 [110/21112] via 10.1.25.2, 00:03:16, Tunnel25
C       10.1.50.0 is directly connected, FastEthernet0/0.50
S*   0.0.0.0/0 [1/0] via 1.1.45.4
```

R6의 라우팅 테이블을 확인해 보면 다음과 같이 본사를 통하는 모든 경로가 tunnel 36과 연결되는 R3을 통한다.

예제 5-29 R6의 라우팅 테이블

```
R6# show ip route
    (생략)


Gateway of last resort is 1.1.46.4 to network 0.0.0.0

    1.0.0.0/24 is subnetted, 1 subnets
C      1.1.46.0 is directly connected, FastEthernet0/0.46
    10.0.0.0/24 is subnetted, 9 subnets
O      10.1.10.0 [110/10002] via 10.1.36.3, 00:00:16, Tunnel36
O      10.1.13.0 [110/10001] via 10.1.36.3, 00:00:16, Tunnel36
O      10.1.12.0 [110/10002] via 10.1.36.3, 00:00:16, Tunnel36
C      10.1.26.0 is directly connected, Tunnel26
O      10.1.25.0 [110/20002] via 10.1.36.3, 00:00:16, Tunnel36
O      10.1.35.0 [110/21111] via 10.1.36.3, 00:00:16, Tunnel36
C      10.1.36.0 is directly connected, Tunnel36
C      10.1.60.0 is directly connected, FastEthernet0/0.60
O      10.1.50.0 [110/20003] via 10.1.36.3, 00:00:16, Tunnel36
S*  0.0.0.0/0 [1/0] via 1.1.46.4
```

본사 내부 라우터인 R1의 라우팅 테이블을 확인해 보면 다음과 같이 R5의 내부 네트워크인 10.1.50.0/24는 R2로 라우팅되고, R6의 내부 네트워크인 10.1.60.0/24는 R3으로 라우팅된다.

예제 5-30 R1의 라우팅 테이블

```
R1# show ip route
       (생략)


Gateway of last resort is 10.1.13.3 to network 0.0.0.0

    10.0.0.0/24 is subnetted, 9 subnets
C      10.1.10.0 is directly connected, FastEthernet0/0.10
C      10.1.13.0 is directly connected, FastEthernet0/0.13
C      10.1.12.0 is directly connected, FastEthernet0/0.12
O      10.1.26.0 [110/11112] via 10.1.12.2, 01:08:42, FastEthernet0/0.12
O      10.1.25.0 [110/10001] via 10.1.12.2, 00:07:52, FastEthernet0/0.12
O      10.1.35.0 [110/11112] via 10.1.13.3, 01:16:49, FastEthernet0/0.13
O      10.1.36.0 [110/10001] via 10.1.13.3, 00:01:13, FastEthernet0/0.13
O      10.1.60.0 [110/10002] via 10.1.13.3, 00:01:13, FastEthernet0/0.13
```

```
O         10.1.50.0 [110/10002] via 10.1.12.2, 00:07:52, FastEthernet0/0.12
```

결과적으로 다음 그림과 같이 본지사 사이의 GRE IPsec VPN 경로가 R2, R3 두
개의 라우터간에 로드 밸런싱되고 있다.

그림 5-7 GRE IPsec VPN 로드 밸런싱

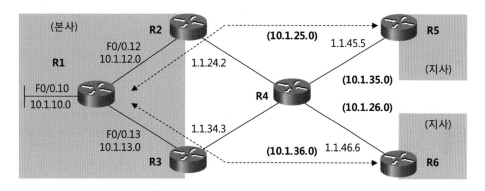

다음과 같이 R2에 장애를 발생시켜보자.

예제 5-31 장애 발생시키기

```
R2(config)# interface f0/0.24
R2(config-subif)# shut
```

이제, 다음 그림과 같이 본사와 R5간의 트래픽이 R3-R5간에 구성된 tunnel 35를
통하여 전송된다.

그림 5-8 장애 발생시의 동작

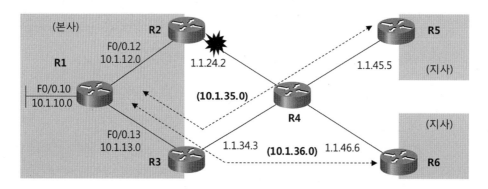

다음과 같이 R5의 라우팅 테이블을 보면 이를 확인할 수 있다.

예제 5-32 R5의 라우팅

```
R5# show ip route

        10.0.0.0/24 is subnetted, 9 subnets
O       10.1.10.0 [110/11113] via 10.1.35.3, 00:00:08, Tunnel35
O       10.1.13.0 [110/11112] via 10.1.35.3, 00:00:08, Tunnel35
O       10.1.12.0 [110/11113] via 10.1.35.3, 00:00:08, Tunnel35
O       10.1.26.0 [110/22224] via 10.1.35.3, 00:00:08, Tunnel35
O       10.1.25.0 [110/21113] via 10.1.35.3, 00:00:08, Tunnel35
O       10.1.36.0 [110/21111] via 10.1.35.3, 00:00:08, Tunnel35
O       10.1.60.0 [110/21112] via 10.1.35.3, 00:00:08, Tunnel35
```

본사 내부의 라우터인 R1의 라우팅 테이블에도 다음과 같이 R5의 내부망인 10.1.50.0/24 네트워크로 가는 경로가 R3의 주소인 10.1.13.3으로 변경된다.

예제 5-33 R1의 라우팅

```
R1# show ip route
        (생략)

Gateway of last resort is 10.1.13.3 to network 0.0.0.0

        10.0.0.0/24 is subnetted, 7 subnets
C       10.1.10.0 is directly connected, FastEthernet0/0.10
```

```
C          10.1.13.0 is directly connected, FastEthernet0/0.13
C          10.1.12.0 is directly connected, FastEthernet0/0.12
O          10.1.35.0 [110/11112] via 10.1.13.3, 01:31:35, FastEthernet0/0.13
O          10.1.36.0 [110/10001] via 10.1.13.3, 00:16:00, FastEthernet0/0.13
O          10.1.60.0 [110/10002] via 10.1.13.3, 00:16:00, FastEthernet0/0.13
O          10.1.50.0 [110/11113] via 10.1.13.3, 00:01:12, FastEthernet0/0.13
O*E2  0.0.0.0/0 [110/1] via 10.1.13.3, 02:04:04, FastEthernet0/0.13
```

이상으로 GRE IPsec VPN의 이중화 및 부하분산을 설정하고 동작 방식을 확인해 보았다.

제6장
DMVPN

기본적인 DMVPN 설정 및 동작 확인

지사가 많은 회사의 VPN 망 확장성을 생각해 보자. 각 지사마다 일일이 크립토 세션 및 라우팅을 설정해야 한다. 또는 GRE 터널을 뚫어 라우팅 정보를 공유할 수도 있으나, 수많은 지사 사이에 일일이 GRE 터널을 뚫는 것도 힘든 작업이다. 이 때 DMVPN (dynamic multipoint VPN)을 사용하면 편리하다.

DMVPN은 mGRE(multipoint GRE) 터널과 NHRP(next hop resolution protocol)를 사용하여 확장성 문제를 해결한다. DMVPN은 본사와 지사라는 허브 앤 스포크(hub-and-spoke) 구조를 사용한다.

허브 앤 스포크 구조라도 지사간에 직접 통신을 할 수 있다. 그러나, 지사 VPN 장비가 NHRP를 이용하여 주소를 등록하기 위하여 본사 장비가 필요하다. 지사 장비가 다른 지사 장비와의 통신을 위해서 본사 장비로 목적지 네트워크와 연결되는 주소를 질의 하면, 본사 장비가 목적지 네트워크와 연결되는 IP 주소를 알려준다. 이후 두개의 지사간에 직접 통신이 이루어진다.

이를 위하여 지사 장비가 부팅되면 자동으로 본사 장비와 IPSec 세션을 맺고 NHRP 를 이용하여 자신의 IP 주소를 등록한다. 데이터와 라우팅 정보 전송을 위하여 mGRE 터널이 사용된다.

결과적으로 DMVPN은 다음과 같은 장점이 있다.

• 지사 장비는 다른 지사 장비와 일일이 GRE 터널 및 크립토 맵을 설정할 필요가 없다.

• 본사 장비는 지사 장비에 대한 상세 정보를 유지할 필요가 없다. 따라서, 지사 장비 를 추가해도 본사 장비에서는 추가적인 설정이 필요없다.

• 지사 장비는 자신의 외부 인터페이스 주소를 동적으로 할당받을 수 있다. 또, NHRP 를 통하여 본사에 주소를 등록한다.

• 동적인 라우팅 프로토콜이 사용되므로 어느 지사에 어떤 네트워크가 존재하는 지를 알게된다. 따라서, 복잡한 크립토 ACL이나 정적인 라우팅 구성이 필요없다.

mGRE

지금까지 사용한 GRE 인터페이스는 직접 연결되는 상대방이 하나뿐이었다. 이런 GRE 인터페이스를 포인트 투 포인트 (p2p) GRE라고 한다. 그러나, 다음 그림 R1의 tunnel 123 인터페이스와 같이 직접 연결되는 상대가 다수개인 경우에는 멀티포인트 (multipoint) GRE 또는 mGRE 인터페이스를 사용해야 한다.

그림 6-1 GRE 인터페이스

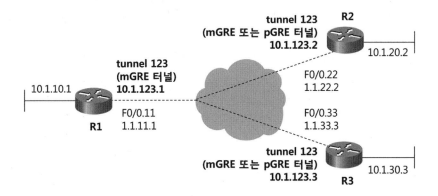

즉, mGRE (multipoint GRE) 인터페이스는 하나의 인터페이스를 통하여 직접 연결되는 상대방이 다수개 있는 것을 말한다. mGRE 인터페이스와 연결되는 상대방인 R2는 경우에 따라 R1과 마찬가지로 mGRE를 사용하거나 또는 p2p GRE 인터페이스를 사용할 수도 있다.

mGRE는 20바이트의 추가적인 IP 헤더, 4바이트의 GRE 헤더 및 4바이트의 mGRE 터널키를 사용한다. 따라서, mGRE는 pGRE보다 헤더의 길이가 4 바이트 증가한다. 터널키는 동일 라우터에 다수개의 mGRE 인터페이스가 있을 때 이들을 구분하기 위한 값이다.

12.3(13)T, 12.3(11)T3부터는 터널키가 없어도 하나의 라우터에 다수개의 mGRE 인터페이스를 만들 수 있다. 이때 각각의 mGRE 인터페이스는 터널 소스로 서로 다른 IP 주소를 사용함으로써 구분된다.

NHRP

NHRP(next hop resolution protocol)는 터널의 목적지 IP 주소는 아는데, 해당 목적지 IP로 가는 넥스트 홉 IP 주소를 모를 때 이를 알아내기 위하여 사용되는 프로토콜이다. 예를 들어, 다음 그림 R2에서 R1의 내부망인 10.1.10.0/24과 통신이 필요한 경우를 생각해 보자.

R2의 라우팅 테이블에는 10.1.10.0/24로 가는 패킷들은 터널 12의 목적지인 10.1.12.1로 전송하라고 되어 있다. 그런데, 터널 12의 목적지 IP 주소인 10.1.12.1로 가기 위한 실제 IP 주소를 모른다면 패킷을 전송할 수 없다. 이때 NHRP를 이용하면 터널 12의 목적지 IP 주소 10.1.12.1로 가려면 실제 IP 주소 1.1.11.1로 가면 된다는 것을 알 수 있다. 즉, NHRP는 지사 라우터가 본사 라우터나 다른 지사 라우터의 내부망과 연결되는 넥스트 홉 IP 주소를 알아내기 위하여 사용한다.

그림 6-2 NHRP

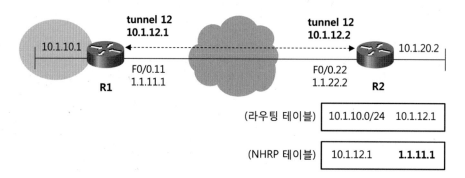

NHRP가 동작하는 절차는 다음과 같다.

1) 지사 라우터가 DMVPN 망에 접속하면 미리 설정된 본사 라우터의 IP 주소로 자신의 IP 주소를 등록한다.

2) 본사 라우터는 mGRE 인터페이스를 사용하여 지사 라우터와 동적인 터널을 구성한다.

3) NHRP는 터널 주소와 넥스트 홉 IP 주소를 매핑한다. 즉, NHRP는 mGRE 인터페이스를 통하여 본사나 특정 지사의 내부 네크워크와 통신하려면 어떤 넥스트 홉 IP

주를 사용하면 되는지를 질의하고 알아낸다.

NHRP에서는 이처럼 실제 인터페이스에 설정된 주소를 NBMA(non-broadcast multiple access) 주소라고 한다. NHRP가 초기 개발된 목적은 ATM, 프레임 릴레이 등과 같이 실제 NBMA 환경에서 넥스트 홉 IP 주소를 찾아내기 위함이었다. 그러나, 요즘음과 같이 NBMA 환경이 아니어도 NHRP에서는 개발 당시의 용어를 그래도 사용하고 있다.

본사 라우터와 지사 라우터는 NHRP 캐시 정보를 저장하는 시간을 지정하기 위하여 NHRP 홀드타임을 사용한다. 기본적인 NHRP 홀드시간은 2시간이며, 시스코에서 권고하는 시간은 10분이다. NHRP 캐시는 동적 또는 정적으로 유지할 수 있다. 본사에서는 NHRP 등록 또는 주소 요청 과정에 따라 모든 NHRP 캐시가 동적으로 추가된다. 지사 라우터에는 본사 라우터와 연결되는 NHRP 캐시가 미리 지정되어 있다.

NHRP 등록 과정에 참여하려면 모든 라우터가 네트워크 ID로 구분되는 동일한 NHRP 네트워크에 소속되어야 한다. 즉, NHRP 네트워크 ID는 NHRP 도메인을 나타낸다. p2p GRE 터널에서는 터널 목적지 IP 주소가 IPsec 피어 주소로 사용된다. 그러나, mGRE 터널에서는 다수개의 IPsec 피어가 존재하므로 NHRP가 찾아낸 넥스트 홉 IP 주소를 IPsec 피어 주소로 사용된다.

DMVPN 설정을 위한 테스트 네트워크 구축

DMVPN 설정 및 동작 확인을 위한 테스트 네트워크를 다음과 같이 구축한다. 그림에서 R1, R2는 본사 라우터라고 가정하고, R4, R5는 지사 라우터라고 가정한다. 또, R2, R3, R4, R5를 연결하는 구간은 인터넷 또는 IPsec으로 보호하지 않을 외부망이라고 가정한다.

그림 6-3 테스트 네트워크

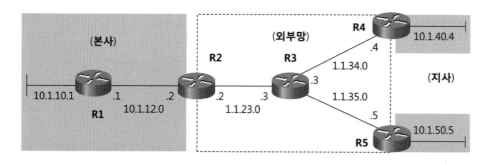

이를 위하여 다음과 같이 각 라우터의 인터페이스에 IP 주소를 부여한다.

그림 6-4 IP 주소

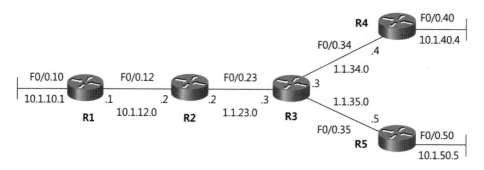

각 라우터에서 F0/0 인터페이스를 서브 인터페이스로 동작시킨다. 서브 인터페이스
번호, 서브넷 번호 및 VLAN 번호를 동일하게 사용한다. 이를 위하여 다음과 같이
SW1에서 VLAN을 만들고, 각 라우터와 연결되는 포트를 트렁크로 동작시킨다.

예제 6-1 SW1 설정

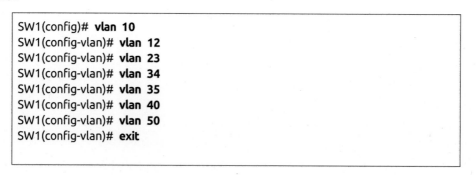

```
SW1(config)# vlan 10
SW1(config-vlan)# vlan 12
SW1(config-vlan)# vlan 23
SW1(config-vlan)# vlan 34
SW1(config-vlan)# vlan 35
SW1(config-vlan)# vlan 40
SW1(config-vlan)# vlan 50
SW1(config-vlan)# exit
```

```
SW1(config)# interface range f1/1 - 5
SW1(config-if-range)# switchport trunk encapsulation dot1q
SW1(config-if-range)# switchport mode trunk
```

이번에는 각 라우터의 인터페이스를 활성화시키고, 서브 인터페이스를 만든 다음 IP 주소를 부여한다. R3과 인접 라우터 사이는 인터넷이라고 가정하고, IP 주소 1.0.0.0/8을 서브넷팅하여 사용한다. 나머지 부분은 내부망이라고 가정하고 IP 주소 10.0.0.0/8을 서브넷팅하여 사용한다. R1의 설정은 다음과 같다.

예제 6-2 R1 설정

```
R1(config)# interface f0/0
R1(config-if)# no shut
R1(config-if)# exit

R1(config)# interface f0/0.10
R1(config-subif)# encapsulation dot1Q 10
R1(config-subif)# ip address 10.1.10.1 255.255.255.0
R1(config-subif)# exit

R1(config)# interface f0/0.12
R1(config-subif)# encapsulation dot1Q 12
R1(config-subif)# ip address 10.1.12.1 255.255.255.0
```

R2의 설정은 다음과 같다.

예제 6-3 R2 설정

```
R2(config)# interface f0/0
R2(config-if)# no shut
R2(config-if)# exit

R2(config)# interface f0/0.12
R2(config-subif)# encapsulation dot1Q 12
R2(config-subif)# ip address 10.1.12.2 255.255.255.0
R2(config-subif)# exit
R2(config)# interface f0/0.23
R2(config-subif)# encapsulation dot1Q 23
R2(config-subif)# ip address 1.1.23.2 255.255.255.0
```

R3의 설정은 다음과 같다.

예제 6-4 R3 설정

```
R3(config)# interface f0/0
R3(config-if)# no shut
R3(config-if)# exit

R3(config)# interface f0/0.23
R3(config-subif)# encapsulation dot1Q 23
R3(config-subif)# ip address 1.1.23.3 255.255.255.0
R3(config-subif)# exit

R3(config)# interface f0/0.34
R3(config-subif)# encapsulation dot1Q 34
R3(config-subif)# ip address 1.1.34.3 255.255.255.0
R3(config-subif)# exit

R3(config)# interface f0/0.35
R3(config-subif)# encapsulation dot1Q 35
R3(config-subif)# ip address 1.1.35.3 255.255.255.0
```

R4의 설정은 다음과 같다.

예제 6-5 R4 설정

```
R4(config)# interface f0/0
R4(config-if)# no shut
R4(config-if)# exit

R4(config)# interface f0/0.34
R4(config-subif)# encapsulation dot1Q 34
R4(config-subif)# ip address 1.1.34.4 255.255.255.0
R4(config-subif)# exit

R4(config)# interface f0/0.40
R4(config-subif)# encapsulation dot1Q 40
R4(config-subif)# ip address 10.1.40.4 255.255.255.0
```

R5의 설정은 다음과 같다.

예제 6-6 R5 설정

```
R5(config)# interface f0/0
R5(config-if)# no shut
R5(config-if)# exit

R5(config)# interface f0/0.35
R5(config-subif)# encapsulation dot1Q 35
R5(config-subif)# ip address 1.1.35.5 255.255.255.0
R5(config-subif)# exit

R5(config)# interface f0/0.50
R5(config-subif)# encapsulation dot1Q 50
R5(config-subif)# ip address 10.1.50.5 255.255.255.0
```

라우터의 IP 주소 설정이 끝나면 넥스트 홉 IP 주소까지의 통신을 핑으로 확인한다.
다음에는 외부망 또는 인터넷으로 사용할 R3과 인접 라우터간에 라우팅을 설정한다.
이를 위하여 R2, R4, R5에서 R3 방향으로 정적인 디폴트 루트를 설정한다.

그림 6-5 외부망 라우팅

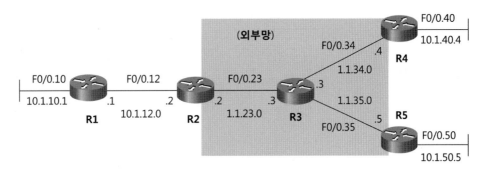

각 라우터에서 다음과 같이 디폴트 루트를 설정한다.

예제 6-7 디폴트 루트 설정

```
R2(config)# ip route 0.0.0.0 0.0.0.0 1.1.23.3
R4(config)# ip route 0.0.0.0 0.0.0.0 1.1.34.3
R5(config)# ip route 0.0.0.0 0.0.0.0 1.1.35.3
```

설정이 끝나면 R2의 라우팅 테이블을 확인하여 디폴트 루트가 제대로 인스톨되어 있는지 다음과 같이 확인한다.

예제 6-8 R2의 라우팅 테이블

```
R2# show ip route
    (생략)


Gateway of last resort is 1.1.23.3 to network 0.0.0.0

    1.0.0.0/24 is subnetted, 1 subnets
C        1.1.23.0 is directly connected, FastEthernet0/0.23
    10.0.0.0/24 is subnetted, 1 subnets
C        10.1.12.0 is directly connected, FastEthernet0/0.12
S*   0.0.0.0/0 [1/0] via 1.1.23.3
```

또, 원격지까지의 통신을 핑으로 확인한다.

예제 6-9 핑 테스트

```
R2# ping 1.1.34.4
R2# ping 1.1.35.5
```

mGRE 터널 구성

다음 그림과 같이 R2, R4, R5 사이에 mGRE 터널을 구성한다.

그림 6-6 mGRE 터널

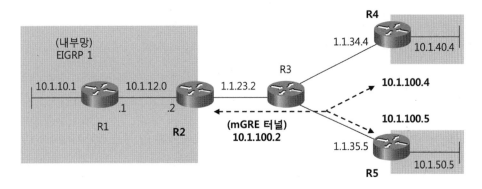

본사 라우터인 R2의 설정은 다음과 같다.

예제 6-10 R2의 mGRE / NHRP 구성

```
① R2(config)# interface tunnel 0
② R2(config-if)# tunnel source 1.1.23.2
③ R2(config-if)# tunnel mode gre multipoint
④ R2(config-if)# ip address 10.1.100.2 255.255.255.0
⑤ R2(config-if)# tunnel key 1

⑥ R2(config-if)# ip nhrp network-id 1
⑦ R2(config-if)# ip nhrp map multicast dynamic
⑧ R2(config-if)# ip nhrp holdtime 600
```

① 적당한 터널 번호를 사용하여 터널 설정모드로 들어간다.

② 외부망에서 라우팅 가능한 주소를 터널의 출발지 IP 주소로 지정한다.

③ 터널의 모드를 gre multipoint 즉, mGRE로 지정한다.

④ 터널의 IP 주소를 지정한다.

⑤ 터널 키를 지정한다. 터널 키는 동일 라우터에 다수개의 mGRE 인터페이스가 있을

때 구분하기 위한 값이다.

⑥ NHRP 네트워크 ID를 지정한다. NHRP 등록 과정에 참여하려면 모든 라우터가
NHRP 네트워크 ID로 구분되는 동일한 NHRP 네트워크에 소속되어야 한다. 즉,
NHRP 네트워크 ID는 NHRP 도메인을 나타낸다.

⑦ 동적인 라우팅 프로토콜들은 목적지 IP 주소를 멀티캐스트나 브로드캐스트를 사용
한다. 기본적으로 라우터는 목적지 IP 주소가 멀티캐스트나 브로드캐스트이면 해당
패킷을 차단한다. 그러나, NHRP를 통하여 자신의 실제 주소를 등록한 지사 라우터에
게 멀티캐스트 주소를 사용하는 동적인 라우팅 정보를 전송해야 한다.

이 명령어는 지사 라우터가 등록할 때 사용한 넥스트 홉 IP 주소로 멀티캐스트/브로드
캐스트 패킷도 전송하라는 의미이다. 이 명령어를 사용하지 않으면 동적인 라우팅
프로토콜이 동작하지 않는다.

⑧ 광고되는 NHRP NBMA 주소 (넥스트 홉 IP 주소)의 유효기간을 표시한다. 이
명령어는 NHRP 매핑 정보를 유지하고 있는 NHS나 라우터가 응답하는 오소러티브
응답 (authoritative reponse)에만 영향을 미친다. 즉, 이 NHRP NBMA 주소는 홀드
타임 기간 동안만 유효하다는 의미이다. 캐시된 매핑정보는 이 기간이 지나면 폐기
한다.

지사 라우터인 R4의 설정은 다음과 같다.

예제 6-11 R4의 mGRE / NHRP 구성

```
   R4(config)# interface tunnel 0
   R4(config-if)# tunnel source 1.1.34.4
   R4(config-if)# tunnel mode gre multipoint
   R4(config-if)# tunnel key 1
   R4(config-if)# ip address 10.1.100.4 255.255.255.0

   R4(config-if)# ip nhrp network-id 1
①  R4(config-if)# ip nhrp nhs 10.1.100.2
②  R4(config-if)# ip nhrp map multicast 1.1.23.2
③  R4(config-if)# ip nhrp map 10.1.100.2 1.1.23.2
④  R4(config-if)# ip nhrp registration timeout 60
```

① NHRP 서버의 주소를 지정한다.

② 목적지가 멀티캐스트나 브로드캐스트인 패킷을 1.1.23.2로 전송한다. 이 설정이 없으면 멀티캐스트 주소를 사용하는 동적인 라우팅 프로토콜이 동작하지 않는다.

③ 터널의 목적지 주소가 10.1.100.2인 패킷을 넥스트 홉 IP 주소 1.1.23.2로 전송한다. 이 명령어는 정적인 NHRP 매핑을 이용하여 NHS의 넥스트 홉 IP 주소를 미리 지정한다.

④ NHS(next hop server)에게 60초마다 자신의 실제 주소 (NBMA 주소)를 등록한다.

R5의 mGRE와 NHRP 설정은 다음과 같다. 설정 내용은 R4와 유사하다.

예제 6-12 R5의 mGRE / NHRP 구성

```
R5(config)# interface tunnel 0
R5(config-if)# tunnel source 1.1.35.5
R5(config-if)# tunnel mode gre multipoint
R5(config-if)# tunnel key 1
R5(config-if)# ip address 10.1.100.5 255.255.255.0

R5(config-if)# ip nhrp network-id 1
R5(config-if)# ip nhrp nhs 10.1.100.2
R5(config-if)# ip nhrp map multicast 1.1.23.2
R5(config-if)# ip nhrp map 10.1.100.2 1.1.23.2
R5(config-if)# ip nhrp registration timeout 60
```

mGRE 설정이 끝나면 다음과 같이 지사 라우터인 R5에서 본사 라우터 R2와 원격 지사 라우터인 R4까지의 통신을 핑으로 확인한다.

예제 6-13 핑 테스트

```
R5# ping 10.1.100.2
R5# ping 10.1.100.4
```

이상으로 본지사 라우터 사이에 mGRE 터널을 구성하였다.

mGRE 터널을 통한 라우팅 설정

이번에는 내부망끼리의 통신을 위하여 mGRE 터널을 통한 라우팅을 설정한다. 라우팅 프로토콜로 EIGRP 1을 사용해 보자.

예제 6-14 EIGRP 1 설정

```
R1(config)# router eigrp 1
R1(config-router)# network 10.1.10.1 0.0.0.0
R1(config-router)# network 10.1.12.1 0.0.0.0

R2(config)# router eigrp 1
R2(config-router)# network 10.1.12.2 0.0.0.0
R2(config-router)# network 10.1.100.2 0.0.0.0

R4(config)# router eigrp 1
R4(config-router)# network 10.1.40.4 0.0.0.0
R4(config-router)# network 10.1.100.4 0.0.0.0

R5(config)# router eigrp 1
R5(config-router)# network 10.1.50.5 0.0.0.0
R5(config-router)# network 10.1.100.5 0.0.0.0
```

설정후 R2의 라우팅 테이블을 확인해 보면 다음과 같이 모든 지사의 내부 네트워크가 인스톨된다.

예제 6-15 R2의 라우팅 테이블

```
R2# show ip route
    (생략)
     1.0.0.0/24 is subnetted, 1 subnets
C       1.1.23.0 is directly connected, FastEthernet0/0.23
     10.0.0.0/24 is subnetted, 5 subnets
D       10.1.10.0 [90/30720] via 10.1.12.1, 00:02:44, FastEthernet0/0.12
C       10.1.12.0 is directly connected, FastEthernet0/0.12
D       10.1.40.0 [90/297246976] via 10.1.100.4, 00:02:14, Tunnel0
D       10.1.50.0 [90/297246976] via 10.1.100.5, 00:01:58, Tunnel0
C       10.1.100.0 is directly connected, Tunnel0
S*   0.0.0.0/0 [1/0] via 1.1.23.3
```

그러나, 지사 라우터 R4의 라우팅 테이블에는 본사의 내부망인 10.1.10.0/24는 인스톨되지만 원격 지사 R5의 내부망인 10.1.50.0/24는 없다.

예제 6-16 R4의 라우팅 테이블

```
R4# show ip route
     (생략)
     1.0.0.0/24 is subnetted, 1 subnets
C       1.1.34.0 is directly connected, FastEthernet0/0.34
     10.0.0.0/24 is subnetted, 4 subnets
D       10.1.10.0 [90/297249536] via 10.1.100.2, 00:03:31, Tunnel0
D       10.1.12.0 [90/297246976] via 10.1.100.2, 00:03:31, Tunnel0
C       10.1.40.0 is directly connected, FastEthernet0/0.40
C       10.1.100.0 is directly connected, Tunnel0
S*   0.0.0.0/0 [1/0] via 1.1.34.3
```

그 이유는 다음 그림과 같이 R2의 터널 0 인터페이스가 멀티포인트로 동작하고, 결과적으로 터널 0을 통하여 수신한 R5의 EIGRP 네트워크 광고를 스플릿 호라이즌 (split horizon) 규칙 때문에 동일한 터널 0 인터페이스를 통하여 R4에게 광고하지 못하기 때문이다.

그림 6-7 터널 0 인터페이스가 멀티포인트로 동작한다

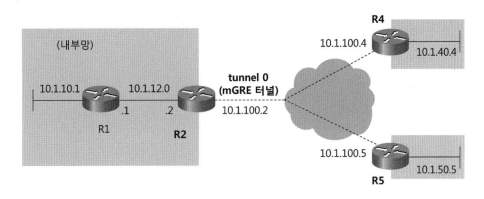

이를 해결하기 위하여 다음과 같이 R2의 터널 0 인터페이스에서 EIGRP 스플릿 호라이즌 규칙을 비활성화시켜야 한다.

EIGRP 스플릿 호라이즌 비활성화

```
R2(config)# interface tunnel 0
R2(config-if)# no ip split-horizon eigrp 1
```

잠시후, 다음과 같이 지사 라우터 R4의 라우팅 테이블에 원격 지사 R5의 내부망인 10.1.50.0/24가 인스톨된다.

예제 6-18 R4의 라우팅 테이블

```
R4# show ip route
      (생략)

Gateway of last resort is 1.1.34.3 to network 0.0.0.0

      1.0.0.0/24 is subnetted, 1 subnets
C        1.1.34.0 is directly connected, FastEthernet0/0.34
      10.0.0.0/24 is subnetted, 5 subnets
D        10.1.10.0 [90/297249536] via 10.1.100.2, 00:11:15, Tunnel0
D        10.1.12.0 [90/297246976] via 10.1.100.2, 00:11:15, Tunnel0
C        10.1.40.0 is directly connected, FastEthernet0/0.40
D        10.1.50.0 [90/310046976] via 10.1.100.2, 00:00:53, Tunnel0
C        10.1.100.0 is directly connected, Tunnel0
S*    0.0.0.0/0 [1/0] via 1.1.34.3
```

지사 라우터간 핑도 된다.

예제 6-19 핑 테스트

```
R4# ping 10.1.50.5

Type escape sequence to abort.
Sending 5, 100-byte ICMP Echos to 10.1.50.5, timeout is 2 seconds:
!!!!!
Success rate is 100 percent (5/5), round-trip min/avg/max = 88/133/256 ms
```

R2에서 show ip nhrp 명령어를 사용하여 NHRP 테이블을 확인해 보면 다음과 같이 터널의 목적지 주소와 연결되는 넥스트 홉 IP 주소 (NBMA address)가 저장되어 있다.

예제 6-20 NHRP 테이블을 확인하기

```
R2# show ip nhrp
10.1.100.4/32 via 10.1.100.4, Tunnel0 created 00:39:40, expire 00:07:28
    Type: dynamic, Flags: unique registered
    NBMA address: 1.1.34.4
10.1.100.5/32 via 10.1.100.5, Tunnel0 created 00:39:40, expire 00:09:25
    Type: dynamic, Flags: unique registered
    NBMA address: 1.1.35.5
```

이상과 같이 mGRE 터널을 통한 라우팅 설정을 완료하였다.

DMVPN 설정

이번에는 다음 그림과 같이 mGRE 터널을 사용하는 본지사 내부망 사이의 통신을 DMVPN으로 보호하도록 설정한다.

그림 6-8 DMVPN 설정

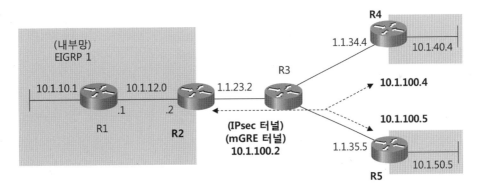

기본적인 DMVPN에서 mGRE 인터페이스를 통과하는 트래픽을 보호하기 위한 IPsec VPN 설정은 모든 라우터에서 동일하다. 본사 라우터 R2의 설정은 다음과 같다.

예제 6-21 R2의 IPsec 설정

```
① R2(config)# crypto isakmp policy 10
   R2(config-isakmp)# authentication pre-share
   R2(config-isakmp)# exit
```

```
② R2(config)# crypto isakmp key cisco address 0.0.0.0 0.0.0.0

③ R2(config)# crypto ipsec transform-set PHASE2 esp-aes 256 esp-sha-hmac
  R2(cfg-crypto-trans)# exit

④ R2(config)# crypto ipsec profile DMVPN-PROFILE
  R2(ipsec-profile)# set transform-set PHASE2
  R2(ipsec-profile)# exit

  R2(config)# interface tunnel 0
⑤ R2(config-if)# tunnel protection ipsec profile DMVPN-PROFILE
```

① ISAKMP SA를 지정한다.

② ISAKMP 인증용 암호를 지정한다. 피어가 동적으로 결정되므로 주소를 0.0.0.0 0.0.0.0으로 지정했다.

③ IPsec SA를 지정한다.

④ 일반적인 IPsec 설정에서 정적 또는 동적인 크립토 맵을 사용한다. 이 크립토 맵에는 IPsec 트랜스폼 세트, 크립토 ACL 등이 지정되어 있다. IOS 12.2(13)T부터 IPsec 프로파일이 도입되었다. IPsec 프로파일은 크립토 맵과 대부분의 명령어가 같지만 일부분만 사용한다.

즉, 피어 주소나 보호대상 트래픽을 정의하는 ACL은 사용하지 않는다. 피어의 주소에 따라 자동으로 패킷을 보호하므로 보호대상 ACL을 만들 필요가 없다. 지사 라우터가 유동 IP를 사용하는 경우에도 동적 크립토 맵이 불필요하다. NHRP를 이용하여 NHS에 먼저 등록하기 때문이다.

⑤ GRE 터널과 IPsec 프로파일을 연결하기 위하여 tunnel protection 명령어를 사용한다.

지사 라우터 R4의 설정은 다음과 같이 본사 라우터의 설정과 동일하다.

```
R4(config)# crypto isakmp policy 10
R4(config-isakmp)# authentication pre-share
R4(config-isakmp)# exit

R4(config)# crypto isakmp key cisco address 0.0.0.0 0.0.0.0

R4(config)# crypto ipsec transform-set PHASE2 esp-aes 256 esp-sha-hmac
R4(cfg-crypto-trans)# exit

R4(config)# crypto ipsec profile DMVPN-PROFILE
R4(ipsec-profile)# set transform-set PHASE2
R4(ipsec-profile)# exit

R4(config)# interface tunnel 0
R4(config-if)# tunnel protection ipsec profile DMVPN-PROFILE
```

지사 라우터 R5의 설정은 다음과 같다.

예제 6-23 R5의 IPsec 설정

```
R5(config)# crypto isakmp policy 10
R5(config-isakmp)# authentication pre-share
R5(config-isakmp)# exit

R5(config)# crypto isakmp key cisco address 0.0.0.0 0.0.0.0

R5(config)# crypto ipsec transform-set PHASE2 esp-aes 256 esp-sha-hmac
R5(cfg-crypto-trans)# exit

R5(config)# crypto ipsec profile DMVPN-PROFILE
R5(ipsec-profile)# set transform-set PHASE2
R5(ipsec-profile)# exit

R5(config)# interface tunnel 0
R5(config-if)# tunnel protection ipsec profile DMVPN-PROFILE
```

설정후 R2의 라우팅 테이블을 확인해 보면 다음과 같이 모든 지사 내부 주소가 정상
적으로 인스톨되어 있다.

예제 6-24 R2의 라우팅 테이블

```
R2# show ip route
      (생략)

Gateway of last resort is 1.1.23.3 to network 0.0.0.0

      1.0.0.0/24 is subnetted, 1 subnets
C        1.1.23.0 is directly connected, FastEthernet0/0.23
      10.0.0.0/24 is subnetted, 5 subnets
D        10.1.10.0 [90/30720] via 10.1.12.1, 00:37:16, FastEthernet0/0.12
C        10.1.12.0 is directly connected, FastEthernet0/0.12
D        10.1.40.0 [90/297246976] via 10.1.100.4, 00:09:44, Tunnel0
D        10.1.50.0 [90/297246976] via 10.1.100.5, 00:08:21, Tunnel0
C        10.1.100.0 is directly connected, Tunnel0
S*   0.0.0.0/0 [1/0] via 1.1.23.3
```

다음과 같이 **show crypto isakmp sa** 명령어를 사용하여 확인해 보면 각 지사와 ISAKMP SA가 설립되어 있다.

예제 6-25 ISAKMP SA 확인하기

```
R2# show crypto isakmp sa
IPv4 Crypto ISAKMP SA
dst              src              state        conn-id   slot   status
1.1.23.2         1.1.34.4         QM_IDLE      1001      0      ACTIVE
1.1.23.2         1.1.35.5         QM_IDLE      1002      0      ACTIVE
```

다음과 같이 **show crypto map** 명령어를 사용하여 확인해보면 자동으로 크립토 맵이 생성되어 있다. 또, 피어 주소와 보호대상 트래픽을 지정하는 ACL도 자동으로 설정된다.

예제 6-26 자동으로 생성된 크립토 맵

```
R2# show crypto map
Crypto Map "Tunnel0-head-0" 65536 ipsec-isakmp
      Profile name: DMVPN-PROFILE
      Security association lifetime: 4608000 kilobytes/3600 seconds
      PFS (Y/N): N
```

```
        Transform sets={
                PHASE2,
        }

Crypto Map "Tunnel0-head-0" 65537 ipsec-isakmp
        Map is a PROFILE INSTANCE.
        Peer = 1.1.34.4
        Extended IP access list
            access-list  permit gre host 1.1.23.2 host 1.1.34.4
        Current peer: 1.1.34.4
        Security association lifetime: 4608000 kilobytes/3600 seconds
        PFS (Y/N): N
        Transform sets={
                PHASE2,
        }

Crypto Map "Tunnel0-head-0" 65538 ipsec-isakmp
        Map is a PROFILE INSTANCE.
        Peer = 1.1.35.5
        Extended IP access list
            access-list  permit gre host 1.1.23.2 host 1.1.35.5
        Current peer: 1.1.35.5
        Security association lifetime: 4608000 kilobytes/3600 seconds
        PFS (Y/N): N
        Transform sets={
                PHASE2,
        }
        Interfaces using crypto map Tunnel0-head-0:
                Tunnel0
```

이상으로 기본적인 DMVPN을 설정하고 동작을 확인해 보았다.

EIGRP를 사용한 DMVPN 지사간의 직접 통신

지사에서도 mGRE 인터페이스를 사용하는 경우 지사끼리의 통신을 본사를 거치지 않고 직접 할 수 있다. 현재, 지사 라우터인 R5의 라우팅 테이블을 확인해 보면 다음과 같이 원격 지사인 R4로 가는 경로 (10.1.40.0/24)가 본사 (10.1.100.2) 라우터를 통하고 있다.

예제 6-27 R5의 라우팅 테이블

```
R5# show ip route
    (생략)

Gateway of last resort is 1.1.35.3 to network 0.0.0.0

      1.0.0.0/24 is subnetted, 1 subnets
C        1.1.35.0 is directly connected, FastEthernet0/0.35
      10.0.0.0/24 is subnetted, 5 subnets
D        10.1.10.0 [90/297249536] via 10.1.100.2, 00:46:39, Tunnel0
D        10.1.12.0 [90/297246976] via 10.1.100.2, 00:46:39, Tunnel0
D        10.1.40.0 [90/310046976] via 10.1.100.2, 00:22:39, Tunnel0
C        10.1.50.0 is directly connected, FastEthernet0/0.50
C        10.1.100.0 is directly connected, Tunnel0
S*    0.0.0.0/0 [1/0] via 1.1.35.3
```

다음과 같이 트레이스 루트를 해도 본사를 통하는 것을 알 수 있다.

예제 6-28 트레이스 루트 확인

```
R5# traceroute 10.1.40.4

Type escape sequence to abort.
Tracing the route to 10.1.40.4

  1 10.1.100.2 96 msec 204 msec 92 msec
  2 10.1.100.4 124 msec *  308 msec
```

이제, 다음과 같이 본사의 mGRE 터널 설정모드에서 no ip next-hop-self eigrp 1 명령
어를 사용하여 EIGRP 네트워크 광고시 넥스트 홉 IP 주소를 변경하지 않도록 해보자.

예제 6-29 EIGRP 네트워크 광고시 넥스트 홉 IP 주소 고정시키기

```
R2(config)# interface tunnel 0
R2(config-if)# no ip next-hop-self eigrp 1
```

다시 지사 라우터인 R5의 라우팅 테이블을 확인해 보면 다음과 같이 원격 지사인
R4로 가는 경로(10.1.40.0/24)가 본사를 거치지 않고 직접 연결된다.

예제 6-30 R5의 라우팅 테이블

```
R5# show ip route
    (생략)

Gateway of last resort is 1.1.35.3 to network 0.0.0.0

     1.0.0.0/24 is subnetted, 1 subnets
C       1.1.35.0 is directly connected, FastEthernet0/0.35
     10.0.0.0/24 is subnetted, 5 subnets
D       10.1.10.0 [90/297249536] via 10.1.100.2, 00:00:20, Tunnel0
D       10.1.12.0 [90/297246976] via 10.1.100.2, 00:00:20, Tunnel0
D       10.1.40.0 [90/310046976] via 10.1.100.4, 00:00:19, Tunnel0
C       10.1.50.0 is directly connected, FastEthernet0/0.50
C       10.1.100.0 is directly connected, Tunnel0
S*   0.0.0.0/0 [1/0] via 1.1.35.3
```

다음과 같이 트레이스 루트를 해보면 직접 R4와 연결된다.

예제 6-31 트레이스루트 확인

```
R5# traceroute 10.1.40.4

Type escape sequence to abort.
Tracing the route to 10.1.40.4

  1 10.1.100.4 128 msec *  52 msec
```

이상으로 DMVPN에서 EIGRP를 사용하여 지사간에 직접 라우팅이 되도록 설정해 보았다.

OSPF를 사용한 DMVPN 지사간의 직접 통신

이번에는 터널간의 라우팅 프로토콜로 OSPF를 사용하는 경우를 살펴보자. 이를 위하여 기존의 EIGRP 설정을 삭제한다.

예제 6-32 EIGRP 설정 삭제

```
R1(config)# no router eigrp 1
R2(config)# no router eigrp 1
R4(config)# no router eigrp 1
R5(config)# no router eigrp 1
```

각 라우터에서 OSPF를 설정한다. 본사 내부 라우터인 R1의 설정은 다음과 같다.

예제 6-33 R1의 OSPF 설정

```
R1(config)# router ospf 1
R1(config-router)# network 10.1.10.1 0.0.0.0 area 0
R1(config-router)# network 10.1.12.1 0.0.0.0 area 0
```

R2의 설정은 다음과 같다. 지사간의 통신을 본사를 거치지 않고 직접 이루어지게 하려면 OSPF 네트워크 타입을 브로드캐스트나 논브로드캐스트로 지정해야 한다. 논브로드캐스트는 장애발생시 복구되는 시간이 느리므로 브로드캐스트를 사용하는 것이 좋다. 또, 본사 라우터가 DR로 동작해야 모든 네트워크 정보가 광고된다.

예제 6-34 R2의 OSPF 설정

```
R2(config)# router ospf 1
R2(config-router)# network 10.1.12.2 0.0.0.0 area 0
R2(config-router)# network 10.1.100.2 0.0.0.0 area 0
R2(config-router)# exit

R2(config)# interface tunnel 0
R2(config-if)# ip ospf network broadcast
R2(config-if)# ip ospf priority 255
```

지사 라우터인 R4의 설정은 다음과 같다. 터널 인터페이스의 OSPF 네트워크 타입을 브로드캐스트로 지정하고, 지사 라우터가 DR이 되지 못하도록 OSPF 우선순위 값을 0으로 설정하였다.

예제 6-35 R4의 OSPF 설정

```
R4(config)# router ospf 1
R4(config-router)# network 10.1.40.4 0.0.0.0 area 0
R4(config-router)# network 10.1.100.4 0.0.0.0 area 0
R4(config-router)# exit

R4(config)# interface tunnel 0
R4(config-if)# ip ospf network broadcast
R4(config-if)# ip ospf priority 0
```

지사 라우터인 R5의 설정은 다음과 같다.

예제 6-36 R5의 OSPF 설정

```
R5(config)# router ospf 1
R5(config-router)# network 10.1.50.5 0.0.0.0 area 0
R5(config-router)# network 10.1.100.5 0.0.0.0 area 0
R5(config-router)# exit

R5(config)# interface tunnel 0
R5(config-if)# ip ospf network broadcast
R5(config-if)# ip ospf priority 0
```

설정 후 지사 라우터인 R5의 라우팅 테이블을 확인해 보면 다음과 같이 원격지의 지사인 R4로 가는 넥스트 홉 IP 주소가 R4의 주소인 10.1.100.4로 설정된다.

예제 6-37 R5의 라우팅 테이블

```
R5# show ip route
     (생략)
Gateway of last resort is 1.1.35.3 to network 0.0.0.0

     1.0.0.0/24 is subnetted, 1 subnets
C       1.1.35.0 is directly connected, FastEthernet0/0.35
     10.0.0.0/24 is subnetted, 5 subnets
```

```
O        10.1.10.0 [110/11113] via 10.1.100.2, 00:02:56, Tunnel0
O        10.1.12.0 [110/11112] via 10.1.100.2, 00:02:56, Tunnel0
O        10.1.40.0 [110/11112] via 10.1.100.4, 00:02:46, Tunnel0
C        10.1.50.0 is directly connected, FastEthernet0/0.50
C        10.1.100.0 is directly connected, Tunnel0
S*       0.0.0.0/0 [1/0] via 1.1.35.3
```

이상으로 DMVPN에서 OSPF를 사용하여 지사간에 직접 라우팅이 되도록 설정해 보았다.

RIPv2를 사용한 DMVPN 지사간의 직접 통신

이번에는 터널간의 라우팅 프로토콜로 RIPv2를 사용하는 경우를 살펴보자. 이를 위하여 기존의 OSPF 설정을 삭제한다.

예제 6-38 OSPF 설정 삭제

```
R1(config)# no router ospf 1
R2(config)# no router ospf 1
R4(config)# no router ospf 1
R5(config)# no router ospf 1
```

각 라우터에서 다음과 같이 RIPv2를 설정한다. R2의 터널 인터페이스에서는 RIP 스플릿 호라이즌을 비활성화시켰다.

예제 6-39 RIPv2 설정

```
R1(config)# router rip
R1(config-router)# version 2
R1(config-router)# network 10.0.0.0

R2(config)# router rip
R2(config-router)# version 2
R2(config-router)# network 10.0.0.0
R2(config-router)# exit
R2(config)# interface tunnel 0
R2(config-if)# no ip split-horizon
R4(config)# router rip
R4(config-router)# version 2
```

```
R4(config-router)# network 10.0.0.0

R5(config)# router rip
R5(config-router)# version 2
R5(config-router)# network 10.0.0.0
```

설정 후 지사 라우터인 R5의 라우팅 테이블을 확인해 보면 다음과 같이 원격지의 지사인 R4로 가는 넥스트 홉 IP 주소가 본사를 거치지 않고 직접 R4의 주소인 10.1.100.4로 설정된다.

예제 6-40 R5의 라우팅 테이블

```
R5# show ip route
       (생략)


Gateway of last resort is 1.1.35.3 to network 0.0.0.0

       1.0.0.0/24 is subnetted, 1 subnets
C        1.1.35.0 is directly connected, FastEthernet0/0.35
       10.0.0.0/24 is subnetted, 5 subnets
R        10.1.10.0 [120/2] via 10.1.100.2, 00:00:14, Tunnel0
R        10.1.12.0 [120/1] via 10.1.100.2, 00:00:14, Tunnel0
R        10.1.40.0 [120/2] via 10.1.100.4, 00:00:14, Tunnel0
C        10.1.50.0 is directly connected, FastEthernet0/0.50
C        10.1.100.0 is directly connected, Tunnel0
S*    0.0.0.0/0 [1/0] via 1.1.35.3
```

이상으로 DMVPN에서 RIPv2를 사용하여 지사간에 직접 라우팅이 되도록 설정해 보았다.

DMVPN 계층 구조

대규모의 DMVPN 망에서는 허브 라우터가 여러 대 존재한다. 이 허브 라우터들은 하나의 중앙 허브(central hub)로 다시 연결되어 허브이면서 스포크의 역할도 하게 되는데, 이러한 형태의 네트워크 구성을 DMVPN 계층 구조라고 한다. 이번 절에서는 계층적인 DMVPN 망을 구성해 보고, 설정 방법에 따른 동작 방식의 차이점을 살펴본다.

DMVPN Phase 3

앞 절에서 살펴본 것처럼 DMVPN Phase 2에서도 스포크 간의 직접 통신이 가능하다. 그러나 DMVPN 계층 구조에서 Phase 2가 동작할 경우에는 스포크 간의 직접 통신에서 몇 가지 제한 사항이 있다.

이런 경우 DMVPN Phase 3를 사용하면 유연한 네트워크 구성이 가능하다. Phase 3는 IOS 12.4(6)T 버전에서 도입되었으며, Phase 2의 설정에 간단한 명령어만 추가하여 구성할 수 있다. 본서에서 사용한 IOS 버전은 15.2(4)M7 이다.

DMVPN Phase 3에서 개선된 사항은 다음과 같다.

• DMVPN 계층 구조에서 DMVPN 도메인이 분리되지 않고 하나의 도메인으로 동작한다. 따라서 서로 다른 허브와 연결된 스포크 간의 직접 통신이 가능하다.

• mGRE 터널을 통한 라우팅 프로토콜로 EIGRP를 사용할 경우, 허브 라우터에서 스포크 라우터 쪽의 네트워크를 축약하여 전송하여도 스포크 간의 직접 통신이 가능하다.

• mGRE 터널을 통한 라우팅 프로토콜로 OSPF를 사용할 경우, 터널 인터페이스를 OSPF point-to-multipoint 타입으로 사용하여도 스포크 간의 직접 통신이 가능하다.

DMVPN 계층 구조 테스트 네트워크 구축

DMVPN 계층 구조 설정 및 동작 확인을 위해 테스트 네트워크를 다음과 같이 구축한
다. 그림에서 R1을 중앙 허브(central hub), R2, R3를 중앙 허브의 스포크인 지역
허브(regional hub) 라우터라고 가정하고, R4, R5는 스포크 라우터라고 가정한다.
또 허브와 스포크를 연결하는 모든 구간은 인터넷 또는 IPsec으로 보호하지 않을
외부망이라고 가정한다. 간편한 설정을 위해 각 허브의 내부망 설정은 생략하였다.

그림 6-9 테스트 네트워크

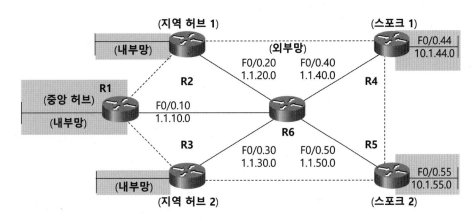

이를 위하여 다음과 같이 각 라우터의 인터페이스에 IP 주소를 부여한다.

그림 6-10 IP 주소

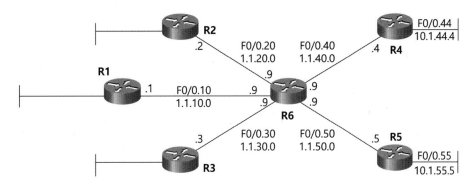

각 라우터에서 F0/0 인터페이스를 서브 인터페이스로 동작시킨다. 서브 인터페이스
번호, 서브넷 번호 및 VLAN 번호를 동일하게 사용한다. 다음과 같이 SW1에서

VLAN을 만들고, 각 라우터와 연결되는 포트를 트렁크로 동작시킨다.

예제 6-41 SW1 설정

```
SW1(config)# vlan 10
SW1(config-vlan)# vlan 20
SW1(config-vlan)# vlan 30
SW1(config-vlan)# vlan 40
SW1(config-vlan)# vlan 44
SW1(config-vlan)# vlan 50
SW1(config-vlan)# vlan 55
SW1(config-vlan)# exit
SW1(config)# interface range f1/1 - 6
SW1(config-if-range)# switchport trunk encapsulation dot1q
SW1(config-if-range)# switchport mode trunk
```

이번에는 각 라우터의 인터페이스를 활성화시키고 서브 인터페이스를 만든 다음 IP 주소를 부여한다. R6과 인접 라우터 사이는 외부망이라고 가정하고 IP 주소 1.0.0.0/8을 서브넷팅하여 사용한다. 나머지 부분은 내부망이라고 가정하고 IP 주소 10.0.0.0/8을 서브넷팅하여 사용한다. R1의 설정은 다음과 같다.

예제 6-42 R1 설정

```
R1(config)# interface f0/0
R1(config-if)# no shut
R1(config-if)# exit

R1(config)# interface f0/0.10
R1(config-subif)# encapsulation dot1Q 10
R1(config-subif)# ip address 1.1.10.1 255.255.255.0
```

R2의 설정은 다음과 같다.

예제 6-43 R2 설정

```
R2(config)# interface f0/0
R2(config-if)# no shut
R2(config-if)# exit
```

```
R2(config)# interface f0/0.20
R2(config-subif)# encapsulation dot1Q 20
R2(config-subif)# ip address 1.1.20.2 255.255.255.0
```

R3의 설정은 다음과 같다.

예제 6-44 R3 설정

```
R3(config)# interface f0/0
R3(config-if)# no shut
R3(config-if)# exit
R3(config)# interface f0/0.30
R3(config-subif)# encapsulation dot1Q 30
R3(config-subif)# ip address 1.1.30.3 255.255.255.0
```

R4의 설정은 다음과 같다.

예제 6-45 R4 설정

```
R4(config)# interface f0/0
R4(config-if)# no shut
R4(config-if)# exit

R4(config)# interface f0/0.40
R4(config-subif)# encapsulation dot1Q 40
R4(config-subif)# ip address 1.1.40.4 255.255.255.0
R4(config-subif)# exit

R4(config)# interface f0/0.44
R4(config-subif)# encapsulation dot1Q 44
R4(config-subif)# ip address 10.1.44.4 255.255.255.0
```

R5의 설정은 다음과 같다.

```
R5(config)# interface f0/0
R5(config-if)# no shut
R5(config-if)# exit

R5(config)# interface f0/0.50
R5(config-subif)# encapsulation dot1Q 50
R5(config-subif)# ip address 1.1.50.5 255.255.255.0
R5(config-subif)# exit

R5(config)# interface f0/0.55
R5(config-subif)# encapsulation dot1Q 55
R5(config-subif)# ip address 10.1.55.5 255.255.255.0
```

R6의 설정은 다음과 같다.

예제 6-47 R6 설정

```
R6(config)# interface f0/0
R6(config-if)# no shut
R6(config-if)# exit

R6(config)# interface f0/0.10
R6(config-subif)# encapsulation dot1Q 10
R6(config-subif)# ip address 1.1.10.9 255.255.255.0
R6(config-subif)# exit

R6(config)# interface f0/0.20
R6(config-subif)# encapsulation dot1Q 20
R6(config-subif)# ip address 1.1.20.9 255.255.255.0
R6(config-subif)# exit

R6(config)# interface f0/0.30
R6(config-subif)# encapsulation dot1Q 30
R6(config-subif)# ip address 1.1.30.9 255.255.255.0
R6(config-subif)# exit

R6(config)# interface f0/0.40
R6(config-subif)# encapsulation dot1Q 40
R6(config-subif)# ip address 1.1.40.9 255.255.255.0
R6(config-subif)# exit
```

```
R6(config)# interface f0/0.50
R6(config-subif)# encapsulation dot1Q 50
R6(config-subif)# ip address 1.1.50.9 255.255.255.0
```

설정이 끝나면 넥스트 홉 IP 주소까지의 통신을 핑으로 확인한다.

예제 6-48 핑 테스트

```
R6# ping 1.1.10.1
R6# ping 1.1.20.2
R6# ping 1.1.30.3
R6# ping 1.1.40.4
R6# ping 1.1.50.5
```

다음에는 외부망 또는 인터넷으로 사용할 R6과 인접 라우터 간에 라우팅을 설정한다.
이를 위하여 R1 – R5에서 R6 방향으로 정적인 디폴트 루트를 설정한다.

그림 6-11 외부망 라우팅

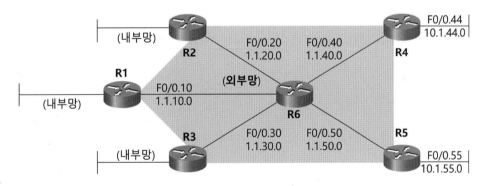

각 라우터에서 다음과 같이 디폴트 루트를 설정한다.

예제 6-49 디폴트 루트 설정

```
R1(config)# ip route 0.0.0.0 0.0.0.0 1.1.10.9
R2(config)# ip route 0.0.0.0 0.0.0.0 1.1.20.9
R3(config)# ip route 0.0.0.0 0.0.0.0 1.1.30.9
R4(config)# ip route 0.0.0.0 0.0.0.0 1.1.40.9
R5(config)# ip route 0.0.0.0 0.0.0.0 1.1.50.9
```

설정이 끝나면 각 라우터의 라우팅 테이블에 디폴트 루트가 인스톨되어 있는지 다음과 같이 확인한다.

예제 6-50 R1의 라우팅 테이블

```
R1# show ip route
    (생략)
Gateway of last resort is 1.1.10.9 to network 0.0.0.0

S*    0.0.0.0/0 [1/0] via 1.1.10.9
         1.0.0.0/8 is variably subnetted, 2 subnets, 2 masks
C        1.1.10.0/24 is directly connected, FastEthernet0/0.10
L        1.1.10.1/32 is directly connected, FastEthernet0/0.10
```

이번에는 원격지까지의 통신을 핑으로 확인한다.

예제 6-51 핑 테스트

```
R1# ping 1.1.20.2
R1# ping 1.1.30.3
R1# ping 1.1.40.4
R1# ping 1.1.50.5
```

mGRE 터널 구성

다음 그림과 같이 허브 라우터와 스포크 라우터 사이에 mGRE 터널을 구성한다. 이때 R2가 R1에 대해서 스포크 라우터로 동작하고, R4에 대해서는 허브 라우터로 동작한다. 마찬가지로 R3는 R1에 대해서 스포크 라우터로 동작하고, R5에 대해서는 허브 라우터로 동작한다.

그림 6-12 mGRE 터널

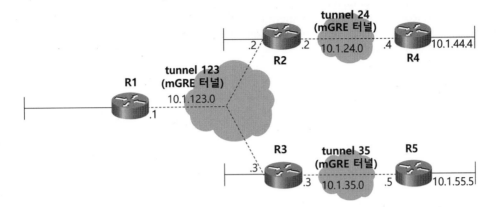

중앙 허브 라우터인 R1의 설정은 다음과 같다.

예제 6-52 R1의 mGRE / NHRP 구성

```
R1(config)# interface tunnel 123
R1(config-if)# ip address 10.1.123.1 255.255.255.0
R1(config-if)# tunnel mode gre multipoint
R1(config-if)# tunnel source 1.1.10.1
R1(config-if)# tunnel key 123

R1(config-if)# ip nhrp network-id 1
R1(config-if)# ip nhrp map multicast dynamic
R1(config-if)# ip nhrp authentication cisco
R1(config-if)# ip nhrp holdtime 600
```

지역 허브 라우터인 R2의 설정은 다음과 같다.

예제 6-53 R2의 mGRE / NHRP 구성

```
① R2(config)# interface tunnel 123
   R2(config-if)# ip address 10.1.123.2 255.255.255.0
   R2(config-if)# tunnel mode gre multipoint
② R2(config-if)# tunnel source f0/0.20
   R2(config-if)# tunnel key 123

   R2(config-if)# ip nhrp network-id 1
   R2(config-if)# ip nhrp nhs 10.1.123.1
```

```
R2(config-if)# ip nhrp map 10.1.123.1 1.1.10.1
R2(config-if)# ip nhrp map multicast 1.1.10.1
R2(config-if)# ip nhrp authentication cisco
R2(config-if)# ip nhrp registration timeout 60
R2(config-if)# exit

③ R2(config)# interface tunnel 24
R2(config-if)# ip address 10.1.24.2 255.255.255.0
R2(config-if)# tunnel mode gre multipoint
R2(config-if)# tunnel source f0/0.20
R2(config-if)# tunnel key 2345

R2(config-if)# ip nhrp network-id 1
R2(config-if)# ip nhrp map multicast dynamic
R2(config-if)# ip nhrp authentication cisco
R2(config-if)# ip nhrp holdtime 600
```

① 중앙 허브인 R1과 연결되는 터널 인터페이스를 설정한다.

② 터널 출발지를 인터페이스 번호로 지정한 이유는 이후 DMVPN 설정에서 2개의
터널에 동일한 profile을 적용하기 위함이다. 나중에 자세히 설명한다.

③ 스포크 라우터인 R4와 연결되는 터널 인터페이스를 설정한다.

지역 허브 라우터인 R3의 설정은 다음과 같다. 설정 내용은 R2와 유사하다.

예제 6-54 R3의 mGRE / NHRP 구성

```
R3(config)# interface tunnel 123
R3(config-if)# ip address 10.1.123.3 255.255.255.0
R3(config-if)# tunnel mode gre multipoint
R3(config-if)# tunnel source f0/0.30
R3(config-if)# tunnel key 123

R3(config-if)# ip nhrp network-id 1
R3(config-if)# ip nhrp nhs 10.1.123.1
R3(config-if)# ip nhrp map 10.1.123.1 1.1.10.1
R3(config-if)# ip nhrp map multicast 1.1.10.1
R3(config-if)# ip nhrp authentication cisco
R3(config-if)# ip nhrp registration timeout 60
R3(config-if)# exit
```

```
R3(config)# interface tunnel 35
R3(config-if)# ip address 10.1.35.3 255.255.255.0
R3(config-if)# tunnel mode gre multipoint
R3(config-if)# tunnel source f0/0.30
R3(config-if)# tunnel key 2345

R3(config-if)# ip nhrp network-id 1
R3(config-if)# ip nhrp map multicast dynamic
R3(config-if)# ip nhrp authentication cisco
R3(config-if)# ip nhrp holdtime 600
```

R4의 설정은 다음과 같다. R4는 R2의 스포크로 동작한다.

예제 6-55 R4의 mGRE / NHRP 구성

```
R4(config)# interface tunnel 24
R4(config-if)# ip address 10.1.24.4 255.255.255.0
R4(config-if)# tunnel mode gre multipoint
R4(config-if)# tunnel source 1.1.40.4
R4(config-if)# tunnel key 2345

R4(config-if)# ip nhrp network-id 1
R4(config-if)# ip nhrp nhs 10.1.24.2
R4(config-if)# ip nhrp map 10.1.24.2 1.1.20.2
R4(config-if)# ip nhrp map multicast 1.1.20.2
R4(config-if)# ip nhrp authentication cisco
R4(config-if)# ip nhrp registration timeout 60
```

R5의 설정은 다음과 같다. R5는 R3의 스포크로 동작한다.

예제 6-56 R5의 mGRE / NHRP 구성

```
R5(config)# interface tunnel 35
R5(config-if)# ip address 10.1.35.5 255.255.255.0
R5(config-if)# tunnel mode gre multipoint
R5(config-if)# tunnel source 1.1.50.5
R5(config-if)# tunnel key 2345

R5(config-if)# ip nhrp network-id 1
R5(config-if)# ip nhrp nhs 10.1.35.3
R5(config-if)# ip nhrp map 10.1.35.3 1.1.30.3
```

```
R5(config-if)# ip nhrp map multicast 1.1.30.3
R5(config-if)# ip nhrp authentication cisco
R5(config-if)# ip nhrp registration timeout 60
```

설정이 끝나면 다음과 같이 허브와 스포크 라우터까지의 통신을 핑으로 확인한다.

예제 6-57 핑 테스트

```
R2# ping 10.1.123.1
R2# ping 10.1.24.4

R3# ping 10.1.123.1
R3# ping 10.1.35.5
```

이상으로 mGRE 터널을 구성하였다.

mGRE 터널을 통한 라우팅 설정

이번에는 EIGRP 라우팅 프로토콜을 사용하여 mGRE 터널과 내부 네트워크에 라우팅을 설정한다.

예제 6-58 EIGRP 1 설정

```
R1(config)# router eigrp 1
R1(config-router)# network 10.1.123.1 0.0.0.0

R2(config)# router eigrp 1
R2(config-router)# network 10.1.123.2 0.0.0.0
R2(config-router)# network 10.1.24.2 0.0.0.0
R3(config)# router eigrp 1
R3(config-router)# network 10.1.123.3 0.0.0.0
R3(config-router)# network 10.1.35.3 0.0.0.0

R4(config)# router eigrp 1
R4(config-router)# network 10.1.24.4 0.0.0.0
R4(config-router)# network 10.1.44.4 0.0.0.0

R5(config)# router eigrp 1
R5(config-router)# network 10.1.35.5 0.0.0.0
```

```
R5(config-router)# network 10.1.55.5 0.0.0.0
```

설정 후 중앙 허브 라우터인 R1의 라우팅 테이블에는 다음과 같이 모든 원격지 네트워크가 인스톨된다.

예제 6-59 R1의 라우팅 테이블

```
R1# show ip route
    (생략)
S*   0.0.0.0/0 [1/0] via 1.1.10.9
     1.0.0.0/8 is variably subnetted, 2 subnets, 2 masks
C       1.1.10.0/24 is directly connected, FastEthernet0/0.10
L       1.1.10.1/32 is directly connected, FastEthernet0/0.10
     10.0.0.0/8 is variably subnetted, 6 subnets, 2 masks
D       10.1.24.0/24 [90/28160000] via 10.1.123.2, 00:04:04, Tunnel123
D       10.1.35.0/24 [90/28160000] via 10.1.123.3, 00:03:44, Tunnel123
D       10.1.44.0/24 [90/28162560] via 10.1.123.2, 00:03:21, Tunnel123
D       10.1.55.0/24 [90/28162560] via 10.1.123.3, 00:03:01, Tunnel123
C       10.1.123.0/24 is directly connected, Tunnel123
L       10.1.123.1/32 is directly connected, Tunnel123
```

그러나 지역 허브로 동작하는 R2, R3의 라우팅 테이블에는 중앙 허브의 mGRE 멀티 포인트 인터페이스 이후의 네트워크는 인스톨되지 않는다. 마찬가지로 R4, R5의 라우팅 테이블에도 일부 네트워크만 인스톨된다. 그 이유는 앞 절에서의 설명처럼 R1의 터널 123 인터페이스에 EIGRP 스플릿 호라이즌 규칙이 적용되기 때문이다. 따라서 다음과 같이 R1에서 스플릿 호라이즌 규칙을 비활성화시킨다.

예제 6-60 EIGRP 스플릿 호라이즌 비활성화

```
R1(config)# interface tunnel 123
R1(config-if)# no ip split-horizon eigrp 1
```

잠시 후 R4의 라우팅 테이블을 확인해 보면 R3, R5와 연결된 네트워크가 추가된다.

예제 6-61 R4의 라우팅 테이블

```
R4# show ip route
     (생략)
S*    0.0.0.0/0 [1/0] via 1.1.40.9
      1.0.0.0/8 is variably subnetted, 2 subnets, 2 masks
C        1.1.40.0/24 is directly connected, FastEthernet0/0.40
L        1.1.40.4/32 is directly connected, FastEthernet0/0.40
      10.0.0.0/8 is variably subnetted, 7 subnets, 2 masks
C        10.1.24.0/24 is directly connected, Tunnel24
L        10.1.24.4/32 is directly connected, Tunnel24
D        10.1.35.0/24 [90/30720000] via 10.1.24.2, 00:00:03, Tunnel24
C        10.1.44.0/24 is directly connected, FastEthernet0/0.44
L        10.1.44.4/32 is directly connected, FastEthernet0/0.44
D        10.1.55.0/24 [90/30722560] via 10.1.24.2, 00:00:03, Tunnel24
D        10.1.123.0/24 [90/28160000] via 10.1.24.2, 00:39:56, Tunnel24
```

이제 R5의 내부망으로 핑도 가능하다.

예제 6-62 핑 테스트

```
R4# ping 10.1.55.5 source f0/0.44

Type escape sequence to abort.
Sending 5, 100-byte ICMP Echos to 10.1.50.5, timeout is 2 seconds:
!!!!!
Success rate is 100 percent (5/5), round-trip min/avg/max = 88/133/256 ms
```

R4에서 show ip nhrp 명령어를 사용하여 NHRP 테이블을 확인해 보면 다음과 같이 터널의 목적지 주소와 연결되는 넥스트 홉 IP 주소가 저장되어 있다.

예제 6-63 NHRP 테이블을 확인하기

```
R4# show ip nhrp
10.1.24.2/32 via 10.1.24.2
    Tunnel24 created 00:14:52, never expire
    Type: static, Flags: used
    NBMA address: 1.1.20.2
```

이상으로 mGRE 터널을 통한 라우팅 설정을 마쳤다.

DMVPN 설정

이번에는 다음 그림과 같이 mGRE 터널을 통과하는 트래픽을 DMVPN으로 보호하도록 설정한다.

그림 6-13 DMVPN 설정

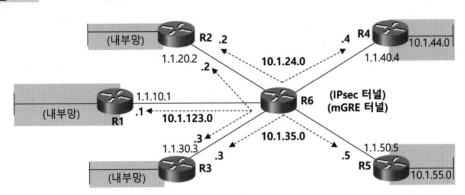

R1의 설정은 다음과 같다.

예제 6-64 R1의 DMVPN 설정

```
R1(config)# crypto isakmp policy 10
R1(config-isakmp)# authentication pre-share
R1(config-isakmp)# exit

R1(config)# crypto isakmp key cisco address 0.0.0.0 0.0.0.0

R1(config)# crypto ipsec transform-set PHASE2 esp-aes esp-sha-hmac
R1(cfg-crypto-trans)# exit

R1(config)# crypto ipsec profile DMVPN
R1(ipsec-profile)# set transform-set PHASE2
R1(ipsec-profile)# exit

R1(config)# interface tunnel 123
R1(config-if)# tunnel protection ipsec profile DMVPN
```

R2의 설정은 다음과 같다.

R2의 DMVPN 설정

```
R2(config)# crypto isakmp policy 10
R2(config-isakmp)# authentication pre-share
R2(config-isakmp)# exit

R2(config)# crypto isakmp key cisco address 0.0.0.0 0.0.0.0

R2(config)# crypto ipsec transform-set PHASE2 esp-aes esp-sha-hmac
R2(cfg-crypto-trans)# exit

R2(config)# crypto ipsec profile DMVPN
R2(ipsec-profile)# set transform-set PHASE2
R2(ipsec-profile)# exit

R2(config)# interface tunnel 123
① R2(config-if)# tunnel protection ipsec profile DMVPN shared
R2(config-if)# exit

R2(config)# interface tunnel 24
② R2(config-if)# tunnel protection ipsec profile DMVPN shared
```

① 두 개 이상의 터널에서 동일한 tunnel source와 ipsec profile을 사용할 때는 shared 옵션이 필요하다. 현재 R2의 터널 123 인터페이스와 터널 24 인터페이스의 tunnel source는 f0/0.20으로 동일하고, 해당 터널 모두에 DMVPN이라는 동일한 profile을 적용해야 하므로 shared 옵션을 사용했다.

이때 tunnel source는 인터페이스 번호로 선언되어 있어야 한다. 그렇지 않으면'터널 출발지가 IP 주소로 명시되어 있을 경우에는 shared 옵션을 사용할 수 없다.'는 에러 메시지가 출력된다.

터널 출발지가 IP 주소일 때 에러 메시지

```
Error: Tunnel24 - Shared tunnel protection is not supported when tunnel source
is specified as an IP address. Configure "tunnel source <interface>" when using
shared tunnel protection.
```

② 터널 123 인터페이스에서 shared 옵션을 사용하여 DMVPN profile을 적용하였으므로, 동일한 profile을 다시 사용하려면 반드시 해당 옵션과 함께 설정해야 한다.

R3의 설정은 다음과 같다.

예제 6-67 R3의 DMVPN 설정

```
R3(config)# crypto isakmp policy 10
R3(config-isakmp)# authentication pre-share
R3(config-isakmp)# exit

R3(config)# crypto isakmp key cisco address 0.0.0.0 0.0.0.0

R3(config)# crypto ipsec transform-set PHASE2 esp-aes esp-sha-hmac
R3(cfg-crypto-trans)# exit

R3(config)# crypto ipsec profile DMVPN
R3(ipsec-profile)# set transform-set PHASE2
R3(ipsec-profile)# exit

R3(config)# interface tunnel 123
R3(config-if)# tunnel protection ipsec profile DMVPN shared
R3(config-if)# exit

R3(config)# interface tunnel 35
R3(config-if)# tunnel protection ipsec profile DMVPN shared
```

R4의 설정은 다음과 같다.

예제 6-68 R4의 DMVPN 설정

```
R4(config)# crypto isakmp policy 10
R4(config-isakmp)# authentication pre-share
R4(config-isakmp)# exit

R4(config)# crypto isakmp key cisco address 0.0.0.0 0.0.0.0

R4(config)# crypto ipsec transform-set PHASE2 esp-aes esp-sha-hmac
R4(cfg-crypto-trans)# exit

R4(config)# crypto ipsec profile DMVPN
R4(ipsec-profile)# set transform-set PHASE2
R4(ipsec-profile)# exit

R4(config)# interface tunnel 24
R4(config-if)# tunnel protection ipsec profile DMVPN
```

R5의 설정은 다음과 같다.

예제 6-69 R5의 DMVPN 설정

```
R5(config)# crypto isakmp policy 10
R5(config-isakmp)# authentication pre-share
R5(config-isakmp)# exit

R5(config)# crypto isakmp key cisco address 0.0.0.0 0.0.0.0

R5(config)# crypto ipsec transform-set PHASE2 esp-aes esp-sha-hmac
R5(cfg-crypto-trans)# exit

R5(config)# crypto ipsec profile DMVPN
R5(ipsec-profile)# set transform-set PHASE2
R5(ipsec-profile)# exit

R5(config)# interface tunnel 35
R5(config-if)# tunnel protection ipsec profile DMVPN
```

encryption 설정 후에는 EIGRP 네이버가 잠시 끊어지고 이후 다시 맺어진다. R1의 라우팅 테이블을 확인하여 다음과 같이 모든 원격지 주소가 정상적으로 인스톨되어 있는지 확인한다.

예제 6-70 R1의 라우팅 테이블

```
R1# show ip route
    (생략)
Gateway of last resort is 1.1.10.9 to network 0.0.0.0

S*      0.0.0.0/0 [1/0] via 1.1.10.9
        1.0.0.0/8 is variably subnetted, 2 subnets, 2 masks
C           1.1.10.0/24 is directly connected, FastEthernet0/0.10
L           1.1.10.1/32 is directly connected, FastEthernet0/0.10
        10.0.0.0/8 is variably subnetted, 6 subnets, 2 masks
D           10.1.24.0/24 [90/28160000] via 10.1.123.2, 00:10:06, Tunnel123
D           10.1.35.0/24 [90/28160000] via 10.1.123.3, 00:09:58, Tunnel123
D           10.1.44.0/24 [90/28162560] via 10.1.123.2, 00:10:03, Tunnel123
D           10.1.55.0/24 [90/28162560] via 10.1.123.3, 00:09:53, Tunnel123
C           10.1.123.0/24 is directly connected, Tunnel123
L           10.1.123.1/32 is directly connected, Tunnel123
```

다음과 같이 **show crypto isakmp sa** 명령어를 사용하여 확인해 보면 각 지역 허브
와 ISAKMP SA가 맺어져 있다.

예제 6-71 ISAKMP SA 확인하기

```
R1# sh crypto isakmp sa
IPv4 Crypto ISAKMP SA
dst              src              state          conn-id status
1.1.20.2         1.1.10.1         QM_IDLE           1002 ACTIVE
1.1.10.1         1.1.20.2         QM_IDLE           1001 ACTIVE
1.1.30.3         1.1.10.1         QM_IDLE           1004 ACTIVE
1.1.10.1         1.1.30.3         QM_IDLE           1003 ACTIVE
```

이상으로 DMVPN 계층 구조 설정을 마쳤다.

EIGRP를 이용한 스포크 간의 직접 통신

DMVPN Phase 3에서 개선된 사항을 살펴보기 전에, 먼저 Phase 2에서 스포크
간 직접 통신의 제한 사항들을 확인해 보도록 한다.

현재 지역 허브 라우터인 R2의 라우팅 테이블을 확인해 보면 다음과 같이 R5의 내부
망(10.1.55.0/24)으로 가는 경로가 중앙 허브(10.1.123.1) 라우터를 통하고 있다.

예제 6-72 R2의 라우팅 테이블

```
R2# show ip route eigrp
     (생략)

Gateway of last resort is 1.1.20.9 to network 0.0.0.0

       10.0.0.0/8 is variably subnetted, 7 subnets, 2 masks
D         10.1.35.0/24 [90/29440000] via 10.1.123.1, 00:14:00, Tunnel123
D         10.1.44.0/24 [90/26882560] via 10.1.24.4, 00:14:05, Tunnel24
D         10.1.55.0/24 [90/29442560] via 10.1.123.1, 00:14:00, Tunnel123
```

스포크 라우터인 R4의 라우팅 테이블을 확인해 보면 다음과 같이 R5의 내부망
(10.1.55.0/24)으로 가는 경로가 지역 허브(10.1.24.2) 라우터를 통하고 있다.

예제 6-73 R4의 라우팅 테이블

```
R4# show ip route eigrp
     (생략)
Gateway of last resort is 1.1.40.9 to network 0.0.0.0

     10.0.0.0/8 is variably subnetted, 7 subnets, 2 masks
D       10.1.35.0/24 [90/30720000] via 10.1.24.2, 00:12:11, Tunnel24
D       10.1.55.0/24 [90/30722560] via 10.1.24.2, 00:12:11, Tunnel24
D       10.1.123.0/24 [90/28160000] via 10.1.24.2, 00:18:41, Tunnel24
```

트레이스 루트를 사용해 보면 트래픽이 지역 허브를 지나 중앙 허브 경로를 경유한다.

예제 6-74 트레이스 루트 확인

```
R4# traceroute 10.1.55.5 source f0/0.44 numeric
Type escape sequence to abort.
Tracing the route to 10.1.55.5
VRF info: (vrf in name/id, vrf out name/id)
  1 10.1.24.2 152 msec 156 msec 140 msec
  2 10.1.123.1 184 msec 192 msec 200 msec
  3 10.1.123.3 276 msec 276 msec 272 msec
  4 10.1.35.5 352 msec *  236 msec
```

이제 중앙 허브 R1에서 EIGRP 네트워크 광고 시 넥스트 홉 IP 주소를 변경하지 않도록 설정해 보자.

예제 6-75 EIGRP 네트워크 광고시 넥스트 홉 IP 주소 고정시키기

```
R1(config)# interface tunnel 123
R1(config-if)# no ip next-hop-self eigrp 1
```

다시 R2의 라우팅 테이블을 확인해 보면 다음과 같이 R5의 내부망(10.1.55.0/24)으로 가는 경로가 중앙 허브를 거치지 않고 직접 연결된다.

예제 6-76 R2의 라우팅 테이블

```
R2# show ip route eigrp
```

```
        (생략)
Gateway of last resort is 1.1.20.9 to network 0.0.0.0

        10.0.0.0/8 is variably subnetted, 7 subnets, 2 masks
D        10.1.35.0/24 [90/29440000] via 10.1.123.3, 00:00:38, Tunnel123
D        10.1.44.0/24 [90/26882560] via 10.1.24.4, 00:00:38, Tunnel24
D        10.1.55.0/24 [90/29442560] via 10.1.123.3, 00:00:38, Tunnel123
```

그러나 R4의 라우팅 테이블을 확인해보면 R5의 내부망(10.1.55.0/24)으로 가는 경로가 여전히 지역 허브를 통한다.

예제 6-77 R4의 라우팅 테이블

```
R4# show ip route eigrp
        (생략)
Gateway of last resort is 1.1.40.9 to network 0.0.0.0

        10.0.0.0/8 is variably subnetted, 7 subnets, 2 masks
D        10.1.35.0/24 [90/30720000] via 10.1.24.2, 00:08:37, Tunnel24
D        10.1.55.0/24 [90/30722560] via 10.1.24.2, 00:08:37, Tunnel24
D        10.1.123.0/24 [90/28160000] via 10.1.24.2, 00:32:07, Tunnel24
```

트레이스 루트를 확인해 보면 처음에는 중앙 허브를 경유하고, 두 번째부터는 다음과 같이 중앙 허브를 거치는 경로 한 홉이 감소한 것을 확인할 수 있다.

예제 6-78 트레이스 루트 확인

```
R4# traceroute 10.1.55.5 source f0/0.44 numeric
Type escape sequence to abort.
Tracing the route to 10.1.55.5
VRF info: (vrf in name/id, vrf out name/id)
  1 10.1.24.2  56 msec  64 msec  60 msec
  2 10.1.123.3  100 msec  140 msec  116 msec
  3 10.1.35.5  192 msec *  184 msec
```

확인 결과와 같이 DMVPN Phase 2를 사용하면 서로 다른 지역 허브와 연결된 스포크 간의 직접 통신은 불가능하다. 이때 트래픽이 중앙 허브를 경유하지 않아도 되지만 지역 허브는 반드시 거쳐가야 한다. 그 이유는 지역 허브마다 DMVPN 도메인이 분리되어 있기 때문이다. 결과적으로 통신 지연이 생기는 문제가 발생한다.

다음으로는 중앙 허브인 R1에서 EIGRP 축약 네트워크를 광고하도록 설정해 보자.

예제 6-79 EIGRP 축약 네트워크 광고하기

```
R1(config)# interface tunnel 123
R1(config-if)# ip summary address eigrp 1 10.1.0.0 255.255.0.0
```

R4의 라우팅 테이블을 확인해보면 축약된 네트워크가 인스톨되어 있다.

예제 6-80 R4의 라우팅 테이블

```
R4# show ip route eigrp
     (생략)
Gateway of last resort is 1.1.40.9 to network 0.0.0.0

        10.0.0.0/8 is variably subnetted, 6 subnets, 3 masks
D       10.1.0.0/16 [90/29440000] via 10.1.24.2, 00:00:22, Tunnel24
D       10.1.123.0/24 [90/28160000] via 10.1.24.2, 00:03:01, Tunnel24
```

R4에서 R5의 내부망으로 트레이스 루트를 사용해 보면 중앙 허브를 다시 경유하기 시작한다.

예제 6-81 트레이스루트 확인

```
R4# traceroute 10.1.55.5 source f0/0.44 numeric
Type escape sequence to abort.
Tracing the route to 10.1.55.5
VRF info: (vrf in name/id, vrf out name/id)
  1 10.1.24.2 28 msec 96 msec 44 msec
  2 10.1.123.1 84 msec 56 msec 44 msec
  3 10.1.123.3 84 msec 88 msec 72 msec
  4 10.1.35.5 100 msec *  104 msec
```

확인 결과와 같이 DMVPN Phase 2를 사용하면 허브에서 축약된 네트워크를 광고할 때 스포크 간 직접 통신이 불가능하다.

이제 DMVPN Phase 3의 동작 확인을 위해 기존 설정을 제거하도록 한다.

예제 6-82 기존 설정 삭제하기

```
R1(config)# interface tunnel123
R1(config-if)# ip next-hop-self eigrp 1
R1(config-if)# no ip summary-address eigrp 1 10.1.0.0 255.255.0.0
```

R1의 설정은 다음과 같다.

예제 6-83 R1의 NHRP 쇼트컷 경로 구성

```
① R1(config)# interface tunnel 123
② R1(config-if)# ip nhrp redirect
```

① DMVPN Phase 3 설정을 위해 터널 설정 모드로 들어간다.

② NHRP 쇼트컷(shortcut) 경로를 사용하도록 설정한다. NHRP 쇼트컷 경로란 스포크 간의 직접 통신을 할 수 있는 경로를 말한다.

R2의 설정은 다음과 같다.

예제 6-84 R2의 NHRP 쇼트컷 경로 구성

```
   R2(config)# interface tunnel 123
①  R2(config-if)# ip nhrp redirect
②  R2(config-if)# ip nhrp shortcut
   R2(config-if)# exit

   R2(config)# interface tunnel 24
   R2(config-if)# ip nhrp redirect
```

① NHRP 쇼트컷 경로를 사용하도록 설정한다.

② 스포크로 동작하는 라우터에서는 **ip nhrp shortcut** 명령어를 추가적으로 사용해야 쇼트컷 경로를 사용할 수 있다.

R3의 설정은 다음과 같다.

예제 6-85 R3의 NHRP 쇼트컷 경로 구성

```
R3(config)# interface tunnel 123
R3(config-if)# ip nhrp redirect
R3(config-if)# ip nhrp shortcut
R3(config-if)# exit

R3(config)# interface tunnel 35
R3(config-if)# ip nhrp redirect
```

R4의 설정은 다음과 같다.

예제 6-86 R4의 NHRP 쇼트컷 경로 구성

```
R4(config)# interface tunnel 24
R4(config-if)# ip nhrp redirect
R4(config-if)# ip nhrp shortcut
```

R5의 설정은 다음과 같다.

예제 6-87 R5의 NHRP 쇼트컷 경로 구성

```
R5(config)# interface tunnel 35
R5(config-if)# ip nhrp redirect
R5(config-if)# ip nhrp shortcut
```

쇼트컷 경로가 만들어지는 것을 확인하기 위해서 show ip nhrp shortcut 명령어를 사용한다. 현재는 스포크 간의 통신 전이기 때문에 아무런 정보가 없다.

예제 6-88 쇼트컷 경로 확인

```
R4# show ip nhrp shortcut
R4#
```

또한 NHRP 테이블을 확인해 보면 다음과 같은 상태이다.

NHRP 테이블 확인

```
R4# show ip nhrp
10.1.24.2/32 via 10.1.24.2
    Tunnel24 created 00:28:01, never expire
    Type: static, Flags: used
    NBMA address: 1.1.20.2
```

R4에서 R5 내부망으로 트레이스 루트를 확인해 본다. 처음에는 지역 허브와 중앙 허브를 경유하고 이때 쇼트컷 경로가 만들어진다.

예제 6-90 트레이스 루트 확인

```
R4# traceroute 10.1.55.5 source f0/0.44 numeric
Type escape sequence to abort.
Tracing the route to 10.1.55.5
VRF info: (vrf in name/id, vrf out name/id)
  1 10.1.24.2 48 msec 56 msec 44 msec
  2 10.1.123.1 80 msec 52 msec 52 msec
  3 10.1.123.3 100 msec 92 msec 84 msec
  4 10.1.35.5 160 msec *  44 msec
```

예제 6-91 쇼트컷 경로 확인

```
R4# show ip nhrp shortcut
10.1.55.0/24 via 10.1.35.5
    Tunnel24 created 00:01:15, expire 01:58:44
    Type: dynamic, Flags: router used rib nho
    NBMA address: 1.1.50.5
```

NHRP 테이블을 확인해 보면 새로운 정보가 추가된 것을 확인할 수 있다.

예제 6-92 NHRP 테이블 확인

```
R4# show ip nhrp
10.1.24.2/32 via 10.1.24.2
    Tunnel24 created 00:37:15, never expire
    Type: static, Flags: used
    NBMA address: 1.1.20.2
```

```
10.1.35.5/32 via 10.1.35.5
   Tunnel24 created 00:00:51, expire 01:59:08
   Type: dynamic, Flags: router implicit
   NBMA address: 1.1.50.5
10.1.44.0/24 via 10.1.24.4
   Tunnel24 created 00:00:52, expire 01:59:08
   Type: dynamic, Flags: router unique local
   NBMA address: 1.1.40.4
     (no-socket)
10.1.55.0/24 via 10.1.35.5
   Tunnel24 created 00:00:52, expire 01:59:07
   Type: dynamic, Flags: router used rib nho
   NBMA address: 1.1.50.5
10.1.123.3/32 via 10.1.123.3
   Tunnel24 created 00:00:52, expire 01:59:07
   Type: dynamic, Flags: router implicit
   NBMA address: 1.1.30.3
```

R4의 라우팅 테이블을 보면 R5 내부망(10.1.55.0/24)의 넥스트 홉이 override 된 것을 확인할 수 있다.

예제 6-93 R4의 라우팅 테이블

```
R4# show ip route eigrp
     (생략)
Gateway of last resort is 1.1.40.9 to network 0.0.0.0

       10.0.0.0/8 is variably subnetted, 7 subnets, 2 masks
D          10.1.35.0/24 [90/30720000] via 10.1.24.2, 00:22:07, Tunnel24
D    %     10.1.55.0/24 [90/30722560] via 10.1.24.2, 00:22:07, Tunnel24
D          10.1.123.0/24 [90/28160000] via 10.1.24.2, 01:02:33, Tunnel24
```

이후 트레이스 루트를 확인해 보면 쇼트컷 경로를 통해 스포크 간의 직접 통신이 이루어진다. 결과적으로 세 홉이 감소하여 통신 지연이 감소하였다.

예제 6-94 트레이스 루트 확인

```
R4# traceroute 10.1.55.5 source f0/0.44 numeric
Type escape sequence to abort.
Tracing the route to 10.1.55.5
```

```
VRF info: (vrf in name/id, vrf out name/id)
  1 10.1.35.5 56 msec *  56 msec
```

DMVPN Phase 3를 사용하면 허브에서 스포크로 EIGRP 축약 네트워크를 광고하더라도 스포크 간의 직접 통신이 가능하다. 테스트를 위해 먼저 NHRP 캐시 정보를 제거한다.

예제 6-95 NHRP 캐시 정보 삭제

```
R4# clear ip nhrp
```

R1에서 다음과 같이 EIGRP 네트워크를 축약하여 광고한다.

예제 6-96 EIGRP 축약 네트워크 광고하기

```
R1(config)# interface tunnel 123
R1(config-if)# ip summary-address eigrp 1 10.1.0.0 255.255.0.0
```

R4의 라우팅 테이블을 확인해 보면 축약된 네트워크 정보가 인스톨되어 있다.

예제 6-97 R4의 라우팅 테이블

```
R4# show ip route eigrp
    (생략)
Gateway of last resort is 1.1.40.9 to network 0.0.0.0

      10.0.0.0/8 is variably subnetted, 7 subnets, 3 masks
D        10.1.0.0/16 [90/29440000] via 10.1.24.2, 00:00:27, Tunnel24
D        10.1.123.0/24 [90/28160000] via 10.1.24.2, 01:46:16, Tunnel24
```

R4의 라우팅 테이블에 R5의 내부망 상세정보가 인스톨되어 있지 않지만 NHRP 쇼트컷 경로를 이용하여 스포크 간의 직접 통신이 가능하다. 트레이스 루트를 확인해 보면 두 번째 통신부터 스포크 간 직접 통신이 이루어진다.

예제 6-98 트레이스 루트 확인

```
R4# traceroute 10.1.55.5 source f0/0.44 numeric
Type escape sequence to abort.
Tracing the route to 10.1.55.5
VRF info: (vrf in name/id, vrf out name/id)
  1 10.1.35.5 36 msec *   56 msec
```

이상으로 EIGRP를 이용한 동작 방식을 살펴보았다. 다음 테스트를 위하여 앞서 설정한 라우팅을 제거한다.

예제 6-99 기존 설정 삭제하기

```
R1(config)# no router eigrp 1
R2(config)# no router eigrp 1
R3(config)# no router eigrp 1
R4(config)# no router eigrp 1
R5(config)# no router eigrp 1
```

OSPF를 이용한 스포크 간의 직접 통신

DMVPN Phase 2에서 OSPF를 사용하여 스포크 간의 직접 통신이 되게 하려면 설정이 조금 복잡하다. 터널 인터페이스의 OSPF 네트워크 타입을 대부분 브로드캐스트로 지정하여 사용하는데, 이때 **ip ospf priority** 명령어를 사용하여 OSPF 우선순위 값도 함께 조정해야 한다. 또한 DMVPN 계층 구조를 사용할 경우에는 EIGRP를 사용했을 때와 마찬가지로 서로 다른 지역 허브와 연결된 스포크 간의 직접 통신이 불가능하다는 단점이 있다.

Phase 3에서는 OSPF point-to-multipoint 타입을 사용하여 스포크 간 직접 통신이 가능하다. 다음과 같이 OSPF 라우팅 프로토콜을 설정하고 터널 인터페이스의 OSPF 네트워크 타입을 point-to-multipoint로 변경한다.

R1의 설정은 다음과 같다.

예제 6-100 R1의 OSPF 1 설정

```
R1(config)# router ospf 1
R1(config-router)# network 10.1.123.1 0.0.0.0 area 0
R1(config-if)# exit

R1(config)# interface tunnel 123
R1(config-if)# ip ospf network point-to-multipoint
```

R2의 설정은 다음과 같다.

예제 6-101 R2의 OSPF 1 설정

```
R2(config)# router ospf 1
R2(config-router)# network 10.1.123.2 0.0.0.0 area 0
R2(config-router)# network 10.1.24.2 0.0.0.0 area 0
R2(config-if)# exit

R2(config)# interface tunnel 123
R2(config-if)# ip ospf network point-to-multipoint
R2(config-if)# exit

R2(config)# interface tunnel 24
R2(config-if)# ip ospf network point-to-multipoint
```

R3의 설정은 다음과 같다.

예제 6-102 R3의 OSPF 1 설정

```
R3(config)# router ospf 1
R3(config-router)# network 10.1.123.3 0.0.0.0 area 0
R3(config-router)# network 10.1.35.3 0.0.0.0 area 0
R3(config-if)# exit

R3(config)# interface tunnel 123
R3(config-if)# ip ospf network point-to-multipoint
R3(config-if)# exit

R3(config)# interface tunnel 35
R3(config-if)# ip ospf network point-to-multipoint
```

R4의 설정은 다음과 같다.

예제 6-103 R4의 OSPF 1 설정

```
R4(config)# router ospf 1
R4(config-router)# network 10.1.24.4 0.0.0.0 area 0
R4(config-router)# network 10.1.44.4 0.0.0.0 area 0
R4(config-if)# exit

R4(config)# interface tunnel 24
R4(config-if)# ip ospf network point-to-multipoint
```

R5의 설정은 다음과 같다.

예제 6-104 R5의 OSPF 1 설정

```
R5(config)# router ospf 1
R5(config-router)# network 10.1.35.5 0.0.0.0 area 0
R5(config-router)# network 10.1.55.5 0.0.0.0 area 0
R5(config-if)# exit

R5(config)# interface tunnel 35
R5(config-if)# ip ospf network point-to-multipoint
```

설정 후 OSPF 네이버가 맺어지는지 확인한다. 네이버가 맺어지지 않는 경우에는 터널 인터페이스를 shut down 시킨 후 활성화시킨다.

이후 트레이스 루트를 확인해 보면 두 번째 통신부터 스포크 간 직접 통신이 이루어진다.

예제 6-105 트레이스 루트 확인

```
R4# traceroute 10.1.55.5 source f0/0.44 numeric
Type escape sequence to abort.
Tracing the route to 10.1.55.5
VRF info: (vrf in name/id, vrf out name/id)
  1 10.1.35.5 64 msec *  48 msec
```

이상으로 DMVPN 계층 구조에서 Phase 2, Phase 3 설정 방법에 따른 동작 방식의 차이를 확인해 보았다.

DMVPN 이중화

DMVPN을 이중화하는 방법은 VPN의 규모 및 구성 방식에 따라 다양하다. 이번 절에는 두 개의 NHS 서버를 이용한 DMVPN의 이중화 방법에 대하여 살펴보기로 한다.

DMVPN 이중화 테스트 네트워크 구축

DMVPN의 이중화 설정 및 동작 확인을 위하여 다음과 같은 테스트 네트워크를 구축한다. 그림에서 R1, R2, R3은 본사 라우터라고 가정하고, R5, R6은 지사 라우터라고 가정한다. 또, R4와 연결되는 구간은 외부망이라고 가정한다.

그림 6-14 DMVPN 이중화 테스트 네트워크

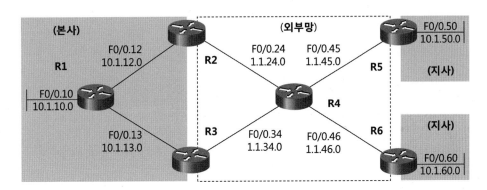

각 라우터에서 F0/0 인터페이스를 서브 인터페이스로 동작시킨다. 서브 인터페이스 번호, 서브넷 번호 및 VLAN 번호를 동일하게 사용한다. 이를 위하여 다음과 같이 SW1에서 VLAN을 만들고, 각 라우터와 연결되는 포트를 트렁크로 동작시킨다.

예제 6-106 SW1 설정

```
SW1(config)# vlan 10
SW1(config-vlan)# vlan 12
SW1(config-vlan)# vlan 13
SW1(config-vlan)# vlan 24
SW1(config-vlan)# vlan 34
```

```
SW1(config-vlan)# vlan 45
SW1(config-vlan)# vlan 46
SW1(config-vlan)# vlan 50
SW1(config-vlan)# vlan 60
SW1(config-vlan)# exit
SW1(config)# interface range f1/1 - 6
SW1(config-if-range)# switchport trunk encapsulation dot1q
SW1(config-if-range)# switchport mode trunk
```

이번에는 각 라우터의 인터페이스를 활성화시키고, 서브 인터페이스를 만든 다음 IP
주소를 부여한다. R4와 인접 라우터 사이는 외부망이라고 가정하고, IP 주소
1.0.0.0/8을 서브넷팅하여 사용한다. 나머지 부분은 내부망이라고 가정하고 IP 주소
10.0.0.0/8을 서브넷팅하여 사용한다. R1의 설정은 다음과 같다.

예제 6-107 R1 설정

```
R1(config)# interface f0/0
R1(config-if)# no shut
R1(config-if)# exit

R1(config)# interface f0/0.10
R1(config-subif)# encapsulation dot1Q 10
R1(config-subif)# ip address 10.1.10.1 255.255.255.0
R1(config-subif)# exit

R1(config)# interface f0/0.12
R1(config-subif)# encapsulation dot1Q 12
R1(config-subif)# ip address 10.1.12.1 255.255.255.0
R1(config-subif)# exit

R1(config)# interface f0/0.13
R1(config-subif)# encapsulation dot1Q 13
R1(config-subif)# ip address 10.1.13.1 255.255.255.0
```

R2의 설정은 다음과 같다.

예제 6-108 R2 설정

```
R2(config)# interface f0/0
R2(config-if)# no shut
```

```
R2(config-if)# exit

R2(config)# interface f0/0.12
R2(config-subif)# encapsulation dot1Q 12
R2(config-subif)# ip address 10.1.12.2 255.255.255.0
R2(config-subif)# exit

R2(config)# interface f0/0.24
R2(config-subif)# encapsulation dot1Q 24
R2(config-subif)# ip address 1.1.24.2 255.255.255.0
```

R3의 설정은 다음과 같다.

예제 6-109 R3 설정

```
R3(config)# interface f0/0
R3(config-if)# no shut
R3(config-if)# exit

R3(config)# interface f0/0.13
R3(config-subif)# encapsulation dot1Q 13
R3(config-subif)# ip address 10.1.13.3 255.255.255.0
R3(config-subif)# exit

R3(config)# interface f0/0.34
R3(config-subif)# encapsulation dot1Q 34
R3(config-subif)# ip address 1.1.34.3 255.255.255.0
```

R4의 설정은 다음과 같다.

예제 6-110 R4 설정

```
R4(config)# interface f0/0
R4(config-if)# no shut
R4(config-if)# exit

R4(config)# interface f0/0.24
R4(config-subif)# encapsulation dot1Q 24
R4(config-subif)# ip address 1.1.24.4 255.255.255.0
R4(config-subif)# exit
```

```
R4(config)# interface f0/0.34
R4(config-subif)# encapsulation dot1Q 34
R4(config-subif)# ip address 1.1.34.4 255.255.255.0
R4(config-subif)# exit

R4(config)# interface f0/0.45
R4(config-subif)# encapsulation dot1Q 45
R4(config-subif)# ip address 1.1.45.4 255.255.255.0
R4(config-subif)# exit

R4(config)# interface f0/0.46
R4(config-subif)# encapsulation dot1Q 46
R4(config-subif)# ip address 1.1.46.4 255.255.255.0
```

R5의 설정은 다음과 같다.

예제 6-111 R5 설정

```
R5(config)# interface f0/0
R5(config-if)# no shut
R5(config-if)# exit

R5(config)# interface f0/0.45
R5(config-subif)# encapsulation dot1Q 45
R5(config-subif)# ip address 1.1.45.5 255.255.255.0
R5(config-subif)# exit

R5(config)# interface f0/0.50
R5(config-subif)# encapsulation dot1Q 50
R5(config-subif)# ip address 10.1.50.5 255.255.255.0
```

R6의 설정은 다음과 같다.

예제 6-112 R6 설정

```
R6(config)# interface f0/0
R6(config-if)# no shut
R6(config-if)# exit

R6(config)# interface f0/0.46
R6(config-subif)# encapsulation dot1Q 46
```

```
R6(config-subif)# ip address 1.1.46.6 255.255.255.0
R6(config-subif)# exit

R6(config)# interface f0/0.60
R6(config-subif)# encapsulation dot1Q 60
R6(config-subif)# ip address 10.1.60.6 255.255.255.0
```

라우터의 IP 주소 설정이 끝나면 넥스트 홉 IP 주소까지의 통신을 핑으로 확인한다.
다음에는 외부망으로 사용할 R4와 인접 라우터간에 라우팅을 설정한다. 이를 위하여
R2, R3, R5, R6에서 R4 방향으로 정적인 디폴트 루트를 설정한다.

그림 6-15 외부망 라우팅

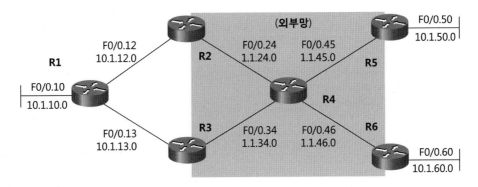

각 라우터에서 다음과 같이 디폴트 루트를 설정한다.

예제 6-113 디폴트 루트 설정

```
R2(config)# ip route 0.0.0.0 0.0.0.0 1.1.24.4
R3(config)# ip route 0.0.0.0 0.0.0.0 1.1.34.4
R5(config)# ip route 0.0.0.0 0.0.0.0 1.1.45.4
R6(config)# ip route 0.0.0.0 0.0.0.0 1.1.46.4
```

설정이 끝나면 R2의 라우팅 테이블을 확인하여 디폴트 루트가 제대로 인스톨되어
있는지 다음과 같이 확인한다.

예제 6-114 R2의 라우팅 테이블

```
R2# show ip route
      (생략)

Gateway of last resort is 1.1.24.4 to network 0.0.0.0

      1.0.0.0/24 is subnetted, 1 subnets
C        1.1.24.0 is directly connected, FastEthernet0/0.24
      10.0.0.0/24 is subnetted, 1 subnets
C        10.1.12.0 is directly connected, FastEthernet0/0.12
S*    0.0.0.0/0 [1/0] via 1.1.24.4
```

또, 원격지까지의 통신을 핑으로 확인한다.

예제 6-115 핑 테스트

```
R2# ping 1.1.34.3
R2# ping 1.1.45.5
R2# ping 1.1.46.6
```

이제, DMVPN VPN 이중화를 구성할 기본적인 네트워크가 구성되었다.

mGRE 터널 구성

다음 그림과 같이 본사 라우터인 R2, R3을 각각의 NHS로 설정한다.

그림 6-16 mGRE 터널 구성

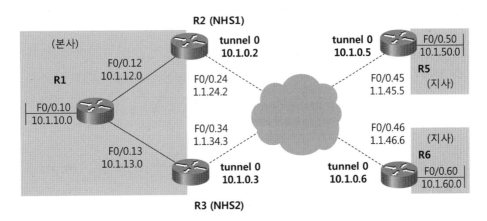

본사 라우터 R2의 구성은 다음과 같다. R2에서는 R3을 NHS로 지정하고, 반대로 R3에서는 R2를 NHS로 지정한다.

예제 6-116 R2의 mGRE / NHRP 설정

```
R2(config)# interface tunnel 0
R2(config-if)# ip address 10.1.0.2 255.255.255.0
R2(config-if)# tunnel source 1.1.24.2
R2(config-if)# tunnel mode gre multipoint

R2(config-if)# ip nhrp network-id 1
R2(config-if)# ip nhrp nhs 10.1.0.3
R2(config-if)# ip nhrp map 10.1.0.3 1.1.34.3
R2(config-if)# ip nhrp map multicast 1.1.34.3
R2(config-if)# ip nhrp map multicast dynamic
R2(config-if)# ip nhrp authentication cisco123
R2(config-if)# ip nhrp holdtime 600
```

본사 라우터 R3의 구성은 다음과 같다.

예제 6-117 R3의 mGRE / NHRP 설정

```
R3(config)# interface tunnel 0
R3(config-if)# ip address 10.1.0.3 255.255.255.0
R3(config-if)# tunnel source 1.1.34.3
R3(config-if)# tunnel mode gre multipoint

R3(config-if)# ip nhrp network-id 1
R3(config-if)# ip nhrp nhs 10.1.0.2
R3(config-if)# ip nhrp map 10.1.0.2 1.1.24.2
R3(config-if)# ip nhrp map multicast 1.1.24.2
R3(config-if)# ip nhrp map multicast dynamic
R3(config-if)# ip nhrp authentication cisco123
R3(config-if)# ip nhrp holdtime 600
```

지사 라우터 R5의 구성은 다음과 같다. 지사 라우터에서는 다음과 같이 R2, R3 두 개의 NHS를 지정한다.

예제 6-118 R5의 mGRE / NHRP 설정

```
R5(config)# interface tunnel 0
R5(config-if)# ip address 10.1.0.5 255.255.255.0
R5(config-if)# tunnel source 1.1.45.5
R5(config-if)# tunnel mode gre multipoint

R5(config-if)# ip nhrp network-id 1
R5(config-if)# ip nhrp nhs 10.1.0.2
R5(config-if)# ip nhrp nhs 10.1.0.3
R5(config-if)# ip nhrp map 10.1.0.2 1.1.24.2
R5(config-if)# ip nhrp map 10.1.0.3 1.1.34.3
R5(config-if)# ip nhrp map multicast 1.1.24.2
R5(config-if)# ip nhrp map multicast 1.1.34.3
R5(config-if)# ip nhrp authentication cisco123
R5(config-if)# ip nhrp holdtime 600
R5(config-if)# ip nhrp registration timeout 120
```

지사 라우터 R6의 구성은 다음과 같다.

예제 6-119 R6의 mGRE / NHRP 설정

```
R6(config)# interface tunnel 0
```

```
R6(config-if)# ip address 10.1.0.6 255.255.255.0
R6(config-if)# tunnel source 1.1.46.6
R6(config-if)# tunnel mode gre multipoint

R6(config-if)# ip nhrp network-id 1
R6(config-if)# ip nhrp nhs 10.1.0.2
R6(config-if)# ip nhrp nhs 10.1.0.3
R6(config-if)# ip nhrp map 10.1.0.2 1.1.24.2
R6(config-if)# ip nhrp map 10.1.0.3 1.1.34.3
R6(config-if)# ip nhrp map multicast 1.1.24.2
R6(config-if)# ip nhrp map multicast 1.1.34.3
R6(config-if)# ip nhrp authentication cisco123
R6(config-if)# ip nhrp holdtime 600
R6(config-if)# ip nhrp registration timeout 120
```

설정후 R6에서 다음과 같이 **debug nhrp packet** 명령어를 사용하여 디버깅해보면 R6이 NHS인 R2, R3에게 자신의 외부 인터페이스에 부여된 주소 즉, NBMA 주소를 등록하고 응답받는 것을 확인할 수 있다. 현재 R6에서 **ip nhrp registration timeout 120** 명령어를 사용했기 때문에 최대 120초 즉, 2분 이내에 아래의 메시지가 표시된다.

예제 6-120 NHRP 패킷 디버깅

```
R6# debug nhrp packet
NHRP activity debugging is on
R6#

①
17:26.251: NHRP: Send Registration Request via Tunnel0 vrf 0, packet size: 108
17:26.255:   src: 10.1.0.6, dst: 10.1.0.2
17:26.259:   (F) afn: IPv4(1), type: IP(800), hop: 255, ver: 1
17:26.259:       shtl: 4(NSAP), sstl: 0(NSAP)
17:26.263:   (M) flags: "unique nat ", reqid: 7
17:26.263:       src NBMA: 1.1.46.6
17:26.267:       src protocol: 10.1.0.6, dst protocol: 10.1.0.2
17:26.271:   (C-1) code: no error(0)
17:26.271:         prefix: 255, mtu: 1514, hd_time: 600
17:26.271:         addr_len: 0(NSAP), subaddr_len: 0(NSAP), proto_len: 0, pref: 0

②
17:26.279: NHRP: Send Registration Request via Tunnel0 vrf 0, packet size: 108
```

```
17:26.283:   src: 10.1.0.6, dst: 10.1.0.3
17:26.287:   (F) afn: IPv4(1), type: IP(800), hop: 255, ver: 1
17:26.287:       shtl: 4(NSAP), sstl: 0(NSAP)
17:26.291:   (M) flags: "unique nat ", reqid: 8
17:26.291:       src NBMA: 1.1.46.6
17:26.291:       src protocol: 10.1.0.6, dst protocol: 10.1.0.3
17:26.295:   (C-1) code: no error(0)
17:26.299:         prefix: 255, mtu: 1514, hd_time: 600
17:26.299:         addr_len: 0(NSAP), subaddr_len: 0(NSAP), proto_len: 0, pref: 0

③
17:26.475: NHRP: Receive Registration Reply via Tunnel0 vrf 0, packet size: 128
17:26.479:   (F) afn: IPv4(1), type: IP(800), hop: 255, ver: 1
17:26.479:       shtl: 4(NSAP), sstl: 0(NSAP)
17:26.483:   (M) flags: "unique nat ", reqid: 7
17:26.483:       src NBMA: 1.1.46.6
17:26.487:       src protocol: 10.1.0.6, dst protocol: 10.1.0.2
17:26.491:   (C-1) code: no error(0)
17:26.491:         prefix: 255, mtu: 1514, hd_time: 600
17:26.495:         addr_len: 0(NSAP), subaddr_len: 0(NSAP), proto_len: 0, pref: 0

④
17:26.511: NHRP: Receive Registration Reply via Tunnel0 vrf 0, packet size: 128
17:26.511:   (F) afn: IPv4(1), type: IP(800), hop: 255, ver: 1
17:26.515:       shtl: 4(NSAP), sstl: 0(NSAP)
17:26.515:   (M) flags: "unique nat ", reqid: 8
17:26.519:       src NBMA: 1.1.46.6
17:26.519:       src protocol: 10.1.0.6, dst protocol: 10.1.0.3
    (생략)
```

① NHS인 R2에게 R6의 터널 종단 주소 10.1.0.6과 연결하려면 패킷을 NBMA 주소 즉, 넥스트 홉 주소 IP 1.1.46.6으로 인캡슐레이션해서 전송하면 된다는 것을 등록한다.

② 또 다른 NHS인 R3에게도 동일한 내용으로 등록한다.

③ NHS인 R2가 등록 메시지에 대한 확인 메시지를 전송한다.

④ NHS인 R3도 등록 메시지에 대한 확인 메시지를 전송한다.

이렇게 등록된 정보를 다음과 같이 NHS인 R2에서 확인할 수 있다.

예제 6-121 R2의 NHRP 테이블 확인

```
R2# show ip nhrp
10.1.0.3/32 via 10.1.0.3, Tunnel0 created 00:09:42, never expire
  Type: static, Flags: used
  NBMA address: 1.1.34.3
10.1.0.5/32 via 10.1.0.5, Tunnel0 created 00:03:59, expire 00:08:09
  Type: dynamic, Flags: unique registered
  NBMA address: 1.1.45.5
10.1.0.6/32 via 10.1.0.6, Tunnel0 created 00:01:07, expire 00:08:52
  Type: dynamic, Flags: unique registered
  NBMA address: 1.1.46.6
```

R3에서의 확인 결과는 다음과 같다.

예제 6-122 R3의 NHRP 테이블

```
R3# show ip nhrp
10.1.0.2/32 via 10.1.0.2, Tunnel0 created 00:07:32, never expire
  Type: static, Flags: used
  NBMA address: 1.1.24.2
      (생략)
10.1.0.6/32 via 10.1.0.6, Tunnel0 created 00:01:48, expire 00:08:11
  Type: dynamic, Flags: unique registered
  NBMA address: 1.1.46.6
```

다음 그림과 같이 R6에서 터널 반대쪽으로 핑이 되는지 확인해 보자.

그림 6-17 핑 확인

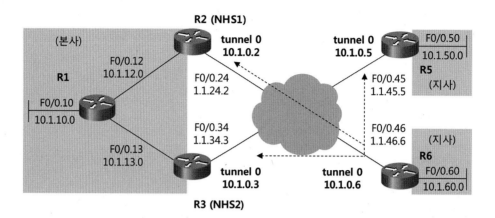

다음과 같이 핑이 모두 성공한다.

예제 6-123 핑 테스트

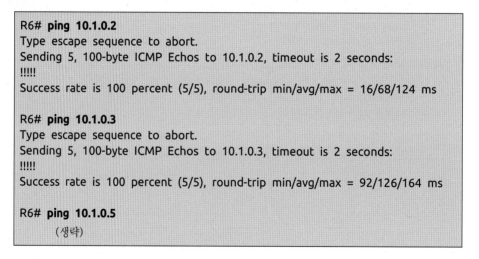

```
R6# ping 10.1.0.2
Type escape sequence to abort.
Sending 5, 100-byte ICMP Echos to 10.1.0.2, timeout is 2 seconds:
!!!!!
Success rate is 100 percent (5/5), round-trip min/avg/max = 16/68/124 ms

R6# ping 10.1.0.3
Type escape sequence to abort.
Sending 5, 100-byte ICMP Echos to 10.1.0.3, timeout is 2 seconds:
!!!!!
Success rate is 100 percent (5/5), round-trip min/avg/max = 92/126/164 ms

R6# ping 10.1.0.5
        (생략)
```

이상으로 mGRE 터널 구성이 완료되었다.

mGRE 터널을 통한 라우팅 설정

다음 그림과 같이 내부 네트워크와 mGRE 터널에 라우팅을 설정한다. 라우팅 프로토콜은 EIGRP를 사용하기로 한다.

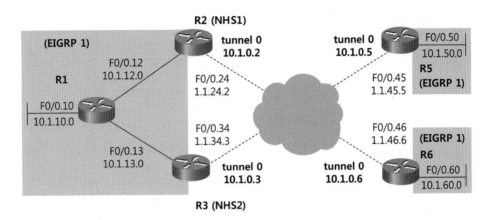

그림 6-18 mGRE 터널을 통한 라우팅 설정

각 라우터에서 다음과 같이 EIGRP를 설정한다. NHS인 R2와 R3에서는 **no ip split-horizon eigrp 1** 명령어를 사용하여 EIGRP 스플릿 호라이즌을 비활성화시켜야 한다.

예제 6-124 EIGRP 설정

```
R1(config)# router eigrp 1
R1(config-router)# network 10.1.10.1 0.0.0.0
R1(config-router)# network 10.1.12.1 0.0.0.0
R1(config-router)# network 10.1.13.1 0.0.0.0

R2(config)# router eigrp 1
R2(config-router)# network 10.1.12.2 0.0.0.0
R2(config-router)# network 10.1.0.2 0.0.0.0
R2(config-router)# exit
R2(config)# interface tunnel 0
R2(config-if)# no ip split-horizon eigrp 1

R3(config)# router eigrp 1
R3(config-router)# network 10.1.13.3 0.0.0.0
R3(config-router)# network 10.1.0.3 0.0.0.0
R3(config-router)# exit
R3(config)# interface tunnel 0
R3(config-if)# no ip split-horizon eigrp 1

R5(config)# router eigrp 1
R5(config-router)# network 10.1.50.5 0.0.0.0
```

```
R5(config-router)# network 10.1.0.5 0.0.0.0

R6(config)# router eigrp 1
R6(config-router)# network 10.1.60.6 0.0.0.0
R6(config-router)# network 10.1.0.6 0.0.0.0
```

R1의 라우팅 테이블을 확인해 보면 다음과 같이 지사 네트워크인 10.1.60.0/24와
10.1.50.0/24로 가는 경로가 부하분산되고 있다.

예제 6-125 R1의 라우팅 테이블

```
R1# show ip route eigrp
     10.0.0.0/24 is subnetted, 6 subnets
D        10.1.0.0 [90/297246976] via 10.1.13.3, 00:05:30, FastEthernet0/0.13
                  [90/297246976] via 10.1.12.2, 00:05:30, FastEthernet0/0.12
D        10.1.60.0 [90/297249536] via 10.1.13.3, 00:04:58, FastEthernet0/0.13
                   [90/297249536] via 10.1.12.2, 00:04:58, FastEthernet0/0.12
D        10.1.50.0 [90/297249536] via 10.1.13.3, 00:05:14, FastEthernet0/0.13
                   [90/297249536] via 10.1.12.2, 00:05:14, FastEthernet0/0.12
```

NHS인 R2의 라우팅 테이블은 다음과 같다.

예제 6-126 R2의 라우팅 테이블

```
R2# show ip route eigrp
     10.0.0.0/24 is subnetted, 6 subnets
D        10.1.10.0 [90/30720] via 10.1.12.1, 00:06:11, FastEthernet0/0.12
D        10.1.13.0 [90/30720] via 10.1.12.1, 00:06:11, FastEthernet0/0.12
D        10.1.60.0 [90/297246976] via 10.1.0.6, 00:02:06, Tunnel0
D        10.1.50.0 [90/297246976] via 10.1.0.5, 00:02:06, Tunnel0
```

지사인 R5의 라우팅 테이블은 다음과 같다.

예제 6-127 R5의 라우팅 테이블

```
R5# show ip route eigrp
     10.0.0.0/24 is subnetted, 6 subnets
D        10.1.10.0 [90/297249536] via 10.1.0.3, 00:06:23, Tunnel0
                   [90/297249536] via 10.1.0.2, 00:06:23, Tunnel0
```

```
D          10.1.13.0 [90/297246976] via 10.1.0.3, 00:06:23, Tunnel0
D          10.1.12.0 [90/297246976] via 10.1.0.2, 00:06:23, Tunnel0
D          10.1.60.0 [90/310046976] via 10.1.0.3, 00:02:33, Tunnel0
                     [90/310046976] via 10.1.0.2, 00:02:33, Tunnel0
```

현재, 지사 사이의 통신이 모두 본사를 거치고 있다. 보안정책 등의 이유로 이처럼 지사 사이의 통신도 모두 본사를 거치게 하려면 이 상태로 두면 된다. 만약, 지사 사이의 통신을 본사를 거치지 않고 직접 이루어지게 하려면 NHS인 R2, R3의 터널 인터페이스에서 no ip next-hop-self eigrp 1 명령어를 사용하거나 ip nhrp short cut, ip nhrp redirect 명령어를 이용하여 DMVPN Phase3를 구현하면 된다.

다음과 같이 지사에서 본사와 원격 지사로 핑이 된다.

예제 6-128 핑 테스트

```
R5# ping 10.1.10.1
R5# ping 10.1.60.6
```

이상과 같이 내부망을 위한 라우팅을 설정하였다.

DMVPN 설정

이번에는 내부망 사이의 트래픽을 보호하기 위하여 DMVPN을 설정한다. R2, R3, R5, R6 라우터에서 설정이 모두 동일하므로 R2의 설정만 예시하였다.

예제 6-129 R2의 DMVPN 설정

```
R2(config)# crypto isakmp policy 1
R2(config-isakmp)# encryption aes
R2(config-isakmp)# authentication pre-share
R2(config-isakmp)# group 2
R2(config-isakmp)# exit

R2(config)# crypto isakmp key cisco address 0.0.0.0 0.0.0.0

R2(config)# crypto isakmp keepalive 10
```

```
R2(config)# crypto ipsec transform-set PHASE2 esp-aes esp-md5-hmac
R2(cfg-crypto-trans)# exit

R2(config)# crypto ipsec profile DMVPN-PROFILE
R2(ipsec-profile)# set transform-set PHASE2
R2(ipsec-profile)# exit

R2(config)# interface tunnel 0
R2(config-if)# tunnel protection ipsec profile DMVPN-PROFILE
```

R3, R5, R6에서도 동일하게 DMVPN을 설정한 다음, R2에서 확인해 보면 다음과 같이 ISAKMP SA가 구성된다.

예제 6-130 R2의 ISAKMP SA

```
R2# show crypto isakmp sa
IPv4 Crypto ISAKMP SA
dst              src              state         conn-id   slot   status
1.1.24.2         1.1.34.3         QM_IDLE       1001      0      ACTIVE
1.1.24.2         1.1.46.6         QM_IDLE       1003      0      ACTIVE
1.1.24.2         1.1.45.5         QM_IDLE       1002      0      ACTIVE
```

또, R6의 라우팅 테이블에 모든 네트워크가 인스톨되어 있다.

예제 6-131 R6의 라우팅 테이블

```
R6# show ip route eigrp
     10.0.0.0/24 is subnetted, 6 subnets
D        10.1.10.0 [90/297249536] via 10.1.0.3, 00:02:04, Tunnel0
                   [90/297249536] via 10.1.0.2, 00:02:04, Tunnel0
D        10.1.13.0 [90/297246976] via 10.1.0.3, 00:02:04, Tunnel0
D        10.1.12.0 [90/297246976] via 10.1.0.2, 00:02:04, Tunnel0
D        10.1.50.0 [90/310046976] via 10.1.0.3, 00:02:04, Tunnel0
                   [90/310046976] via 10.1.0.2, 00:02:04, Tunnel0
```

다음과 같이 본사 라우터 R2의 외부 인터페이스를 셧다운시켜보자.

예제 6-132 장애 발생시키기

```
R2(config)# interface f0/0.24
R2(config-subif)# shut
```

잠시후 R5의 라우팅 테이블을 확인해 보면 다음과 같이 모든 경로가 R3으로 향한다.

예제 6-133 R5의 라우팅 테이블

```
R5# show ip route eigrp
     10.0.0.0/24 is subnetted, 6 subnets
D       10.1.10.0 [90/297249536] via 10.1.0.3, 00:00:06, Tunnel0
D       10.1.13.0 [90/297246976] via 10.1.0.3, 00:04:56, Tunnel0
D       10.1.12.0 [90/297249536] via 10.1.0.3, 00:00:06, Tunnel0
D       10.1.60.0 [90/310046976] via 10.1.0.3, 00:00:05, Tunnel0
```

다음과 같이 본사 및 원격 지사와 핑이 된다.

예제 6-134 핑 테스트

```
R5# ping 10.1.10.1

Type escape sequence to abort.
Sending 5, 100-byte ICMP Echos to 10.1.10.1, timeout is 2 seconds:
!!!!!
Success rate is 100 percent (5/5), round-trip min/avg/max = 172/360/564 ms

R5# ping 10.1.60.6

Type escape sequence to abort.
Sending 5, 100-byte ICMP Echos to 10.1.60.6, timeout is 2 seconds:
.!!!!
Success rate is 80 percent (4/5), round-trip min/avg/max = 248/413/624 ms
```

다시 본사 라우터 R2의 외부 인터페이스를 활성화시켜보자.

예제 6-135 장애 복구하기

```
R2(config)# interface f0/0.24
R2(config-subif)# no shut
```

잠시후 R5의 라우팅 테이블을 확인해 보면 다음과 같이 본사 및 원격지 지사로 가는
경로가 R2, R3으로 부하분산된다.

예제 6-136 R5의 라우팅 테이블

```
R5# show ip route eigrp
     10.0.0.0/24 is subnetted, 6 subnets
D        10.1.10.0 [90/297249536] via 10.1.0.3, 00:00:15, Tunnel0
                   [90/297249536] via 10.1.0.2, 00:00:15, Tunnel0
D        10.1.13.0 [90/297246976] via 10.1.0.3, 00:00:15, Tunnel0
D        10.1.12.0 [90/297246976] via 10.1.0.2, 00:00:15, Tunnel0
D        10.1.60.0 [90/310046976] via 10.1.0.3, 00:00:12, Tunnel0
                   [90/310046976] via 10.1.0.2, 00:00:12, Tunnel0
```

이상으로 DMVPN에 대하여 살펴보았다.

제7장
IPsec VTI

IPsec VTI 설정 및 동작 확인

IPsec VTI(virtual tunnel interface)는 p2p GRE IPsec VPN과 유사하지만 설정이 편리하고, 라우팅 프로토콜에 의해서 터널 인터페이스로 향하는 모든 트래픽을 IPsec으로 보호하기 때문에 보호대상 네트워크를 지정하기 위한 별도의 ACL 설정이 필요없다. 따라서, 대부분의 경우 순수 IPsec VPN이나 GRE IPsec VPN 대신 IPsec VTI를 사용할 수 있다.

IPsec VTI 테스트 네트워크 구축

IPsec VTI의 설정 및 동작 확인을 위하여 다음과 같은 테스트 네트워크를 구축한다. 그림에서 R1, R2는 본사 라우터라고 가정하고, R4, R5는 지사 라우터라고 가정한다. 또, R2, R3, R4, R5를 연결하는 구간은 인터넷 또는 IPsec으로 보호하지 않을 외부망이라고 가정한다.

그림 7-1 테스트 네트워크

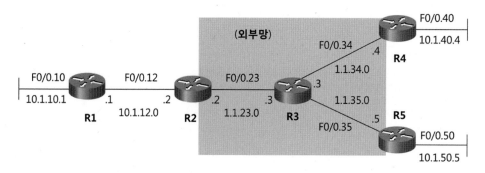

이를 위하여 다음과 같이 각 라우터에 IP 주소를 부여한다.

그림 7-2 IP 주소

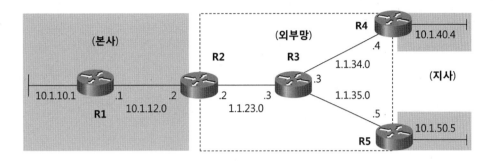

각 라우터에서 F0/0 인터페이스를 서브 인터페이스로 동작시킨다. 서브 인터페이스 번호, 서브넷 번호 및 VLAN 번호를 동일하게 사용한다. 이를 위하여 다음과 같이 SW1에서 VLAN을 만들고, 각 라우터와 연결되는 포트를 트렁크로 동작시킨다.

예제 7-1 SW1 설정

```
SW1(config)# vlan 10
SW1(config-vlan)# vlan 12
SW1(config-vlan)# vlan 23
SW1(config-vlan)# vlan 34
SW1(config-vlan)# vlan 35
SW1(config-vlan)# vlan 40
SW1(config-vlan)# vlan 50
SW1(config-vlan)# exit

SW1(config)# interface range f1/1 - 5
SW1(config-if-range)# switchport trunk encapsulation dot1q
SW1(config-if-range)# switchport mode trunk
```

이번에는 각 라우터의 인터페이스를 활성화시키고, 서브 인터페이스를 만든 다음 IP 주소를 부여한다. R3과 인접 라우터 사이는 인터넷이라고 가정하고, IP 주소 1.0.0.0/8을 서브넷팅하여 사용한다. 나머지 부분은 내부망이라고 가정하고 IP 주소 10.0.0.0/8을 서브넷팅하여 사용한다. R1의 설정은 다음과 같다.

R1 설정

```
R1(config)# interface f0/0
R1(config-if)# no shut
R1(config-if)# exit

R1(config)# interface f0/0.10
R1(config-subif)# encapsulation dot1Q 10
R1(config-subif)# ip address 10.1.10.1 255.255.255.0
R1(config-subif)# exit

R1(config)# interface f0/0.12
R1(config-subif)# encapsulation dot1Q 12
R1(config-subif)# ip address 10.1.12.1 255.255.255.0
```

R2의 설정은 다음과 같다.

R2 설정

```
R2(config)# interface f0/0
R2(config-if)# no shut
R2(config-if)# exit

R2(config)# interface f0/0.12
R2(config-subif)# encapsulation dot1Q 12
R2(config-subif)# ip address 10.1.12.2 255.255.255.0
R2(config-subif)# exit

R2(config)# interface f0/0.23
R2(config-subif)# encapsulation dot1Q 23
R2(config-subif)# ip address 1.1.23.2 255.255.255.0
```

R3의 설정은 다음과 같다.

R3 설정

```
R3(config)# interface f0/0
R3(config-if)# no shut
R3(config-if)# exit

R3(config)# interface f0/0.23
```

```
R3(config-subif)# encapsulation dot1Q 23
R3(config-subif)# ip address 1.1.23.3 255.255.255.0
R3(config-subif)# exit

R3(config)# interface f0/0.34
R3(config-subif)# encapsulation dot1Q 34
R3(config-subif)# ip address 1.1.34.3 255.255.255.0
R3(config-subif)# exit

R3(config)# interface f0/0.35
R3(config-subif)# encapsulation dot1Q 35
R3(config-subif)# ip address 1.1.35.3 255.255.255.0
```

R4의 설정은 다음과 같다.

예제 7-5 R4 설정

```
R4(config)# interface f0/0
R4(config-if)# no shut
R4(config-if)# exit

R4(config)# interface f0/0.34
R4(config-subif)# encapsulation dot1Q 34
R4(config-subif)# ip address 1.1.34.4 255.255.255.0
R4(config-subif)# exit

R4(config)# interface f0/0.40
R4(config-subif)# encapsulation dot1Q 40
R4(config-subif)# ip address 10.1.40.4 255.255.255.0
```

R5의 설정은 다음과 같다.

예제 7-6 R5 설정

```
R5(config)# interface f0/0
R5(config-if)# no shut

R5(config)# interface f0/0.35
R5(config-subif)# encapsulation dot1Q 35
R5(config-subif)# ip address 1.1.35.5 255.255.255.0
R5(config-subif)# exit
```

```
R5(config)# interface f0/0.50
R5(config-subif)# encapsulation dot1Q 50
R5(config-subif)# ip address 10.1.50.5 255.255.255.0
```

라우터의 IP 주소 설정이 끝나면 넥스트 홉 IP 주소까지의 통신을 핑으로 확인한다.
다음에는 외부망 또는 인터넷으로 사용할 R3과 인접 라우터간에 라우팅을 설정한다.
이를 위하여 R2, R4, R5에서 R3 방향으로 정적인 디폴트 루트를 설정한다.

그림 7-3 외부망 라우팅

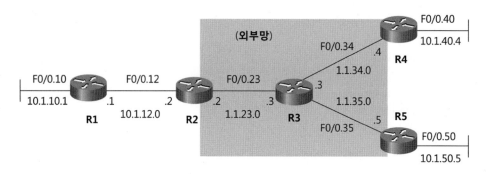

각 라우터에서 다음과 같이 디폴트 루트를 설정한다.

예제 7-7 디폴트 루트 설정

```
R2(config)# ip route 0.0.0.0 0.0.0.0 1.1.23.3
R4(config)# ip route 0.0.0.0 0.0.0.0 1.1.34.3
R5(config)# ip route 0.0.0.0 0.0.0.0 1.1.35.3
```

설정이 끝나면 R2에서 원격지까지의 통신을 핑으로 확인한다.

예제 7-8 핑 테스트

```
R2# ping 1.1.34.4
R2# ping 1.1.35.5
```

이제 IPsec VTI를 이용한 VPN 설정을 위한 네트워크가 구축되었다.

IPsec VTI 터널 구성

VTI는 SVTI(static VTI)와 DVTI(dynamic VTI)가 있다. DVTI는 나중에 설명할
이지(easy) VPN에서 사용하며, 이번 장에서는 SVTI를 이용한 IPsec VPN 구성에
대하여 살펴보기로 한다. 다음 그림과 같이 본사 라우터인 R2와 지사 라우터인 R4,
R5간에 IPsec VTI 터널을 구성한다.

그림 7-4 IPsec VTI 터널

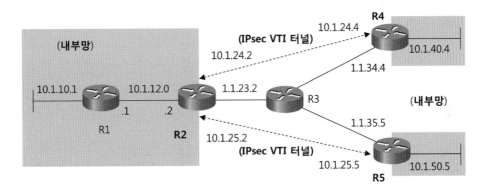

R2에서 IPsec VTI 터널을 구성하는 방법은 다음과 같다.

예제 7-9 R2의 IPsec VTI 구성

```
① R2(config)# crypto isakmp policy 10
   R2(config-isakmp)# encryption aes
   R2(config-isakmp)# authentication pre-share
   R2(config-isakmp)# group 2
   R2(config-isakmp)# exit

② R2(config)# crypto isakmp key cisco address 0.0.0.0 0.0.0.0

③ R2(config)# crypto ipsec transform-set PHASE2 esp-aes esp-sha-hmac
   R2(cfg-crypto-trans)# exit

④ R2(config)# crypto ipsec profile VTI-PROFILE
   R2(ipsec-profile)# set transform-set PHASE2
   R2(ipsec-profile)# exit

⑤ R2(config)# interface tunnel 24
```

```
⑥ R2(config-if)# ip address 10.1.24.2 255.255.255.0
⑦ R2(config-if)# tunnel source 1.1.23.2
⑧ R2(config-if)# tunnel destination 1.1.34.4
⑨ R2(config-if)# tunnel mode ipsec ipv4
⑩ R2(config-if)# tunnel protection ipsec profile VTI-PROFILE

⑪ R2(config)# interface tunnel 25
   R2(config-if)# ip address 10.1.25.2 255.255.255.0
   R2(config-if)# tunnel source 1.1.23.2
   R2(config-if)# tunnel destination 1.1.35.5
   R2(config-if)# tunnel mode ipsec ipv4
   R2(config-if)# tunnel protection ipsec profile VTI-PROFILE
```

① ISAKMP SA를 지정한다.

② IKE 제1단계에서 피어 인증을 위한 암호를 지정한다. 모든 피어와 동일한 암호를 사용할 경우에는 피어의 주소를 0.0.0.0 0.0.0.0으로 지정한다.

③ IPsec SA를 지정한다.

④ IPsec 프로파일을 만든다. 피어의 주소, 보호대상 네트워크 등 필요한 정보가 모두 정해져 있을 때에는 정적 크립토 맵을 사용하였고, 피어의 주소 등이 정해지지 않았을 때에는 동적 크립토 맵을 사용하였다. 그러나, DMVPN이나 IPsec VTI와 같이 보호 대상 네트워크, 피어의 주소 등에 관한 정보를 모두 모를 때에는 IPsec SA 등과 같은 일부 정보를 이용하여 IPsec 프로파일을 만든다.

⑤ 특정 지사와 연결되는 VTI 터널을 만든다.

⑥ 터널의 IP 주소를 지정한다.

⑦ 터널의 출발지 주소를 지정한다.

⑧ 터널의 목적지 주소를 지정한다.

⑨ IPsec VTI를 동작시키기 위하여 터널의 모드를 IPsec IPv4로 지정한다.

⑩ 앞서 만든 IPsec 프로파일을 터널에 적용한다.

⑪ R2-R5간의 통신을 위하여 동일한 방식으로 IPsec VTI 터널을 만든다. 이처럼 IPsec VTI는 보호대상 네트워크를 지정하기 위한 ACL이나 지사별 크립토 맵 설정이 불필요하여 VPN을 구축하기가 편리하다.

지사 라우터인 R4에서도 다음과 같이 IPsec VTI 터널을 구성한다.

예제 7-10 R4의 IPsec VTI 구성

```
R4(config)# crypto isakmp policy 10
R4(config-isakmp)# encryption aes
R4(config-isakmp)# authentication pre-share
R4(config-isakmp)# group 2
R4(config-isakmp)# exit

R4(config)# crypto isakmp key cisco address 0.0.0.0 0.0.0.0

R4(config)# crypto ipsec transform-set PHASE2 esp-aes esp-sha-hmac
R4(cfg-crypto-trans)# exit

R4(config)# crypto ipsec profile VTI-PROFILE
R4(ipsec-profile)# set transform-set PHASE2
R4(ipsec-profile)# exit

R4(config)# interface tunnel 24
R4(config-if)# ip address 10.1.24.4 255.255.255.0
R4(config-if)# tunnel source 1.1.34.4
R4(config-if)# tunnel destination 1.1.23.2
R4(config-if)# tunnel mode ipsec ipv4
R4(config-if)# tunnel protection ipsec profile VTI-PROFILE
```

지사 라우터인 R5에서의 IPsec VTI 터널 설정은 다음과 같다.

예제 7-11 R5의 IPsec VTI 구성

```
R5(config)# crypto isakmp policy 10
R5(config-isakmp)# encryption aes
R5(config-isakmp)# authentication pre-share
R5(config-isakmp)# group 2
R5(config-isakmp)# exit

R5(config)# crypto isakmp key cisco address 0.0.0.0 0.0.0.0
```

```
R5(config)# crypto ipsec transform-set PHASE2 esp-aes esp-sha-hmac
R5(cfg-crypto-trans)# exit

R5(config)# crypto ipsec profile VTI-PROFILE
R5(ipsec-profile)# set transform-set PHASE2
R5(ipsec-profile)# exit

R5(config)# interface tunnel 25
R5(config-if)# ip address 10.1.25.5 255.255.255.0
R5(config-if)# tunnel source 1.1.35.5
R5(config-if)# tunnel destination 1.1.23.2
R5(config-if)# tunnel mode ipsec ipv4
R5(config-if)# tunnel protection ipsec profile VTI-PROFILE
```

이상으로 본사와 지사 사이에 IPsec VTI 터널이 구성되었다. R2에서 show crypto isakmp sa 명령어를 사용하여 확인해 보면 다음과 같이 각 지사와 ISAKMP SA가 구성된다.

예제 7-12 R2의 ISAKMP SA

```
R2# show crypto isakmp sa
IPv4 Crypto ISAKMP SA
dst          src           state      conn-id   slot   status
1.1.23.2     1.1.34.4      QM_IDLE    1001      0      ACTIVE
1.1.23.2     1.1.35.5      QM_IDLE    1002      0      ACTIVE
```

show interfaces tunnel 24 명령어를 사용하여 확인해 보면 다음과 같이 터널의 타입이 IPSEC/IP이고, VTI-PROFILE이라는 프로파일에 의해서 터널을 통하는 트래픽이 보호된다는 정보를 알려준다.

예제 7-13 터널 인터페이스 정보 확인

```
R2# show interfaces tunnel 24
Tunnel24 is up, line protocol is up
  Hardware is Tunnel
  Internet address is 10.1.24.2/24
  MTU 1514 bytes, BW 9 Kbit/sec, DLY 500000 usec,
     reliability 255/255, txload 1/255, rxload 1/255
```

```
Encapsulation TUNNEL, loopback not set
Keepalive not set
Tunnel source 1.1.23.2, destination 1.1.34.4
Tunnel protocol/transport IPSEC/IP
Tunnel TTL 255
Fast tunneling enabled
Tunnel transmit bandwidth 8000 (kbps)
Tunnel receive bandwidth 8000 (kbps)
Tunnel protection via IPSec (profile "VTI-PROFILE")
Last input never, output never, output hang never
     (생략)
```

show crypto map 명령어를 사용하여 확인해 보면 다음과 같이 자동으로 크립토
맵이 만들어져 있으며, 보호대상 트래픽을 지정하는 ACL이 permit ip any any로
설정되어 있다.

예제 7-14 크립토 맵 확인하기

```
R2# show crypto map
Crypto Map "Tunnel24-head-0" 65536 ipsec-isakmp
        Profile name: VTI-PROFILE
        Security association lifetime: 4608000 kilobytes/3600 seconds
        PFS (Y/N): N
        Transform sets={
                PHASE2,
        }

Crypto Map "Tunnel24-head-0" 65537 ipsec-isakmp
        Map is a PROFILE INSTANCE.
        Peer = 1.1.34.4
        Extended IP access list
           access-list   permit ip any any
        Current peer: 1.1.34.4
        Security association lifetime: 4608000 kilobytes/3600 seconds
        PFS (Y/N): N
        Transform sets={
                PHASE2,
        }
        Always create SAs
        Interfaces using crypto map Tunnel24-head-0:
                Tunnel24
```

```
Crypto Map "Tunnel25-head-0" 65536 ipsec-isakmp
        Profile name: VTI-PROFILE
        Security association lifetime: 4608000 kilobytes/3600 seconds
        PFS (Y/N): N
        Transform sets={
                PHASE2,
        }

Crypto Map "Tunnel25-head-0" 65537 ipsec-isakmp
        Map is a PROFILE INSTANCE.
        Peer = 1.1.35.5
        Extended IP access list
            access-list   permit ip any any
        Current peer: 1.1.35.5
        Security association lifetime: 4608000 kilobytes/3600 seconds
        PFS (Y/N): N
        Transform sets={
                PHASE2,
        }
        Always create SAs
        Interfaces using crypto map Tunnel25-head-0:
                Tunnel25
```

다음과 같이 본사 라우터 R2에서 지사 라우터와 연결되는 터널 종단지점까지 핑이
된다.

예제 7-15 핑 테스트

```
R2# ping 10.1.24.4
Type escape sequence to abort.
Sending 5, 100-byte ICMP Echos to 10.1.24.4, timeout is 2 seconds:
!!!!!
Success rate is 100 percent (5/5), round-trip min/avg/max = 184/217/272 ms

R2# ping 10.1.25.5
Type escape sequence to abort.
Sending 5, 100-byte ICMP Echos to 10.1.25.5, timeout is 2 seconds:
!!!!!
Success rate is 100 percent (5/5), round-trip min/avg/max = 176/206/252 ms
```

동적인 라우팅 설정

다음 그림과 같이 내부망과 IPsec VTI 터널에 OSPF 에어리어 0을 설정한다.

그림 7-5 동적인 라우팅 설정

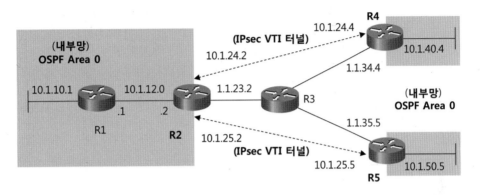

각 라우터의 OSPF 에어리어 0 설정은 다음과 같다.

예제 7-16 동적인 라우팅 설정하기

```
R1(config)# router ospf 1
R1(config-router)# network 10.1.10.1 0.0.0.0 area 0
R1(config-router)# network 10.1.12.1 0.0.0.0 area 0

R2(config)# router ospf 1
R2(config-router)# network 10.1.12.2 0.0.0.0 area 0
R2(config-router)# network 10.1.24.2 0.0.0.0 area 0
R2(config-router)# network 10.1.25.2 0.0.0.0 area 0

R4(config)# router ospf 1
R4(config-router)# network 10.1.24.4 0.0.0.0 area 0
R4(config-router)# network 10.1.40.4 0.0.0.0 area 0

R5(config)# router ospf 1
R5(config-router)# network 10.1.50.5 0.0.0.0 area 0
R5(config-router)# network 10.1.25.5 0.0.0.0 area 0
```

설정후 본사의 내부망에 소속된 R1에서 확인해 보면 다음과 같이 지사의 내부 네트워크인 10.1.40.0/24와 10.1.50.0/24가 IPsec VTI 터널을 통하여 광고되었다.

R1의 라우팅 테이블

```
R1# show ip route ospf
     10.0.0.0/24 is subnetted, 6 subnets
O        10.1.25.0 [110/11112] via 10.1.12.2, 00:02:47, FastEthernet0/0.12
O        10.1.24.0 [110/11112] via 10.1.12.2, 00:02:47, FastEthernet0/0.12
O        10.1.40.0 [110/11113] via 10.1.12.2, 00:02:47, FastEthernet0/0.12
O        10.1.50.0 [110/11113] via 10.1.12.2, 00:02:37, FastEthernet0/0.12
```

본사의 IPsec VTI 터널의 종단 지점인 R2의 라우팅 테이블을 확인해 보면 다음과 같이 각 지사 내부 네트워크가 각각의 IPsec VTI 터널로 연결된다.

예제 7-18 R2의 라우팅 테이블

```
R2# show ip route ospf
     10.0.0.0/24 is subnetted, 6 subnets
O        10.1.10.0 [110/2] via 10.1.12.1, 00:02:54, FastEthernet0/0.12
O        10.1.40.0 [110/11112] via 10.1.24.4, 00:03:04, Tunnel24
O        10.1.50.0 [110/11112] via 10.1.25.5, 00:02:44, Tunnel25
```

지사 라우터인 R5의 라우팅 테이블에도 다음과 같이 원격지 내부 네트워크가 IPsec VTI 터널을 통하여 인스톨되어 있다.

예제 7-19 R5의 라우팅 테이블

```
R5# show ip route ospf
     10.0.0.0/24 is subnetted, 6 subnets
O        10.1.10.0 [110/11113] via 10.1.25.2, 00:03:00, Tunnel25
O        10.1.12.0 [110/11112] via 10.1.25.2, 00:03:00, Tunnel25
O        10.1.24.0 [110/22222] via 10.1.25.2, 00:03:00, Tunnel25
O        10.1.40.0 [110/22223] via 10.1.25.2, 00:03:00, Tunnel25
```

다음과 같이 show crypto session detail 명령어를 이용하여 확인해 보면 각 피어와 IPsec VTI 터널을 통하여 송수신된 패킷의 수를 알 수 있다.

예제 7-20 IPsec VTI 터널을 통하여 암호화/복호화된 패킷 수

```
R5# show crypto session detail
Crypto session current status

Code: C - IKE Configuration mode, D - Dead Peer Detection
K - Keepalives, N - NAT-traversal, X - IKE Extended Authentication
F - IKE Fragmentation

Interface: Tunnel25
Uptime: 00:13:39
Session status: UP-ACTIVE
Peer: 1.1.23.2 port 500 fvrf: (none) ivrf: (none)
      Phase1_id: 1.1.23.2
      Desc: (none)
  IKE SA: local 1.1.35.5/500 remote 1.1.23.2/500 Active
          Capabilities:(none) connid:1001 lifetime:23:46:19
  IPSEC FLOW: permit ip 0.0.0.0/0.0.0.0 0.0.0.0/0.0.0.0
        Active SAs: 2, origin: crypto map
        Inbound:  # pkts dec'ed 65 drop 0 life (KB/Sec) 4533512/2780
        Outbound: #pkts enc'ed 61 drop 0 life (KB/Sec) 4533513/2780
```

이상으로 IPsec VTI를 이용한 VPN을 구성하고, 동작을 확인해 보았다.

제8장
GET VPN
동작방식 및 설정

GET VPN 동작방식

GET(group encrypted transport) VPN은 다수개의 피어간에 보안정책을 통일하고 유지할 때 사용하는 프로토콜인 GDOI(group domain of interpretation)와 IPSec을 조합한 것이다.

GET VPN은 터널이 필요없다. 즉, 기존의 라우팅 경로를 통하여 암호화된 패킷을 전송하므로 별도의 IPsec 터널이나 GRE/mGRE IPsec 터널이 불필요하므로 복잡하게 연결된 VPN을 구성하기가 쉽다.

또, IP 헤더를 그대로 복사하여 사용함으로써 전송경로 중간에 위치한 라우터들이 원래의 IP 헤더에 있던 목적지 IP 주소나 QoS 값을 사용한다. 결과적으로 IPsec VPN에서 진정한 멀티캐스팅 구현이 가능하고, 일관된 QoS 정책 설정도 가능하다.

GDOI 동작 방식

GDOI는 다수개의 ISAKMP 피어간에 보안정책을 전달, 요청 및 유지하기 위하여 사용되는 프로토콜이다. GDOI는 UDP 포트번호 848를 사용한다. GDOI를 이용하여 보호대상 트래픽, 암호화 알고리듬 종류 등의 보안정책을 유지하고, 다른 장비가 요청 시 알려주고, 주기적으로 보안정책을 재전송하는 장비를 키 서버(KS, key server)라고 한다.

GDOI를 이용하여 동일 그룹에 소속된 다른 장비들과 통신하기 위하여 키 서버에 등록하고, IPsec SA 등 보안정책을 받아가는 장비를 그룹 멤버(GM, group member)라고 한다. GDOI는 ISAKMP SA에 의해서 보호된다. 또, 처음 그룹 멤버가 키 서버에 등록할 때에는 유니캐스트를 사용하지만, 이후 키 서버가 주기적으로 정책 정보를 전송(이를 리키 rekey라고 함)할 때에는 멀티캐스트를 사용한다. 그러나, 설정에 의해서 리키 전송 방식도 유니캐스트로 변경할 수 있다.

리키를 전송할 때 멀티캐스트를 사용하려면 미리 키서버와 그룹 멤버를 연결하는 도중의 경로에 멀티캐스트를 지원할 수 있도록 설정되어 있어야 한다. 리키 전송시 사용하는 멀티캐스트 그룹 주소는 키 서버 설정시 지정하며, 그룹 멤버가 키 서버에 등록할 때 알려준다.

키서버가 그룹 멤버에게 전송하는 키는 KEK(key encryption key)와 TEK(traffic encryption key)라는 두가지 종류가 있다. TEK는 IPSec SA로 사용되며, KEK는 키 서버가 전송하는 리키 메시지들을 복호화시킬 때 사용한다. GDOI 서버가 리키(rekey) 메시지를 보내는 경우는 현재의 IPSec SA가 만료되거나 키 서버의 정책이 변경된 때이다.

TEK 유효기간은 IPsec SA의 유효기간을 지정하며 기본값이 3600초이다. TEK 유효기간을 조정하려면 **set security-association lifetime** 명령어를 사용한다. KEK 유효기간은 GET VPN 리키 SA의 유효기간을 지정하며 기본값이 86400초이다. KEK 유효기간을 조정하려면 **rekey lifetime** 명령어를 사용한다. 조정시 TEK 유효기간보다 최소 3배 이상으로 하는 것이 좋다.

ISAKMP는 처음 그룹 멤버가 GDOI 키 서버에 등록할 때에만 사용된다. 따라서, 유효기간을 60초 정도로 짧게 지정해도 된다. 그러나, 백업 키 서버(COOP 키 서버라고 함)가 있을 때에는 키 서버간에 ISAKMP SA가 살아있어야 하므로 길게 설정하는 것이 좋다. 별도로 설정하지 않으면 ISAKMP 유효기간도 86400초이다.

GET VPN 헤더

GET VPN은 다음 그림과 같이 IPSec 패킷에서 원래의 IP 주소들을 외부 헤더로 복사하여 사용한다. 터널링 장비의 주소를 사용하는 대신 원래의 주소를 사용하는 이 방법을 '주소를 유지하는 IPSec 터널 모드(IPSec tunnel mode with address pre servation)'라고 한다.

그림 8-1 주소를 유지하는 IPSec 터널 모드

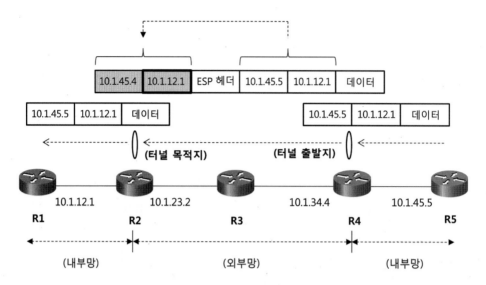

이처럼 원래의 IP 헤더 정보를 그대로 사용하기 때문에 별도의 GRE나 mGRE 등과 같은 터널을 구성할 필요가 없다. 라우팅 테이블을 참조하여 목적지로 IPsec 패킷을 전송하고, 도중에 GET VPN이 설정된 장비가 해당 패킷을 복호화시켜 전송하면 된다. 특히, 멀티캐스트 패킷의 경우 전송 경로상의 라우터들이 멀티캐스팅을 지원한다면 다른 VPN과 달리 '진짜' 멀티캐스팅이 가능하다.

순수 IPsec VPN은 멀티캐스팅 패킷 자체를 전송하지 못한다. GRE IPsec, DMVPN, VTI 등은 멀티캐스트 패킷을 전송하지만 수신자가 많을 때 송신측 VPN 게이트웨이에 심한 부하가 걸린다. 다음 그림에서 멀티캐스트 패킷을 전송하는 R1이 VPN 게이트웨인 경우 R3, R4 등과 같이 하나의 수신처마다 하나씩의 멀티캐스트 패킷을 복사하고 이들을 모두 암호화시켜야 한다.

그림 8-2 수신처마다 하나씩의 멀티캐스트 패킷 복사

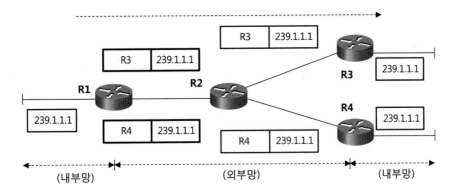

그러나, GET VPN이 멀티캐스트 패킷을 전송하는 방법은 다르다.

그림 8-3 분기점마다 하나씩의 멀티캐스트 패킷 복사

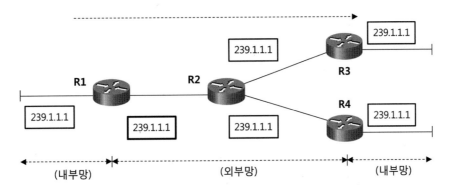

GET VPN에서는 원래의 IP 헤더를 그대로 복사하여 사용하기 때문에 VPN 게이트
웨이인 R1에서 멀티캐스트 주소를 변경하지 않는다. 따라서, 수신처가 아무리 많아도
외부망으로 하나의 멀티캐스트 패킷만 전송하고, 목적지에 따른 분배는 외부망에서
경로가 분기될 때마다 이루어진다.

결과적으로, GET VPN을 사용하면 멀티캐스트 패킷을 전송할 때에도 VPN 게이트
웨이에 별도의 부하를 가하지 않아 진정한 멀티캐스트 전송을 지원한다고 할 수 있다.
또, IP 헤더의 DSCP와 같은 QoS 필드를 그대로 사용하여 인터넷 전화와 같은 지연
에 민감한 트래픽을 제어하기가 용이하다.

그러나, 종단장비의 IP 주소가 외부에 노출되므로 GET VPN은 전용망이나 MPLS와 같은 사설 네트워크에서만 사용하는 것이 안전하다.

GET VPN 설정

이제, 실제 GET VPN을 설정해 보자. GET VPN은 키 서버와 키 멤버의 설정이 다르다.

GET VPN 테스트 네트워크 구성

GET(group encrypted transport) VPN 설정 및 동작 확인을 위한 테스트 네트워크를 다음과 같이 구축한다. 그림에서 R1-R4는 본사 라우터라고 가정하고, R6, R7은 지사 라우터라고 가정한다. 또, R5를 연결하는 구간은 IPsec으로 보호하지 않을 외부망이라고 가정한다.

그림 8-4 GET VPN 테스트 네트워크

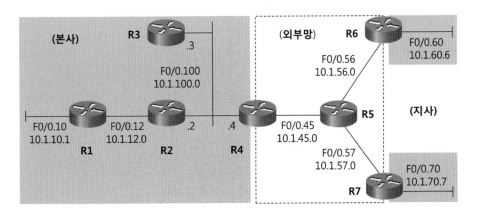

각 라우터에서 F0/0 인터페이스를 서브 인터페이스로 동작시킨다. 서브 인터페이스 번호, 서브넷 번호 및 VLAN 번호를 동일하게 사용한다. 이를 위하여 다음과 같이 SW1에서 VLAN을 만들고, 각 라우터와 연결되는 포트를 트렁크로 동작시킨다.

예제 8-1 SW1 설정

```
SW1(config)# vlan 10
SW1(config-vlan)# vlan 12
SW1(config-vlan)# vlan 100
SW1(config-vlan)# vlan 45
SW1(config-vlan)# vlan 56
```

```
SW1(config-vlan)# vlan 57
SW1(config-vlan)# vlan 60
SW1(config-vlan)# vlan 70
SW1(config-vlan)# exit

SW1(config)# interface range f1/1 - 7
SW1(config-if-range)# switchport trunk encapsulation dot1q
SW1(config-if-range)# switchport mode trunk
```

이번에는 각 라우터의 인터페이스를 활성화시키고, 서브 인터페이스를 만든 다음 IP
주소를 부여한다. IP 주소는 10.0.0.0/8을 24비트로 서브넷팅하여 사용한다. R1의
설정은 다음과 같다.

예제 8-2 R1 설정

```
R1(config)# interface f0/0
R1(config-if)# no shut
R1(config-if)# exit

R1(config)# interface f0/0.10
R1(config-subif)# encapsulation dot1Q 10
R1(config-subif)# ip address 10.1.10.1 255.255.255.0
R1(config-subif)# exit

R1(config)# interface f0/0.12
R1(config-subif)# encapsulation dot1Q 12
R1(config-subif)# ip address 10.1.12.1 255.255.255.0
```

R2의 설정은 다음과 같다.

예제 8-3 R2 설정

```
R2(config)# interface f0/0
R2(config-if)# no shut
R2(config-if)# exit

R2(config)# interface f0/0.12
R2(config-subif)# encapsulation dot1Q 12
R2(config-subif)# ip address 10.1.12.2 255.255.255.0
R2(config-subif)# exit
```

```
R2(config)# interface f0/0.100
R2(config-subif)# encapsulation dot1Q 100
R2(config-subif)# ip address 10.1.100.2 255.255.255.0
```

R3의 설정은 다음과 같다.

예제 8-4 R3 설정

```
R3(config)# interface f0/0
R3(config-if)# no shut
R3(config-if)# exit

R3(config)# interface f0/0.100
R3(config-subif)# encapsulation dot1Q 100
R3(config-subif)# ip address 10.1.100.3 255.255.255.0
```

R4의 설정은 다음과 같다.

예제 8-5 R4 설정

```
R4(config)# interface f0/0
R4(config-if)# no shut
R4(config-if)# exit

R4(config)# interface f0/0.100
R4(config-subif)# encapsulation dot1Q 100
R4(config-subif)# ip address 10.1.100.4 255.255.255.0
R4(config-subif)# exit

R4(config)# interface f0/0.45
R4(config-subif)# encapsulation dot1Q 45
R4(config-subif)# ip address 10.1.45.4 255.255.255.0
```

R5의 설정은 다음과 같다.

예제 8-6 R5 설정

```
R5(config)# interface f0/0
R5(config-if)# no shut
```

```
R5(config-if)# exit

R5(config)# interface f0/0.45
R5(config-subif)# encapsulation dot1Q 45
R5(config-subif)# ip address 10.1.45.5 255.255.255.0
R5(config-subif)# exit

R5(config)# interface f0/0.56
R5(config-subif)# encapsulation dot1Q 56
R5(config-subif)# ip address 10.1.56.5 255.255.255.0
R5(config-subif)# exit

R5(config)# interface f0/0.57
R5(config-subif)# encapsulation dot1Q 57
R5(config-subif)# ip address 10.1.57.5 255.255.255.0
```

R6의 설정은 다음과 같다.

예제 8-7 R6 설정

```
R6(config)# interface f0/0
R6(config-if)# no shut
R6(config-if)# exit

R6(config)# interface f0/0.56
R6(config-subif)# encapsulation dot1Q 56
R6(config-subif)# ip address 10.1.56.6 255.255.255.0
R6(config-subif)# exit

R6(config)# interface f0/0.60
R6(config-subif)# encapsulation dot1Q 60
R6(config-subif)# ip address 10.1.60.6 255.255.255.0
```

R7의 설정은 다음과 같다.

예제 8-8 R7 설정

```
R7(config)# interface f0/0
R7(config-if)# no shut
R7(config-if)# exit
```

```
R7(config)# interface f0/0.57
R7(config-subif)# encapsulation dot1Q 57
R7(config-subif)# ip address 10.1.57.7 255.255.255.0
R7(config-subif)# exit

R7(config)# interface f0/0.70
R7(config-subif)# encapsulation dot1Q 70
R7(config-subif)# ip address 10.1.70.7 255.255.255.0
```

라우터의 IP 주소 설정이 끝나면 넥스트 홉 IP 주소까지의 통신을 핑으로 확인한다. 다음에는 전체 네트워크의 라우팅을 위하여 EIGRP 1을 설정한다.

예제 8-9 EIGRP 1 설정

```
R1(config)# router eigrp 1
R1(config-router)# network 10.1.10.1 0.0.0.0
R1(config-router)# network 10.1.12.1 0.0.0.0

R2(config)# router eigrp 1
R2(config-router)# network 10.1.12.2 0.0.0.0
R2(config-router)# network 10.1.100.2 0.0.0.0

R3(config)# router eigrp 1
R3(config-router)# network 10.1.100.3 0.0.0.0

R4(config)# router eigrp 1
R4(config-router)# network 10.1.100.4 0.0.0.0
R4(config-router)# network 10.1.45.4 0.0.0.0

R5(config)# router eigrp 1
R5(config-router)# network 10.1.45.5 0.0.0.0
R5(config-router)# network 10.1.56.5 0.0.0.0
R5(config-router)# network 10.1.57.5 0.0.0.0

R6(config)# router eigrp 1
R6(config-router)# network 10.1.56.6 0.0.0.0
R6(config-router)# network 10.1.60.6 0.0.0.0

R7(config)# router eigrp 1
R7(config-router)# network 10.1.57.7 0.0.0.0
R7(config-router)# network 10.1.70.7 0.0.0.0
```

설정이 끝나면 R7의 라우팅 테이블에 다음과 같이 모든 원격지 네트워크가 인스톨되는지 확인한다.

예제 8-10 R7의 라우팅 테이블

```
R7# show ip route eigrp
      10.0.0.0/24 is subnetted, 8 subnets
D        10.1.10.0 [90/38400] via 10.1.57.5, 00:02:34, FastEthernet0/0.57
D        10.1.12.0 [90/35840] via 10.1.57.5, 00:02:34, FastEthernet0/0.57
D        10.1.45.0 [90/30720] via 10.1.57.5, 00:02:35, FastEthernet0/0.57
D        10.1.56.0 [90/30720] via 10.1.57.5, 00:02:34, FastEthernet0/0.57
D        10.1.60.0 [90/33280] via 10.1.57.5, 00:02:34, FastEthernet0/0.57
D        10.1.100.0 [90/33280] via 10.1.57.5, 00:02:35, FastEthernet0/0.57
```

이제, GET VPN을 설정하고 동작을 확인할 기본적인 네트워크가 완성되었다.

GET VPN 키 서버 설정

이제, 다음 그림과 같이 GET VPN을 설정한다. R3을 GET VPN 키 서버로 동작시키고, R2, R6, R7을 그룹 멤버로 설정한다. 실제 IPsec으로 트래픽을 보호하는 장비들은 그룹 멤버들이다.

그림 8-5 GET VPN 키 서버와 그룹 멤버

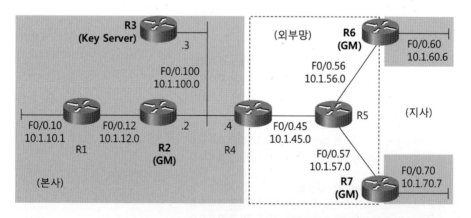

먼저, 키 서버(key server)로 사용할 R3의 설정은 다음과 같다.

① R3(config)# **crypto key generate rsa general-keys label GROUP1-KEY modulus 1024**

② R3(config)# **crypto isakmp policy 10**
   R3(config-isakmp)# **encryption aes**
   R3(config-isakmp)# **authentication pre-share**
   R3(config-isakmp)# **group 2**
   R3(config-isakmp)# **exit**

③ R3(config)# **crypto isakmp key cisco address 10.1.100.2**
   R3(config)# **crypto isakmp key cisco address 10.1.56.6**
   R3(config)# **crypto isakmp key cisco address 10.1.57.7**

④ R3(config)# **ip access-list extended VPN-TRAFFIC**
   R3(config-ext-nacl)# **deny eigrp any any**
   R3(config-ext-nacl)# **deny udp any eq 848 any eq 848**
   R3(config-ext-nacl)# **permit ip 10.1.0.0 0.0.255.255 10.1.0.0 0.0.255.255**
   R3(config-ext-nacl)# **exit**

⑤ R3(config)# **crypto ipsec transform-set PHASE2 esp-aes esp-sha-hmac**
   R3(cfg-crypto-trans)# **exit**

⑥ R3(config)# **crypto ipsec profile GETVPN-PROFILE**
   R3(ipsec-profile)# **set transform-set PHASE2**
   R3(ipsec-profile)# **exit**

⑦ R3(config)# **crypto gdoi group GROUP1**
⑧ R3(config-gdoi-group)# **identity number 1**

⑨ R3(config-gdoi-group)# **server local**
⑩ R3(gdoi-local-server)# **address ipv4 10.1.100.3**
⑪ R3(gdoi-local-server)# **rekey authentication mypubkey rsa GROUP1-KEY**
⑫ R3(gdoi-local-server)# **rekey transport unicast**

⑬ R3(gdoi-local-server)# **sa ipsec 1**
⑭ R3(gdoi-sa-ipsec)# **match address ipv4 VPN-TRAFFIC**
⑮ R3(gdoi-sa-ipsec)# **profile GETVPN-PROFILE**
⑯ R3(gdoi-sa-ipsec)# **replay time window-size 7**

   R3(gdoi-sa-ipsec)# **exit**
   R3(gdoi-local-server)# **exit**
   R3(config-gdoi-group)# **exit**

① GROUP1-KEY라는 이름의 RSA 키를 생성한다. 생성된 키 중에서 공개키를 그룹 멤버가 키 서버에 등록할 때 알려준다. 이후 ⑪번에서 지정하면 그룹 멤버에게 주기적으로 또는 정책 변경시 리키 (rekey) 메시지를 전송할 때 인증용으로 사용된다. 그룹 멤버에서는 키를 생성하지 않는다.

② 그룹 멤버와 GDOI 메시지를 송수신할 때 이를 보호하기 위한 ISAKMP 정책을 설정한다.

③ 그룹 멤버와 ISAKMP 인증용 암호를 설정한다.

④ GET VPN에서 IPsec으로 보호할 트래픽을 지정한다. GET VPN에서는 보호대상 트래픽을 키 서버 및 그룹 멤버 모두가 지정할 수 있다. 이중에서 키 서버에서 보호대상 트래픽을 지정하면 보안정책의 변경이 용이하다. GET VPN으로 보호할 트래픽은 **permit** 문장을 사용하고, 보호하지 않을 것은 **deny** 문장으로 지정한다.

키 서버에서는 **permit, deny** 문장을 모두 사용 가능하나, 멤버는 **deny** ACL만 가능하다. 멤버가 만든 ACL에 서버에서 다운받은 ACL을 첨부하므로, 멤버가 만든 ACL이 우선한다.

GDOI 등록 패킷을 통과시키는 **deny udp any eq 848 any eq 848** 문장을 명시적으로 설정할 필요는 없다. 멤버 자신이 설정한 GDOI 등록 패킷은 자동으로 허용된다. 그러나, 키 서버가 그룹 멤버 뒤에 있고, 다른 그룹 멤버가 이 키 서버에 등록을 하지 못하는 상황이 발생하면 **deny udp any eq 848 any eq 848** 문장을 명시적으로 사용해야 한다. 본 설정 예의 구성에서는 필요없지만 참고로 설정하였다.

또, **deny eigrp any any** 문장으로 EIGRP는 IPsec으로 보호하지 않도록 하였다. 만약, 보호하게 되면 그룹 멤버 R2가 송수신하는 하는 EIGRP 패킷이 IPsec으로 보호되어야 한다. 이 경우, GET VPN이 동작하는 R2와 동작하지 않는 R3, R4간에 EIGRP 광고 송수신이 차단된다. 결과적으로 R2와 R4간에 EIGRP 정보를 송수신하지 못하므로 지사와 본사간의 라우팅이 제대로 동작하지 않게된다.

현재, **permit ip 10.1.0.0 0.0.255.255 10.1.0.0 0.0.255.255** 문장에 의해서 출발지와 목적지 IP 주소가 10.1.0.0/16으로 시작되는 모든 패킷들은 IPsec으로 암호화

되어 전송한다. 이처럼 보호대상 네트워크를 10.1.0.0/16으로 하지 않고 현재 사용중인 본지사간의 네트워크만 지정하려면 ACL을 다음과 같이 설정한다.

예제 8-12 ACL 설정

```
R3(config)# ip access-list extended QH-BRANCH
R3(config-ext-nacl)# permit ip 10.1.10.0 0.0.0.255 10.1.60.0 0.0.0.255
R3(config-ext-nacl)# permit ip 10.1.60.0 0.0.0.255 10.1.10.0 0.0.0.255

R3(config-ext-nacl)# permit ip 10.1.10.0 0.0.0.255 10.1.70.0 0.0.0.255
R3(config-ext-nacl)# permit ip 10.1.70.0 0.0.0.255 10.1.10.0 0.0.0.255

R3(config-ext-nacl)# permit ip 10.1.60.0 0.0.0.255 10.1.70.0 0.0.0.255
R3(config-ext-nacl)# permit ip 10.1.70.0 0.0.0.255 10.1.60.0 0.0.0.255
```

⑤ 트랜스폼 세트를 이용하여 IPsec에서 사용할 보안 알고리듬의 종류를 지정한다.

⑥ 적당한 이름의 IPsec 프로파일을 만들고, 앞서 만든 트랜스폼 세트를 참조한다.

⑦ 적당한 이름을 사용하여 GDOI 그룹 설정모드로 들어간다. GDOI 그룹 이름은 현재의 라우터에서만 의미를 가진다.

⑧ identity 명령어를 사용하여 그룹의 ID를 지정한다. 그룹의 ID는 나중에 그룹 멤버에서 동일한 값을 지정하여 어느 그룹 소속이라는 것을 알릴 때 사용한다. 그룹의 ID는 번호를 사용하거나 identity address ipv4 10.1.100.3 등과 같이 IP 주소를 사용할 수도 있다.

⑨ server 명령어를 사용하여 키 서버 설정 서브모드로 들어간다. local 옵션을 사용하면 현재의 라우터를 키 서버로 동작시킬 것임을 의미한다.

⑩ 키 서버의 출발지 IP 주소를 지정한다.

⑪ 앞서 ①번에서 만든 키를 이용하여 리키 메시지를 인증하겠다고 선언한다.

⑫ 기본적으로 키 서버가 키 멤버들에게 주기적으로 정책을 광고할 때 멀티캐스트 주소를 사용하지만, 유니캐스트를 사용하겠다고 선언한다. 멀티캐스트를 사용하려면 rekey 서브모드에서 멀티캐스트 주소를 지정하고, 키 서버와 그룹 멤버들 사이의

네트워크에도 멀티캐스트를 동작시켜야 한다.

⑬ **sa ipsec 1** 명령어를 사용하여 TEK(traffic encryption key) 즉, IPsec 정책을 설정한다.

⑭ GET VPN에서 IPsec으로 보호할 트래픽을 지정한다.

⑮ 앞서 만든 프로파일 이름을 지정한다. 이 프로파일에는 ESP-AES, ESP-SHA와 같이 IPsec 보안용 알고리듬의 종류가 명시되어 있다.

⑯ 필요시 재생방지 기능을 동작시킨다. 재생방지(anti-replay)는 공격자가 IPSec 세션의 패킷들을 캡처해서 잠시후 다시 전송하는 것을 방지하는 기능이다. 이때 시간이나 순서번호를 기준으로 재생 패킷을 판단할 수 있다.

GET VPN에서는 SAR(synchronous anti-replay) 메카니즘을 사용하여 시간기반 재생방지(TBAR, time based anti-replay) 기능을 제공한다. SAR는 NTP와 같은 실제 시간이나 일련번호 카운터와는 무관하다. 키 서버가 SAR 시간을 주기적으로 전송한다. 이 클락에 의해서 트래킹되는 시간을 슈도 타임(pseudotime)이라고 한다.

키 서버는 리키 메시지 내부에 슈도 타임스탬프(pseudo timestamp)라는 필드에 타임 스탬프 형태로 슈도 시간을 주기적으로 전송한다. GET VPN에서는 시스코 고유의 메타 데이터(metadata)라고 부르는 프로토콜을 이용하여 슈도 타임스탬프를 인캡슐레이션하여 전송한다.

그룹 멤버들은 키 서버의 슈도 타임에 항상 다시 동기되어야 한다. 즉, 슈도 타임을 다시 맞추어야 한다. 키 서버의 슈도 타임은 최초 그룹 멤버 등록시 동작하기 시작한다. 처음, 키 서버는 현재의 슈도 타임 값과 윈도우 사이즈를 등록 절차시 전송한다. 시간기반 재생방지 활성화 여부와 관련된 정보, 윈도우 사이즈, 슈도 타임 등은 SA 패킷(TEK)에 실려 전송된다.

그룹 멤버들이 재생방지를 위하여 슈도 타임을 사용하는 방법은 다음과 같다.

1) 멤버가 패킷을 전송할 때 슈도 타임스탬프에 슈도 타임값을 기록한다.

2) 수신 멤버는 수신한 슈도 타임값이 자신의 슈도 타임값 ±윈도우 범위에 들어오면 해당 패킷을 처리하고, 아니면 폐기한다. 윈도우 사이즈는 키 서버가 결정하여 모든 멤버들에게 전송하며, 기본값은 100초이다.

멤버들에게 전송되는 클락이 유실되고 키 서버와의 동기가 달라질 수 있다. 따라서, 현재의 슈도 타임이 포함된 rekey 메시지를 멀티캐스트 또는 유니캐스트로 최소 30분 간격으로 전송한다. 그룹 멤버에서 **show crypto gdoi group 그룹명 gm replay** 명령어를 사용하면 재생방지 통계를 볼 수 있다.

GET VPN 그룹 멤버 설정

이번에는 GET VPN 그룹 멤버를 설정해 보자. 그룹 멤버인 R2의 설정은 다음과 같다.

예제 8-13 R2 설정

```
① R2(config)# crypto isakmp policy 10
   R2(config-isakmp)# encryption aes
   R2(config-isakmp)# authentication pre-share
   R2(config-isakmp)# group 2
   R2(config-isakmp)# exit

② R2(config)# crypto isakmp key cisco address 10.1.100.3

③ R2(config)# crypto gdoi group GROUP1
   R2(config-gdoi-group)# identity number 1
   R2(config-gdoi-group)# server address ipv4 10.1.100.3
   R2(config-gdoi-group)# exit

④ R2(config)# crypto map VPN 10 gdoi
   R2(config-crypto-map)# set group GROUP1
   R2(config-crypto-map)# exit

⑤ R2(config)# interface f0/0.100
   R2(config-subif)# crypto map VPN
```

① 그룹 멤버와 GDOI 메시지를 송수신할 때 이를 보호하기 위한 ISAKMP 정책을 설정한다. 키 서버와 동일한 정책을 설정해야 한다.

② 키 서버와 ISAKMP 인증용 암호를 설정한다.

③ GDOI 그룹 설정모드로 들어가서 등록 대상 키 서버의 ID와 주소를 지정한다.

④ 크립토 맵을 만든다. 크립토 맵 설정시 gdoi 옵션을 사용하고, 앞서 만든 그룹 이름을 지정한다.

⑤ 인터페이스에 크립토 맵을 적용한다.

그룹 멤버에서 크립토 맵을 인터페이스에 적용하면 다음과 같이 키 서버 10.1.100.3 에 등록을 시작하고 잠시후 등록이 완료되었다는 메시지가 표시된다.

예제 8-14 등록 완료 메시지

```
R2#
*Sep  6 07:44:30.074: %CRYPTO-5-GM_REGSTER: Start registration to KS 10.1.10
0.3 for group GROUP1 using address 10.1.100.2 fvrf default ivrf default
*Sep  6 07:44:30.101: %GDOI-5-SA_TEK_UPDATED: SA TEK was updated
*Sep  6 07:44:30.102: %GDOI-5-SA_KEK_UPDATED: SA KEK was updated
*Sep  6 07:44:30.102: %GDOI-5-GM_REGS_COMPL: Registration to KS 10.1.100.3
complete for group GROUP1 using address 10.1.100.2 fvrf default ivrf default
*Sep  6 07:44:30.103: %GDOI-5-GM_INSTALL_POLICIES_SUCCESS: SUCCESS:
Installation of Reg/Rekey policies from KS 10.1.100.3 for group GROUP1 & gm identit
y 10.1.100.2 fvrf default ivrf default
```

그룹 멤버 R6의 설정은 다음과 같다. 설정 내용이 다른 그룹 멤버들과 동일하므로 설명은 생략한다.

예제 8-15 R6 설정

```
R6(config)# crypto isakmp policy 10
R6(config-isakmp)# encryption aes
R6(config-isakmp)# authentication pre-share
R6(config-isakmp)# group 2

R6(config)# crypto isakmp key cisco address 10.1.100.3

R6(config)# crypto gdoi group GROUP1
R6(config-gdoi-group)# identity number 1
R6(config-gdoi-group)# server address ipv4 10.1.100.3
```

```
R6(config)# crypto map VPN 10 gdoi
R6(config-crypto-map)# set group GROUP1

R6(config)# interface f0/0.56
R6(config-subif)# crypto map VPN
```

그룹 멤버 R7의 설정은 다음과 같다.

예제 8-16 R7 설정

```
R7(config)# crypto isakmp policy 10
R7(config-isakmp)# encryption aes
R7(config-isakmp)# authentication pre-share
R7(config-isakmp)# group 2

R7(config)# crypto isakmp key cisco address 10.1.100.3

R7(config)# crypto gdoi group GROUP1
R7(config-gdoi-group)# identity number 1
R7(config-gdoi-group)# server address ipv4 10.1.100.3

R7(config)# crypto map VPN 10 gdoi
R7(config-crypto-map)# set group GROUP1

R7(config)# interface f0/0.57
R7(config-subif)# crypto map VPN
```

이상과 같이 GET VPN 그룹 멤버 설정이 완료되었다.

GET VPN 동작 확인

이번 절에서는 앞서 설정한 GET VPN의 동작 방식을 확인해 보자.

GET VPN 키 서버 동작

GET VPN 키 서버에서 다음과 같이 **show crypto gdoi** 명령어를 사용하면 키 서버의 전체적인 상황을 확인할 수 있다.

예제 8-17 키 서버 전체 상황 확인

```
R3# show crypto gdoi
GROUP INFORMATION

        Group Name                 : GROUP1 (Unicast)
        Re-auth on new CRL         : Disabled
        Group Identity             : 1
        Crypto Path                : ipv4
        Key Management Path        : ipv4
        Group Members              : 3
        IPSec SA Direction         : Both
        Group Rekey Lifetime       : 86400 secs
        Group Rekey
            Remaining Lifetime     : 86223 secs
            Time to Rekey          : 85998 secs
        Rekey Retransmit Period    : 10 secs
        Rekey Retransmit Attempts  : 2
        Group Retransmit
            Remaining Lifetime     : 0 secs

        IPSec SA Number            : 1
        IPSec SA Rekey Lifetime    : 3600 secs
        Profile Name               : GETVPN-PROFILE
        Replay method              : Time Based
        Replay Window Size         : 7
        Tagging method             : Disabled
        SA Rekey
            Remaining Lifetime     : 3424 secs
            Time to Rekey          : 3038 secs
        ACL Configured             : access-list VPN-TRAFFIC
```

```
        Group  Server  list              : Local
```

그룹 이름, 리키 전송 방식 (유니캐스트), 그룹 멤버 수, 그룹 리키 및 IPsec SA 유효기
간, 재생방지 방식, 보호대상 트래픽을 지정하는 ACL 이름 등의 정보가 표시된다.

다음과 같이 show crypto gdoi ks acl 명령어를 사용하면 보호대상 트래픽을 지정
하는 ACL의 내용을 확인할 수 있다.

예제 8-18 보호대상 트래픽 확인

```
R3# show crypto gdoi ks acl
Group Name: GROUP1
 Configured ACL:
   access-list VPN-TRAFFIC deny eigrp any any
   access-list VPN-TRAFFIC deny udp any port = 848 any port = 848
   access-list VPN-TRAFFIC permit ip 10.1.0.0 0.0.255.255 10.1.0.0 0.0.255.255
```

다음과 같이 show crypto gdoi ks members 명령어를 사용하면 각 그룹 멤버별로
전송한 리키 메시지 수와 수신 확인을 받은 수가 표시된다.

예제 8-19 그룹 멤버별로 전송한 리키 메시지 수와 수신 확인 수 확인

```
R3# show crypto gdoi ks members

Group Member Information :
Number of rekeys sent for group GROUP1 : 1

Group Member ID    : 10.1.56.6    GM Version: 1.0.8
 Group ID          : 1
 Group Name        : GROUP1
 GM State          : Registered
 Key Server ID     : 10.1.100.3
 Rekeys sent       : 1
 Rekeys retries    : 0
 Rekey Acks Rcvd   : 1
 Rekey Acks missed : 0

 Sent seq num : 0    0    0    1
 Rcvd seq num : 0    0    0    1
```

```
(생략)
```

다음과 같이 **show crypto gdoi ks policy** 명령어를 사용하면 KEK 정책과 TEK 정책의 내용을 확인할 수 있다.

예제 8-20 KEK 정책과 TEK 정책 내용 확인

```
R3# show crypto gdoi ks policy
Key Server Policy:
For group GROUP1 (handle: 2147483650) server 10.1.100.3 (handle: 2147483650):

  # of teks : 1   Seq num : 1
  KEK POLICY (transport type : Unicast)
    spi : 0x06A47FD08A1FE284DC118DC876D6F4E4
    management alg      : disabled    encrypt alg        : 3DES
    crypto iv length    : 8           key size           : 24
    orig life(sec): 86400            remaining life(sec): 85544
    time to rekey (sec): 85319
    sig hash algorithm  : enabled     sig key length     : 162
    sig size            : 128
    sig key name        : GROUP1-KEY

  TEK POLICY (encaps : ENCAPS_TUNNEL)
    spi                 : 0xF670C052
    access-list         : VPN-TRAFFIC
    transform           : esp-aes esp-sha-hmac
    alg key size        : 16          sig key size          : 20
    orig life(sec)      : 3600        remaining life(sec)   : 2745
    tek life(sec)       : 3600        elapsed time(sec)     : 855
    override life (sec) : 0           antireplay window size: 7
    time to rekey (sec) : 2359

  Replay Value 890.29 secs
```

다음과 같이 **show crypto gdoi ks rekey** 명령어를 사용하면 KEK과 TEK (IPsec SA) 리키 전송수와 유효기간, 잔여 유효기간을 확인할 수 있다.

KEK과 TEK 리키 정보 확인

```
R3# show crypto gdoi ks rekey
Group GROUP1 (Unicast)
    Number of Rekeys sent                   : 3
    Number of Rekeys retransmitted          : 0
    KEK rekey lifetime (sec)                : 86400
        Remaining lifetime (sec)            : 84758
        Remaining time until rekey (sec)    : 84533
    Retransmit period                       : 10
        Number of retransmissions           : 2
        Current retransmissions             : 0
        Time until next retransmit (sec) : n/a
    IPSec SA 1  lifetime (sec)              : 3600
        Remaining lifetime (sec)            : 1959
        Remaining time until rekey (sec): 1573
    Delete in progress                      : FALSE
```

GET VPN 그룹 멤버 동작확인

이번에는 GET VPN 그룹 멤버의 동작 방식을 살펴보자. 다음과 같이 show crypto gdoi 명령어를 사용하면 그룹 멤버가 등록된 키 서버 주소, 리키 통계, 키 서버로부터 전송받은 보호대상 네트워크 지정용 ACL 내용, KEK 및 TEK 정책 등을 확인할 수 있다.

예제 8-22 그룹 멤버가 수신한 정보 내용

```
R2# show crypto gdoi
GROUP INFORMATION

    Group Name                : GROUP1
    Group Identity            : 1
    Crypto Path               : ipv4
    Key Management Path       : ipv4
    Rekeys received           : 1
    IPSec SA Direction        : Both

    Group Server list         : 10.1.100.3

Group Member Information For Group GROUP1:
```

```
        IPSec SA Direction        : Both
        ACL Received From KS      : gdoi_group_GROUP1_temp_acl

        Group member              : 10.1.100.2        vrf: None
           Local addr/port        : 10.1.100.2/848
           Remote addr/port       : 10.1.100.3/848
           fvrf/ivrf              : None/None
           Version                : 1.0.8
           Registration status    : Registered
           Registered with        : 10.1.100.3
           Re-registers in        : 1577 sec
           Succeeded registration : 1
           Attempted registration : 1

           Last rekey from        : 10.1.100.3
           Last rekey seq num      : 1
           Unicast rekey received : 1
           Rekey ACKs sent        : 1
           Rekey Rcvd(hh:mm:ss)   : 00:21:31
           DP Error Monitoring    : OFF

           allowable rekey cipher : any
           allowable rekey hash   : any
           allowable transformtag : any ESP

        Rekeys cumulative
           Total received         : 1
           After latest register  : 1
           Rekey Acks sents       : 1

  ACL Downloaded From KS 10.1.100.3:
     access-list    deny eigrp any any
     access-list    deny udp any port = 848 any port = 848
     access-list    permit ip 10.1.0.0 0.0.255.255 10.1.0.0 0.0.255.255

  KEK POLICY:
        Rekey Transport Type      : Unicast
        Lifetime (secs)           : 84548
        Encrypt Algorithm         : 3DES
        Key Size                  : 192
        Sig Hash Algorithm        : HMAC_AUTH_SHA
        Sig Key Length (bits)     : 1296

  TEK POLICY for the current KS-Policy ACEs Downloaded:
     FastEthernet0/0.100:
```

```
IPsec SA:
    spi: 0xF670C052(4134584402)
    transform: esp-aes esp-sha-hmac
    sa timing:remaining key lifetime (sec): (1750)
    Anti-Replay(Time Based) : 7 sec interval
    tag method : disabled
    alg key size: 16 (bytes)
    sig key size: 20 (bytes)
    encaps: ENCAPS_TUNNEL
```

현재 R2의 라우팅 테이블에는 다음과 같이 지사의 네트워크가 모두 인스톨되어 있다.

예제 8-23 R2의 라우팅 테이블

```
R2# show ip route eigrp
        10.0.0.0/8 is variably subnetted, 10 subnets, 2 masks
D        10.1.10.0/24 [90/307200] via 10.1.12.1, 00:44:05, FastEthernet0/0.12
D        10.1.45.0/24 [90/307200] via 10.1.100.4, 00:43:59, FastEthernet0/0.100
D        10.1.56.0/24 [90/332800] via 10.1.100.4, 00:43:53, FastEthernet0/0.100
D        10.1.57.0/24 [90/332800] via 10.1.100.4, 00:43:50, FastEthernet0/0.100
D        10.1.60.0/24 [90/358400] via 10.1.100.4, 00:43:02, FastEthernet0/0.100
D        10.1.70.0/24 [90/358400] via 10.1.100.4, 00:42:59, FastEthernet0/0.100
```

다음과 같이 지사로 핑을 해보면 모두 성공한다.

예제 8-24 핑 테스트

```
R2# ping 10.1.60.6
!!!!!
Success rate is 100 percent (5/5), round-trip min/avg/max = 192/249/396 ms

R2# ping 10.1.70.7
!!!!!
Success rate is 100 percent (5/5), round-trip min/avg/max = 172/239/328 ms
```

show crypto isakmp sa 명령어를 사용하여 확인한 결과는 다음과 같다.

예제 8-25 ISAKMP SA 확인

```
R2# show crypto isakmp sa
```

```
IPv4  Crypto  ISAKMP  SA
dst              src              state          conn-id  status
10.1.100.3       10.1.100.2       GDOI_IDLE        1001  ACTIVE
```

show crypto session detail 명령어를 사용하여 확인해 보면 다음과 같이 IPsec으로 보호하여 송수신한 패킷의 수를 알수 있다.

예제 8-26 크립토 세션 확인

```
R2# show crypto session detail
Crypto session current status

Code: C - IKE Configuration mode, D - Dead Peer Detection
K - Keepalives, N - NAT-traversal, X - IKE Extended Authentication
F - IKE Fragmentation

Interface: FastEthernet0/0.100
Session status: UP-ACTIVE
Peer: 0.0.0.0 port 848 fvrf: (none) ivrf: (none)
      Phase1_id: 10.1.100.3
      Desc: (none)
  Session ID: 0
  IKEv1 SA: local 10.1.100.2/848 remote 10.1.100.3/848 Active
          Capabilities:(none) connid:1001 lifetime:23:16:46
  IPSEC FLOW: permit ip 10.1.0.0/255.255.0.0 10.1.0.0/255.255.0.0
        Active SAs: 2, origin: crypto map
        Inbound:  #pkts dec'ed 10 drop 0 life (KB/Sec) KB Vol Rekey Disabled/1006
        Outbound: #pkts enc'ed 10 drop 0 life (KB/Sec) KB Vol Rekey Disabled/1006
  IPSEC FLOW: deny 17 0.0.0.0/0.0.0.0 port 848 0.0.0.0/0.0.0.0 port 848
        Active SAs: 0, origin: crypto map
        Inbound:  #pkts dec'ed 0 drop 0 life (KB/Sec) NA/NA
        Outbound: #pkts enc'ed 0 drop 0 life (KB/Sec) NA/NA
  IPSEC FLOW: deny 88 0.0.0.0/0.0.0.0 0.0.0.0/0.0.0.0
        Active SAs: 0, origin: crypto map
        Inbound:  #pkts dec'ed 0 drop 0 life (KB/Sec) NA/NA
        Outbound: #pkts enc'ed 0 drop 0 life (KB/Sec) NA/NA
```

다음 그림을 참조하여 R2에서 인접한 R4로 핑을 해보자.

그림 8-6 R2에서 인접한 R4로의 핑

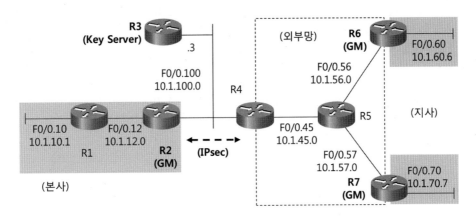

다음과 같이 핑이 실패한다.

예제 8-27 핑 테스트

```
R2# ping 10.1.100.4

Type escape sequence to abort.
Sending 5, 100-byte ICMP Echos to 10.1.100.4, timeout is 2 seconds:
.....
Success rate is 0 percent (0/5)
```

그 이유는 다음과 같이 현재 R2는 출발지 IP 주소가 10.1.0.0/16이면 IPsec으로
보호된 것만 수신하고, 전송할 때에도 IPsec으로 보호해서 전송하기 때문이다.

예제 8-28 GDOI ACL 확인

```
R2# show crypto gdoi gm acl
Group Name: GROUP1
  ACL Downloaded From KS 10.1.100.3:
    access-list   deny eigrp any any
    access-list   deny udp any port = 848 any port = 848
    access-list   permit ip 10.1.0.0 0.0.255.255 10.1.0.0 0.0.255.255
  ACL Configured Locally:
```

따라서, R2가 R4로 패킷을 전송할 때 IPsec을 적용하고, IPsec이 동작하지 않는

R4가 이를 처리할 수 없다. 만약, 모든 장비들이 10.1.100.4와 통신이 되게 하려면 키 서버에서 다음과 같이 ACL을 추가해 주면 된다.

예제 8-29 ACL 추가

```
R3(config)# ip access-list extended VPN-TRAFFIC
R3(config-ext-nacl)# 5 deny icmp host 10.1.100.4 10.1.0.0 0.0.255.255
R3(config-ext-nacl)# 6 deny icmp 10.1.0.0 0.0.255.255 host 10.1.100.4
R3(config-ext-nacl)# exit
R3(config)# end
```

보호 대상 트래픽을 지정하는 ACL의 내용을 변경하고 나오면 그룹의 정책이 변경되었다는 시스템 메시지가 나온다. 그러면 다음 리키 메시지 시간까지 기다리던가 또는 **crypto gdoi ks rekey** 명령어를 사용하여 키 서버가 해당 그룹 멤버들에게 리키 메시지를 전송한다.

예제 8-30 리키 메시지 전송

```
*Sep  6 08:30:21.206: %GDOI-5-POLICY_CHANGE: GDOI group GROUP1 policy has
changed. Use 'crypto gdoi ks rekey' to send a rekey, or the changes will be send
in the next scheduled rekey
R3# crypto gdoi ks rekey
R3#
*Sep  6 08:30:28.170: %GDOI-5-KS_SEND_UNICAST_REKEY: Sending Unicast Rekey
with policy-replace for group GROUP1 from address 10.1.100.3 with seq # 1
```

하지만 그룹멤버 중 IOS버전이 낮거나 Cisco GM이 아닐 경우 정책업데이트에 제한이 발생할 수 있다. R7 을 본서에서 사용 중인 15.4(1)T 버전이 아닌 12.4T 버전을 사용하여 GET VPN을 맺어 보았다.

예제 8-31 키 서버와 다른 버전으로 GM등록

```
R7#
*Sep  6 10:54:47.835: %GDOI-5-GM_REGS_COMPL: Registration to KS 10.1.100.3
complete for group GROUP1 using address 10.1.57.7
```

R3에서 확인해 보면 정상적으로 등록은 하지만 다음과 같은 경고 메시지가 뜨며

GETVPN기능을 사용할 수 있는지 체크하라 한다.

예제 8-32 등록은 하지만 메시지가 뜬다

```
R5#
*Sep 6 10:54:48.277: %GDOI-4-UNKNOWN_GM_VERSION_REGISTER: WARNING: GM
10.1.57.7 with unknown GDOI ver registered to group GROUP1 (e.g old-IOS or
non-Cisco GM); please check 'show crypto gdoi ks members' and 'show crypto gdoi
feature' to ensure all your GMs can support the GETVPN features enabled.
```

기능이 지원이 되는지 확인하기 위해 show crypto gdoi feature gm-removal 명령어를 사용하여 확인하면 R7은 지원이 안 된다는 것을 알 수 있다.

예제 8-33 GETVPN 기능 지원을 확인 한다

```
R5# show crypto gdoi feature gm-removal
Group Name: GROUP1
      Key Server ID      Version    Feature Supported
          10.1.100.3     1.0.8           Yes

      Group Member ID    Version    Feature Supported
          10.1.57.7      1.0.1           No
          10.1.100.2     1.0.8           Yes
          10.1.56.6      1.0.8           Yes
```

이 상태에서 키 서버에서 정책이나 엑세스리스트를 변경하고 crypto gdoi ks rekey 명령어를 이용하여 갱신을 하려하면 policy-replace rekey를 지원하지 않을 수 있다는 경고메시지와 함께 계속 진행할건지 확인을 한다. 이 때 확인을 하게 되면 위 기능을 지원하지 않는 R7은 지원되지 않는 메시지를 받아서 제대로 업데이트가 되지 않는다.

예제 8-34 지원되지 않는 장비가 멤버로 있을 경우 경고를 한다

```
R3# crypto gdoi ks rekey

WARNING for group GROUP1: some devices may not support policy-replace rekey
(e.g old-IOS or non-cisco GMs). Please check 'show cry gdoi feature policy-replace'
for GMs capability before triggering rekey.
```

```
Do you want to proceed with policy-replace rekey? [yes/no]: yes
```

R7은 제대로 키 서버가 보낸 새로운 ACL의 내용이 적용되지 않았다.

예제 8-35 policy-replace rekey 로 보내면 R7은 변경되지 않는다.

```
*Sep  6 11:53:15.055: %CRYPTO-4-IKMP_BAD_MESSAGE: IKE message from 10.
1.100.3 failed its sanity check or is malformed
R7# show crypto gdoi gm acl
Group Name: GROUP1
 ACL Downloaded From KS 10.1.100.3:
   access-list   deny eigrp any any
   access-list   deny udp any port = 848 any port = 848
   access-list   permit ip 10.1.0.0 0.0.255.255 10.1.0.0 0.0.255.255
 ACL Configured Locally:
```

따라서 GETVPN을 구성할 시에는 가급적 GM그룹으로 포함될 장비의 IOS를 모두
통일시켜 주고 **show crypto gdoi feature gm-removal** 를 이용하여 모두 지원이
되는지 확인을 해 보기를 권장한다. 이어서 R2에서 확인해 보면 다음과 같이 키 서버
로부터 다운로드받은 ACL의 내용이 변경되어 있다.

예제 8-36 ACL의 내용이 변경된다

```
R2# show crypto gdoi gm acl
Group Name: GROUP1
 ACL Downloaded From KS 10.1.100.3:
   access-list   deny icmp host 10.1.100.4 10.1.0.0 0.0.255.255
   access-list   deny icmp 10.1.0.0 0.0.255.255 host 10.1.100.4
   access-list   deny eigrp any any
   access-list   deny udp any port = 848 any port = 848
   access-list   permit ip 10.1.0.0 0.0.255.255 10.1.0.0 0.0.255.255
 ACL Configured Locally:
```

이제, R2에서 10.1.100.4로 핑이 된다.

예제 8-37 핑 테스트

```
R2# ping 10.1.100.4

Type escape sequence to abort.
Sending 5, 100-byte ICMP Echos to 10.1.100.4, timeout is 2 seconds:
!!!!!
Success rate is 100 percent (5/5), round-trip min/avg/max = 12/60/188 ms
```

이번에서 그룹 멤버인 R6에서 인접한 R5까지 텔넷을 해보자. 다음과 같이 텔넷이
실패한다.

예제 8-38 텔넷 테스트

```
R6# telnet 10.1.57.5
Trying 10.1.57.5 ...
% Connection timed out; remote host not responding
```

그 이유는 역시 보호 대상 ACL 때문이다. 만약, R7에서만 10.1.57.5까지 텔넷이 되게
하려면 다음과 같이 그룹 멤버인 R7에서 보호 대상 ACL을 추가한다. R7에서 R5로 전송
되는 텔넷 패킷과 돌아오는 텔넷 패킷 모두에 IPsec을 적용시키지 않겠다는 내용이다.

예제 8-39 보호 대상 ACL 추가

```
R6(config)# ip access-list extended R5
R6(config-ext-nacl)# deny tcp host 10.1.56.6 host 10.1.56.5 eq 23
R6(config-ext-nacl)# deny tcp host 10.1.56.5 eq 23 host 10.1.56.6
R6(config-ext-nacl)# exit
```

앞서 만든 ACL을 크립토 맵에 적용한다.

예제 8-40 크립토 맵에 ACL 적용하기

```
R6(config)# crypto map VPN 10
R6(config-crypto-map)# match address R5
R6(config-crypto-map)# exit
```

설정후 다시 텔넷을 하면 이번에는 성공한다.

예제 8-41 텔넷 테스트

```
R6# telnet 10.1.56.5
Trying 10.1.56.5 ... Open

User Access Verification
Password:
R5> exit

[Connection to 10.1.56.5 closed by foreign host]
```

R6에서 show crypto gdoi gm acl 명령어를 사용하여 확인해 보면 다음과 같이 '현재 라우터에서 설정한 ACL (ACL Configured Locally:)' 항목 다음에 앞서 만든 ACL이 추가되어 있다.

예제 8-42 GDOI ACL 확인

```
R6# how crypto gdoi gm acl
Group Name: GROUP1
 ACL Downloaded From KS 10.1.100.3:
    access-list    deny icmp host 10.1.100.4 10.1.0.0 0.0.255.255
    access-list    deny icmp 10.1.0.0 0.0.255.255 host 10.1.100.4
    access-list    deny eigrp any any
    access-list    deny udp any port = 848 any port = 848
    access-list    permit ip 10.1.0.0 0.0.255.255 10.1.0.0 0.0.255.255
 ACL Configured Locally:
  Map Name: VPN
  access-list R5   deny tcp host 10.1.56.6 host 10.1.56.5 port = 23
  access-list R5   deny tcp host 10.1.56.5 port = 23 host 10.1.56.6
```

현재 라우터에서 설정한 ACL이 키 서버에서 수신한 것보다 먼저 적용된다.

장애 등으로 인하여 GET VPN이 제대로 동작하지 않아 키 서버에 다시 등록하고 정책을 받아오려면 다음과 같이 clear crypto gdoi 명령어를 사용한다.

```
R6# clear crypto gdoi
% The Key Server and Group Member will destroy created and downloaded policies.
% All Group Members are required to re-register.

Are you sure you want to proceed ? [yes/no]: yes
```

이상으로 GET VPN을 설정하고 동작을 확인해 보았다.

제9장
쿱 서버와
GET VPN 응용

쿱 서버

GET VPN은 별도의 이중화 설정없이 라우팅 프로토콜에 의해서 자동으로 이중화가 이루어진다. 즉, 특정 경로에 장애가 발생하면 자동으로 라우팅 프로토콜에 의해서 경로가 변경되고, GET VPN의 경로도 따라 변경된다. 이번 절에서는 쿱 (COOP) 서버라고 하는 이중 GET VPN 키 서버를 사용하여 키 서버를 이중화하는 방법에 대하여 살펴본다.

GET VPN 테스트 네트워크 구성

GET(group encrypted transport) VPN 키 서버 이중화 설정 및 동작 확인을 위한 테스트 네트워크를 다음과 같이 구축한다. 그림에서 R1-R6은 본사 라우터라고 가정하고, R8, R9는 지사 라우터라고 가정한다. 또, R7을 연결하는 구간은 IPsec으로 보호하지 않을 외부망이라고 가정한다.

그림 9-1 테스트 네트워크

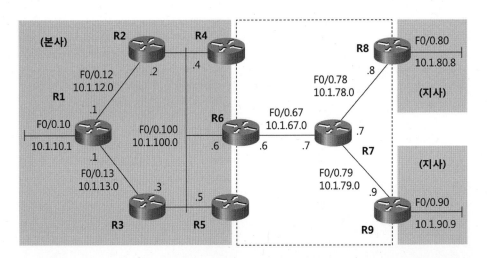

각 라우터에서 F0/0 인터페이스를 서브 인터페이스로 동작시킨다. 서브 인터페이스 번호, 서브넷 번호 및 VLAN 번호를 동일하게 사용한다. 이를 위하여 다음과 같이 SW1에서 VLAN을 만들고, 각 라우터와 연결되는 포트를 트렁크로 동작시킨다.

예제 9-1 SW1 설정

```
SW1(config)# vlan 10
SW1(config-vlan)# vlan 12
SW1(config-vlan)# vlan 13
SW1(config-vlan)# vlan 100
SW1(config-vlan)# vlan 67
SW1(config-vlan)# vlan 78
SW1(config-vlan)# vlan 79
SW1(config-vlan)# vlan 80
SW1(config-vlan)# vlan 90
SW1(config-vlan)# exit

SW1(config)# interface range f1/1 - 9
SW1(config-if-range)# switchport trunk encapsulation dot1q
SW1(config-if-range)# switchport mode trunk
```

이번에는 각 라우터의 인터페이스를 활성화시키고, 서브 인터페이스를 만든 다음 IP 주소를 부여한다. IP 주소는 10.0.0.0/8을 24비트로 서브넷팅하여 사용한다. R1의 설정은 다음과 같다.

예제 9-2 R1 설정

```
R1(config)# interface f0/0
R1(config-if)# no shut
R1(config-if)# exit

R1(config)# interface f0/0.10
R1(config-subif)# encapsulation dot1Q 10
R1(config-subif)# ip address 10.1.10.1 255.255.255.0
R1(config-subif)# exit

R1(config)# interface f0/0.12
R1(config-subif)# encapsulation dot1Q 12
R1(config-subif)# ip address 10.1.12.1 255.255.255.0
R1(config-subif)# exit

R1(config)# interface f0/0.13
R1(config-subif)# encapsulation dot1Q 13
R1(config-subif)# ip address 10.1.13.1 255.255.255.0
```

R2의 설정은 다음과 같다.

예제 9-3 R2 설정

```
R2(config)# interface f0/0
R2(config-if)# no shut
R2(config-if)# exit

R2(config)# interface f0/0.12
R2(config-subif)# encapsulation dot1Q 12
R2(config-subif)# ip address 10.1.12.2 255.255.255.0
R2(config-subif)# exit

R2(config)# interface f0/0.100
R2(config-subif)# encapsulation dot1Q 100
R2(config-subif)# ip address 10.1.100.2 255.255.255.0
```

R3의 설정은 다음과 같다.

예제 9-4 R3 설정

```
R3(config)# interface f0/0
R3(config-if)# no shut
R3(config-if)# exit

R3(config)# interface f0/0.13
R3(config-subif)# encapsulation dot1Q 13
R3(config-subif)# ip address 10.1.13.3 255.255.255.0
R3(config-subif)# exit

R3(config)# interface f0/0.100
R3(config-subif)# encapsulation dot1Q 100
R3(config-subif)# ip address 10.1.100.3 255.255.255.0
```

R4의 설정은 다음과 같다.

예제 9-5 R4 설정

```
R4(config)# interface f0/0
R4(config-if)# no shut
R4(config-if)# exit
```

```
R4(config)# interface f0/0.100
R4(config-subif)# encapsulation dot1Q 100
R4(config-subif)# ip address 10.1.100.4 255.255.255.0
```

R5의 설정은 다음과 같다.

예제 9-6 R5 설정

```
R5(config)# interface f0/0
R5(config-if)# no shut
R5(config-if)# exit

R5(config)# interface f0/0.100
R5(config-subif)# encapsulation dot1Q 100
R5(config-subif)# ip address 10.1.100.5 255.255.255.0
```

R6의 설정은 다음과 같다.

예제 9-7 R6 설정

```
R6(config)# interface f0/0
R6(config-if)# no shut
R6(config-if)# exit

R6(config)# interface f0/0.100
R6(config-subif)# encapsulation dot1Q 100
R6(config-subif)# ip address 10.1.100.6 255.255.255.0
R6(config-subif)# exit

R6(config)# interface f0/0.67
R6(config-subif)# encapsulation dot1Q 67
R6(config-subif)# ip address 10.1.67.6 255.255.255.0
```

R7의 설정은 다음과 같다.

예제 9-8 R7 설정

```
R7(config)# interface f0/0
R7(config-if)# no shut
```

```
R7(config-if)# exit

R7(config)# interface f0/0.67
R7(config-subif)# encapsulation dot1Q 67
R7(config-subif)# ip address 10.1.67.7 255.255.255.0
R7(config-subif)# exit

R7(config)# interface f0/0.78
R7(config-subif)# encapsulation dot1Q 78
R7(config-subif)# ip address 10.1.78.7 255.255.255.0
R7(config-subif)# exit

R7(config)# interface f0/0.79
R7(config-subif)# encapsulation dot1Q 79
R7(config-subif)# ip address 10.1.79.7 255.255.255.0
```

R8의 설정은 다음과 같다.

예제 9-9 R8 설정

```
R8(config)# interface f0/0
R8(config-if)# no shut
R8(config-if)# exit

R8(config)# interface f0/0.78
R8(config-subif)# encapsulation dot1Q 78
R8(config-subif)# ip address 10.1.78.8 255.255.255.0
R8(config-subif)# exit

R8(config)# interface f0/0.80
R8(config-subif)# encapsulation dot1Q 80
R8(config-subif)# ip address 10.1.80.8 255.255.255.0
```

R9의 설정은 다음과 같다.

예제 9-10 R9 설정

```
R9(config)# interface f0/0
R9(config-if)# no shut
R9(config-if)# exit
```

```
R9(config)# interface f0/0.79
R9(config-subif)# encapsulation dot1Q 79
R9(config-subif)# ip address 10.1.79.9 255.255.255.0
R9(config-subif)# exit

R9(config)# interface f0/0.90
R9(config-subif)# encapsulation dot1Q 90
R9(config-subif)# ip address 10.1.90.9 255.255.255.0
```

라우터의 IP 주소 설정이 끝나면 넥스트 홉 IP 주소까지의 통신을 핑으로 확인한다.
다음에는 전체 네트워크의 라우팅을 위하여 EIGRP 1을 설정한다.

예제 9-11 EIGRP 1 설정

```
R1(config)# router eigrp 1
R1(config-router)# network 10.1.10.1 0.0.0.0
R1(config-router)# network 10.1.12.1 0.0.0.0
R1(config-router)# network 10.1.13.1 0.0.0.0

R2(config)# router eigrp 1
R2(config-router)# network 10.1.12.2 0.0.0.0
R2(config-router)# network 10.1.100.2 0.0.0.0

R3(config)# router eigrp 1
R3(config-router)# network 10.1.13.3 0.0.0.0
R3(config-router)# network 10.1.100.3 0.0.0.0

R4(config)# router eigrp 1
R4(config-router)# network 10.1.100.4 0.0.0.0

R5(config)# router eigrp 1
R5(config-router)# network 10.1.100.5 0.0.0.0

R6(config)# router eigrp 1
R6(config-router)# network 10.1.100.6 0.0.0.0
R6(config-router)# network 10.1.67.6 0.0.0.0

R7(config)# router eigrp 1
R7(config-router)# network 10.1.67.7 0.0.0.0
R7(config-router)# network 10.1.78.7 0.0.0.0
R7(config-router)# network 10.1.79.7 0.0.0.0

R8(config)# router eigrp 1
```

```
R8(config-router)# network 10.1.78.8 0.0.0.0
R8(config-router)# network 10.1.80.8 0.0.0.0

R9(config)# router eigrp 1
R9(config-router)# network 10.1.79.9 0.0.0.0
R9(config-router)# network 10.1.90.9 0.0.0.0
```

설정이 끝나면 R9의 라우팅 테이블에 다음과 같이 모든 원격지 네트워크가 인스톨되는지 확인한다.

예제 9-12 R9의 라우팅 테이블

```
R9# show ip route
       10.0.0.0/8 is variably subnetted, 12 subnets, 2 masks
D         10.1.10.0/24 [90/384000] via 10.1.79.7, 00:00:13, FastEthernet0/0.79
D         10.1.12.0/24 [90/358400] via 10.1.79.7, 00:00:13, FastEthernet0/0.79
D         10.1.13.0/24 [90/358400] via 10.1.79.7, 00:00:13, FastEthernet0/0.79
D         10.1.67.0/24 [90/307200] via 10.1.79.7, 00:00:13, FastEthernet0/0.79
D         10.1.78.0/24 [90/307200] via 10.1.79.7, 00:00:13, FastEthernet0/0.79
D         10.1.80.0/24 [90/332800] via 10.1.79.7, 00:00:13, FastEthernet0/0.79
D         10.1.100.0/24 [90/332800] via 10.1.79.7, 00:00:13, FastEthernet0/0.79
```

리키 메시지 전송을 위한 멀티캐스트 설정

이번에는 멀티캐스트를 설정한다. 멀티캐스트를 설정하기 위한 목적은 GET VPN 키 서버가 리키 메시지를 전송할 때 멀티캐스트를 이용할 수 있도록 하기 위함이다. 또, GET VPN 장점 중의 하나인 멀티캐스트 패킷을 전송하는 기능도 테스트해 보기로 한다. GET VPN 키 서버 이중화를 위해서 멀티캐스트가 꼭 필요한 것은 아니다.

다음 그림의 R6을 정적 RP(rendezvous point)로 지정한다.

그림 9-2 RP

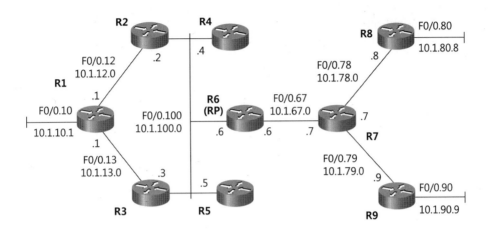

먼저, RP로 동작시킬 R6에서 다음과 같이 루프백 인터페이스를 하나 만들고 EIGRP
에 포함시킨다.

예제 9-13 RP 루프백 인터페이스

```
R6(config)# interface loopback 0
R6(config-if)# ip address 10.1.6.6 255.255.255.255
R6(config-if)# exit

R6(config)# router eigrp 1
R6(config-router)# network 10.1.6.6 0.0.0.0
```

각 라우터에서 다음과 같이 멀티캐스트를 설정한다. R1의 설정은 다음과 같다.

예제 9-14 R1의 멀티캐스트 설정

```
R1(config)# ip multicast-routing
R1(config)# ip pim rp-address 10.1.6.6

R1(config)# interface f0/0.10
R1(config-subif)# ip pim sparse-mode
R1(config-subif)# exit

R1(config)# interface f0/0.12
```

```
R1(config-subif)# ip pim sparse-mode
R1(config-subif)# exit

R1(config)# interface f0/0.13
R1(config-subif)# ip pim sparse-mode
```

R2의 설정은 다음과 같다.

예제 9-15 R2의 멀티캐스트 설정

```
R2(config)# ip multicast-routing
R2(config)# ip pim rp-address 10.1.6.6

R2(config)# interface f0/0.12
R2(config-subif)# ip pim sparse-mode
R2(config-subif)# exit

R2(config)# interface f0/0.100
R2(config-subif)# ip pim sparse-mode
```

R3의 설정은 다음과 같다.

예제 9-16 R3의 멀티캐스트 설정

```
R3(config)# ip multicast-routing
R3(config)# ip pim rp-address 10.1.6.6

R3(config)# interface f0/0.13
R3(config-subif)# ip pim sparse-mode
R3(config-subif)# exit

R3(config)# interface f0/0.100
R3(config-subif)# ip pim sparse-mode
```

R4의 설정은 다음과 같다.

예제 9-17 R4의 멀티캐스트 설정

```
R4(config)# ip multicast-routing
R4(config)# ip pim rp-address 10.1.6.6
```

```
R4(config)# interface f0/0.100
R4(config-subif)# ip pim sparse-mode
```

R5의 설정은 다음과 같다.

예제 9-18 R5의 멀티캐스트 설정

```
R5(config)# ip multicast-routing
R5(config)# ip pim rp-address 10.1.6.6

R5(config)# interface f0/0.100
R5(config-subif)# ip pim sparse-mode
```

R6의 설정은 다음과 같다.

예제 9-19 R6의 멀티캐스트 설정

```
R6(config)# ip multicast-routing
R6(config)# ip pim rp-address 10.1.6.6

R6(config)# interface f0/0.100
R6(config-subif)# ip pim sparse-mode
R6(config-subif)# exit

R6(config)# interface f0/0.67
R6(config-subif)# ip pim sparse-mode
R6(config-subif)# exit
```

R7의 설정은 다음과 같다.

예제 9-20 R7의 멀티캐스트 설정

```
R7(config)# ip multicast-routing
R7(config)# ip pim rp-address 10.1.6.6

R7(config)# interface f0/0.67
R7(config-subif)# ip pim sparse-mode
R7(config-subif)# exit
```

```
R7(config)# interface f0/0.78
R7(config-subif)# ip pim sparse-mode
R7(config-subif)# exit

R7(config)# interface f0/0.79
R7(config-subif)# ip pim sparse-mode
```

R8의 설정은 다음과 같다.

예제 9-21 R8의 멀티캐스트 설정

```
R8(config)# ip multicast-routing
R8(config)# ip pim rp-address 10.1.6.6

R8(config)# interface f0/0.78
R8(config-subif)# ip pim sparse-mode
R8(config-subif)# exit

R8(config)# interface f0/0.80
R8(config-subif)# ip pim sparse-mode
```

R9의 설정은 다음과 같다.

예제 9-22 R9의 멀티캐스트 설정

```
R9(config)# ip multicast-routing
R9(config)# ip pim rp-address 10.1.6.6

R9(config)# interface f0/0.79
R9(config-subif)# ip pim sparse-mode
R9(config-subif)# exit

R9(config)# interface f0/0.90
R9(config-subif)# ip pim sparse-mode
```

각 라우터에서 멀티캐스트 설정이 끝나면 다음 그림과 같이 R4을 멀티캐스트 서버로
동작시키고, R9를 클라이언트로 동작시켜 멀티캐스트가 제대로 동작하는지 확인한
다.

그림 9-3 멀티캐스트 동작 확인

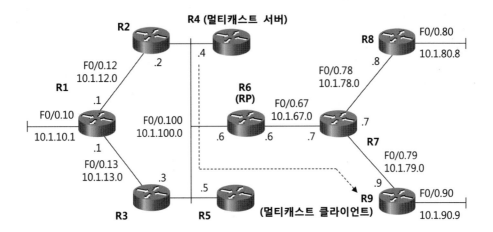

R9를 멀티캐스트 클라이언트로 동작시키는 방법은 다음과 같다.

예제 9-23 멀티캐스트 클라이언트 동작시키기

```
R9(config)# interface f0/0.79
R9(config-subif)# ip igmp join-group 239.1.1.1
```

R4를 멀티캐스트 IP 주소 239.1.1.1을 사용하여 방송하는 멀티캐스트 서버로 동작시키려면 다음과 같이 핑을 때리면 된다.

예제 9-24 멀티캐스트 서버로 동작시키기

```
R4# ping 239.1.1.1 repeat 5

Type escape sequence to abort.
Sending 5, 100-byte ICMP Echos to 239.1.1.1, timeout is 2 seconds:

Reply to request 0 from 10.1.79.9, 612 ms
Reply to request 1 from 10.1.79.9, 500 ms
Reply to request 2 from 10.1.79.9, 752 ms
Reply to request 3 from 10.1.79.9, 380 ms
Reply to request 4 from 10.1.79.9, 636 ms
```

R9 (10.1.79.9)에서 응답이 오면 멀티캐스트가 제대로 동작한다고 할 수 있다. 다시, 다음과 같이 R9에서 테스트를 위하여 설정한 것을 삭제한다.

예제 9-25 R9 멀티캐스트 클라이언트 제거

```
R9(config)# interface f0/0.79
R9(config-subif)# no ip igmp join-group 239.1.1.1
```

이제, GET VPN을 설정하고 동작을 확인할 기본적인 네트워크가 완성되었다.

쿱 (COOP) 서버 설정

이제, 다음 그림과 같이 GET VPN을 설정한다. R4, R5를 GET VPN 키 서버로 동작시키고, R2, R3, R8, R9를 그룹 멤버로 설정한다. R4를 주 키 서버 (primary key server)로 사용하도록 설정한다.

프라이머리 키 서버의 역할은 주기적으로 리키 메시지를 전송하는 것이다. 또, GDOI 정책을 프라이머리 키 서버에서 변경해야만 그룹 멤버들에게 전송된다.

R4에 장애가 발생하면 세컨더리 키 서버 (secondary key server)인 R5가 주기적인 리키 메시지를 전송한다. 이와같은 세컨더리 키 서버를 쿱 (COOP, cooperative) 서버라고 한다.

각 그룹 멤버가 등록된 서버를 해당 멤버의 액티브 그룹 서버라고 한다. R2, R8은 액티브 그룹 서버를 R4로 설정하고 반대로, R3과 R9는 R5를 액티브 서버로 동작시킨다.

현재 키 서버의 설정을 자동으로 동기시키는 기능은 없다. 따라서, 두 개의 키 서버 설정을 일일이 해주어야 한다.

그림 9-4 쿱 (COOP) 서버

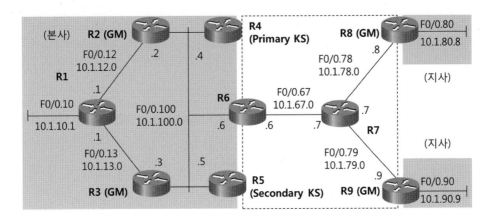

먼저, 키 서버와 그룹 멤버간의 리키 메시지 인증을 위하여 키 서버에서 RSA 키를 생성해야 한다. 두 개의 키 서버에서 동일한 RSA 공개키 및 개인키를 사용해야 한다. 이를 위하여 하나의 키 서버에서 생성한 RSA 키를 TFTP 서버에 저장하고, 나머지 키 서버가 다운받아갈 수 있게 하거나, 직접 복사해도 된다.

R4에서 다음과 같이 RSA 키를 생성한다. 키 생성시 exportable 옵션을 사용하여 다른 라우터로 복사할 수 있도록 한다.

예제 9-26 RSA 키 생성

```
R4(config)# crypto key generate rsa general-keys label GROUP1-KEY modulus 1024
exportable
```

다음과 같이 생성된 키를 콘솔화면에 표시하도록 한다.

예제 9-27 생성된 키를 콘솔화면에 표시하기

```
R4(config)# crypto  key  export  rsa  GROUP1-KEY  pem  terminal  3des  cisco123
                       ①                    ②         ③       ④      ⑤      ⑥
```

① 키를 다른 장비로 옮길 수 있도록 하라는 명령어이다.

② 키 이름을 지정한다.

③ 키의 포맷을 말하며 현재 이 옵션뿐이다.

④ **terminal** 옵션은 키를 콘솔 화면에 표시하라는 의미이다. TFTP 서버에 저장하려면 다음과 같이 URL TFTP: 옵션을 사용한다.

예제 9-28 키를 TFTP 서버에 저장하기

```
R4(config)# crypto key export rsa GROUP1-KEY pem url tftp: 3des cisco123
```

⑤ 개인키를 암호화할 알고리듬을 지정한다.

⑥ 개인키 보호용 암호를 지정한다. 암호는 최소 8자 이상이어야 한다.

이제, 다음과 같이 콘솔에 GROUP1-KEY라는 이름을 가진 공개키(public key)와 개인키(private key)가 표시된다.

예제 9-29 공개키와 개인키 생성 결과

```
R4(config)# crypto key export rsa GROUP1-KEY pem terminal 3des cisco123
% Key name: GROUP1-KEY
    Usage: General Purpose Key
    Key data:
-----BEGIN PUBLIC KEY-----
MIGfMA0GCSqGSIb3DQEBAQUAA4GNADCBiQKBgQDRz5g88hnUv4gDPyCzhTSNBz
5yBV40xZ1yTkMjp57KFk/ettyeqsagfjB4jmTJFopvRnE4DJdrHNYmOPpGNfsOcoHzR
k98WiHx0wDLNXXS9G8dZ4djq4sfC7HIKaB0umocDXKtQ/jDF3yNNC2DCf8N9r+S
pfypO5iRbQILmI/wEwIDAQAB
-----END PUBLIC KEY-----
-----BEGIN RSA PRIVATE KEY-----
Proc-Type: 4,ENCRYPTED
DEK-Info: DES-EDE3-CBC,43DC0D2B00DEC6F2

8Pa5MQzwVx7eGcwMDiaFAYU+yHbCFf8N85wKX3hCuc3s139yxVCV9t9wAIZZchsl
Xk1rgP9wSzknXTEQp3qqdX5LHQPSFqKXMD7Kp81IBuMu7GPUmcxU41jh0tpCWEI
X3Rty0ABFijwIO9IdijVxHdMMM7tXLRCtO45FdUG8/Mq3tJrKNBGZRfoOmI2xtCyCo
cGDddF5T6rS8ITCVBKVUQJkvkfo8mU7zcKiJ4JZMEi+CBYC8xSBZnVuRYI5+7kbbZk
O6nj5WOy5vRN81oZ6EG+O0SdTPMLqDWQhnuPqp4AXn9abr7VcFzq7YryOi/+PJS8
WIgapZUpb7KHjJLwY5pZouKlwpUcrZ09IV08XONuKOYcXBaFjw1FoQI8EizYtmx6Nk
a0hQYZ/oqgis8AV+m3IIhgEfqLNyzCmXg5AQtyORGdT4TNyykDoowXNb05mxtAZiz
HO92qnmG55bkOytNmf9ftuAC1kRAXaIRpZkHkaFJjhD/Y/b3Tm3ewNOjlx9jRibHxQ
CuNUNsa3z9FZEAa8vpQqwYNf38raj9k3dKP9P9H0WMwYQL8UoGYTYXEBdYMuDM
```

```
Donn2aDEkladNwIGv1AXM30QAREUUr7QSrm0T/CAqHrZSroAO7fbLdQEoFVk0CYP
OypoQPDjwl53tIR4TRn4D/GhGYvM21MLVpYRWMddmyWbQS0TqOz8mF3Jillptc6v
bEMycB/YBIc18m6iDgUhl8TFR9jofLohBTBF4wfDU8yEkWwVW7LyJxcixtdyyBd+QIrJ
8dM0z6nPO4Ki2Qhhsajr+7s2NH3DkUFTAa6vProPiOw==
-----END RSA PRIVATE KEY-----
```

세컨더리 키 서버인 R5에서 다음과 같이 crypto key import rsa GROUP1-KEY pem exportable terminal cisco123 명령어를 사용하여 R4에서 키를 복사한다.

예제 9-30 R4에서 키 복사하기

```
R5(config)# crypto key import rsa GROUP1-KEY pem exportable terminal cisco123
% Enter PEM-formatted public General Purpose key or certificate.
% End with a blank line or "quit" on a line by itself.  ①
-----BEGIN PUBLIC KEY-----
MIGfMA0GCSqGSIb3DQEBAQUAA4GNADCBiQKBgQDRz5g88hnUv4gDPyCzhTSNBz
5yBV40xZ1yTkMjp57KFk/ettyeqsagfjB4jmTJFopvRnE4DJdrHNYmOPpGNfsOcoHzR
k98WiHx0wDLNXXS9G8dZ4djq4sfC7HIKaB0umocDXKtQ/jDF3yNNC2DCf8N9r+S
pfypO5iRbQILmI/wEwIDAQAB
-----END PUBLIC KEY-----
quit  ②
% Enter PEM-formatted encrypted private General Purpose key.
% End with "quit" on a line by itself.  ③
-----BEGIN RSA PRIVATE KEY-----
Proc-Type: 4,ENCRYPTED
DEK-Info: DES-EDE3-CBC,43DC0D2B00DEC6F2

8Pa5MQzwVx7eGcwMDiaFAYU+yHbCFf8N85wKX3hCuc3s139yxVCV9t9wAIZZchsl
Xk1rgP9wSzknXTEQp3qqdX5LHQPSFqKXMD7Kp81IBuMu7GPUmcxU41jh0tpCWEI
X3Rty0ABFijwIO9IdijVxHdMMM7tXLRCtO45FdUG8/Mq3tJrKNBGZRfoOmI2xtCyCo
cGDddF5T6rS8ITCVBKVUQJkvkfo8mU7zcKiJ4JZMEi+CBYC8xSBZnVuRYI5+7kbbZk
O6nj5WOy5vRN81oZ6EG+O0SdTPMLqDWQhnuPqp4AXn9abr7VcFzq7YryOi/+PJS8
WIgapZUpb7KHjLLwY5pZouKlwpUcrZ09IV08XONuKOYcXBaFjw1FoQI8EizYtmx6Nk
a0hQYZ/oqgis8AV+m3IIhgEfqLNyzCmXg5AQtyORGdT4TNyykDoowXNb05mxtAZiz
HO92qnmG55bkOytNmf9ftuAC1kRAXaIRpZkHkaFJjhD/Y/b3Tm3ewNOjlx9jRibHxQ
CuNUNsa3z9FZEAa8vpQqwYNf38raj9k3dK9P9H0WMwYQL8UoGYTYXEBdYMuDM
Donn2aDEkladNwIGv1AXM30QAREUUr7QSrm0T/CAqHrZSroAO7fbLdQEoFVk0CYP
OypoQPDjwl53tIR4TRn4D/GhGYvM21MLVpYRWMddmyWbQS0TqOz8mF3JWillptc
6vbEMycB/YBIc18m6iDgUhl8TFR9jofLohBTBF4wfDU8yEkWwVW7LyJxcixtdyyBd+Q
IrJ8dM0z6nPO4Ki2Qhhsajr+7s2NH3DkUFTAa6vProPiOw==
-----END RSA PRIVATE KEY-----
quit  ④
% Key pair import succeeded.
```

① 공개키를 복사해 붙여넣고 엔터 키를 친 다음 **quit** 명령어를 치라는 안내 메시지가 표시된다.

② 안내 메시지에 따라 R4에서 공개키를 복사하여 R5에 붙여넣기를 한다. 이때 '-----END PUBLIC KEY-----'메시지까지 붙여넣어야 한다. 엔터키를 치고 **quit** 명령어를 입력하고 엔터키를 친다.

③ 개인키를 복사해 붙여넣고 엔터 키를 친 다음 **quit** 명령어를 치라는 안내 메시지가 표시된다.

④ 안내 메시지에 따라 R4에서 개인키를 복사하여 R5에 붙여넣기를 한다. 이때 '-----END RSA PRIVATE KEY-----'메시지까지 붙여넣어야 한다. 엔터키를 치고 **quit** 명령어를 입력하고 엔터키를 친다.

이제, 두 번째 키 서버로 RSA 키 복사가 완료되었다. 다음과 같이 키 서버 R4에서 GET VPN을 설정한다.

예제 9-31 주 키 서버 설정

```
① R4(config)# crypto isakmp policy 10
   R4(config-isakmp)# encryption aes
   R4(config-isakmp)# authentication pre-share
   R4(config-isakmp)# group 2
   R4(config-isakmp)# exit

② R4(config)# crypto isakmp key cisco address 10.1.100.5
   R4(config)# crypto isakmp key cisco address 10.1.100.2
   R4(config)# crypto isakmp key cisco address 10.1.100.3
   R4(config)# crypto isakmp key cisco address 10.1.78.8
   R4(config)# crypto isakmp key cisco address 10.1.79.9

③ R4(config)# crypto isakmp keepalive 250

④ R4(config)# ip access-list extended VPN-TRAFFIC
   R4(config-ext-nacl)# deny eigrp any any
   R4(config-ext-nacl)# deny udp any eq 848 any eq 848
   R4(config-ext-nacl)# permit ip 10.1.0.0 0.0.255.255 10.1.0.0 0.0.255.255
   R4(config-ext-nacl)# exit
```

```
⑤  R4(config)# ip access-list extended REKEY-MULTICAST-ADDR
   R4(config-ext-nacl)# permit ip any host 239.1.1.1
   R4(config-ext-nacl)# exit

⑥  R4(config)# crypto ipsec transform-set PHASE2 esp-aes esp-sha-hmac
   R4(cfg-crypto-trans)# exit

⑦  R4(config)# crypto ipsec profile GETVPN-PROFILE
   R4(ipsec-profile)# set transform-set PHASE2
   R4(ipsec-profile)# exit

⑧  R4(config)# crypto gdoi group GROUP1
   R4(config-gdoi-group)# identity number 1

   R4(config-gdoi-group)# server local
   R4(gdoi-local-server)# address ipv4 10.1.100.4
⑨  R4(gdoi-local-server)# redundancy
   R4(gdoi-coop-ks-config)# local priority 20
   R4(gdoi-coop-ks-config)# peer address ipv4 10.1.100.5
   R4(gdoi-coop-ks-config)# exit

⑩  R4(gdoi-local-server)# rekey address ipv4 REKEY-MULTICAST-ADDR
   R4(gdoi-local-server)# rekey authentication mypubkey rsa GROUP1-KEY

⑪  R4(gdoi-local-server)# sa ipsec 1
   R4(gdoi-sa-ipsec)# match address ipv4 VPN-TRAFFIC
   R4(gdoi-sa-ipsec)# profile GETVPN-PROFILE
   R4(gdoi-sa-ipsec)# exit
   R4(gdoi-local-server)# exit
   R4(config-gdoi-group)# exit
```

① GDOI 메시지를 보호하기 위한 ISAKMP 암호 정책을 지정한다.

② ISAKMP 피어 인증을 위한 암호를 지정한다. 이 때, 세컨더리 키 서버와 그룹 멤버들을 모두 지정한다.

③ 세컨더리 키 서버의 동작을 확인하기 위한 ISAKMP DPD를 설정한다.

④ GET VPN으로 보호해야할 트래픽을 지정한다. EIGRP는 암호화되지 않게 했으며, 출발지/목적지 IP 주소가 10.1.0.0/16인 패킷들은 모두 GET VPN으로 보호하도록 설정했다. 이 ACL을 나중에 ⑪번에서 TEK (traffic encryption key) 정책 즉,

IPsec SA를 정의할 때 참조하여 사용한다.

⑤ 리키 메시지를 전송할 멀티캐스트 주소를 지정한다. 이 ACL을 나중에 ⑩번에서 참조하여 사용한다.

⑥ IPsec 트랜스폼 세트를 지정한다.

⑦ IPsec 프로파일을 만든다.

⑧ GDOI 그룹 설정 모드로 들어간다.

⑨ COOP(cooperative) 서버를 정의한다. **local priority 20** 명령어를 사용하여 현재 서버의 우선순위를 지정한다. 이 값이 높을수록 우선하여 프라이머리 키 서버로 동작하고 값이 동일할 경우 IP주소가 높은 쪽을 선정한다. 또, 피어 키 서버 즉 쿱 서버의 주소를 지정한다.

⑩ 리키 메시지 전송시 사용할 멀티캐스트 주소와 인증용 키 이름을 지정한다.

⑪ GET VPN에서 사용할 TEK 정책 즉, IPsec 정책을 정의한다.

다음과 같이 쿱 서버를 설정한다. redundancy 서브 모드에서 현재 키 서버의 우선순위와 피어 키 서버의 주소를 지정하는 것 외에는 프라이머리 키 서버인 R4의 설정과 동일하다.

예제 9-32 쿱 서버 설정

```
R5(config)# crypto isakmp policy 10
R5(config-isakmp)# encryption aes
R5(config-isakmp)# authentication pre-share
R5(config-isakmp)# group 2
R5(config-isakmp)# exit

R5(config)# crypto isakmp key cisco address 10.1.100.4
R5(config)# crypto isakmp key cisco address 10.1.100.2
R5(config)# crypto isakmp key cisco address 10.1.100.3
R5(config)# crypto isakmp key cisco address 10.1.78.8
R5(config)# crypto isakmp key cisco address 10.1.79.9
```

```
R5(config)# crypto isakmp keepalive 10
R5(config)# ip access-list extended VPN-TRAFFIC
R5(config-ext-nacl)# deny eigrp any any
R5(config-ext-nacl)# deny udp any eq 848 any eq 848
R5(config-ext-nacl)# permit ip 10.1.0.0 0.0.255.255 10.1.0.0 0.0.255.255
R5(config-ext-nacl)# exit

R5(config)# ip access-list ext REKEY-MULTICAST-ADDR
R5(config-ext-nacl)# permit ip any host 239.1.1.1
R5(config-ext-nacl)# exit

R5(config)# crypto ipsec transform-set PHASE2 esp-aes esp-sha-hmac
R5(cfg-crypto-trans)# exit

R5(config)# crypto ipsec profile GETVPN-PROFILE
R5(ipsec-profile)# set transform-set PHASE2
R5(ipsec-profile)# exit

R5(config)# crypto gdoi group GROUP1
R5(config-gdoi-group)# identity number 1

R5(config-gdoi-group)# server local
R5(gdoi-local-server)# address ipv4 10.1.100.5

R5(gdoi-local-server)# redundancy
R5(gdoi-coop-ks-config)# local priority 10
R5(gdoi-coop-ks-config)# peer address ipv4 10.1.100.4
R5(gdoi-coop-ks-config)# exit

R5(gdoi-local-server)# rekey address ipv4 REKEY-MULTICAST-ADDR
R5(gdoi-local-server)# rekey authentication mypubkey rsa GROUP1-KEY

R5(gdoi-local-server)# sa ipsec 1
R5(gdoi-sa-ipsec)# match address ipv4 VPN-TRAFFIC
R5(gdoi-sa-ipsec)# profile GETVPN-PROFILE
R5(gdoi-sa-ipsec)# exit
R5(gdoi-local-server)# exit
R5(config-gdoi-group)# exit
```

설정후 다음과 같이 R5에서 show crypto gdoi ks coop 명령어를 사용하여 확인해 보면 현재 서버와 피어 서버의 우선순위, 상태 등의 정보를 알 수 있다.

```
R5# show crypto gdoi ks coop
Crypto Gdoi Group Name :GROUP1
        Group handle: 2147483650, Local Key Server handle: 2147483650

        Local Address: 10.1.100.5
        Local Priority: 10
        Local KS Role: Secondary , Local KS Status: Alive
         Local KS version: 1.0.8
        Secondary Timers:
                Sec Primary Periodic Time: 30
                Remaining Time: 15, Retries: 0
                Invalid ANN PST recvd: 0
                New GM Temporary Blocking Enforced?: No
                Antireplay Sequence Number: 4

        Peer Sessions:
        Session 1:
                Server handle: 2147483651
                Peer Address: 10.1.100.4
                Peer Version: 1.0.8
                Peer Priority: 20
                Peer KS Role: Primary    , Peer KS Status: Alive
                Antireplay Sequence Number: 44

                IKE status: Established
                Counters:
                    Ann msgs sent: 0
                    Ann msgs sent with reply request: 1
                    Ann msgs recv: 17
                    Ann msgs recv with reply request: 0
                    Packet sent drops: 0
                    Packet Recv drops: 0
                    Total bytes sent: 56
                    Total bytes recv: 8211
```

이상으로 두 개의 GET VPN 키 서버 설정이 끝났다.

그룹 멤버 설정

키 서버 설정이 끝나면 다음과 같이 각 그룹 멤버를 설정한다. R2의 설정은 다음과 같다. 기본적으로 모든 그룹 멤버의 설정이 동일하다.

예제 9-34 R2 설정

```
① R2(config)# crypto isakmp policy 10
   R2(config-isakmp)# encryption aes
   R2(config-isakmp)# authentication pre-share
   R2(config-isakmp)# group 2
   R2(config-isakmp)# exit

② R2(config)# crypto isakmp key cisco address 10.1.100.4
   R2(config)# crypto isakmp key cisco address 10.1.100.5

③ R2(config)# crypto gdoi group GROUP1
   R2(config-gdoi-group)# identity number 1
   R2(config-gdoi-group)# server address ipv4 10.1.100.4
   R2(config-gdoi-group)# server address ipv4 10.1.100.5
   R2(config-gdoi-group)# exit

④ R2(config)# crypto map VPN 10 gdoi
   R2(config-crypto-map)# set group GROUP1
   R2(config-crypto-map)# exit

⑤ R2(config)# interface f0/0.100
   R2(config-subif)# crypto map VPN
```

① 그룹 멤버와 GDOI 메시지를 송수신할 때 이를 보호하기 위한 ISAKMP 정책을 설정한다. 키 서버와 동일한 정책을 설정해야 한다.

② 키 서버와 ISAKMP 인증용 암호를 설정한다.

③ GDOI 그룹 설정모드로 들어가서 등록 대상 키 서버의 ID와 주소를 지정한다. 이때 지정하는 키 서버의 순서에 따라 현재 그룹 멤버가 사용할 액티브 키 서버가 결정된다. 즉, 항상 리스트에서 앞 선 키 서버를 찾아 먼저 등록을 시도한다. 만약, 응답이 없으면 다음 키 서버로 등록을 시도한다.

④ 크립토 맵을 만든다. 크립토 맵 설정시 **gdoi** 옵션을 사용한다. 또, 앞서 만든 그룹 이름을 지정한다.

⑤ 인터페이스에 크립토 맵을 적용한다.

R3의 설정은 다음과 같다.

예제 9-35 R3 설정

```
R3(config)# crypto isakmp policy 10
R3(config-isakmp)# encryption aes
R3(config-isakmp)# authentication pre-share
R3(config-isakmp)# group 2
R3(config-isakmp)# exit

R3(config)# crypto isakmp key cisco address 10.1.100.4
R3(config)# crypto isakmp key cisco address 10.1.100.5

R3(config)# crypto gdoi group GROUP1
R3(config-gdoi-group)# identity number 1
R3(config-gdoi-group)# server address ipv4 10.1.100.5
R3(config-gdoi-group)# server address ipv4 10.1.100.4
R3(config-gdoi-group)# exit

R3(config)# crypto map VPN 10 gdoi
R3(config-crypto-map)# set group GROUP1
R3(config-crypto-map)# exit

R3(config)# interface f0/0.100
R3(config-subif)# crypto map VPN
```

R8의 설정은 다음과 같다.

예제 9-36 R8 설정

```
R8(config)# crypto isakmp policy 10
R8(config-isakmp)# encryption aes
R8(config-isakmp)# authentication pre-share
R8(config-isakmp)# group 2
R8(config-isakmp)# exit

R8(config)# crypto isakmp key cisco address 10.1.100.4
R8(config)# crypto isakmp key cisco address 10.1.100.5

R8(config)# crypto gdoi group GROUP1
R8(config-gdoi-group)# identity number 1
R8(config-gdoi-group)# server address ipv4 10.1.100.4
R8(config-gdoi-group)# server address ipv4 10.1.100.5
```

```
R8(config-gdoi-group)# exit

R8(config)# crypto map VPN 10 gdoi
R8(config-crypto-map)# set group GROUP1
R8(config-crypto-map)# exit

R8(config)# interface f0/0.78
R8(config-subif)# crypto map VPN
```

R9의 설정은 다음과 같다.

예제 9-37 R9 설정

```
R9(config)# crypto isakmp policy 10
R9(config-isakmp)# encryption aes
R9(config-isakmp)# authentication pre-share
R9(config-isakmp)# group 2
R9(config-isakmp)# exit

R9(config)# crypto isakmp key cisco address 10.1.100.4
R9(config)# crypto isakmp key cisco address 10.1.100.5

R9(config)# crypto gdoi group GROUP1
R9(config-gdoi-group)# identity number 1
R9(config-gdoi-group)# server address ipv4 10.1.100.5
R9(config-gdoi-group)# server address ipv4 10.1.100.4
R9(config-gdoi-group)# exit

R9(config)# crypto map VPN 10 gdoi
R9(config-crypto-map)# set group GROUP1
R9(config-crypto-map)# exit
R9(config)# interface f0/0.79
R9(config-subif)# crypto map VPN
```

이상으로 그룹 멤버 설정이 완료되었다.

쿱 서버 동작 확인

설정후 R9에서 show crypto gdoi 명령어를 사용하여 확인해 보면 다음과 같이 10.1.100.5가 액티브 키 서버로 동작한다.

예제 9-38 액티브 키 서버 확인

```
R9# show crypto gdoi
      (생략)

Group Member Information For Group GROUP1:
      IPSec SA Direction        : Both
      ACL Received From KS      : gdoi_group_GROUP1_temp_acl

      Group member              : 10.1.79.9       vrf: None
         Local addr/port        : 10.1.79.9/848
         Remote addr/port       : 10.1.100.5/848
         fvrf/ivrf              : None/None
         Version                : 1.0.8
         Registration status    : Registered
         Registered with        : 10.1.100.5
         Re-registers in        : 2798 sec
         Succeeded registration : 1
         Attempted registration : 1

      (생략)
```

그러나, R8에서는 다음과 같이 10.1.100.4가 액티브 키 서버로 동작한다.

예제 9-39 액티브 키 서버 확인

```
R8# show crypto gdoi
      (생략)

Group Member Information For Group GROUP1:
      IPSec SA Direction        : Both
      ACL Received From KS      : gdoi_group_GROUP1_temp_acl

      Group member              : 10.1.78.8       vrf: None
         Local addr/port        : 10.1.78.8/848
         Remote addr/port       : 10.1.100.4/848
         fvrf/ivrf              : None/None
         Version                : 1.0.8
         Registration status    : Registered
         Registered with        : 10.1.100.4
         Re-registers in        : 2798 sec
         Succeeded registration : 1
         Attempted registration : 1
```

```
(생략)
```

다음과 같이 지사 라우터인 R8에서 본사 내부 라우터와 원격 지사 라우터로도 통신이
된다.

예제 9-40 핑 테스트

```
R8# ping 10.1.10.1
Type escape sequence to abort.
Sending 5, 100-byte ICMP Echos to 10.1.10.1, timeout is 2 seconds:
!!!!!
Success rate is 100 percent (5/5), round-trip min/avg/max = 932/1212/1480 ms

R8# ping 10.1.90.9
Type escape sequence to abort.
Sending 5, 100-byte ICMP Echos to 10.1.90.9, timeout is 2 seconds:
!!!!!
Success rate is 100 percent (5/5), round-trip min/avg/max = 472/761/1336 ms
```

show crypto session detail 명령어를 사용하여 확인해 보면 IPsec으로 보호하여
송수신된 패킷의 수량을 알 수 있다.

예제 9-41 크립토 세션 확인하기

```
R8# show crypto session detail
Crypto session current status

Code: C - IKE Configuration mode, D - Dead Peer Detection
K - Keepalives, N - NAT-traversal, T - cTCP encapsulation
X - IKE Extended Authentication, F - IKE Fragmentation
R - IKE Auto Reconnect

Interface: FastEthernet0/0.78
Session status: UP-ACTIVE
Peer: 0.0.0.0 port 848 fvrf: (none) ivrf: (none)
      Phase1_id: 10.1.100.4
      Desc: (none)
   Session ID: 0
   IKEv1 SA: local 10.1.78.8/848 remote 10.1.100.4/848 Active
            Capabilities:(none) connid:1001 lifetime:23:59:41
```

```
IPSEC FLOW: permit ip 10.1.0.0/255.255.0.0 10.1.0.0/255.255.0.0
        Active SAs: 2, origin: crypto map
        Inbound:  #pkts dec'ed 10 drop 0 life (KB/Sec) KB Vol Rekey Disabled/1218
        Outbound: #pkts enc'ed 10 drop 0 life (KB/Sec) KB Vol Rekey Disabled/1218
IPSEC FLOW: deny 17 0.0.0.0/0.0.0.0 port 848 0.0.0.0/0.0.0.0 port 848
        Active SAs: 0, origin: crypto map
        Inbound:  #pkts dec'ed 0 drop 0 life (KB/Sec) NA/NA
        Outbound: #pkts enc'ed 0 drop 0 life (KB/Sec) NA/NA
IPSEC FLOW: deny 88 0.0.0.0/0.0.0.0 0.0.0.0/0.0.0.0
        Active SAs: 0, origin: crypto map
        Inbound:  #pkts dec'ed 0 drop 0 life (KB/Sec) NA/NA
        Outbound: #pkts enc'ed 0 drop 0 life (KB/Sec) NA/NA
```

기본적인 IPSec SA 유효기간 (rekey lifetime)인 3600초가 경과하면 다음과 같이
프라이머리 키 서버가 모든 그룹 멤버에게 IPSec SA 리키 메시지 즉, IPSec SA
정책을 다시 전송한다.

예제 9-42 IPSec SA 리키 전송 메시지

```
R2#
*Sep  6 10:28:48.416: %GDOI-5-GM_RECV_REKEY: Received Rekey for group GR
OUP1 from 10.1.100.4 to 239.1.1.1 with seq # 1

R3#
*Sep  6 10:28:48.416: %GDOI-5-GM_RECV_REKEY: Received Rekey for group GR
OUP1 from 10.1.100.4 to 239.1.1.1 with seq # 1

R8#
*Sep  6 10:28:48.416: %GDOI-5-GM_RECV_REKEY: Received Rekey for group GR
OUP1 from 10.1.100.4 to 239.1.1.1 with seq # 1

R9#
*Sep  6 10:28:48.416: %GDOI-5-GM_RECV_REKEY: Received Rekey for group GR
OUP1 from 10.1.100.4 to 239.1.1.1 with seq # 1
```

다음과 같이 프라이머리 키 서버의 인터페이스를 셧다운시켜보자.

예제 9-43 장애 발생시키기

```
R4(config)# interface f0/0.100
```

```
R4(config-subif)# shut
```

잠시후 다음과 같이 쿱 서버가 프라이머리 키 서버로 변경된다는 메시지가 보인다.

예제 9-44 리키 메시지

```
R5#
*Sep  6 10:46:23.891: %GDOI-5-COOP_KS_TRANS_TO_PRI: KS 10.1.100.5 in grou
p GROUP1 transitioned to Primary (Previous Primary = 10.1.100.4)
```

R5에서 **show crypto gdoi ks coop** 명령어를 사용하여 확인해 보면 다음과 같이
자신이 프라이머리 키 서버로 동작중이고, 피어 키 서버의 상태가 '죽었다(Dead)'라고
표시된다.

예제 9-45 키 서버 상태 확인

```
R5# show crypto gdoi ks coop
Crypto Gdoi Group Name :GROUP1
        Group handle: 2147483650, Local Key Server handle: 2147483650

        Local Address: 10.1.100.5
        Local Priority: 10
        Local KS Role: Primary    , Local KS Status: Alive
        Local KS version: 1.0.8
        Primary Timers:
                Primary Refresh Policy Time: 20
                Remaining Time: 2
                Antireplay Sequence Number: 31

        Peer Sessions:
        Session 1:
                Server handle: 2147483651
                Peer Address: 10.1.100.4
                Peer Version: 1.0.8
                Peer Priority: Unknown
                Peer KS Role: Primary     , Peer KS Status: Dead
                Antireplay Sequence Number: 145

        (생략)
```

그러나, 다음과 같이 처음 R4에 등록한 R2에서 확인해 보면 액티브 키 서버가 변경되지 않고 그대로 R4인 상태로 남아있다. 이는 한 번 키 서버에 등록하여 정책을 받아오면 해당 그룹 멤버에 장애가 발생하지 않는 한 이후 다시 정책을 받아올 필요가 없기 때문이다. 즉, 프라이머리 키 서버가 주기적으로 정책을 리키해주므로 평상시에는 그룹 멤버가 키 서버를 찾을 일이 없기 때문이다.

예제 9-46 액티브 키 서버 확인

```
R2# show crypto gdoi
     (생략)
Group Member Information For Group GROUP1:
     IPSec SA Direction        : Both
     ACL Received From KS      : gdoi_group_GROUP1_temp_acl

     Group member              : 10.1.100.2        vrf: None
        Local addr/port        : 10.1.100.2/848
        Remote addr/port       : 10.1.100.4/848
        fvrf/ivrf              : None/None
        Version                : 1.0.8
        Registration status    : Registered
        Registered with        : 10.1.100.4
        Re-registers in        : 2798 sec
        Succeeded registration : 1
        Attempted registration : 1

     (생략)
```

R2에서 clear crypto gdoi 명령어를 사용하여 현재의 보안정책을 제거해 보자.

예제 9-47 현재의 보안정책 제거

```
R2# clear crypto gdoi
% The Key Server and Group Member will destroy created and downloaded policies.
% All Group Members are required to re-register.

Are you sure you want to proceed ? [yes/no]: yes
```

그러면, 다음과 같이 첫 번째 키 서버인 10.1.100.4에 등록을 시도하다가 실패하고,

다시 10.1.100.5에 등록을 한다.

예제 9-48 키 서버 등록

```
R2#
*Sep  6 04:54:23.887: %CRYPTO-5-GM_REGSTER: Start registration to KS 10.1.100.4 for
group GROUP1 using address 10.1.100.2 fvrf default ivrf default   ①
*Sep  6 04:55:03.917: %CRYPTO-5-GM_REGSTER: Start registration to KS 10.1.100.5 for
group GROUP1 using address 10.1.100.2 fvrf default ivrf default   ②
*Sep  6 04:55:03.935: %GDOI-5-SA_TEK_UPDATED: SA TEK was updated
*Sep  6 04:55:03.936: %GDOI-5-SA_KEK_UPDATED: SA KEK was updated
*Sep  6 04:55:03.936: %GDOI-5-GM_REGS_COMPL: Registration to KS 10.1.100.5 complet
e for group GROUP1 using address 10.1.100.2 fvrf default ivrf default
*Sep  6 04:55:03.937: %GDOI-5-GM_INSTALL_POLICIES_SUCCESS: SUCCESS: Installati
on of Reg/Rekey policies from KS 10.1.100.5 for group GROUP1 & gm identity 10.1.100.2
fvrf default ivrf default   ③
```

① 키 서버 리스트의 첫 번째 키 서버인 10.1.100.4에 등록을 시도한다.

② 두 번째 키 서버인 10.1.100.5에 등록을 시작한다.

③ 두 번째 키 서버에 등록이 성공한다.

다음과 같이 show crypto gdoi 명령어를 사용하여 확인해 보면 현재의 액티브 키 서버는 10.1.100.5인 것을 알 수 있다.

예제 9-49 액티브 키 서버 확인

```
R2# show crypto gdoi
      (생략)
Group Member Information For Group GROUP1:
    IPSec SA Direction      : Both
    ACL Received From KS   : gdoi_group_GROUP1_temp_acl

    Group member            : 10.1.100.2       vrf: None
       Local addr/port       : 10.1.100.2/848
       Remote addr/port      : 10.1.100.5/848
       fvrf/ivrf             : None/None
       Version               : 1.0.8
       Registration status   : Registered
```

```
Registered with        : 10.1.100.5
Re-registers in        : 2262 sec
Succeeded registration : 1
Attempted registration : 2

(생략)
```

다시 다음과 같이 프라이머리 키 서버의 인터페이스를 살펴보자.

예제 9-50 장애 복구하기

```
R4(config)# interface f0/0.100
R4(config-subif)# no shut
```

인터페이스가 다시 살아나면 키서버는 다시금 프라임 서버를 선정하는 작업을 시작한다. 다음과 같이 show crypto gdoi ks coop 명령어를 사용하여 확인해 Priority값이 20인 R4는 다시 프라임 서버가 되고 R5는 세컨더리 서버로 바뀌게 된다. 프라임서버를 선정하는 작업은 새로운 키서버가 나타나더라도 기존 프라임서버의 Priority값보다 높지 않으면 선정 작업을 시작하지 않는다.

예제 9-51 키 서버 동작 확인

```
R4# show crypto gdoi ks coop
Crypto Gdoi Group Name :GROUP1
        Group handle: 2147483650, Local Key Server handle: 2147483650

        Local Address: 10.1.100.4
        Local Priority: 20
        Local KS Role: Primary , Local KS Status: Alive
        Local KS version: 1.0.8
        Secondary Timers:
                Sec Primary Periodic Time: 20
                Remaining Time: 18
                Antireplay Sequence Number: 197

        Peer Sessions:
        Session 1:
                Server handle: 2147483651
                Peer Address: 10.1.100.5
```

```
                    Peer Version: 1.0.8
                    Peer Priority: 10
                    Peer KS Role: Secondary , Peer KS Status: Alive
                    Antireplay Sequence Number: 235
      (생략)
```

다음과 같이 키 서버에서 **show crypto gdoi ks members** 명령어를 사용하여 확인
해 보면 각 키 서버별로 등록된 그룹 멤버를 알 수 있다.

예제 9-52 그룹 멤버 확인하기

```
R4# show crypto gdoi ks members

Group Member Information :

Number of rekeys sent for group GROUP1 : 2


Group Member ID    : 10.1.78.8    GM Version: 1.0.8
 Group ID          : 1
 Group Name        : Group1
 GM State          : Registered
 Key Server ID     : 10.1.100.4

Group Member ID    : 10.1.79.9    GM Version: 1.0.8
 Group ID          : 1
 Group Name        : Group1
 GM State          : Registered

      (생략)
```

이상으로 COOP KS 기능을 이용한 두 대의 키 서버를 설정하고 동작을 확인해 보았다.

GET VPN 응용

이번 절에서는 GET VPN을 이용하여 멀티캐스트와 QoS 정보가 전송되는 것을 살펴보기로 한다.

GET VPN과 멀티캐스트

앞서 설정한 GET VPN 네트워크에서 다음과 같이 멀티캐스트를 동작시켜보자.

그림 9-5 GET VPN에서의 멀티캐스트

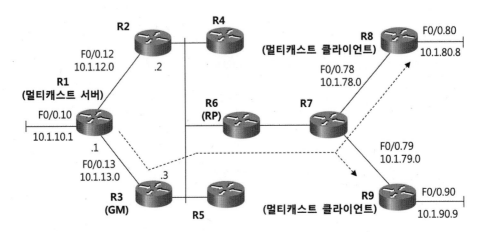

앞 절에서 GDOI 리키 메시지를 전송하기 위하여 설정한 멀티캐스트 네트워크를 그대로 사용한다. 즉, 현재, R6이 PIM RP로 동작하고 있고, 모든 라우터에 PIM 스파스 모드가 동작한다.

이제, GDOI 리키 메시지가 아닌 실제 사용자 멀티캐스트 트래픽이 전송되는 것을 살펴보자. 이를 위하여 R1이 멀티캐스트 주소 239.1.1.2를 통하여 방송을 하는 서버라고 가정한다. 또, R8과 R9가 이 방송을 수신하는 멀티캐스트 클라이언트라고 가정한다.

먼저, 프라이머리 키 서버에서 멀티캐스트 주소 239.1.1.2를 GET VPN으로 보호하도록 설정해야 한다. R5에서 **show crypto gdoi ks** 명령어를 사용하여 확인해 보면 다음과 같이 R4가 프라이머리 키 서버로 동작중이다.

예제 9-53 키 서버 동작 확인

```
R4# show crypto gdoi ks
Total group members registered to this box: 4

Key Server Information For Group Group1:
      Group Name            : Group1
      Re-auth on new CRL    : Disabled
      Group Identity        : 1
      Group Members         : 4
      IPSec SA Direction    : Both
      ACL Configured:
         access-list VPN
      Redundancy            : Configured
         Local Address      : 10.1.100.4
         Local Priority     : 20
         Local KS Status    : Alive
         Local KS Role      : Primary
         Local KS Version   : 1.0.8
```

프라이머리 키 서버인 R4에서 다음과 같이 멀티캐스트 주소 239.1.1.2를 GET VPN
으로 보호하도록 설정한다. 또, 멀티캐스트 라우터들이 RP 주소 10.1.6.6과 송수신
하는 메시지들은 R6에서 GET VPN이 동작하지 않으므로 보호되지 않게 하였다.

예제 9-54 멀티캐스트 주소 239.1.1.2를 GET VPN으로 보호하기

```
R4(config)# ip access-list extended VPN-TRAFFIC
R4(config-ext-nacl)# 5 permit ip 10.1.0.0 0.0.255.255 host 239.1.1.2
R4(config-ext-nacl)# 6 deny ip host 10.1.6.6 10.1.0.0 0.0.255.255
R4(config-ext-nacl)# 7 deny ip 10.1.0.0 0.0.255.255 host 10.1.6.6
R4(config-ext-nacl)# exit
R4(config)# exit
```

설정후 관리자 모드로 빠져나오고 crypto gdoi ks reky 명령어를 입력하면 다음과
같이 R5가 그룹 멤버들에게 변경된 정책을 통보해주는 리키 메시지를 보낸다.

리키 메시지 전송

```
R4# crypto gdoi ks rekey
*Sep  6 15:37:33.710: %GDOI-5-KS_SEND_MCAST_REKEY: Sending Multicast Rekey wit
h policy-replace for group Group1 from address 10.1.100.4 to 239.1.1.1 with seq # 1
R4#
*Sep  6 15:37:33.710: %GDOI-5-KS_SEND_MCAST_REKEY: Sending Multicast Rekey wit
h policy-replace for group Group1 from address 10.1.100.4 to 239.1.1.1 with seq # 2
R4#
*Sep  6 15:37:33.710: %GDOI-5-KS_SEND_MCAST_REKEY: Sending Multicast Rekey wit
h policy-replace for group Group1 from address 10.1.100.4 to 239.1.1.1 with seq # 3
```

R3에서 show crypto gdoi gm acl 명령어를 사용하여 확인해 보면 다음과 같이 ACL의 내용이 변경되어 있다.

변경된 GDOI ACL 내용

```
R3# show crypto gdoi gm acl
Group Name: GROUP1
 ACL Downloaded From KS 10.1.100.5:
   access-list   permit ip 10.1.0.0 0.0.255.255 host 239.1.1.2
   access-list   deny ip host 10.1.6.6 10.1.0.0 0.0.255.255
   access-list   deny ip 10.1.0.0 0.0.255.255 host 10.1.6.6
   access-list   deny eigrp any any
   access-list   deny udp any port = 848 any port = 848
   access-list   permit ip 10.1.0.0 0.0.255.255 10.1.0.0 0.0.255.255
```

다음과 같이 R8, R9를 멀티캐스트 클라이언트로 설정한다.

멀티캐스트 클라이언트 설정

```
R8(config)# interface f0/0.80
R8(config-subif)# ip igmp join-group 239.1.1.2

R9(config)# interface f0/0.90
R9(config-subif)# ip igmp join-group 239.1.1.2
```

이제, 다음과 같이 R1에서 멀티캐스트를 이용하여 방송을 시작한다.

```
R1# ping 239.1.1.2 repeat 1000000

Type escape sequence to abort.
Sending 1000000, 100-byte ICMP Echos to 239.1.1.2, timeout is 2 seconds:

Reply to request 1 from 10.1.90.9, 28 ms
Reply to request 1 from 10.1.80.8, 29 ms
Reply to request 2 from 10.1.90.9, 5 ms
Reply to request 2 from 10.1.80.8, 5 ms
      (생략)
```

R3의 멀티캐스트 라우팅 테이블을 확인해 보면 다음과 같이 F0/0.13 인터페이스에서 수신한 멀티캐스트 패킷을 F0/0.100 인터페이스로 전송하고 있다. 즉, 멀티캐스트 클라이언트 R8, R9와 연결되는 넥스트 홉 라우터 R6이 IPsec을 지원하지 않지만 새로운 IP 헤더는 목적지가 멀티캐스트 주소 239.1.1.2로 설정된 내부의 IP 헤더를 그대로 복사하기 때문에 멀티캐스트가 동작한다.

예제 9-59 R3의 멀티캐스트 라우팅 테이블

```
R3# show ip mroute 239.1.1.2 10.1.13.1
IP Multicast Routing Table
(생략)
(10.1.13.1, 239.1.1.2), 00:03:34/00:02:53, flags: FT
  Incoming interface: FastEthernet0/0.13, RPF nbr 10.1.13.1
  Outgoing interface list:
    FastEthernet0/0.100, Forward/Sparse, 00:03:34/00:02:54
```

GET VPN이 아닌 VTI, GRE IPsec VPN, DMVPN 등을 사용하는 경우라면 VPN 게이트웨이인 R3에서 각 원격 VPN 게이트웨이 별로 하나씩의 멀티캐스트 패킷을 생성한 다음 암호화시켜서 전송하게 된다. 만약, 원격 VPN 게이트웨이가 1000개라면 방송이 진행되는 동안 끊임없이 하나의 패킷이 1000개씩 복사되고 암호화되어 VPN으로 전송되어 심각한 성능저하가 일어나고, 필요한 대역폭도 엄청 커진다.

그러나, GET VPN의 경우 외부망에서 멀티캐스팅이 지원된다면 이처럼 하나의 멀티캐스트 패킷만 전송되어 멀티캐스트로 인한 장비의 성능저하나 대역폭 소요가 거의

발생하지 않는다. 다음과 같이 show crypto session detail | begin 239.1.1.2 명령어를 사용하여 확인해 보면 목적지가 239.1.1.2인 멀티캐스트 패킷들이 IPsec 으로 암호화되어 전송되고 있다.

예제 9-60 크립토 세션 확인하기

```
R3# show crypto session detail | begin 239.1.1.2
   IPSEC FLOW: permit ip 10.1.0.0/255.255.0.0 host 239.1.1.2
      Active SAs: 2, origin: crypto map
      Inbound:  #pkts dec'ed 0 drop 0 life (KB/Sec) KB Vol Rekey Disabled/2860

      Outbound: #pkts enc'ed 22 drop 0 life (KB/Sec) KB Vol Rekey Disabled/2860
```

멀티캐스트 클라이언트 R8, R9로 가는 다음 라우터인 R6의 멀티캐스트 라우팅 테이 블을 보면 다음과 같이 F0/0.100 인터페이스를 통하여 수신한 멀티캐스트 패킷을 F0/0.67 인터페이스로 전송하고 있다.

예제 9-61 R6의 멀티캐스트 라우팅 테이블

```
R6# show ip mroute 239.1.1.2 10.1.13.1
IP Multicast Routing Table
      (생략)

(10.1.13.1, 239.1.1.2), 00:26:06/00:03:22, flags: T
  Incoming interface: FastEthernet0/0.100, RPF nbr 10.1.100.3
  Outgoing interface list:
    FastEthernet0/0.67, Forward/Sparse, 00:26:01/00:03:03
```

멀티캐스트 클라이언트 R8, R9로 가는 그 다음 라우터인 R7의 멀티캐스트 라우팅 테이블을 보면 다음과 같이 F0/0.67 인터페이스를 통하여 수신한 멀티캐스트 패킷을 R8, R9와 연결되는 F0/0.78과 F0/0.79 인터페이스로 복사하여 전송하고 있다.

예제 9-62 R7의 멀티캐스트 라우팅 테이블

```
R7# show ip mroute 239.1.1.2 10.1.13.1
IP Multicast Routing Table
      (생략)
```

```
(10.1.13.1, 239.1.1.2), 00:25:52/00:03:29, flags: T
  Incoming interface: FastEthernet0/0.67, RPF nbr 10.1.67.6
  Outgoing interface list:
    FastEthernet0/0.79, Forward/Sparse, 00:25:52/00:03:25
    FastEthernet0/0.78, Forward/Sparse, 00:25:52/00:02:37
```

멀티캐스트 클라이언트가 접속되어 있는 R8의 멀티캐스트 라우팅 테이블을 보면 다음과 같이 F0/0.78 인터페이스를 통하여 수신한 멀티캐스트 패킷을 F0/0.80 인터페이스로 전송하고 있다.

예제 9-63 R8의 멀티캐스트 라우팅 테이블

```
R8# show ip mroute 239.1.1.2 10.1.13.1
IP Multicast Routing Table
      (생략)

(10.1.13.1, 239.1.1.2), 00:12:07/00:02:44, flags: LJT
  Incoming interface: FastEthernet0/0.78, RPF nbr 10.1.78.7
  Outgoing interface list:
    FastEthernet0/0.80, Forward/Sparse, 00:12:07/00:02:34
```

다음과 같이 show crypto session detail | begin 239.1.1.2 명령어를 사용하여 확인해 보면 IPsec으로 암호화되어 전송된 목적지가 239.1.1.2인 멀티캐스트 패킷들을 다시 복호화시키고 있다.

예제 9-64 크립토 세션 확인하기

```
R8# show crypto session detail | begin 239.1.1.2
  IPSEC FLOW: permit ip 10.1.0.0/255.255.0.0 host 239.1.1.2
        Active SAs: 2, origin: crypto map
        Inbound:  #pkts dec'ed 42 drop 0 life (KB/Sec) KB Vol Rekey Disabled/2650
        Outbound: #pkts enc'ed 0 drop 0 life (KB/Sec) KB Vol Rekey Disabled/2650
```

멀티캐스트 클라이언트가 접속되어 있는 R9의 멀티캐스트 라우팅 테이블을 보아도 다음과 같이 F0/0.79 인터페이스를 통하여 수신한 멀티캐스트 패킷을 F0/0.90 인터페이스로 전송하고 있다.

R9의 멀티캐스트 라우팅 테이블

```
R9# show ip mroute 239.1.1.2 10.1.13.1
IP Multicast Routing Table
     (생략)

(10.1.13.1, 239.1.1.2), 00:13:47/00:02:25, flags: LJT
  Incoming interface: FastEthernet0/0.79, RPF nbr 10.1.79.7
  Outgoing interface list:
    FastEthernet0/0.90, Forward/Sparse, 00:13:47/00:02:5
```

R9도 다음과 같이 IPsec으로 암호화되어 수신된 목적지가 239.1.1.2인 멀티캐스트
패킷들을 다시 복호화시키고 있다.

크립토 세션 확인하기

```
R9# show crypto session detail | begin 239.1.1.2
  IPSEC FLOW: permit ip 10.1.0.0/255.255.0.0 host 239.1.1.2
      Active SAs: 2, origin: crypto map
      Inbound:  #pkts dec'ed 46 drop 0 life (KB/Sec) KB Vol Rekey Disabled/2564
      Outbound: #pkts enc'ed 0 drop 0 life (KB/Sec) KB Vol Rekey Disabled/2564
```

이상으로 GET VPN에서 멀티캐스트를 동작시켜 보았다.

GET VPN과 QoS

다음 그림의 R1과 R9에 각각 VoIP 전화기가 연결되어 있는 경우를 생각해 보자.
전화의 품질을 보장하기 위하여 VoIP 패킷의 DSCP 값을 모두 EF로 설정하여 전송
하기로 한다. 또, 전송경로상의 라우터들은 DSCP 값이 EF로 설정된 패킷들은 최우
선적으로 전송하고, 대역폭도 100 kbps를 보장하도록 해보자.

그림 9-6 GET VPN에서의 QoS

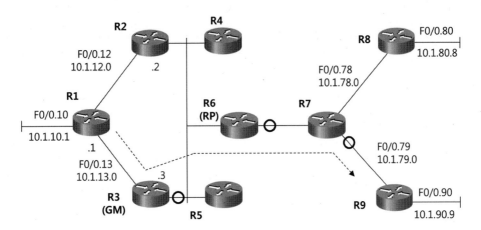

이와 같은 동작을 위해서는 전송 경로상의 라우터들이 VoIP 패킷에 설정된 DSCP 값을 확인할 수 있어야 한다. 다른 IPsec VPN은 원래의 IP 헤더가 암호화되고 새로운 IP 헤더를 사용하지만 GET VPN은 원래의 IP 헤더를 외부로 복사하여 사용하므로 앞서와 같은 QoS 설정이 가능하다.

테스트를 위하여 R1에서 출발지 IP 주소가 10.1.10.1이고 목적지가 10.1.90.9인 패킷에 DSCP 값을 EF로 설정해 보자.

예제 9-67 QoS 설정하기

```
R1(config)# ip access-list extended VOIP
R1(config-ext-nacl)# permit ip host 10.1.10.1 host 10.1.90.9
R1(config-ext-nacl)# exit

R1(config)# class-map CLASS-VOIP
R1(config-cmap)# match access-group name VOIP
R1(config-cmap)# exit

R1(config)# policy-map POLICY-VOIP
R1(config-pmap)# class CLASS-VOIP
R1(config-pmap-c)# set dscp ef
R1(config-pmap-c)# exit
R1(config-pmap)# exit

R1(config)# interface f0/0.12
```

```
R1(config-subif)# service-policy output POLICY-VOIP
```

다음과 같이 핑을 이용하여 출발지가 10.1.10.1이고 목적지가 10.1.90.9인 패킷을
발생시킨다.

예제 9-68 트래픽 발생시키기

```
R1# ping 10.1.90.9 source 10.1.10.1 repeat 1000000
```

다음과 같이 R4에서 DSCP 값이 EF인 패킷들은 최우선 큐잉 및 대역폭 100kbps가
보장되도록 설정한다.

예제 9-69 최우선 큐잉(LLQ) 설정

```
R4(config)# class-map VOICE
R4(config-cmap)# match dscp ef
R4(config-cmap)# exit

R4(config)# policy-map F0/0-OUTBOUND
R4(config-pmap)# class VOICE
R4(config-pmap-c)# priority 100
R4(config-pmap-c)# exit
R4(config-pmap)# exit

R4(config)# interface f0/0
R4(config-if)# service-policy output F0/0-OUTBOUND
```

R6에서도 다음과 같이 동일한 내용의 QoS를 설정한다.

예제 9-70 최우선 큐잉(LLQ) 설정

```
R6(config)# class-map VOICE
R6(config-cmap)# match dscp ef
R6(config-cmap)# exit

R6(config)# policy-map F0/0-OUTBOUND
R6(config-pmap)# class VOICE
```

```
R6(config-pmap-c)# priority 100
R6(config-pmap-c)# exit
R6(config-pmap)# exit

R6(config)# interface f0/0
R6(config-if)# service-policy output F0/0-OUTBOUND
```

R7에서도 다음과 같이 동일한 내용의 QoS를 설정한다.

예제 9-71 최우선 큐잉(LLQ) 설정

```
R7(config)# class-map VOICE
R7(config-cmap)# match dscp ef
R7(config-cmap)# exit

R7(config)# policy-map F0/0-OUTBOUND
R7(config-pmap)# class VOICE
R7(config-pmap-c)# priority 100
R7(config-pmap-c)# exit
R7(config-pmap)# exit

R7(config)# interface f0/0
R7(config-if)# service-policy output F0/0-OUTBOUND
```

외부망에 소속된 R6에서 show policy-map interface f0/0 명령어를 사용하여 확인해 보면 다음과 같이 DSCP 값이 EF인 패킷을 분류하여 최우선 큐잉을 적용시키고 있다.

예제 9-72 최우선 큐잉 확인

```
R6# show policy-map interface f0/0
FastEthernet0/0

  Service-policy output: F0/0-OUTBOUND
     (생략)

   Class-map: VOICE (match-all)
     90686 packets, 16867516 bytes
     5 minute offered rate 272000 bps, drop rate 0000 bps
     Match:  dscp ef (46)
```

```
        Priority: 100 kbps, burst bytes 2500, b/w exceed drops: 0


    Class-map: class-default (match-any)
      1130 packets, 88955 bytes
      5 minute offered rate 0 bps, drop rate 0000 bps
      Match: any

    (생략)
```

즉, R6이 IPsec을 지원하지 않지만 GET VPN이 사용하는 새로운 IP 헤더는 DSCP
가 EF로 설정된 내부의 IP 헤더를 그대로 복사하기 때문에 IPsec 패킷에 대해서도
QoS를 적용시킬 수 있다.

이상으로 GET VPN에서 QoS를 설정하고 동작을 확인해 보았다.

제10장
이지 VPN

이지 VPN 동작 방식 및 설정

이지 VPN(EasyVPN)은 외부에서 PC 등이 IPsec VPN을 이용하여 본사의 네트워크에 접속할 수 있도록 하는 VPN이다. 이때 본사에서는 라우터나 ASA를 이용하여 이지 VPN 서버를 설정한다. 원격지에서는 PC에 시스코의 VPN 클라이언트 프로그램을 설치하거나, 라우터에 이지 VPN 클라이언트를 설정하여 접속한다. 결과적으로 이지 VPN을 사용하면 호텔 등과 같은 외부의 장소에서 PC를 이용하여 본사와 IPsec VPN으로 통신할 수 있다.

이지 VPN의 구성 요소

이지 VPN은 두 가지 요소로 이루어진다.

- EasyVPN server (EVS)

- EasyVPN client (EVC)

EVS는 본사에서 IPsec VPN 게이트웨이 역할을 수행하며, 라우터, ASA, VPN 컨센트레이터 등이 EVS 역할을 할 수 있다. EVC는 VPN 접속을 시작하는 역할을 하며, PC, 라우터 등이 EVC 역할을 할 수 있다. 이지 VPN은 원격접속을 위하여 IPSec을 사용하며, 다음과 같은 IPSec 기능을 지원한다.

- ISAKMP/IKE : 동적인 ISAKMP/IKE만 지원한다. 수동 설정은 지원하지 않는다.

- 인증 방식 : PSK와 RSA 시그니처를 지원한다.

- 암호화 알고리듬 : DES, 3DES, AES, AES-192, AES-256

- 해싱 알고리듬 : MD5, SHA

- 디피-헬먼 그룹 : 그룹 2, 5

- 인캡슐레이션 : ESP 터널모드

그러나, DH 그룹 1, AH, ESP 트랜스포트 모드, PFS (perfect forward secrecy)

등은 지원하지 않는다.

이지 VPN 클라이언트는 두 개의 IP 주소를 가진다. 하나는 인터넷에서 할당받은 것이고, 나머지는 EVS에서 할당한 것이다. 클라이언트는 본사의 EVS와 통신할 때에는 ESP 터널 모드를 사용한다.

EasyVPN의 특징

EasyVPN의 특징은 다음과 같은 것들이 있다.

• 정책 할당

EVS가 미리 설정된 IP 주소, DNS 주소, 도메인 이름, 필터링 정책, 스플릿 터널링 정책 등을 EVC에게 할당할 수 있다. 스플릿 터널링(split tunneling)이란 본사로 가는 트래픽은 IPSec을 적용하고, 인터넷으로 가는 트래픽은 적용하지 않는 것을 말한다.

• 그룹과 이용자 정책

그룹과 이용자 별로 서로 다른 정책을 구현할 수 있다.

• XAUTH 인증

이지 VPN은 장비 인증과 이용자 인증을 지원한다. 즉, 장비 인증을 위한 preshared key나 RSA 시그니처 방식외에 XAUTH(extended authentication)라는 이용자 인증을 수행할 수 있다. 이 방식은 이용자명과 패스워드를 사용하는 것이다. 이 경우 장비 인증용 키들이 설치된 장비를 도난당해도, 이용자 인증이라는 추가적인 보안 대책을 가질 수 있게 된다.

• DPD

DPD(dead peer detection)은 EVS나 EVC가 상대 장비에 문제가 생긴 것을 감지하게 하는 기능이다. EVS가 EVC에 장애가 생긴 것을 감지하면 해당 접속 정보를 제거한다.

• 스플릿 DNS

본사와 통신시 본사의 EVS가 할당한 DNS 서버를 사용하고, 인터넷을 사용할 때에는 인터넷에서 할당한 DNS 서버를 사용하는 것을 스플릿 DNS라고 한다.

EasyVPN 동작 방식

EasyVPN의 동작 방식은 다음과 같다.

1) EVC가 EVS에게 IPSec 접속을 시작한다.

2) EVC가 EVS에게 자신의 IKE 제1단계 정책을 전송한다.

3) EVS가 일치되는 정책을 찾아 관리용 접속을 만든다.

4) EVS가 XAUTH 기능을 수행한다.

5) IKE 모드설정 기능을 이용하여 EVS가 EVC에게 정책을 전송한다.

6) EVS는 EVC와 라우팅을 할 수 있도록 RRI 기능을 사용한다.

7) EVS와 EVC가 IPsec SA를 공유한다.

라우터나 ASA 등이 EVC 역할을 할 때 클라이언트 모드와 네트워크 모드가 사용된다. 클라이언트 모드에서는 EVC가 EVS로부터 할당받은 주소를 이용하여 PAT를 수행한다. 클라이언트 모드는 EVS에서 EVC 내부 장비로의 연결이 필요하지 않을 때 사용한다. 네트워크 모드에서는 EVC 내부 장비들의 IP 주소를 그대로 사용한다. 네트워크 모드에서는 EVC가 내부의 주소를 EVS에게 알려준다. 네트워크 모드를 사용하면 EVS에서 EVC 내부 장비로 먼저 연결할 수 있다.

테스트 네트워크 구축

이지 VPN의 설정 및 동작 확인을 위하여 다음과 같은 테스트 네트워크를 구축한다. 그림에서 R1, R2는 본사 라우터라고 가정하고, R4, R5는 지사 라우터, PC는 재택 근무자 또는 외부에서 본사 내부자원 접속이 필요한 사람의 것이라고 가정한다. 또, R2, R3, R4 및 PC를 연결하는 구간은 IPsec으로 보호하지 않을 외부망으로 가정한다.

그림 10-1 테스트 네트워크

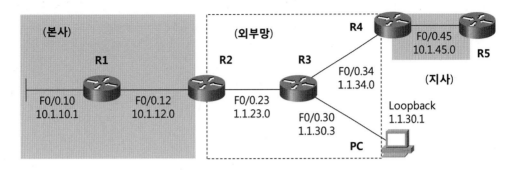

각 라우터에서 F0/0 인터페이스를 서브 인터페이스로 동작시킨다. 서브 인터페이스 번호, 서브넷 번호 및 VLAN 번호를 동일하게 사용한다. 이를 위하여 다음과 같이 SW1에서 VLAN을 만들고, 각 라우터와 연결되는 포트를 트렁크로 동작시킨다.

또, 에뮬레이션 프로그램을 사용하여 실습을 하는 경우에는 PC의 루프백 인터페이스를 사용하여 연결하고, 이를 위하여 PC의 루프백과 연결되는 SW1의 F1/12 포트를 VLAN 30에 할당한다.

예제 10-1 SW1 설정

```
SW1(config)# vlan 10
SW1(config-vlan)# vlan 12
SW1(config-vlan)# vlan 23
SW1(config-vlan)# vlan 30
SW1(config-vlan)# vlan 34
SW1(config-vlan)# vlan 45
SW1(config-vlan)# exit

SW1(config)# interface range f1/1 - 5
SW1(config-if-range)# switchport trunk encapsulation dot1q
SW1(config-if-range)# switchport mode trunk
SW1(config-if-range)# exit

SW1(config)# interface f1/12
SW1(config-if)# switchport mode access
SW1(config-if)# switchport access vlan 30
SW1(config-if)# exit
```

이번에는 각 라우터의 인터페이스를 활성화시키고, 서브 인터페이스를 만든 다음 IP 주소를 부여한다. R3과 인접 라우터 사이는 인터넷이라고 가정하고, IP 주소 1.0.0.0/8을 서브넷팅하여 사용한다. 나머지 부분은 내부망이라고 가정하고 IP 주소 10.0.0.0/8을 서브넷팅하여 사용한다. R1의 설정은 다음과 같다.

예제 10-2 R1 설정

```
R1(config)# interface f0/0
R1(config-if)# no shut
R1(config-if)# exit

R1(config)# interface f0/0.10
R1(config-subif)# encapsulation dot1Q 10
R1(config-subif)# ip address 10.1.10.1 255.255.255.0
R1(config-subif)# exit

R1(config)# interface f0/0.12
R1(config-subif)# encapsulation dot1Q 12
R1(config-subif)# ip address 10.1.12.1 255.255.255.0
```

R2의 설정은 다음과 같다.

예제 10-3 R2 설정

```
R2(config)# interface f0/0
R2(config-if)# no shut
R2(config-if)# exit

R2(config)# interface f0/0.12
R2(config-subif)# encapsulation dot1Q 12
R2(config-subif)# ip address 10.1.12.2 255.255.255.0
R2(config-subif)# exit

R2(config)# interface f0/0.23
R2(config-subif)# encapsulation dot1Q 23
R2(config-subif)# ip address 1.1.23.2 255.255.255.0
```

R3의 설정은 다음과 같다.

예제 10-4 R3 설정

```
R3(config)# interface f0/0
R3(config-if)# no shut
R3(config-if)# exit

R3(config)# interface f0/0.23
R3(config-subif)# encapsulation dot1Q 23
R3(config-subif)# ip address 1.1.23.3 255.255.255.0
R3(config-subif)# exit

R3(config)# interface f0/0.34
R3(config-subif)# encapsulation dot1Q 34
R3(config-subif)# ip address 1.1.34.3 255.255.255.0
R3(config-subif)# exit

R3(config)# interface f0/0.30
R3(config-subif)# encapsulation dot1Q 30
R3(config-subif)# ip address 1.1.30.3 255.255.255.0
```

R4의 설정은 다음과 같다.

예제 10-5 R4 설정

```
R4(config)# interface f0/0
R4(config-if)# no shut
R4(config-if)# exit
R4(config)# interface f0/0.34
R4(config-subif)# encapsulation dot1Q 34
R4(config-subif)# ip address 1.1.34.4 255.255.255.0
R4(config-subif)# exit

R4(config)# interface f0/0.45
R4(config-subif)# encapsulation dot1Q 45
R4(config-subif)# ip address 10.1.45.4 255.255.255.0
```

R5의 설정은 다음과 같다.

R5 설정

```
R5(config)# interface f0/0
R5(config-if)# no shut
R5(config-if)# exit

R5(config)# interface f0/0.45
R5(config-subif)# encapsulation dot1Q 45
R5(config-subif)# ip address 10.1.45.5 255.255.255.0
```

다음에는 PC의 MS 루프백 인터페이스에 IP 주소 1.1.30.1/24를 부여한다.

그림 10-2 MS 루프백 인터페이스 설정

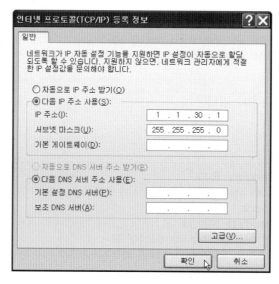

IP 주소 설정이 끝나면 넥스트 홉 IP 주소까지의 통신을 핑으로 확인한다.

외부망과 내부망 라우팅 설정

다음에는 외부망 또는 인터넷으로 사용할 R3과 인접한 라우터인 R2, R4에서 R3으로 디폴트 루트를 설정한다.

그림 10-3 외부망과 내부망 라우팅

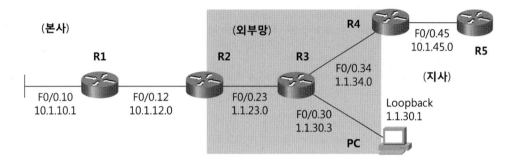

이를 위한 R2, R4의 설정은 다음과 같다.

예제 10-7 디폴트 루트 설정

```
R2(config)# ip route 0.0.0.0 0.0.0.0 1.1.23.3
R4(config)# ip route 0.0.0.0 0.0.0.0 1.1.34.3
```

PC에서도 다음과 같이 본사의 R2와 연결되는 네트워크인 1.1.23.0/24로 가는 정적 경로를 설정한다.

예제 10-8 정적 경로 설정

```
C:\> route add 1.1.23.0 mask 255.255.255.0 1.1.30.3
```

설정후 R2에서 R4의 1.1.34.4와 PC의 1.1.30.1로 핑이 되는지 확인한다. 외부망 라우팅 설정이 끝나면 R1, R2, R4, R5에서 내부망 라우팅을 위하여 OSPF 에어리어 0을 설정한다. R2에서는 나중에 RRI를 이용하여 생성된 정적경로를 내부 라우터인 R1에게 전달하기 위하여 정적경로를 재분배시켰다.

예제 10-9 OSPF 에어리어 0 설정

```
R1(config)# router ospf 1
R1(config-router)# network 10.1.10.1 0.0.0.0 area 0
R1(config-router)# network 10.1.12.1 0.0.0.0 area 0
```

```
R2(config)# router ospf 1
R2(config-router)# network 10.1.12.2 0.0.0.0 area 0
R2(config-router)# default-information originate
R2(config-router)# redistribute static subnets

R4(config)# router ospf 1
R4(config-router)# network 10.1.45.4 0.0.0.0 area 0
R4(config-router)# default-information originate

R5(config)# router ospf 1
R5(config-router)# network 10.1.45.5 0.0.0.0 area 0
```

잠시후 R5의 라우팅 테이블을 확인해 보면 다음과 같다.

예제 10-10 R5의 라우팅 테이블

```
R5# show ip route ospf
O*E2 0.0.0.0/0 [110/1] via 10.1.45.4, 00:00:53, FastEthernet0/0.45
```

이제, 이지 VPN을 설정하고 동작을 확인할 기본적인 네트워크가 완성되었다.

EVS 설정

EVS(Easy VPN Server)를 설정하는 방법은 다음과 같다.

1) 장비(EVC) 인증과 이용자 인증(XAUTH)을 위한 AAA 설정을 한다.

2) 원격 접속 이용자를 위한 그룹 및 정책을 정의한다.

3) ISAKMP SA를 정의한다.

4) 동적 크립토 맵을 만든다.

5) 정적 크립토 맵을 만들고, 앞서 만든 동적 크립토 맵을 참조한다.

R2를 이지 VPN 서버 (EVS)로 구성한다. 먼저, AAA 관련 설정을 한다. AAA 서버를 사용하거나, 다음과 같이 로컬 데이터베이스를 사용해도 된다. 인증과 인가 방식의 이름을 default로 하면 모든 사용자에게 적용되므로, 임의의 적당한 이름을 사용한다.

AAA 관련 설정

```
R2(config)# aaa new-model
R2(config)# aaa authentication login default line none
R2(config)# aaa authentication login EASYVPN local
R2(config)# aaa authorization network EASYVPN local
R2(config)# username user1 secret cisco123
```

ISAKMP 정책을 설정한다. 이지 VPN은 디피-헬먼 그룹 1을 지원하지 않으므로 2 또는 5를 사용해야 한다.

ISAKMP 정책 설정

```
R2(config)# crypto isakmp fragmentation
R2(config)# crypto isakmp policy 10
R2(config-isakmp)# encryption aes
R2(config-isakmp)# authentication pre-share
R2(config-isakmp)# group 2
R2(config-isakmp)# exit
```

디지털 인증서 등을 사용하여 ISAKMP 패킷이 큰 경우 ISAKMP 정보를 실어나르는 UDP 패킷이 분할된다. 많은 방화벽들이 분할된 UDP 패킷은 공격의 일환으로 간주하고 차단한다. 결과적으로 ISAKMP가 동작하지 않는다. 이를 방지하기 위하여 **crypto isakmp fragmentation** 명령어를 사용하면 ISAKMP 정보를 미리 분할하여 UDP 패킷이 분할되지 않도록 한다.

EVC에게 할당할 IP 주소 풀(pool)을 지정한다. 지금 설정하는 주소 풀은 나중에 지사의 EVC 동작모드를 클라이언트(client)로 설정하거나, PC를 직접 EVS에 접속할 때에 해당 장비들에게 IP 주소를 할당하기 위하여 사용된다.

IP 주소 풀 지정

```
R2(config)# ip local pool EVC-ADDRESS 10.1.12.100 10.1.12.199
```

IPsec으로 보호할 대상 네트워크를 ACL로 지정한다.

보호 대상 네트워크 지정

```
R2(config)# ip access-list extended EASYVPN-ACL
R2(config-ext-nacl)# permit ip 10.1.0.0 0.0.255.255 any
R2(config-ext-nacl)# exit
```

EVC를 위한 그룹의 정책을 설정한다.

예제 10-15 그룹 및 그룹 정책 설정

```
① R2(config)# crypto isakmp client configuration group GROUP1
② R2(config-isakmp-group)# acl EASYVPN-ACL
③ R2(config-isakmp-group)# key cisco
④ R2(config-isakmp-group)# dns 10.1.1.1
⑤ R2(config-isakmp-group)# domain cisco.com
⑥ R2(config-isakmp-group)# pool EVC-ADDRESS
   R2(config-isakmp-group)# exit
```

① crypto isakmp client configuration group 명령어와 함께 적당한 이름을 사용하여 그룹 정책 설정모드로 들어간다.

② acl 옵션은 해당 ACL 내에서 permit된 트래픽만 보호되고, 나머지는 무시한다. 주로 EVC에서 스플릿 터널링을 위해서 사용된다. 즉, 본사로 가는 특정 트래픽은 IPSec으로 보호하고, 인터넷을 사용하는 다른 트래픽은 평문으로 사용하기 위하여 사용하는 옵션이다.

③ key는 장비 인증을 위한 PSK를 지정할 때 사용한다.

④ dns 옵션을 사용하면 클라이언트에게 2개까지의 DNS 서버 주소를 할당할 수 있다.

⑤ domain은 원격 클라이언트에게 도메인 이름을 부여할 때 사용한다.

⑥ pool은 클라이언트에게 부여할 IP 주소 pool 이름을 지정할 때 사용한다.

필요시 다음과 같이 원격장비가 EVS에 접속할 때 표시되는 배너 (banner) 메시지를 지정할 수 있다.

예제 10-16 배너 메시지 지정

```
R2(config)# crypto isakmp client configuration group GROUP1
R2(config-isakmp-group)# banner *
Enter TEXT message.  End with the character '*'.
AUTHORIZED ACCESS ONLY!!!
*
R2(config-isakmp-group)#
```

banner 명령어 다음에 적당한 문자(*)를 지정하고 엔터키를 친 다음 문장을 입력한다. 문장 입력이 끝나면 앞서 사용한 동일한 문자(*)를 입력하고 엔터키를 치면 배너 입력이 완료된다.

IPSec에서 사용할 트랜스폼 셋트를 지정한다.

예제 10-17 트랜스폼 셋트 지정

```
R2(config)# crypto ipsec transform-set PHASE2 esp-aes esp-sha-hmac
```

동적인 크립토 맵을 설정한다. EVS는 EVC와 접속하기 전에는 EVC의 IP 주소를 모른다. 따라서 원격 접속 세션을 다루기 위하여 동적인 크립토 맵이 필요하다. 또, EVC들이 유동 IP 주소를 사용하는 경우가 많으므로 RRI를 사용하여 EVC 내부의 사설 네트워크와 접속하기 위한 게이트웨이 주소를 라우팅 테이블에 인스톨되도록 하였다.

예제 10-18 동적 크립토 맵 설정

```
R2(config)# crypto dynamic-map DMAP 10
R2(config-crypto-map)# set transform-set PHASE2
R2(config-crypto-map)# reverse-route
R2(config-crypto-map)# exit
```

정적인 크립토 맵을 설정한다.

예제 10-19 정적 크립토 맵 설정

① R2(config)# **crypto map VPN client authentication list EASYVPN**
② R2(config)# **crypto map VPN client configuration address respond**
③ R2(config)# **crypto map VPN isakmp authorization list EASYVPN**
④ R2(config)# **crypto map VPN 10 ipsec-isakmp dynamic DMAP**

① 이지 VPN 이용자 인증(XAUTH) 방식으로 앞서 **EASYVPN**이라는 AAA 인증 리스트에서 정의한 것을 사용한다. 즉, 현재의 라우터에서 설정한 이용자명과 암호를 사용하여 이용자들을 인증한다. 이지 VPN 이용자들이 많으면 AAA 서버를 사용하면 편리하다.

② 이지 VPN 서버로 접속한 클라이언트가 IP 주소를 요청하는 경우에만 할당하도록 한다.

③ 이지 VPN 사용자들에 대한 인가 방식으로 앞서 **EASYVPN**이라는 인가 리스트에서 정의한 것을 사용한다.

④ VPN이라는 이름의 크립토 맵에서 사용할 IPsec 보안정책으로 앞서 정의한 DMAP이라는 동적 크립토 맵의 것을 참조한다. 마지막으로 외부와 연결되는 인터페이스에 크립토 맵을 적용시켜 이지 VPN을 활성화시킨다.

예제 10-20 크립토 맵 적용하기

R2(config)# **interface f0/0.23**
R2(config-subif)# **crypto map VPN**

이것으로 기본적인 EVS 설정이 완료되었다.

EVC 설정

이번에는 다음과 같이 R4에서 EVC를 설정한다.

예제 10-21 EVC 설정

```
① R4(config)# crypto ipsec client ezvpn EVC
② R4(config-crypto-ezvpn)# connect auto
③ R4(config-crypto-ezvpn)# group GROUP1 key cisco
④ R4(config-crypto-ezvpn)# mode network-extension
⑤ R4(config-crypto-ezvpn)# peer 1.1.23.2
   R4(config-crypto-ezvpn)# exit
```

① crypto ipsec client ezvpn 명령어와 함께 적당한 이름을 사용하여 EVC 설정모
드로 들어간다.

② 본사와의 자동으로 접속하도록 한다.

③ EVS에 설정된 그룹중 GROUP1이라는 그룹에서 정의한 정책을 사용할 것을 지정
한다. 또, 장비간의 인증을 위한 암호를 지정한다. 그룹명과 암호는 EVS에 설정된
것과 동일해야 한다.

④ 지사 내부장비에 설정된 IP 주소를 그대로 사용하도록 한다. mode client 명령어
를 사용하면 본사와 통신시 지사 내부장비의 IP 주소는 본사에서 EVC에 할당한 IP
주소로 변환된다.

⑤ EVS의 IP 주소를 지정한다.

마지막으로 인터페이스에 EVC를 활성화시킨다.

예제 10-22 EVC 활성화

```
   R4(config)# interface f0/0.34
① R4(config-subif)# crypto ipsec client ezvpn EVC outside
   R4(config-subif)# exit

   R4(config)# interface f0/0.45
② R4(config-subif)# crypto ipsec client ezvpn EVC inside
   R4(config-subif)# end
```

① 본사 EVS와 연결되는 외부 인터페이스를 지정한다. 명령어 마지막의 outside

옵션은 기본값이어서 설정파일에서는 표시되지 않는다. EVC에서 외부 인터페이스는 하나만 지정할 수 있다.

② EVC 내부 인터페이스를 지정한다.

잠시후 다음과 같이 crypto ipsec client ezvpn xauth 명령어를 사용하면 사용자 인증(xauth)을 하라는 메시지가 보인다.

예제 10-23 사용자 인증 요구 메시지

```
R4#
*Sep  7 10:00:38.491: EZVPN(EVC): Pending XAuth Request, Please enter the followi
ng command:
*Sep  7 10:00:38.491: EZVPN: crypto ipsec client ezvpn xauth
```

crypto ipsec client ezvpn xauth 명령을 사용하여 다음과 같이 사용자 인증을 한다.

예제 10-24 사용자 인증하기

```
R4# crypto ipsec client ezvpn xauth
Username: user1
Password:
```

이용자 인증을 통과하면 EVS에 설정한 배너 메시지 (AUTHORIZED ACCESS ONLY!!!)와 함께 접속이 성공하였다는 메시지가 표시된다.

예제 10-25 배너 메시지

```
R4#
AUTHORIZED ACCESS ONLY!!!
*Sep  7 10:00:43.854: %CRYPTO-6-EZVPN_CONNECTION_UP: (Client) User= Group=
GROUP1  Client_public_addr=1.1.34.4  Server_public_addr=1.1.23.2  NEM_Remote_S
ubnets=10.1.45.0/255.255.255.0   M_Remote_Subnets=10.1.45.0/255.255.255.0
```

이지 VPN 동작 확인

R4에서 show crypto ipsec client ezvpn 명령어를 사용하여 EVS에서 받아온 정책을 확인한다.

예제 10-26 EVS에서 받아온 정책 확인

```
R4# show crypto ipsec client ezvpn
Easy VPN Remote Phase: 8


Tunnel name : EVC
Inside interface list: FastEthernet0/0.45
Outside interface: FastEthernet0/0.34
Current State: IPSEC_ACTIVE
Last Event: SOCKET_UP
DNS Primary: 10.1.1.1
Default Domain: cisco.com
Save Password: Disallowed
Split Tunnel List: 1
        Address     : 10.1.0.0
        Mask        : 255.255.0.0
        Protocol    : 0x0
        Source Port : 0
        Dest Port   : 0
Current EzVPN Peer: 1.1.23.2
```

R4에서 show crypto isakmp sa 명령어를 사용하여 ISAKMP 상태를 확인해보면 다음과 같다.

예제 10-27 ISAKMP SA 확인

```
R4# show crypto isakmp sa
IPv4 Crypto ISAKMP SA
dst             src             state          conn-id     status
1.1.23.2        1.1.34.4        QM_IDLE         1004        ACTIVEE
```

EVS인 R2의 라우팅 테이블을 확인해 보면 다음과 같이 지사의 내부 네트워크인 10.1.45.0/24에 대해서 정적 경로가 설정되어 있다. 게이트웨이 주소인 1.1.34.4/32를 정적경로에 추가시키기 위해서는 EVS 동적 크립토 맵 설정때 reverse-route

대신 reverse-route remote-peer 명령어를 넣어주면 된다. 꼭 게이트웨이의 주소를 넣어줘야 하는 이유가 없다면 보안을 위해 reverse-route 명령어만 사용하는 것을 권장한다.

예제 10-28 R2의 라우팅 테이블

```
R2# show ip route
    (생략)


Gateway of last resort is 1.1.23.3 to network 0.0.0.0

S*      0.0.0.0/0 [1/0] via 1.1.23.3
        1.0.0.0/8 is variably subnetted, 2 subnets, 2 masks
C          1.1.23.0/24 is directly connected, FastEthernet0/0.23
L          1.1.23.2/32 is directly connected, FastEthernet0/0.23
        10.0.0.0/8 is variably subnetted, 4 subnets, 2 masks
O          10.1.10.0/24 [110/20] via 10.1.12.1, 01:06:21, FastEthernet0/0.12
C          10.1.12.0/24 is directly connected, FastEthernet0/0.12
L          10.1.12.2/32 is directly connected, FastEthernet0/0.12
S          10.1.45.0/24 [1/0] via 1.1.34.4
```

RRI가 생성한 정적 경로가 OSPF로 재분배되어 다음과 같이 내부 라우터인 R1의 라우팅 테이블에 인스톨된다.

예제 10-29 R1의 라우팅 테이블

```
R1# show ip route ospf
O*E2  0.0.0.0/0 [110/1] via 10.1.12.2, 01:22:53, FastEthernet0/0.12
       10.0.0.0/8 is variably subnetted, 5 subnets, 2 masks
O E2      10.1.45.0/24 [110/20] via 10.1.12.2, 00:29:12, FastEthernet0/0.12
```

현재의 토폴로지와 같이 외부와 연결되는 경로가 하나뿐인 경우에는 RRI가 불필요하지만, 다수개의 경로가 있을 때에는 최적 라우팅을 위하여 RRI를 사용한다.

이제, 내부 라우터인 R1에서 지사의 내부 라우터와 통신이 된다.

예제 10-30 핑 테스트

```
R1# ping 10.1.45.5

Type escape sequence to abort.
Sending 5, 100-byte ICMP Echos to 10.1.45.5, timeout is 2 seconds:
!!!!!
Success rate is 100 percent (5/5), round-trip min/avg/max = 88/183/288 ms
```

다음과 같이 show crypto session detail 명령어를 사용하여 확인해 보면 IPsec으
로 보호하여 송수신한 패킷 수를 알 수 있다.

예제 10-31 크립토 세션 확인

```
R2# show crypto session detail
Crypto session current status

Code: C - IKE Configuration mode, D - Dead Peer Detection
K - Keepalives, N - NAT-traversal, X - IKE Extended Authentication
F - IKE Fragmentation

Interface: FastEthernet0/0.23
Username: user1
Group: GROUP1
Uptime: 00:30:26
Session status: UP-ACTIVE
Peer: 1.1.34.4 port 500 fvrf: (none) ivrf: (none)
      Phase1_id: GROUP1
      Desc: (none)
  Session ID: 0
  IKEv1 SA: local 1.1.23.2/500 remote 1.1.34.4/500 Active
          Capabilities:CX connid:1006 lifetime:23:29:15
  IPSEC FLOW: permit ip 10.1.0.0/255.255.0.0 10.1.45.0/255.255.255.0
        Active SAs: 2, origin: dynamic crypto map
        Inbound:  #pkts dec'ed 5 drop 0 life (KB/Sec) 4196663/1773
        Outbound: #pkts enc'ed 5 drop 0 life (KB/Sec) 4196662/1773
```

다음과 같이 show crypto map 명령어를 사용하여 확인해 보면 실제 적용된 임시
크립토 맵의 내용을 알 수 있다.

```
R2# show crypto map
Crypto Map IPv4 "VPN" 10 ipsec-isakmp
        Dynamic map template tag: DMAP

Crypto Map IPv4 "VPN" 65536 ipsec-isakmp
        Peer = 1.1.34.4
        Extended IP access list
            access-list  permit ip 10.1.0.0 0.0.255.255 10.1.45.0 0.0.0.255
        Current peer: 1.1.34.4
            dynamic (created from dynamic map DMAP/10)
        Security association lifetime: 4608000 kilobytes/3600 seconds
        Responder-Only (Y/N): N
        PFS (Y/N): N
        Mixed-mode : Disabled
        Transform sets={
                PHASE2:  { esp-aes esp-sha-hmac  } ,
        }
        Reverse Route Injection Enabled
        Interfaces using crypto map VPN:
                FastEthernet0/0.23
```

다음과 같이 show crypto ipsec sa 명령어를 사용하여 확인해 보면 송수신된 패킷의 수량뿐만 아니라 동작 모드, MTU, 사용된 보안 알고리듬들의 종류 등을 알 수 있다.

예제 10-33 IPsec SA 확인

```
R2# show crypto ipsec sa

interface: FastEthernet0/0.23
    Crypto map tag: VPN, local addr 1.1.23.2

    protected vrf: (none)
    local  ident (addr/mask/prot/port): (10.1.0.0/255.255.0.0/0/0)
    remote ident (addr/mask/prot/port): (10.1.45.0/255.255.255.0/0/0)
    current_peer 1.1.34.4 port 500
      PERMIT, flags={}
    #pkts encaps: 38, #pkts encrypt: 38, #pkts digest: 38
    #pkts decaps: 34, #pkts decrypt: 34, #pkts verify: 34
    #pkts compressed: 0, #pkts decompressed: 0
```

```
#pkts not compressed: 0, #pkts compr. failed: 0
#pkts not decompressed: 0, #pkts decompress failed: 0
#send errors 0, #recv errors 0

 local crypto endpt.: 1.1.23.2, remote crypto endpt.: 1.1.34.4
 plaintext mtu 1438, path mtu 1500, ip mtu 1500, ip mtu idb FastEthernet0/0.23
 current outbound spi: 0x4A88BDFD(1250475517)
 PFS (Y/N): N, DH group: none

 inbound esp sas:
  spi: 0x583B3E18(1480277528)
     transform: esp-aes esp-sha-hmac ,
     in use settings ={Tunnel, }
     conn id: 9, flow_id: SW:9, sibling_flags 80004040, crypto map: VPN
     sa timing: remaining key lifetime (k/sec): (4334613/2245)
     IV size: 16 bytes
     replay detection support: Y
     ecn bit support: Y status: off
     Status: ACTIVE(ACTIVE)
   (생략)
```

이상으로 기본적인 이지 VPN을 설정하고 동작하는 것을 확인해 보았다.

이지 VPN 클라이언트 모드

앞서 이지 VPN 클라이언트를 설정할 때 모드를 network-extension으로 설정하여 지사 내부의 장비들이 본사와 이지 VPN으로 통신할 때 기존에 사용하던 IP 주소를 그대로 사용하도록 하였다. 이번에는 모드를 클라이언트 (client)로 동작시켜보자.

이지 VPN 클라이언트 모드는 본사와 통신시 이지 VPN 서버에서 할당받은 IP 주소를 사용한다. 다음과 같이 R4를 이지 VPN 클라이언트 모드로 동작시켜 보자.

예제 10-34 이지 VPN 클라이언트 모드

```
R4(config)# crypto ipsec client ezvpn EVC
R4(config-crypto-ezvpn)# mode client
```

설정을 변경하고 다시 이용자 인증을 통과하면 다음과 같이 EVS로부터 IP 주소를
할당받는다. 또, 자동으로 Loopback10000 인터페이스를 만들고 본사로부터 할당받
은 IP 주소를 이 인터페이스에 부여한다.

예제 10-35 자동 IP 주소 할당

```
R4#
*Sep  7 12:08:41.249: %CRYPTO-6-EZVPN_CONNECTION_UP: (Client)  User=  Group=
GROUP1  Client_public_addr=1.1.34.4  Server_public_addr=1.1.23.2  Assigned_client
_addr=10.1.12.101
R4#
*Sep  7 12:08:42.223: %LINEPROTO-5-UPDOWN: Line protocol on Interface Loopbac
k10000, changed state to up
```

R4의 라우팅 테이블을 확인해 보면 다음과 같이 Loopback10000에 EVS로부터
할당받은 호스트 루트가 인스톨되어 있다.

예제 10-36 R4의 라우팅 테이블

```
R4# show ip route
        (생략)


Gateway of last resort is 1.1.34.3 to network 0.0.0.0

S*      0.0.0.0/0 [1/0] via 1.1.34.3
        1.0.0.0/8 is variably subnetted, 2 subnets, 2 masks
C          1.1.34.0/24 is directly connected, FastEthernet0/0.34
L          1.1.34.4/32 is directly connected, FastEthernet0/0.34
        10.0.0.0/8 is variably subnetted, 3 subnets, 2 masks
C          10.1.12.101/32 is directly connected, Loopback10000
C          10.1.45.0/24 is directly connected, FastEthernet0/0.45
L          10.1.45.4/32 is directly connected, FastEthernet0/0.45
```

또, **show ip interface brief** 명령어를 사용하여 확인해보면 다음과 같이
Loopback10000 인터페이스에 IP 주소가 부여되어 있다.

예제 10-37 인터페이스 IP 주소 부여 확인

```
R4# show ip interface brief
Interface           IP-Address      OK?  Method    Status    Protocol
FastEthernet0/0     unassigned      YES  NVRAM     up        up
FastEthernet0/0.34  1.1.34.4        YES  NVRAM     up        up
FastEthernet0/0.45  10.1.45.4       YES  NVRAM     up        up
Loopback10000       10.1.12.101     YES  TFTP      up        up
NVI0                1.1.34.4        YES  unset     up        up
```

크립토 맵을 확인해 보면 다음과 같이 IPsec으로 보호할 네트워크의 출발지 IP 주소
가 EVS로부터 할당받은 10.1.12.102/32로 설정되어 있다.

예제 10-38 크립토 맵 확인

```
R4# show crypto map
Crypto Map IPv4 "FastEthernet0/0.34-head-0" 65536 ipsec-isakmp
        Map is a PROFILE INSTANCE.
        Peer = 1.1.23.2
        Extended IP access list
            access-list   permit ip host 10.1.12.101 any
        Current peer: 1.1.23.2
    (생략)
```

지사의 내부 라우터인 R5에서 본사의 내부 라우터인 10.1.10.1로 텔넷을 해 보자.

예제 10-39 텔넷 테스트

```
R5# telnet 10.1.10.1
Trying 10.1.10.1 ... Open
User Access Verification
Password:
R1>
```

R1에서 확인해보면 출발지 IP 주소가 10.1.45.5가 아닌 10.1.12.102로 변환되어 있다.

예제 10-40 원격 접속자 확인

```
R1# show users
    Line      User      Host(s)        Idle       Location
*  0 con 0             idle          00:00:00
   2 vty 0             idle          00:01:39    10.1.12.101
```

즉, EVC인 R4가 본사와 통신시 IPsec 패킷의 출발지 IP 주소를 모두 EVS에서 할당 받은 10.1.12.102로 변환시키기 때문이다. 또, 이지 VPN 클라이언트 모드에서는 다음과 같이 본사에서 먼저 지사 내부의 장비와 통신을 할 수 없다.

예제 10-41 핑 테스트

```
R1# ping 10.1.45.5
Type escape sequence to abort.
Sending 5, 100-byte ICMP Echos to 10.1.45.5, timeout is 2 seconds:
.....
Success rate is 0 percent (0/5)
```

그러나, 다음과 같이 EVC에게 할당된 임시 IP 주소로는 통신이 가능하다.

예제 10-42 핑 테스트

```
R1# ping 10.1.12.101
Type escape sequence to abort.
Sending 5, 100-byte ICMP Echos to 10.1.12.101, timeout is 2 seconds:
!!!!!
Success rate is 100 percent (5/5), round-trip min/avg/max = 160/227/444 ms
```

PC와 EVS간의 IPsec VPN 통신

PC와 EVS간에 IPsec VPN으로 통신할 수 있도록 해보자. 이를 위하여 PC에 시스코 의 Cisco VPN Client 프로그램을 다운받아 설치한다. 설치 과정은 기본값을 클릭만 하면 된다. 설치가 끝나면 다음과 같이 네트워크가 제대로 설치되었는지 확인한다. 상태가 **사용 안 함**으로 되어 있으면 **사용**으로 변경한다.

그림 10-4 시스코의 VPN 어댑터

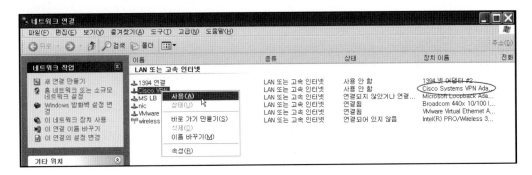

설치가 끝나면 Cisco VPN Client 프로그램을 실행한다. 상단의 메뉴중 New를 클릭하면 다음과 같이 새로운 VPN 접속을 설정할 수 있는 팝업창이 뜬다. Connection Entry:에 적당한 이름을 부여하고 Description에 설명을 적는다. Host:에 이지 VPN 서버(EVS)의 IP 주소를 입력한다. Group Authenticaton의 Name항목에 EVS에서 정의한 그룹 이름을 적고, 암호를 입력한 다음, Save 버튼을 누른다. 이때 입력하는 암호는 장비간의 인증에 사용된다.

그림 10-5 새로운 VPN 접속을 설정할 수 있는 팝업창

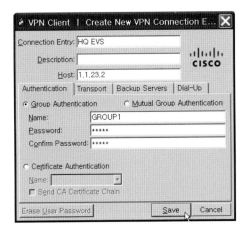

다음과 같이 상단의 메뉴중 Connect를 클릭한다.

그림 10-6 접속하기

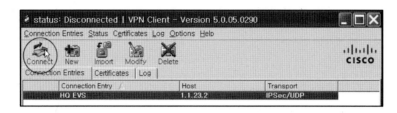

이용자 인증(xauth) 창이 뜨면 이용자명(user1)과 암호(cisco123)를 입력하고 **OK**
버튼을 누른다.

그림 10-7 이용자 인증창

본사 이지 VPN 게이트웨이 EVS와 성공적으로 접속이 되면 다음과 같이 EVS에
설정한 배너 메시지가 표시된다. **Continue** 버튼을 누르면 VPN 클라이언트 창이
사라진다.

그림 10-8 배너 메시지

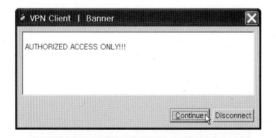

이제, 이지 VPN을 이용하여 본사와 접속되었다. DOS 창에서 다음과 같이 **ipconfig**
명령어를 실행하면 DHCP를 통하여 할당받은 공인 IP 주소 (1.1.30.1)외에 본사의
EVS에서 할당받은 내부 IP 주소 (10.1.12.102)를 확인할 수 있다.

예제 10-43 IP 주소 확인

```
C:\> ipconfig

Windows IP Configuration


Ethernet adapter MS LB:

    연결별 DNS 접미사. . . .  : cisco.com
    링크-로컬 IPv6 주소 . . . . : fe80::39b3:4c8d:c9b2:2ad4%28
    IPv4 주소 . . . . . . . . .  : 10.1.12.101
    서브넷 마스크 . . . . . . .  : 255.255.255.0
    기본 게이트웨이 . . . . . . :


Ethernet adapter Cisco VPN:

    연결별 DNS 접미사. . . .  : cisco.com
    링크-로컬 IPv6 주소 . . . . : fe80::39b3:4c8d:c9b2:2ad4%28
    IPv4 주소 . . . . . . . . .  : 10.1.12.101
    서브넷 마스크 . . . . . . .  : 255.255.255.0
    기본 게이트웨이 . . . . . . : 1.1.30.3
```

EVS인 R2의 라우팅 테이블에도 다음과 같이 PC와 연결되는 경로가 호스트 루트로 인스톨된다.

예제 10-44 R2의 라우팅 테이블

```
R2# show ip route
     (생략)
Gateway of last resort is 1.1.23.3 to network 0.0.0.0

     1.0.0.0/24 is subnetted, 1 subnets
C       1.1.23.0 is directly connected, FastEthernet0/0.23
     10.0.0.0/8 is variably subnetted, 4 subnets, 2 masks
O       10.1.10.0/24 [110/2] via 10.1.12.1, 00:07:40, FastEthernet0/0.12
C       10.1.12.0/24 is directly connected, FastEthernet0/0.12
S       10.1.12.101/32 [1/0] via 1.1.30.1
S       10.1.12.100/32 [1/0] via 1.1.34.4
S*   0.0.0.0/0 [1/0] via 1.1.23.3
```

다음과 같이 **show crypto map** 명령어를 사용하여 확인해보면 10.1.12.102와의
통신시 IPsec으로 보호한다는 것을 알 수 있다.

예제 10-45 크립토 맵 확인

```
R2# show crypto map
Crypto Map "VPN" 10 ipsec-isakmp
        Dynamic map template tag: DMAP
     (생략)

Crypto Map "VPN" 65537 ipsec-isakmp
        Peer = 1.1.30.1
        Extended IP access list
          access-list  permit ip any host 10.1.12.101
          dynamic (created from dynamic map DMAP/10)
        Current peer: 1.1.30.1
        Security association lifetime: 4608000 kilobytes/3600 seconds
        PFS (Y/N): N
        Transform sets={
                PHASE2,
        }
        Reverse Route Injection Enabled
        Interfaces using crypto map VPN:
                FastEthernet0/0.23
```

이상으로 PC에서 시스코의 IPsec VPN 통신용 클라이언트 프로그램을 사용하여
본사의 이지 VPN 게이트웨이와 접속하는 방법에 대하여 살펴보았다.

IPsec DVTI 이지 VPN

IPsec DVTI(dynamic virtual tunnel interface) 이지 VPN은 EVS에서 DVTI를
사용한다. IPsec DVTI를 사용하면 RRI를 설정하지 않아도 자동으로 EVS에 원격지
의 내부 네트워크와 연결되는 정적 경로가 설정된다. 또, QoS를 설정할 때 DVTI에
적용하면 DVTI를 이용하는 각 지사별로 동시에 적용되어 편리하다.

IPsec DVTI EVS 설정

먼저, 앞서 설정한 EVS를 다음과 같이 비활성화시킨다.

예제 10-46 EVS 비활성화

```
R2(config)# interface f0/0.23
R2(config-subif)# no crypto map VPN
```

R2를 IPsec DVTI 이지 VPN 서버(EVS)로 구성한다. 먼저, AAA 관련 설정을 한다.
AAA 서버를 사용하거나, 다음과 같이 로컬 데이터베이스를 사용해도 된다.

예제 10-47 AAA 관련 설정

```
R2(config)# aaa new-model
R2(config)# aaa authentication login EASYVPN local
R2(config)# aaa authorization network EASYVPN local
R2(config)# username user1 secret cisco123
```

ISAKMP 정책을 설정한다. 이지 VPN은 디피-헬먼 그룹 1을 지원하지 않으므로
2 또는 5를 사용해야 한다.

예제 10-48 ISAKMP 정책 설정

```
R2(config)# crypto isakmp policy 10
R2(config-isakmp)# encryption aes
R2(config-isakmp)# authentication pre-share
R2(config-isakmp)# group 2
```

```
R2(config-isakmp)# exit

R2(config)# crypto isakmp key cisco address 0.0.0.0 0.0.0.0
R2(config)# crypto isakmp keepalive 10
```

EVC에게 할당할 IP 주소 풀 (pool)을 지정한다. 지금 설정하는 주소 풀은 나중에 지사의 EVC 동작모드를 클라이언트 (client)로 설정하거나, PC를 직접 EVS에 접속할 때에 해당 장비들에게 IP 주소를 할당하기 위하여 사용된다.

예제 10-49 IP 주소 풀 설정

```
R2(config)# ip local pool EVC-ADDRESS 10.1.12.100 10.1.12.199
```

IPsec으로 보호할 대상 네트워크를 ACL로 지정한다.

예제 10-50 보호 대상 네트워크 지정

```
R2(config)# ip access-list extended EASYVPN-ACL
R2(config-ext-nacl)# permit ip 10.1.0.0 0.0.255.255 any
R2(config-ext-nacl)# exit
```

EVC를 위한 그룹의 정책을 설정한다.

예제 10-51 그룹 정책 설정

```
R2(config)# crypto isakmp client configuration group GROUP1
R2(config-isakmp-group)# acl EASYVPN-ACL
R2(config-isakmp-group)# key cisco
R2(config-isakmp-group)# dns 10.1.1.1
R2(config-isakmp-group)# domain cisco.com
R2(config-isakmp-group)# pool EVC-ADDRESS
R2(config-isakmp-group)# banner *
  Enter TEXT message.  End with the character '*'.
  AUTHORIZED ACCESS ONLY!!!
  *
R2(config-isakmp-group)# exit
```

그룹 정책 설정 방법은 앞 절에서 살펴보았던 일반 이지 VPN과 동일하다. 다음에는

ISAKMP 프로파일을 만든다.

예제 10-52 ISAKMP 프로파일 설정

```
① R2(config)# crypto isakmp profile DVTI-ISAKMP-PROFILE
② R2(conf-isa-prof)# match identity group GROUP1
③ R2(conf-isa-prof)# isakmp authorization list EASYVPN
④ R2(conf-isa-prof)# client authentication list EASYVPN
⑤ R2(conf-isa-prof)# client configuration address respond
⑥ R2(conf-isa-prof)# virtual-template 1
   R2(conf-isa-prof)# exit
```

① 적당한 이름을 사용하여 ISAKMP 프로파일 설정모드로 들어간다.

② 앞서 만든 GROUP1을 참조한다.

③ 이지 VPN 사용자들에 대한 인가 방식으로 앞서 **EASYVPN**이라는 리스트에서 정의한 것을 사용한다.

④ 이지 VPN 사용자들에 대한 인증 (XAUTH) 방식으로 앞서 **EASYVPN**이라는 리스트에서 정의한 것을 사용한다. 즉, 현재의 라우터에서 설정한 이용자명과 암호를 사용하여 이용자들을 인증한다. 이지 VPN 이용자들이 많으면 AAA 서버를 사용하면 편리하다.

⑤ 이지 VPN 서버로 접속한 클라이언트가 IP 주소 요청시에만 할당하도록 한다.

⑥ 현재의 설정을 적용시킬 DVTI 인터페이스를 지정한다.

IPSec SA를 설정한다.

예제 10-53 트랜스폼 셋트 지정

```
R2(config)# crypto ipsec transform-set PHASE2 esp-aes esp-sha-hmac
```

IPsec 프로파일을 만들고, 사용할 IPsec SA와 ISAKMP 프로파일 이름을 지정한다.

IPsec 프로파일 설정

```
R2(config)# crypto ipsec profile DVTI-IPSEC-PROFILE
R2(ipsec-profile)# set transform-set PHASE2
R2(ipsec-profile)# set isakmp-profile DVTI-ISAKMP-PROFILE
R2(ipsec-profile)# exit
```

다음과 같이 DVTI 인터페이스를 만들고 tunnel protection ipsec profile DVTI-IPSEC-PROFILE 명령어를 이용하여 IPsec 프로파일을 적용하여 터널을 보호한다.

예제 10-55 DVTI 인터페이스 설정

```
R2(config)# interface virtual-template 1 type tunnel
R2(config-if)# ip unnumbered f0/0.23
R2(config-if)# tunnel source f0/0.23
R2(config-if)# tunnel mode ipsec ipv4
R2(config-if)# tunnel protection ipsec profile DVTI-IPSEC-PROFILE
```

이것으로 IPsec DVTI를 이용한 이지 VPN EVS 설정이 완료되었다.

EVC 설정

이번에는 다음과 같이 R4에서 EVC를 설정한다. IPsec DVTI를 이용한 이지 VPN 설정에서 EVC는 일반 이지 VPN에 비해 추가적으로 다음과 같이 ISAKMP 정책을 설정한다.

예제 10-56 ISAKMP 정책 설정

```
R4(config)# crypto isakmp policy 10
R4(config-isakmp)# encryption aes
R4(config-isakmp)# authentication pre-share
R4(config-isakmp)# group 2
R4(config-isakmp)# exit

R4(config)# crypto isakmp key cisco address 0.0.0.0 0.0.0.0
R4(config)# crypto isakmp keepalive 10
```

다음과 같이 나머지 EVC를 설정하는 것은 DVTI 사용여부와 무관하게 동일하다. network-extension 모드나 클라이언트 모드도 다 지원하며, VPN 클라이언트 프로그램을 사용하는 PC에서는 추가적인 설정이 불필요하다.

예제 10-57 EVC 설정

```
① R4(config)# crypto ipsec client ezvpn EVC
② R4(config-crypto-ezvpn)# connect auto
③ R4(config-crypto-ezvpn)# group GROUP1 key cisco
④ R4(config-crypto-ezvpn)# mode network-extension
⑤ R4(config-crypto-ezvpn)# peer 1.1.23.2
  R4(config-crypto-ezvpn)# exit
```

EVC 설정이 끝나면 인터페이스에 EVC를 활성화시킨다.

예제 10-58 EVC 활성화

```
  R4(config)# interface f0/0.34
① R4(config-subif)# crypto ipsec client ezvpn EVC outside
  R4(config-subif)# exit

  R4(config)# interface f0/0.45
② R4(config-subif)# crypto ipsec client ezvpn EVC inside
  R4(config-subif)# end
```

잠시후 다음과 같이 crypto ipsec client ezvpn xauth 명령어를 사용하여 사용자 인증(xauth)을 하라는 메시지가 보인다.

예제 10-59 사용자 인증 요구 메시지

```
R4#
EZVPN(EVC): Pending XAuth Request, Please enter the following command:
EZVPN: crypto ipsec client ezvpn xauth
```

crypto ipsec client ezvpn xauth 명령을 사용하여 다음과 같이 사용자 인증을 한다.

예제 10-60 사용자 인증

```
R4# crypto ipsec client ezvpn xauth
Username: user1
Password:
```

사용자 인증을 통과하면 EVS에 설정한 배너 메시지 (AUTHORIZED ACCESS ONLY!!!)와 함께 접속이 성공하였다는 메시지가 표시된다.

예제 10-61 배너 메시지

```
R4#
AUTHORIZED ACCESS ONLY!!!

*Mar  1 02:42:18.883: %CRYPTO-6-EZVPN_CONNECTION_UP: (Client) User=  Group=
GROUP1  Client_public_addr=1.1.34.4  Server_public_addr=1.1.23.2  NEM_Remote_S
ubnets=10.1.45.0/255.255.255.0
```

IPsec DVTI를 이용한 이지 VPN 동작 확인

R4에서 show crypto ipsec client ezvpn 명령어를 사용하여 EVS에서 받아온 정책을 확인한다.

예제 10-62 EVS에서 받아온 정책

```
R4# show crypto ipsec client ezvpn
Easy VPN Remote Phase: 6

Tunnel name : EVC
Inside interface list: FastEthernet0/0.45
Outside interface: FastEthernet0/0.34
Current State: IPSEC_ACTIVE
Last Event: SOCKET_UP
DNS Primary: 10.1.1.1
Default Domain: cisco.com
Save Password: Disallowed
Split Tunnel List: 1
        Address       : 10.1.0.0
        Mask          : 255.255.0.0
```

```
       Protocol       : 0x0
       Source Port    : 0
       Dest Port      : 0
Current EzVPN Peer : 1.1.23.2
```

R4에서 show crypto isakmp sa 명령어를 사용하여 ISAKMP 상태를 확인해보면 다음과 같다.

예제 10-63 ISAKMP 상태 확인

```
R4# show crypto isakmp sa
IPv4 Crypto ISAKMP SA
dst              src            state        conn-id   slot   status
1.1.23.2         1.1.34.4       QM_IDLE      1001      0      ACTIVE
```

EVS인 R2의 라우팅 테이블을 확인해 보면 다음과 같이 지사의 내부 네트워크인 10.1.45.0/24와 게이트웨이 주소 1.1.34.4/32에 대해서 정적 경로가 설정되어 있다.

예제 10-64 R2의 라우팅 테이블

```
R2# show ip route
     (생략)
Gateway of last resort is 1.1.23.3 to network 0.0.0.0

     1.0.0.0/8 is variably subnetted, 2 subnets, 2 masks
C        1.1.23.0/24 is directly connected, FastEthernet0/0.23
S        1.1.34.4/32 [1/0] via 0.0.0.0, FastEthernet0/0.23
     10.0.0.0/24 is subnetted, 3 subnets
O        10.1.10.0 [110/2] via 10.1.12.1, 03:19:30, FastEthernet0/0.12
C        10.1.12.0 is directly connected, FastEthernet0/0.12
S        10.1.45.0 [1/0] via 0.0.0.0, Virtual-Access2
S*   0.0.0.0/0 [1/0] via 1.1.23.3
```

이제, 내부 라우터인 R1에서 지사의 내부 라우터와 통신이 된다.

예제 10-65 핑 테스트

```
R1# ping 10.1.45.5

Type escape sequence to abort.
Sending 5, 100-byte ICMP Echos to 10.1.45.5, timeout is 2 seconds:
!!!!!
Success rate is 100 percent (5/5), round-trip min/avg/max = 88/183/288 ms
```

다음과 같이 show crypto session detail 명령어를 사용하여 확인해 보면 IPsec으로 보호하여 송수신한 패킷 수를 알 수 있다.

예제 10-66 크립토 세션 확인

```
R2# show crypto session detail
Crypto session current status

Code: C - IKE Configuration mode, D - Dead Peer Detection
K - Keepalives, N - NAT-traversal, X - IKE Extended Authentication
F - IKE Fragmentation

Interface: Virtual-Access2
Username: user1
Profile: DVTI-ISAKMP-PROFILE
Group: GROUP1
Uptime: 00:02:04
Session status: UP-ACTIVE
Peer: 1.1.34.4 port 500 fvrf: (none) ivrf: (none)
      Phase1_id: GROUP1
      Desc: (none)
  IKE SA: local 1.1.23.2/500 remote 1.1.34.4/500 Active
          Capabilities:CDX connid:1069 lifetime:23:57:34
  IPSEC FLOW: permit ip 10.1.0.0/255.255.0.0 10.1.45.0/255.255.255.0
      Active SAs: 2, origin: crypto map
      Inbound:  #pkts dec'ed 5 drop 0 life (KB/Sec) 4419147/3475
      Outbound: #pkts enc'ed 5 drop 0 life (KB/Sec) 4419147/3475
```

다음과 같이 show crypto map 명령어를 사용하여 확인해 보면 실제 적용된 임시 크립토 맵의 내용을 알 수 있다.

```
R2# show crypto map
        Interfaces using crypto map VPN:
    (생략)
Crypto Map "Virtual-Access2-head-0" 65537 ipsec-isakmp
        Map is a PROFILE INSTANCE.
        Peer = 1.1.34.4
        ISAKMP Profile: DVTI-ISAKMP-PROFILE
        Extended IP access list
            access-list   permit ip 10.1.0.0 0.0.255.255 10.1.45.0 0.0.0.255
        Current peer: 1.1.34.4
        Security association lifetime: 4608000 kilobytes/3600 seconds
        PFS (Y/N): N
        Transform sets={
                PHASE2,
        }
        Reverse Route Injection Enabled
        Interfaces using crypto map Virtual-Access2-head-0:
                Virtual-Access2

Crypto Map "Virtual-Template1-head-0" 65536 ipsec-isakmp
        ISAKMP Profile: DVTI-ISAKMP-PROFILE
        Profile name: DVTI-IPSEC-PROFILE
        Security association lifetime: 4608000 kilobytes/3600 seconds
        PFS (Y/N): N
        Transform sets={
                PHASE2,
        }
        Interfaces using crypto map Virtual-Template1-head-0:
                Virtual-Template1
```

DVTI와 QoS

DVTI를 사용하면 QoS를 VTI에 직접 적용시킬 수 있어 편리하다. 예를 들어, 각
지사와 통신시 최고 속도를 1Mbps로 제한하기 위하여 다음과 같이 세이핑(shaping)
을 설정해 보자. 이를 위하여 QoS 정책을 설정한 후 VTI 인터페이스에 적용하였다.

예제 10-68 셰이핑 설정

```
R2(config)# policy-map DVTI-OUTBOUND
R2(config-pmap)# class class-default
R2(config-pmap-c)# shape average 1000000
R2(config-pmap-c)# exit
R2(config-pmap)# exit

R2(config)# interface virtual-template 1
R2(config-if)# service-policy output DVTI-OUTBOUND
```

설정후 다음과 같이 show policy-map interface virtual-access 2 명령어를 사용하여 확인한다. 즉, DVTI 템플릿 (견본 인터페이스)에 설정한 QoS가 각 지사별로 적용되어 대단히 편리하다.

예제 10-69 QoS 동작 확인

```
R2 show policy-map interface virtual-access 2
 Virtual-Access2

Service-policy output: DVTI-OUTBOUND

    Class-map: class-default (match-any)
      0 packets, 0 bytes
      5 minute offered rate 0000 bps, drop rate 0000 bps
      Match: any
      Queueing
      queue limit 64 packets
      (queue depth/total drops/no-buffer drops) 0/0/0
      (pkts output/bytes output) 0/0
      shape (average) cir 1000000, bc 4000, be 4000
      target shape rate 1000000
```

이상으로 IPsec DVTI를 이용한 이지 VPN을 설정하고 동작하는 것을 확인해 보았다.

제11장
디지털 인증서

PKI 설정 및 동작 방식

PKI(public key infrastructure)란 디지털 인증서 사용을 위한 기반구조를 말한다. 즉, 디지털 인증서의 생성, 관리, 배포, 사용, 저장 및 해제를 위하여 필요한 하드웨어, 소프트웨어, 정책 및 절차를 총칭하는 용어이다.

디지털 인증서(digital certificate)란 인증기관(CA, certificate authority)이 소유자의 신분과 그의 공개키 정보를 보증하기 위해 발급하는 전자문서이다. 즉, CA는 사용자의 공개키 인증서를 전자서명함으로써, 사용자 인증서가 진짜라는 것과 내용이 변조되지 않았다는 것을 보장한다. 인증서에는 다음과 같이 인증서 소유자의 공개키와 인증서 발행자의 해시코드(hash code) 등이 포함된다.

· 일련 번호(serial number) : 인증서마다 유일한 번호

· 주체(subject) : 인증서 소유자의 이름, 이메일, 회사명, 도시, 국가 등의 정보

· 공개키(public key) : 인증서 소유자의 공개키. 인감도장과 유사.

· 서명 알고리듬(signature algorithm) : 서명을 생성하기 위하여 사용된 알고리듬

· 발급자(issuer) : 인증서의 정보를 확인하고 인증서를 발행한 주체 즉, 인증기관

· 해시코드(hash code) : 인증서의 인증 및 변조 방지를 위한 손도장(thumbprint). 인감증명서의 관인에 해당

· 해시코드 알고리듬(algorithm) : 해시코드를 생성할 때 사용한 알고리듬

· 유효 기간(valid-from, to) : 인증서 유효 기간

· 주용도(key-usage) : 인증서의 주용도

· CRL 배포지점 : 폐지된 인증서 리스트(CRL, certificate revocation list)를 확인할 수 있는 위치

라우터는 CA(certificate authority)의 역할을 할 수 있다. 즉, 디지털 인증서를 발행하고 유지할 수 있다. 이번 절에서는 라우터를 이용하여 CA를 설정하고, CA에서

인증서를 발급받는 방법에 대하여 살펴본다.

디지털 인증서 서버 테스트 네트워크 구성

디지털 인증서 서버 설정 및 동작 확인을 위한 테스트 네트워크를 다음과 같이 구축한다. 그림에서 R1-R4는 본사 라우터, R6, R7은 지사 라우터라고 가정한다. 또, R5를 연결하는 구간은 IPsec으로 보호하지 않을 외부망이라고 가정한다.

토폴로지 구성이 끝나면 R3을 디지털 인증서 서버로 동작시키고, IPsec VPN 게이트웨이로 동작시킬 R2, R6, R7을 위한 디지털 인증서를 발행한다. 이후 R2, R6, R7은 IPsec으로 VPN 망을 구성할 때 디지털 인증서 즉, RSA 시그니쳐를 이용하여 ISAKMP 단계에서 상호 인증과정을 거친다.

그림 11-1 테스트 네트워크

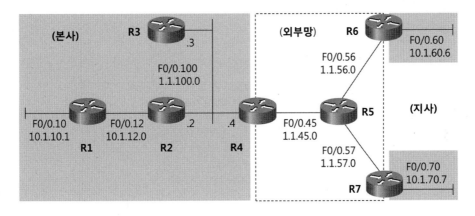

각 라우터에서 F0/0 인터페이스를 서브 인터페이스로 동작시킨다. 서브 인터페이스 번호, 서브넷 번호 및 VLAN 번호를 동일하게 사용한다. 이를 위하여 다음과 같이 SW1에서 VLAN을 만들고, 각 라우터와 연결되는 포트를 트렁크로 동작시킨다.

예제 11-1 SW1 설정

```
SW1(config)# vlan 10
SW1(config-vlan)# vlan 12
SW1(config-vlan)# vlan 100
```

```
SW1(config-vlan)# vlan 45
SW1(config-vlan)# vlan 56
SW1(config-vlan)# vlan 57
SW1(config-vlan)# vlan 60
SW1(config-vlan)# vlan 70
SW1(config-vlan)# exit

SW1(config)# interface range f1/1 - 7
SW1(config-if-range)# switchport trunk encapsulation dot1q
SW1(config-if-range)# switchport mode trunk
```

이번에는 각 라우터의 인터페이스를 활성화시키고, 서브 인터페이스를 만든 다음 IP 주소를 부여한다. 내부망의 IP 주소는 10.0.0.0/8을 24비트로 서브넷팅하여 사용하고, 외부망은 1.0.0.0/8을 서브넷팅하여 사용한다. R1의 설정은 다음과 같다.

예제 11-2 R1 설정

```
R1(config)# interface f0/0
R1(config-if)# no shut
R1(config-if)# exit

R1(config)# interface f0/0.10
R1(config-subif)# encapsulation dot1Q 10
R1(config-subif)# ip address 10.1.10.1 255.255.255.0
R1(config-subif)# exit

R1(config)# interface f0/0.12
R1(config-subif)# encapsulation dot1Q 12
R1(config-subif)# ip address 10.1.12.1 255.255.255.0
```

R2의 설정은 다음과 같다.

예제 11-3 R2 설정

```
R2(config)# interface f0/0
R2(config-if)# no shut
R2(config-if)# exit

R2(config)# interface f0/0.12
R2(config-subif)# encapsulation dot1Q 12
```

```
R2(config-subif)# ip address 10.1.12.2 255.255.255.0
R2(config-subif)# exit

R2(config)# interface f0/0.100
R2(config-subif)# encapsulation dot1Q 100
R2(config-subif)# ip address 1.1.100.2 255.255.255.0
```

R3의 설정은 다음과 같다.

예제 11-4 R3 설정

```
R3(config)# interface f0/0
R3(config-if)# no shut
R3(config-if)# exit

R3(config)# interface f0/0.100
R3(config-subif)# encapsulation dot1Q 100
R3(config-subif)# ip address 1.1.100.3 255.255.255.0
```

R4의 설정은 다음과 같다.

예제 11-5 R4 설정

```
R4(config)# interface f0/0
R4(config-if)# no shut
R4(config-if)# exit

R4(config)# interface f0/0.100
R4(config-subif)# encapsulation dot1Q 100
R4(config-subif)# ip address 1.1.100.4 255.255.255.0
R4(config-subif)# exit

R4(config)# interface f0/0.45
R4(config-subif)# encapsulation dot1Q 45
R4(config-subif)# ip address 1.1.45.4 255.255.255.0
```

R5의 설정은 다음과 같다.

예제 11-6 R5 설정

```
R5(config)# interface f0/0
R5(config-if)# no shut
R5(config-if)# exit

R5(config)# interface f0/0.45
R5(config-subif)# encapsulation dot1Q 45
R5(config-subif)# ip address 1.1.45.5 255.255.255.0
R5(config-subif)# exit

R5(config)# interface f0/0.56
R5(config-subif)# encapsulation dot1Q 56
R5(config-subif)# ip address 1.1.56.5 255.255.255.0
R5(config-subif)# exit

R5(config)# interface f0/0.57
R5(config-subif)# encapsulation dot1Q 57
R5(config-subif)# ip address 1.1.57.5 255.255.255.0
```

R6의 설정은 다음과 같다.

예제 11-7 R6 설정

```
R6(config)# interface f0/0
R6(config-if)# no shut
R6(config-if)# exit

R6(config)# interface f0/0.56
R6(config-subif)# encapsulation dot1Q 56
R6(config-subif)# ip address 1.1.56.6 255.255.255.0
R6(config-subif)# exit

R6(config)# interface f0/0.60
R6(config-subif)# encapsulation dot1Q 60
R6(config-subif)# ip address 10.1.60.6 255.255.255.0
```

R7의 설정은 다음과 같다.

예제 11-8 R7 설정

```
R7(config)# interface f0/0
R7(config-if)# no shut
R7(config-if)# exit

R7(config)# interface f0/0.57
R7(config-subif)# encapsulation dot1Q 57
R7(config-subif)# ip address 1.1.57.7 255.255.255.0
R7(config-subif)# exit

R7(config)# interface f0/0.70
R7(config-subif)# encapsulation dot1Q 70
R7(config-subif)# ip address 10.1.70.7 255.255.255.0
```

라우터의 IP 주소 설정이 끝나면 넥스트 홉 IP 주소까지의 통신을 핑으로 확인한다. 다음에는 외부 네트워크의 라우팅을 설정한다. 외부망과의 경계 라우터인 R4, R6, R7에서 인터넷 라우터인 R5 방향으로 정적인 디폴트 루트를 설정한다. R2, R3에서는 R4 방향으로 정적인 디폴트 루트를 설정한다. 또, 인터넷 라우터인 R5에서 공인 IP 주소를 사용하는 내부망인 1.1.100.0/24와의 라우팅을 위하여 정적 경로를 설정한다.

그림 11-2 외부망 라우팅

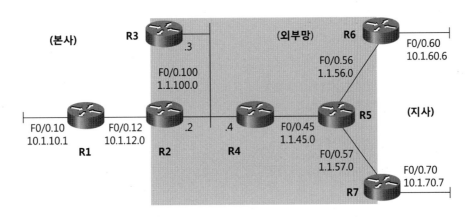

각 라우터의 설정은 다음과 같다.

```
R2(config)# ip route 0.0.0.0 0.0.0.0 1.1.100.4
R3(config)# ip route 0.0.0.0 0.0.0.0 1.1.100.4
R4(config)# ip route 0.0.0.0 0.0.0.0 1.1.45.5
R5(config)# ip route 1.1.100.0 255.255.255.0 1.1.45.4
R6(config)# ip route 0.0.0.0 0.0.0.0 1.1.56.5
R7(config)# ip route 0.0.0.0 0.0.0.0 1.1.57.5
```

이번에는 다음 그림과 같이 EIGRP 1을 이용하여 본사 내부망의 라우팅을 설정한다.

그림 11-3 본사 내부망 라우팅

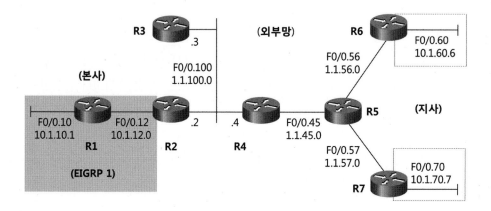

현재는 본사 라우터인 R1, R2에서만 동적인 라우팅을 설정한다. 나중에 IPsec VPN 을 구성한 다음에는 R6, R7의 내부망에도 EIGRP 1을 동작시킬 것이다. R1, R2의 설정은 다음과 같다.

예제 11-10 내부망 라우팅 설정

```
R1(config)# router eigrp 1
R1(config-router)# network 10.1.10.1 0.0.0.0
R1(config-router)# network 10.1.12.1 0.0.0.0

R2(config)# router eigrp 1
R2(config-router)# network 10.1.12.2 0.0.0.0
R2(config-router)# redistribute static
```

설정후 R1의 라우팅 테이블에 EIGRP를 이용한 디폴트 루트가 인스톨되는지 확인한다. 이것으로 디지털 인증서 서버를 설정하고 동작을 확인할 기본적인 네트워크가 완성되었다.

NTP 설정

이제, 다음 그림과 같이 R3을 CA 즉, 인증서 서버로 동작시킨다. 인증서 서버와 인증서 발행을 요청하고 사용하는 장비들간에는 시간이 일치해야 한다. 이를 위해 NTP(network time protocol)를 이용하여 각 라우터의 시간을 동기시킨다. R3을 시간정보를 제공하는 NTP 서버로 동작시키고, R2, R6, R7을 NTP 클라이언트로 설정한다.

그림 11-4 NTP 서버

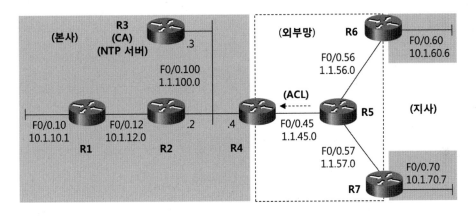

NTP 서버인 R3의 설정은 다음과 같다.

예제 11-11 NTP 서버 설정

```
R3# clock set 1:1:1 august 8 2011

R3# conf t
R3(config)# ntp master
```

설정후 R3의 시간을 확인해보면 다음과 같이 설정한 시간으로 변경된다.

예제 11-12 시간 확인

```
R3# show clock
01:01:42.807 UTC Mon Aug 8 2011
```

이번에는 각 라우터의 시간을 다음과 같이 NTP 서버인 R3과 동기화시킨다.

예제 11-13 NTP 서버와의 동기화

```
R2(config)# ntp server 1.1.100.3
R6(config)# ntp server 1.1.100.3
R7(config)# ntp server 1.1.100.3
```

잠시후 R7에서 **show ntp status** 명령어를 사용하여 확인해 보면 다음과 같이 R3 (1.1.100.3)과 시간이 동기화되어 있다.

예제 11-14 NTP 상태 확인

```
R7# show ntp status
Clock is synchronized, stratum 9, reference is 1.1.100.3
nominal freq is 250.0000 Hz, actual freq is 250.0014 Hz, precision is 2**18
reference time is D1EC5972.E0C781CD (01:12:18.878 UTC Wed Aug 10 2011)
clock offset is -23.7736 msec, root delay is 112.15 msec
root dispersion is 950.53 msec, peer dispersion is 926.71 msec
```

또, show clock 명령어를 사용하여 시간을 확인해 보면 R3에서 받아온 시간이 표시된다.

예제 11-15 시간 확인

```
R7# show clock
01:12:23.432 UTC Wed Aug 10 2011
```

이상으로 CA와 인증서를 받아가는 라우터 사이에 NTP 설정을 완료하였다.

ACL 설정

반드시 필요한 것은 아니지만 R4에서 외부와 연결되는 F0/0.45 인터페이스에 입력 방향으로 ACL을 설정한다. 실제 네트워크인 경우, 내부망을 보호하는 첫 번째 방화벽 역할 및 자신을 보호하기 위하여 R4에 ACL을 설정한다. 테스트 네트워크에서는 ACL을 설정해 봄으로써 관련된 각 프로토콜들의 동작을 파악하는데 많은 도움이 된다.

예제 11-16 각 프로토콜 동작 확인을 위한 ACL

```
   R4(config)# ip access-list extended ACL
①  R4(config-ext-nacl)# permit icmp any any
②  R4(config-ext-nacl)# permit udp host 1.1.56.6 eq ntp host 1.1.100.3 eq ntp
   R4(config-ext-nacl)# permit udp host 1.1.57.7 eq ntp host 1.1.100.3 eq ntp
③  R4(config-ext-nacl)# permit tcp host 1.1.56.6 host 1.1.100.3 eq www
   R4(config-ext-nacl)# permit tcp host 1.1.57.7 host 1.1.100.3 eq www
④  R4(config-ext-nacl)# permit udp host 1.1.56.6 host 1.1.100.2 eq isakmp
   R4(config-ext-nacl)# permit udp host 1.1.57.7 host 1.1.100.2 eq isakmp
⑤  R4(config-ext-nacl)# permit esp host 1.1.56.6 host 1.1.100.2
   R4(config-ext-nacl)# permit esp host 1.1.57.7 host 1.1.100.2
   R4(config-ext-nacl)# exit

   R4(config)# interface f0/0.45
   R4(config-subif)# ip access-group ACL in
```

① 핑 테스트를 위하여 ICMP 패킷은 모두 허용하였다.

② R6, R7이 R3에게 NTP를 이용하여 시간정보를 요청하는 패킷을 허용한다.

③ R6, R7이 HTTP를 이용하여 CA인 R3에게서 디지털 인증서를 요청할 수 있도록 허용한다.

④ 나중에 R2, R6, R7 사이에 IPsec VTI를 이용한 VPN을 구성할 것이다. 이를 위하여 R6, R7이 R2와 ISAKMP 정보를 교환할 수 있도록 허용한다.

⑤ R6, R7이 R2와 ESP 패킷을 교환할 수 있도록 허용한다.

디지털 인증서 서버 설정

이제, R3을 디지털 인증서 서버로 동작시킨다.

예제 11-17 디지털 인증서 서버 설정

```
① R3(config)# ip http server

② R3(config)# crypto pki server CA1
③ R3(cs-server)# issuer-name CN = MyCertServer, L = Seoul, C =  KR
④ R3(cs-server)# grant auto
⑤ R3(cs-server)# no shut

   %Some server settings cannot be changed after CA certificate generation.
   % Please enter a passphrase to protect the private key
   % or type Return to exit
⑥ Password:
   Re-enter password:
```

① 라우터를 HTTP 서버 기능을 하도록 한다. 이 명령어를 사용하지 않아도 라우터는 기본적으로 HTTP 서버로 동작한다.

② **crypto pki server** 명령어 다음에 적당한 이름을 사용하여 디지털 인증서 서버 설정모드로 들어간다.

③ 인증서 발행자 이름을 X.500 (LDAP) 포맷에 맞게 지정한다. 사용가능한 주요 항목과 의미는 다음과 같다.

· c(country) : ISO에서 지정한 두글자의 국가코드를 지정한다. 우리나라는 KR, 미국 은 US 등으로 표시한다.

· cn(comman name) : 해당 CA를 나타내는 적절한 이름을 지정한다.

· e(email) : CA의 이메일 주소를 입력한다.

· l(locality) : CA의 위치를 입력한다.

· o(organization) : CA의 회사명을 입력한다

· ou(organizational unit) : CA 내의 부서이름을 입력한다.

· st(state) : CA가 위치한 시도 또는 주 등의 정보를 입력한다.

④ 인증서 요청을 받으면 자동으로 인증서를 발급하도록 한다.

⑤ 디지털 인증서 서버를 활성화시킨다.

⑥ 인증서 서버가 생성할 RSA 개인키를 보호할 7자리 이상의 암호를 지정한다.

그러면 다음과 같이 RSA 키를 생성하고, 인증서 서버가 활성화되었다는 메시지가
표시된다.

예제 11-18 인증서 서버가 활성화되었다는 메시지

```
% Generating 1024 bit RSA keys, keys will be non-exportable...[OK]
% Exporting Certificate Server signing certificate and keys...

% Certificate Server enabled.
Aug 10 02:04:19.267: %PKI-6-CS_ENABLED: Certificate server now enabled.
```

show crypto pki server 명령어를 사용하여 인증서 서버의 상태 및 정보를 확인한
결과는 다음과 같다.

예제 11-19 인증서 서버의 상태 및 정보 확인

```
R3# show crypto pki server
Certificate Server CA1:
    Status: enabled
    State: enabled
    Server's configuration is locked   (enter "shut" to unlock it)
    Issuer name: CN = MyCertServer, L = Seoul, C =  KR
    CA cert fingerprint: F62C2FC0 027DE70C 03432A39 8F09045B
    Granting mode is: auto
    Last certificate issued serial number: 0x1
    CA certificate expiration timer: 02:04:18 UTC Aug 9 2014
    CRL NextUpdate timer: 08:04:18 UTC Aug 10 2011
    Current primary storage dir: nvram:
    Database Level: Minimum - no cert data written to storage
```

show crypto pki trustpoints status 명령어를 사용하여 확인한 결과는 다음과 같다.

예제 11-20 CA 상태 확인

```
R3# show crypto pki trustpoints status
Trustpoint CA1:
  Issuing CA certificate configured:
    Subject Name:
     cn=MyCertServer,l=Seoul,c=KR
    Fingerprint MD5: F62C2FC0 027DE70C 03432A39 8F09045B
    Fingerprint SHA1: CE9D7FD1 017F62F9 F7FA0AB2 FEBF6DE7 9029581B
  State:
    Keys generated ............ Yes (General Purpose, non-exportable)
    Issuing CA authenticated ....... Yes
    Certificate request(s) ..... None
```

show crypto pki certificates 명령어를 사용하면 다음과 같이 현재 발행한 인증서 정보를 알 수 있다.

예제 11-21 인증서 정보 확힌

```
R3# show crypto pki certificates
CA Certificate
  Status: Available
  Certificate Serial Number: 0x1
  Certificate Usage: Signature
  Issuer:
    cn=MyCertServer
    l=Seoul
    c=KR
  Subject:
    cn=MyCertServer
    l=Seoul
    c=KR
  Validity Date:
    start date: 02:04:18 UTC Aug 10 2011
    end   date: 02:04:18 UTC Aug 9 2014
  Associated Trustpoints: CA1
```

이상으로 기본적인 디지털 인증서 서버 설정이 완료되었다.

공개키/개인키 만들기

이번에는 각 라우터에서 인증용으로 사용하기 위하여 RSA 공개키와 개인키를 생성한다. 이를 위하여 다음과 같이 도메인 이름을 지정하고, 키를 만든다.

예제 11-22 RSA 키 생성

```
R2(config)# ip domain-name cisco.com
R2(config)# crypto key generate rsa general-keys modulus 1024
```

키 생성시 general-keys 옵션을 사용하면 한쌍의 공개키/개인키가 생성되며, 전자서명과 암호화를 위하여 동일한 키를 사용한다. 만약, usage-keys 옵션을 사용하면 두쌍의 공개키/개인키가 생성되어 전자서명 및 암호화를 위하여 각각 사용한다. 모듈러스 값은 키의 길이를 비트단위로 표시한다. 키가 길수록 보안성이 더 뛰어나지만 생성시 더 많은 시간이 소요된다.

잠시후 키 생성이 완료되면 다음과 같이 show crypto key mypubkey rsa 명령어를 사용하여 현재 라우터의 공개키를 확인할 수 있다.

예제 11-23 라우터의 공개키 확인

```
R2# show crypto key mypubkey rsa
% Key pair was generated at: 02:30:53 UTC Aug 10 2011
Key name: R2.cisco.com
 Storage Device: private-config
 Usage: General Purpose Key
 Key is not exportable.
 Key Data:
  30819F30 0D06092A 864886F7 0D010101 05000381 8D003081 89028181
   (생략)
% Key pair was generated at: 03:51:50 UTC Aug 11 2011
Key name: R2.cisco.com.server
Temporary key
 Usage: Encryption Key
 Key is not exportable.
 Key Data:
  307C300D 06092A86 4886F70D 01010105 00036B00 30680261 00C52A42
   (생략)
```

write memory 등의 명령어를 사용하여 키를 저장해야 한다.

CA 인증서 다운로드 및 인증하기

CA와 사용자 사이에 인증서를 등록하고 CRL(certificate revocation list)를 요청할 때 SCEP(simple certificate enrollment protocol)을 사용한다. SCEP은 인증서 등록시에는 HTTP를 사용하고 CRL 확인시에는 HTTP나 LDAP을 사용한다.

다음에는 CA의 인증서를 다운로드하고 인증해야 한다. 이를 위하여 다음과 같이 **crypto pki trustpoint** 명령어와 함께 CA의 이름을 지정한 다음 CA의 위치를 지정한다. 또, subject-name 옵션을 사용하여 인증서 요청 장비의 이름, 위치 등을 지정할 수 있다.

예제 11-24 CA 지정

```
R2(config)# crypto pki trustpoint CA1
R2(ca-trustpoint)# enrollment url http://1.1.100.3
R2(ca-trustpoint)# subject-name cn=R2, l=Seoul, c=KR
R2(ca-trustpoint)# exit
```

다음과 같이 CA의 인증서를 다운받고, CA의 인증서를 인증한다. **crypto pki authenticate** 명령어 다음에 CA에서 지정한 이름을 그대로 사용한다. CA에서 수신한 전자서명(fingerprint)과 실제 CA의 전자서명을 비교하여 일치하는지 확인하고 이상이 없으면 **yes**를 입력하여 인증한다.

예제 11-25 CA의 인증서 인증

```
R2(config)# crypto pki authenticate CA1
Certificate has the following attributes:
      Fingerprint MD5: F62C2FC0 027DE70C 03432A39 8F09045B
      Fingerprint SHA1: CE9D7FD1 017F62F9 F7FA0AB2 FEBF6DE7 9029581B

% Do you accept this certificate? [yes/no]: yes
Trustpoint CA certificate accepted.
```

방금 저장한 CA의 인증서는 다른 라우터의 인증서를 확인할 때 사용된다. 또, 잠시후 CA에게서 수신할 R2 자신 인증서의 진정성을 확인할 때에도 사용된다.

라우터 인증서 요청하기

이제, 다음과 같이 라우터 자신의 인증서를 요청한다. **crypto pki enroll** 명령어 다음에 CA의 이름을 사용하여 인증서 등록을 요청한다. 이때 암호를 묻는데, 두가지 목적이 있다. 먼저, 현재의 라우터가 CA에게 새로운 인증서를 요청할 때 사용되며, 인증서를 취소할 때도 사용된다. 암호 입력후 CA에게 인증서를 요청하겠느냐는 질문에 **yes**로 답하면 라우터는 자신의 공개키와 이름 등의 정보를 CA에게 전송하고 승인을 기다린다.

예제 11-26 CA 등록

```
R2(config)# crypto pki enroll CA1
%
% Start certificate enrollment ..
% Create a challenge password. You will need to verbally provide this
   password to the CA Administrator in order to revoke your certificate.
   For security reasons your password will not be saved in the configuration.
   Please make a note of it.

Password:
Re-enter password:

% The subject name in the certificate will include: cn=R2, l=Seoul, c=KR
% The subject name in the certificate will include: R2.cisco.com
% Include the router serial number in the subject name? [yes/no]: yes
% The serial number in the certificate will be: JAB0446C0L2
% Include an IP address in the subject name? [no]:
Request certificate from CA? [yes/no]: yes
% Certificate request sent to Certificate Authority
% The 'show crypto ca certificate CA1 verbose' commandwill show the fingerprint.
```

요청이 승인되면 인증서가 만들어지고 자동으로 라우터로 다운로드된다.

예제 11-27 라우터로 인증서가 전송된 메시지

```
R2(config)#
Aug 10 02:48:04.341: CRYPTO_PKI:  Certificate Request Fingerprint MD5:
                 25004087 FFFA08AF 4D15CFD4 B3A6F7F3
Aug 10 02:48:04.353: CRYPTO_PKI:  Certificate Request Fingerprint SHA1:
                 A1318FF0 5B149ADB FAF6EC1A 5E77CFF5 1BC4F74D
Aug 10 02:48:06.773: %PKI-6-CERTRET: Certificate received from Certificate Authority
```

인증서를 수신하면 **write memory** 등의 명령어를 사용하여 인증서를 저장한다. 다음 과 같이 **show crypto pki certificates verbose** 명령어를 사용하여 확인해 보면 R2 및 CA의 인증서 정보를 알 수 있다.

예제 11-28 인증서 정보 확인하기

```
R2# show crypto pki certificates verbose
Certificate
  Status: Available
  Version: 3
  Certificate Serial Number: 0x2
  Certificate Usage: General Purpose
  Issuer:
    cn=MyCertServer
    l=Seoul
    c=KR
  Subject:
    Name: R2.cisco.com
    Serial Number: JAB0446C0L2
    serialNumber=JAB0446C0L2+hostname=R2.cisco.com
    cn=R2
    l=Seoul
    c=KR
  Validity Date:
    start date: 02:48:05 UTC Aug 10 2011
    end   date: 02:48:05 UTC Aug 9 2012
  Subject Key Info:
    Public Key Algorithm: rsaEncryption
    RSA Public Key: (1024 bit)
  Signature Algorithm: MD5 with RSA Encryption
  Fingerprint MD5: 6917322E F4FFB6CA 0605B968 E3A219A8
      (생략)
```

```
    Authority Info Access:
  Associated Trustpoints: CA1
  Key Label: R2.cisco.com

CA Certificate
  Status: Available
  Version: 3
  Certificate Serial Number: 0x1
  Certificate Usage: Signature
  Issuer:
    cn=MyCertServer
    l=Seoul
    c=KR
  Subject:
    cn=MyCertServer
    l=Seoul
    c=KR
  Validity Date:
    start date: 02:04:18 UTC Aug 10 2011
    end   date: 02:04:18 UTC Aug 9 2014
  Subject Key Info:
    Public Key Algorithm: rsaEncryption
    RSA Public Key: (1024 bit)
      (생략)
```

이것으로 R2의 인증서 등록이 완료되었다. 동일한 방법으로 R6을 위한 디지털 인증서를 등록한다.

예제 11-29 R6을 위한 디지털 인증서 등록

```
R6(config)# ip domain-name cisco.com
R6(config)# crypto key generate rsa general-keys modulus 1024

R6(config)# crypto pki trustpoint CA1
R6(ca-trustpoint)# enrollment url http://1.1.100.3
R6(ca-trustpoint)# subject-name cn=R6, l=Busan, c=kr
R6(ca-trustpoint)# exit

R6(config)# crypto pki authenticate CA1
Certificate has the following attributes:
     Fingerprint MD5: F62C2FC0 027DE70C 03432A39 8F09045B
     Fingerprint SHA1: CE9D7FD1 017F62F9 F7FA0AB2 FEBF6DE7 9029581B
```

```
% Do you accept this certificate? [yes/no]: yes
Trustpoint CA certificate accepted.

R6(config)# crypto pki enroll CA1
%
% Start certificate enrollment ..
% Create a challenge password. You will need to verbally provide this
    password to the CA Administrator in order to revoke your certificate.
    For security reasons your password will not be saved in the configuration.
    Please make a note of it.

Password:
Re-enter password:

% The subject name in the certificate will include: cn=R6, l=Busan, c=kr
% The subject name in the certificate will include: R6.cisco.com
% Include the router serial number in the subject name? [yes/no]: yes
% The serial number in the certificate will be: JAB0446C0L2
% Include an IP address in the subject name? [no]: yes
Enter Interface name or IP Address[]: 1.1.56.6
Request certificate from CA? [yes/no]: yes
% Certificate request sent to Certificate Authority
% The 'show crypto ca certificate CA1 verbose' commandwill show the fingerprint.
```

R7의 설정은 다음과 같다.

예제 11-30 R7을 위한 디지털 인증서 등록

```
R7(config)# ip domain-name cisco.com

R7(config)# crypto key generate rsa general-keys
The name for the keys will be: R7.cisco.com
Choose the size of the key modulus in the range of 360 to 2048 for your
    General Purpose Keys. Choosing a key modulus greater than 512 may take
    a few minutes.

How many bits in the modulus [512]: 1024
% Generating 1024 bit RSA keys, keys will be non-exportable...[OK]

R7(config)# crypto pki trustpoint CA1
R7(ca-trustpoint)# enrollment url http://1.1.100.3
R7(ca-trustpoint)# subject-name cn=R7, l=Kwangju, c=kr
```

```
R7(ca-trustpoint)# exit

R7(config)# crypto pki authenticate CA1
Certificate has the following attributes:
      Fingerprint MD5: F62C2FC0 027DE70C 03432A39 8F09045B
      Fingerprint SHA1: CE9D7FD1 017F62F9 F7FA0AB2 FEBF6DE7 9029581B

% Do you accept this certificate? [yes/no]: yes
Trustpoint CA certificate accepted.

R7(config)# crypto pki enroll CA1
%
% Start certificate enrollment ..

Password:
Re-enter password:

% The subject name in the certificate will include: cn=R7, l=Kwangju, c=kr
% The subject name in the certificate will include: R7.cisco.com
% Include the router serial number in the subject name? [yes/no]: no
% Include an IP address in the subject name? [no]:
Request certificate from CA? [yes/no]: yes
% Certificate request sent to Certificate Authority
% The 'show crypto ca certificate CA1 verbose' commandwill show the fingerprint.
```

이상으로 CA를 설정하고, 각 라우터가 인증서를 등록하는 방법에 대하여 살펴보았다.

디지털 인증서를 이용한 VPN 피어 인증

이번에서 앞서 만든 디지털 인증서를 이용한 IPsec VPN 피어를 인증해 보자. 테스트를 위하여 IPsec VTI 터널을 구성한다.

IPsec VTI 터널 구성

앞서 디지털 인증서 서버로부터 받아온 인증서를 이용하여 IPsec VPN에서 IKE 1단계 인증을 하도록 해보자. 이후 다음 그림과 같이 본사 라우터인 R2와 지사 라우터인 R6, R7간에 IPsec VTI 터널을 구성한다.

그림 11-5 IPsec VTI 터널

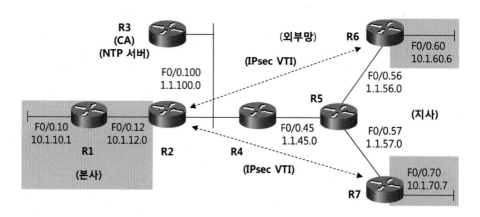

R2에서 IPsec VTI 터널을 구성하는 방법은 다음과 같다.

예제 11-31 R2의 IPsec VTI 터널 구성

```
R2(config)# crypto isakmp policy 10
R2(config-isakmp)# encryption aes
R2(config-isakmp)# exit

R2(config)# crypto ipsec transform-set PHASE2 esp-aes esp-sha-hmac
R2(cfg-crypto-trans)# exit

R2(config)# crypto ipsec profile VTI-PROFILE
```

```
R2(ipsec-profile)# set transform-set PHASE2
R2(ipsec-profile)# exit

R2(config)# interface tunnel 26
R2(config-if)# ip address 10.1.26.2 255.255.255.0
R2(config-if)# tunnel source 1.1.100.2
R2(config-if)# tunnel destination 1.1.56.6
R2(config-if)# tunnel mode ipsec ipv4
R2(config-if)# tunnel protection ipsec profile VTI-PROFILE
R2(config-if)# exit

R2(config)# interface tunnel 27
R2(config-if)# ip address 10.1.27.2 255.255.255.0
R2(config-if)# tunnel source 1.1.100.2
R2(config-if)# tunnel destination 1.1.57.7
R2(config-if)# tunnel mode ipsec ipv4
R2(config-if)# tunnel protection ipsec profile VTI-PROFILE
```

ISAKMP 정책에서 별도의 인증방식을 지정하지 않았다. 즉, 기본적으로 인증서를 이용하는 방식인 'RSA 시그니쳐'를 사용하도록 하였다. 지사 라우터인 R6에서도 다음과 같이 IPsec VTI 터널을 구성한다.

예제 11-32 R6의 IPsec VTI 터널 구성

```
R6(config)# crypto isakmp policy 10
R6(config-isakmp)# encryption aes
R6(config-isakmp)# exit

R6(config)# crypto ipsec transform-set PHASE2 esp-aes esp-sha-hmac
R6(cfg-crypto-trans)# exit
R6(config)# crypto ipsec profile VTI-PROFILE
R6(ipsec-profile)# set transform-set PHASE2
R6(ipsec-profile)# exit

R6(config)# interface tunnel 26
R6(config-if)# ip address 10.1.26.6 255.255.255.0
R6(config-if)# tunnel source 1.1.56.6
R6(config-if)# tunnel destination 1.1.100.2
R6(config-if)# tunnel mode ipsec ipv4
R6(config-if)# tunnel protection ipsec profile VTI-PROFILE
```

지사 라우터인 R7에서의 IPsec VTI 터널 설정은 다음과 같다.

예제 11-33 R7의 IPsec VTI 터널 구성

```
R7(config)# crypto isakmp policy 10
R7(config-isakmp)# encryption aes
R7(config-isakmp)# exit

R7(config)# crypto ipsec transform-set PHASE2 esp-aes esp-sha-hmac
R7(cfg-crypto-trans)# exit

R7(config)# crypto ipsec profile VTI-PROFILE
R7(ipsec-profile)# set transform-set PHASE2
R7(ipsec-profile)# exit

R7(config)# interface tunnel 27
R7(config-if)# ip address 10.1.27.7 255.255.255.0
R7(config-if)# tunnel source 1.1.57.7
R7(config-if)# tunnel destination 1.1.100.2
R7(config-if)# tunnel mode ipsec ipv4
R7(config-if)# tunnel protection ipsec profile VTI-PROFILE
```

이상으로 본사와 지사 사이에 IPsec VTI 터널이 구성되었다. R2에서 **show crypto isakmp policy** 명령어를 사용하여 확인해 보면 다음과 같이 인증방식으로 RSA 시그니쳐를 사용하고 있다.

예제 11-34 ISAKMP 폴리시 확인

```
R2# show crypto isakmp policy

Global IKE policy
Protection suite of priority 10
        encryption algorithm:   AES - Advanced Encryption Standard (128 bit keys).
        hash algorithm:         Secure Hash Standard
        authentication method: Rivest-Shamir-Adleman Signature
        Diffie-Hellman group:   #1 (768 bit)
        lifetime:               86400 seconds, no volume limit
```

또, **show crypto isakmp sa** 명령어를 사용하여 확인해 보면 다음과 같이 각 지사와 ISAKMP SA가 구성된다.

예제 11-35 ISAKMP SA 확인

```
R2# show crypto isakmp sa
IPv4 Crypto ISAKMP SA
dst              src              state       conn-id  slot   status
1.1.100.2        1.1.56.6         QM_IDLE     1001     0      ACTIVE
1.1.100.2        1.1.57.7         QM_IDLE     1002     0      ACTIVE
```

다음과 같이 본사 라우터 R2에서 지사 라우터와 연결되는 터널 종단지점까지 핑이
된다.

예제 11-36 핑 테스트

```
R2# ping 10.1.26.6
Type escape sequence to abort.
Sending 5, 100-byte ICMP Echos to 10.1.26.6, timeout is 2 seconds:
!!!!!
Success rate is 100 percent (5/5), round-trip min/avg/max = 216/279/396 ms

R2# ping 10.1.27.7
Type escape sequence to abort.
Sending 5, 100-byte ICMP Echos to 10.1.27.7, timeout is 2 seconds:
!!!!!
Success rate is 100 percent (5/5), round-trip min/avg/max = 228/288/448 ms
```

외부와의 경계 라우터인 R4에 앞서 설정한 ACL의 통계를 확인해보면 다음과 같다.

예제 11-37 ACL 통계 확인

```
R4# show ip access-lists
Extended IP access list ACL
    10 permit icmp any any (71 matches)
    20 permit udp host 1.1.56.6 eq ntp host 1.1.100.3 eq ntp (85 matches)
    30 permit udp host 1.1.57.7 eq ntp host 1.1.100.3 eq ntp (220 matches)
    40 permit tcp host 1.1.56.6 host 1.1.100.3 eq www (57 matches)
    50 permit tcp host 1.1.57.7 host 1.1.100.3 eq www (57 matches)
    60 permit udp host 1.1.56.6 host 1.1.100.2 eq isakmp (5 matches)
    70 permit udp host 1.1.57.7 host 1.1.100.2 eq isakmp (5 matches)
    80 permit esp host 1.1.56.6 host 1.1.100.2 (15 matches)
    90 permit esp host 1.1.57.7 host 1.1.100.2 (8 matches)
```

결과에서 NTP, PKI, ISAKMP 및 ESP가 동작하면서 적용된 패킷들의 수를 확인할 수 있다.

동적인 라우팅 설정

다음 그림과 같이 내부망과 IPsec VTI 터널에 EIGRP를 설정한다.

그림 11-6 동적인 라우팅 설정 구간

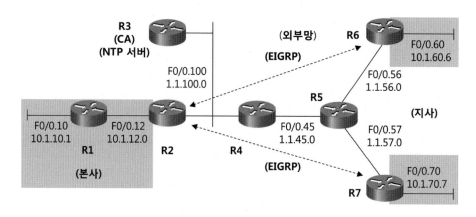

각 라우터의 EIGRP 설정은 다음과 같다.

예제 11-38 EIGRP 설정

```
R1(config)# router eigrp 1
R1(config-router)# network 10.1.10.1 0.0.0.0
R1(config-router)# network 10.1.12.1 0.0.0.0

R2(config)# router eigrp 1
R2(config-router)# network 10.1.26.2 0.0.0.0
R2(config-router)# network 10.1.27.2 0.0.0.0
R2(config-router)# network 10.1.12.2 0.0.0.0

R6(config)# router eigrp 1
R6(config-router)# network 10.1.26.6 0.0.0.0
R6(config-router)# network 10.1.60.6 0.0.0.0

R7(config)# router eigrp 1
R7(config-router)# network 10.1.27.7 0.0.0.0
```

```
R7(config-router)# network 10.1.70.7 0.0.0.0
```

설정후 본사의 내부망에 소속된 R1에서 확인해 보면 다음과 같이 지사의 내부 네트워크인 10.1.40.0/24와 10.1.50.0/24가 IPsec VTI 터널을 통하여 광고되었다.

예제 11-39 R1의 라우팅 테이블

```
R1# show ip route
      (생략)
Gateway of last resort is 10.1.12.2 to network 0.0.0.0

      10.0.0.0/24 is subnetted, 6 subnets
C        10.1.10.0 is directly connected, FastEthernet0/0.10
C        10.1.12.0 is directly connected, FastEthernet0/0.12
D        10.1.27.0 [90/297246976] via 10.1.12.2, 00:03:02, FastEthernet0/0.12
D        10.1.26.0 [90/297246976] via 10.1.12.2, 00:03:10, FastEthernet0/0.12
D        10.1.60.0 [90/297249536] via 10.1.12.2, 00:02:27, FastEthernet0/0.12
D        10.1.70.0 [90/297249536] via 10.1.12.2, 00:02:10, FastEthernet0/0.12
D*EX 0.0.0.0/0 [170/30720] via 10.1.12.2, 10:55:45, FastEthernet0/0.12
```

본사의 IPsec VTI 터널의 종단 지점인 R2의 라우팅 테이블을 확인해 보면 다음과 같이 각 지사 내부 네트워크가 각각의 IPsec VTI 터널로 연결된다.

예제 11-40 R2의 라우팅 테이블

```
R2# show ip route eigrp
      10.0.0.0/24 is subnetted, 6 subnets
D        10.1.10.0 [90/30720] via 10.1.12.1, 10:56:40, FastEthernet0/0.12
D        10.1.60.0 [90/297246976] via 10.1.26.6, 00:03:22, Tunnel26
D        10.1.70.0 [90/297246976] via 10.1.27.7, 00:03:06, Tunnel27
```

지사 라우터인 R6의 라우팅 테이블에도 다음과 같이 원격지 내부 네트워크가 IPsec VTI 터널을 통하여 인스톨되어 있다.

예제 11-41 R6의 라우팅 테이블

```
R6# show ip route eigrp
      10.0.0.0/24 is subnetted, 6 subnets
D        10.1.10.0 [90/297249536] via 10.1.26.2, 00:04:02, Tunnel26
D        10.1.12.0 [90/297246976] via 10.1.26.2, 00:04:02, Tunnel26
D        10.1.27.0 [90/310044416] via 10.1.26.2, 00:04:02, Tunnel26
D        10.1.70.0 [90/310046976] via 10.1.26.2, 00:03:39, Tunnel26
```

다음과 같이 show crypto session detail 명령어를 이용하여 확인해 보면 각 피어와
IPsec VTI 터널을 통하여 송수신된 패킷의 수를 알 수 있다.

예제 11-42 크립토 세션 확인

```
R6# show crypto session detail
      (생략)
I   IKE SA: local 1.1.56.6/500 remote 1.1.100.2/500 Active
            Capabilities:(none) connid:1001 lifetime:23:38:10
    IPSEC FLOW: permit ip 0.0.0.0/0.0.0.0 0.0.0.0/0.0.0.0
        Active SAs: 2, origin: crypto map
        Inbound:  #pkts dec'ed 80 drop 0 life (KB/Sec) 4468975/2297
        Outbound: #pkts enc'ed 72 drop 0 life (KB/Sec) 4468976/2297
```

본사 라우터인 R2에서 show crypto key pubkey-chain rsa 명령어를 사용하여
확인해 보면 다음과 같이 CA 및 원격 지사 VPN 게이트웨이 라우터인 R6, R7의
공개키가 저장되어 있다.

예제 11-43 모든 공개키 확인

```
R2# show crypto key pubkey-chain rsa
Codes: M - Manually configured, C - Extracted from certificate

Code Usage          IP-Address/VRF        Keyring        Name
C    Signing                              default        X.500 DN name:
                    cn=MyCertServer
                    l=Seoul
                    c=KR
C    Signing        1.1.56.6             default        R6.cisco.com
C    Signing                             default        R7.cisco.com
```

또, show crypto key pubkey-chain rsa name R6.cisco.com 명령어를 사용하여 확인해 보면 해당 라우터의 공개키를 알 수 있다.

예제 11-44 특정 공개키 확인

```
R2# show crypto key pubkey-chain rsa name R6.cisco.com
Key name: R6.cisco.com
Key address:          1.1.56.6
 Usage: Signature Key
 Source: Certificate
 Data:
  30819F30 0D06092A 864886F7 0D010101 05000381 8D003081 89028181 00B71
558
   515FA93F DBBAE035 943CF532 B11BFC31 885899C2 F084361F B4B42401 6E697
0A
      (생략)
```

이상으로 디지털 인증서 서버를 설정한 다음, RSA 시그니쳐를 이용하여 ISAKMP 인증을 하고, IPsec VTI를 이용한 VPN 구성 및 동작을 확인해 보았다.

제12장
Flex VPN

Flex VPN

지금까지 순수 IPsec, DMVPN, IPsec VTI, 이지 VPN 등 여러 VPN 기술들을 살펴보았다. 각각의 기술은 나름의 장점과 특색이 있지만 멀티캐스트나 동적인 라우팅 프로토콜을 지원하지 않는 경우도 있고 기술마다 설정하는 방법도 제각각이기에 모든 기술을 습득하기 위해서는 많은 시간이 필요하다.

이러한 불편함을 개선하기 위해 Flex VPN은 종전의 VPN을 통합하여 각 VPN들이 가지고 있던 기술들을 Flex VPN하나로 구현할 수 있게 만들었다.

Flex VPN은 아래 그림과 같이 DMVPN의 지사 간 직접통신이나, Cisco Any connect 같은 프로그램을 이용한 원격접속도 지원하기 때문에 확장성도 뛰어나며 QoS, VRF re-injection 같은 특징들을 피어별로 적용하여 자원관리가 편리하다.

또한, 표준 IKEv2 기반으로 설계되어 애플 iOS, 안드로이드 장비를 포함한 다른 벤더의 VPN장비와의 연결 호환을 지원하는 장점이 있다.

그림 12-1 Flex VPN구조

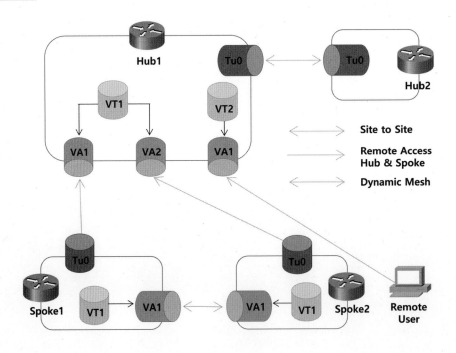

IKEv2는 이전 IKEv1보다 많은 장점을 가지고 있기 때문에 주요 프로토콜로 성장하여, 앞으로는 이를 이용한 VPN 네트워크 설계가 주류가 될 것이다. 이번 장에서는 FlexVPN의 기초를 다루어 볼 것이고 먼저 Flex VPN의 설계기초가 된 IKEv2에 대해 먼저 알아보도록 한다.

IKEv2 개요

기존 IKEv1의 경우 IPsec의 일부로서 수많은 RFC를 참조하여 VPN기술을 구현하였다. 따라서 일관성도 부족하고 동일한 기술이 여러 이름으로 중복되어 있어 관리하기가 힘들었다. 이를 보완하기 위해 IKEv2에서는 모든 기술을 하나의 문서로 정의하여 관리하기로 하였고, 기존의 IKEv1에 비해 더 많은 기능과 보안성을 확보 하였다.

시스코의 IOS에서는 관련 명령어들이 모두 **crypto ikev2**로 시작한다.

IKEv2의 목적은 다음과 같다.

· 많은 RFC문서의 조합들을 하나의 문서로 정의

· 구성 소요시간과 교환되는 메시지 감소

· 보안 강화

· 인증 메커니즘의 추가 제공

· 보다 유연한 인증 선택

· 옵션의 설정을 더욱 간편화

IKEv2 동작방식

IKEv1에서는 ISAKMP세션을 맺을 때 Phase1 과 2로 나뉘었고 필요한 메시지의 수는 총 9개였다. 그러나, IKEv2에서는 IKE_SA_INIT와 IKE_AUTH 메시지를 이용한 최소 2차례의 메시지 교환으로 세션을 완성한다.

IKEv1에서의 Phase1은 상대방에게 IKE 2단계에서 사용될 SA를 보내고 수신 측에서 동일한 SA를 보낸 후 디피-헬먼 알고리듬을 사용하여 암호를 생성하여 인증을 하는 방법으로 총 6번의 메시지 교환에 완성되었다. 그러나 IKEv2에서는 IKEv1의 동작 구조와 유사하지만 한 번의 IKE_SA_INIT 메시지 교환으로 IKEv1에서의 Phase 1이 수행한 동작 대부분을 수행한다.

IKE_SA_INIT가 동작하는 절차는 다음과 같다.

그림 12-2 IKE_SA_INIT 절차

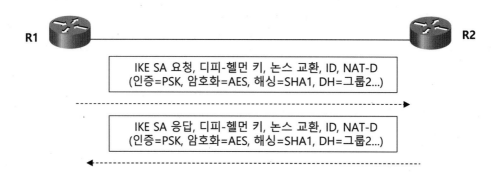

1) 통신을 시작하는 송신 측에서 협상에 사용할 암호화 방식을 설정해놓은 IKE SA와 논스값, 디피-헬먼 값과 중간에 NAT 장비가 있는지 확인하는 NAT-D를 첫 번째 메시지에 전송한다.

2) 이를 수신한 수신 측 장비는 자신에게 설정된 IKE SA 세트 중 같은 세트가 있다면 상대가 제안한 것과 동일한 SA, 논스값, 디피-헬먼 값과 NAT-D를 보내 응답한다. 만약 NAT-D를 통해 중간에 NAT 장비가 있는 것을 탐지하면 이후 메시지는 UDP 포트를 4500으로 변경하여 통신한다.

이렇게 2번의 메시지 교환으로 IKE_SA_INIT는 종료되며 이후 IKE_AUTH 단계는 암호화된 상태에서 통신한다.

다음으로 IKE_AUTH가 진행된다. IKEv1의 경우 Phase 1설정의 마지막에 두 장비의 ID와 암호를 이용하여 인증하는 메시지 교환이 있었지만, IKEv2에서는 Phase 2와 유사한 IKE_AUTH 메시지 교환으로 장비 인증과 이후 실제 데이터를 보호하기 위한 보안정책 협상을 하나로 묶어서 처리한다.

그림 12-3 IKE_AUTH 절차

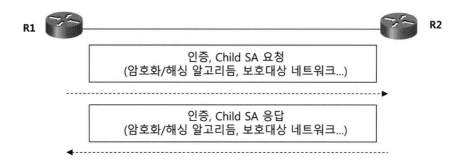

1) 이전의 IKE_SA_INIT 메시지를 증명하기 위한 인증과 실제 데이터를 보호하기 위한 보안정책을 동시에 전송한다.

2) 이를 수신한 R2는 자신이 지원 가능한 Child SA를 선택하여 응답한다.

세션이 맺어지고 난 이후 새로운 Child SA를 생성하거나 수정을 할 경우 IKEv1에서는 이전의 IKE 1단계부터 세션을 다시 구성하였지만 IKEv2에서는 CREATE_CHILD_SA 메시지를 이용하여 2번의 교환으로 Child SA만 교체할 수 있다.

IKEv2 세션에서 송수신되는 패킷들은 IKEv1때와 마찬가지로 UDP 포트 번호 500을 사용한다. 따라서 해당 포트를 허용하여야 통신이 되며, 중간에 NAT 장비가 있으면 4500 포트도 같이 허용을 해주어야 한다.

보안정책을 적용한 실제 데이터 송수신

이제부터는 앞서 IKE_AUTH에서 협상한 보안정책을 적용한 실제 데이터가 송수신된다. 다음은 IKEv2를 이용한 IPsec VPN이 설정된 두 장비 사이의 초기 트래픽을 패킷 분석 프로그램인 와이어샤크(wire shark)로 캡처한 것이다.

그림 12-4 IKEv2 와 IPsec 패킷

1.1.24.2	1.1.14.1	ISAKMP	406 IKE_SA_INIT
1.1.14.1	1.1.24.2	ISAKMP	382 IKE_SA_INIT
1.1.24.2	1.1.14.1	ISAKMP	618 IKE_AUTH
1.1.14.1	1.1.24.2	ISAKMP	298 IKE_AUTH
1.1.14.1	1.1.24.2	ESP	154 ESP (SPI=0x1e0f6545)
1.1.24.2	1.1.14.1	ESP	154 ESP (SPI=0x85984fc0)
1.1.24.2	1.1.14.1	ESP	170 ESP (SPI=0x85984fc0)
1.1.14.1	1.1.24.2	ESP	170 ESP (SPI=0x1e0f6545)
1.1.14.1	1.1.24.2	ESP	154 ESP (SPI=0x1e0f6545)
1.1.24.2	1.1.14.1	ESP	154 ESP (SPI=0x85984fc0)

IKEv1에서는 총 9개의 패킷이 교환되었던 반면에 IKEv2에서는 IKE_SA_INIT에서 2개, IKE_AUTH에서 2개 총 4개의 패킷으로 구성이 완료되고 이후, 실제 데이터들은 ESP로 인캡슐레이션된 암호화 패킷으로 전송되는 것을 확인할 수 있다.

IKEv2 특징

IKEv2에서는 보안정책을 구성할 때 교환되는 메시지 수가 줄어들었기 때문에 구성에 걸리는 시간도 감소하였다. 그러나 하나의 패킷으로 인증과 암호화를 마치기 때문에 DOS Spoofing 공격에 노출될 가능성이 있다.

이러한 취약점을 보완하기 위해 IKEv2에서는 IKE_SA_INIT메시지를 받은 장비가 DOS 공격을 받았다고 판단하게 되면 응답 메시지에 ISAKMP SA 세트가 아닌 자신이 임의로 생성한 쿠키 값을 넣고 되돌려 준다.

쿠키 값을 받은 상대는 자신이 IKE_SA_INIT 요청 메시지를 보낸 후 받은 것이라면 다시 한 번 메시지를 보내는데 이때 자신이 받았던 쿠키 값을 같이 첨부해서 보낸다.

만약 중간에 공격자가 IKE_SA_INIT를 보낸 것이라면 자신은 상대 장비에게 IKE_SA_INIT 메시지를 보낸 적이 없으므로 상대방이 보낸 패킷은 쓸모없는 패킷이라 판단, 폐기하게 될 것이며 상대방 장비도 쿠키 값이 포함된 IKE_SA_INIT 메시지를 받지 않았기 때문에 더 이상 세션을 유지하지 않으므로 DOS공격을 방어할 수 있게 된다.

DOS 공격을 방어할 방법은 여러 가지가 있지만, 이 방법을 사용하면 쓸모없는 쿠키

만 이용하기 때문에 장비에 큰 부하도 없어서 효율적으로 공격을 방지할 수 있다.

그림 12-5 IKEv2의 Anti-DOS

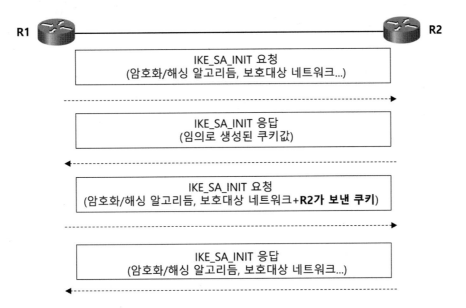

다른 특징으로는 보안성을 강화하기 위하여 IKEv2의 모든 메시지는 ESP 방식으로 인캡슐레이션되어 통신하며, 추가적인 인증 메커니즘을 제공하기 위해 EAP가 추가되었다. EAP는 다양한 인증 방식을 하나의 프레임워크로 제공하기 때문에 확장성이 우수하다.

또한 암호화 알고리듬으로 Suite-B를 지원한다. Suite-B는 2005년 미국 국토안보국(NSA)에서 발표한 타원곡선암호(ECC)기반 알고리듬으로 현존하는 강력한 암호화 알고리듬 중 하나이다.

인증 방법에도 변화가 생겼다. IKEv1에서는 한쪽이 PSK(preshared key)방식을 사용한다면 상대방도 반드시 PSK방식으로 인증해야 한다. 하지만 IKEv2에서는 인증 방식을 서로 다르게 하는 비대칭적인 인증을 구성할 수 있다. 또한 양쪽에서 모두 PSK 방식을 사용하더라도 인증에 사용할 PSK 암호를 서로 다르게 설정하여 보안 설정에 있어 보다 유연하면서 강력하게 운용이 가능하다.

마지막으로 IKEv2 스마트 디폴트 기능은 VPN 구성에 있어 주로 사용되는 대부분 설정이 이미 추가 되어있기에 관리자는 최소한의 명령어로 VPN을 구성할 수 있다.

IKEv1은 지금까지도 운용에는 크게 문제가 없으나 시간이 지날수록 추가적인 기능 소요가 발생하고 있다. IKEv2는 위에서 필요로 하는 여러 기능들이 기본적으로 하나의 문서로 정리되어 있기에 개념 이해나 장애처리가 훨씬 쉽다.

다음 절부터 위에서 언급한 특징 중 몇 가지를 실제 구성해 보기로 한다.

Flex VPN 서버-클라이언트 설정 및 동작 확인

다른 VPN과 달리 Flex VPN은 site-to-site, 서버-클라이언트, 리모트 엑섹스 같은 다양한 구조를 동시에 구현할 수 있다. 지금부터 여러 구조중 가장 기본적인 서버-클라이언트 구조를 설정하여 어떻게 동작하는지 확인해 보기로 한다.

Flex VPN 테스트 네트워크 구축

Flex VPN의 설정 및 동작 확인을 위해 테스트 네트워크를 다음과 같이 구축한다. Flex VPN은 IKEv2를 기반으로 동작하기 때문에 IKEv2를 지원해야 사용할 수 있다. IKEv2는 IOS 버전 15.2 이상이면 지원된다.

그림 12-6 테스트 네트워크 구성

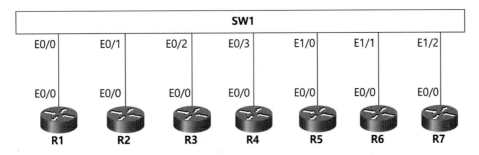

앞서 만든 물리적인 네트워크를 토대로 Flex VPN을 위한 논리적인 네트워크를 구성한다.

그림 12-7 테스트 네트워크

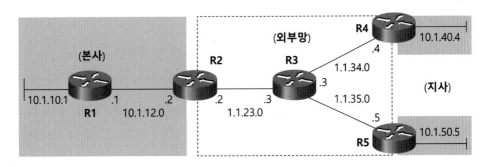

그림에서 R1, R2는 본사 라우터라고 가정하고, R4, R5는 지사 라우터라고 가정한다.
또, R2, R3, R4, R5를 연결하는 구간은 인터넷 또는 외부망이라고 가정한다. 이를
위하여 다음과 같이 각 라우터의 인터페이스에 IP 주소를 부여한다.

그림 12-8 IP 주소

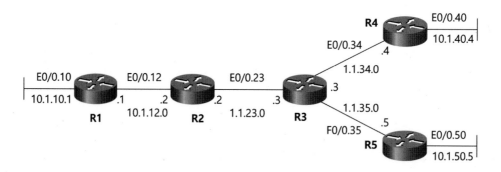

각 라우터에서 E0/0 인터페이스를 서브 인터페이스로 동작시킨다. 서브 인터페이스
번호, 서브넷 번호 및 VLAN 번호를 동일하게 사용한다. 이를 위하여 다음과 같이
SW1에서 VLAN을 만들고, 각 라우터와 연결되는 포트를 트렁크로 동작시킨다.

예제 12-1 SW1 설정

```
SW1(config)# vlan 10
SW1(config-vlan)# vlan 12
SW1(config-vlan)# vlan 23
SW1(config-vlan)# vlan 34
SW1(config-vlan)# vlan 35
SW1(config-vlan)# vlan 40
SW1(config-vlan)# vlan 50
SW1(config-vlan)# exit
SW1(config)# interface range e0/0-3 , e1/0-1
SW1(config-if-range)# switchport trunk encapsulation dot1q
SW1(config-if-range)# switchport mode trunk
```

이번에는 각 라우터의 인터페이스를 활성화하고, 서브 인터페이스를 만든 다음 IP
주소를 부여한다. R3와 인접 라우터 사이는 외부망이라 가정하고, IP 주소 1.0.0.0/8
을 서브넷팅하여 사용한다. 나머지 부분은 내부망이라고 가정하고 IP 주소

10.0.0.0/8을 서브넷팅하여 사용한다. R1의 설정은 다음과 같다.

예제 12-2 R1 설정

```
R1(config)# interface e0/0
R1(config-if)# no shut
R1(config-if)# exit

R1(config)# interface e0/0.10
R1(config-subif)# encapsulation dot1Q 10
R1(config-subif)# ip address 10.1.10.1 255.255.255.0

R1(config)# interface e0/0.12
R1(config-subif)# encapsulation dot1Q 12
R1(config-subif)# ip address 10.1.12.1 255.255.255.0
```

R2의 설정은 다음과 같다.

예제 12-3 R2 설정

```
R2(config)# interface e0/0
R2(config-if)# no shut
R2(config-if)# exit
R2(config)# interface e0/0.12
R2(config-subif)# encapsulation dot1q 12
R2(config-subif)# ip address 10.1.12.2 255.255.255.0

R2(config)# interface e0/0.23
R2(config-subif)# encapsulation dot1q 23
R2(config-subif)# ip address 11.1.23.2 255.255.255.0
```

R3의 설정은 다음과 같다.

예제 12-4 R3 설정

```
R3(config)# interface e0/0
R3(config-if)# no shut
R3(config-if)# exit

R3(config)# interface f0/0.23
```

```
R3(config-subif)# encapsulation dot1Q 23
R3(config-subif)# ip address 1.1.23.3 255.255.255.0

R3(config)# interface f0/0.34
R3(config-subif)# encapsulation dot1Q 34
R3(config-subif)# ip address 1.1.34.3 255.255.255.0

R3(config)# interface f0/0.35
R3(config-subif)# encapsulation dot1Q 35
R3(config-subif)# ip address 1.1.35.3 255.255.255.0
```

R4의 설정은 다음과 같다.

예제 12-5 R4 설정

```
R4(config)# interface e0/0
R4(config-if)# no shut
R4(config-if)# exit

R4(config)# interface e0/0.34
R4(config-subif)# encapsulation dot1Q 34
R4(config-subif)# ip address 1.1.34.4 255.255.255.0

R4(config)# interface e0/0.40
R4(config-subif)# encapsulation dot1Q 40
R4(config-subif)# ip address 10.1.40.4 255.255.255.0
```

R5의 설정은 다음과 같다.

예제 12-6 R5 설정

```
R5(config)# interface e0/0
R5(config-if)# no shut
R5(config-if)# exit

R5(config)# interface e0/0.10
R5(config-subif)# encapsulation dot1Q 35
R5(config-subif)# ip address 1.1.35.5 255.255.255.0

R5(config)# interface e0/0.50
R5(config-subif)# encapsulation dot1Q 50
```

```
R5(config-subif)# ip address 10.1.50.5 255.255.255.0
```

설정이 끝나면 넥스트홉 IP 주소까지의 통신을 핑으로 확인한다.

예제 12-7 핑 테스트

```
R3# ping 1.1.23.2
R3# ping 1.1.34.4
R3# ping 1.1.35.5
```

다음에는 외부망 또는 인터넷으로 사용할 R6과 인접 라우터 간에 라우팅을 설정한다.
이를 위하여 R2, R4, R5에서 R3 방향으로 정적인 디폴트 루트를 설정한다.

그림 12-9 외부망 라우팅

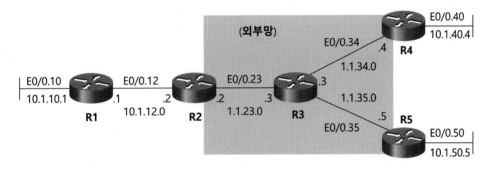

각 라우터에서 다음과 같이 디폴트 루트를 설정한다.

예제 12-8 디폴트 루트 설정

```
R2(config)# ip route 0.0.0.0 0.0.0.0 1.1.23.3
R4(config)# ip route 0.0.0.0 0.0.0.0 1.1.34.3
R5(config)# ip route 0.0.0.0 0.0.0.0 1.1.35.3
```

설정이 끝나면 각 라우터의 라우팅 테이블에 디폴트 루트가 인스톨되어 있는지 다음
과 같이 확인한다.

예제 12-9 R2의 라우팅 테이블

```
R2# show ip route
    (생략)
Gateway of last resort is 1.1.23.3 to network 0.0.0.0

S*     0.0.0.0/0 [1/0] via 1.1.23.3
       1.0.0.0/8 is variably subnetted, 2 subnets, 2 masks
C         1.1.23.0/24 is directly connected, Ethernet0/0.23
L         1.1.23.2/32 is directly connected, Ethernet0/0.23
       10.0.0.0/8 is variably subnetted, 2 subnets, 2 masks
C         10.1.12.0/24 is directly connected, Ethernet0/0.12
L         10.1.12.2/32 is directly connected, Ethernet0/0.12
```

또, 원격지까지의 통신을 핑으로 확인한다.

예제 12-10 핑 테스트

```
R2# ping 1.1.34.4
R2# ping 1.1.35.5
```

이제 Flex VPN 설정을 위한 네트워크가 구축되었다.

OSPF를 이용한 Flex VPN 구성

Flex VPN을 구성할 때 이용 가능한 라우팅이 3가지가 있다. 첫 번째로 정적 경로를 이용하는 방법이 있고, 두 번째로 동적 라우팅 프로토콜을 이용하여 통신하는 법, 마지막으로 IKEv2 라우팅을 사용하는 방법이 있다. IKEv2 라우팅은 기존 IKEv1에서 사용하던 RRI(Reverse Route Injection)와 매우 유사한 라우팅 방식이다. 먼저 OSPF를 이용한 Flex VPN을 구성해 보자. Flex VPN을 설정하는 방법은 다음과 같다.

1) IKE_AUTH 단계에서 사용할 암호화 방식을 정하는 IKEv2 Proposal을 정의한다.

2) 설정한 Proposal을 보관할 IKEv2 Policy를 설정한다.

3) 피어를 인증할 때 필요할 PSK를 보관할 Keyring을 만든다.

4) 피어 인증 방식과 동적인터페이스 구성에 사용될 인터페이스를 지정할 IKEv2 Profile을 만든다.

5) 실제 통신에서 사용될 암호화 방식을 정하는 트랜스폼 셋을 정의한다.

6) IKEv2 프로파일과 트랜스폼 셋을 보관하는 IPsec 프로파일을 만들고 인터페이스에 적용한다.

본사의 R2를 Flex VPN 서버로 구성한다. 이 구성은 기존의 이지 VPN 설정 방법과 유사하다.

먼저 IKE 메시지 교환에 사용될 정책을 설정한다. IKE정책에서 사용가능한 값은 아래 표와 같다.

표 12-1

항목	사용 가능 값
암호화 알고리듬	DES, 3DES, AES
무결성 확인 알고리듬	MD5, SHA1, SHA2
인증 방식	EAP, ECDSA-SIG, Pre-Share, RSA-SIG
대칭키 생성 알고리듬	Diffie-Hellman group 1, 2, 5, 14, 15, 16, 19, 20, 21, 24
보안정책 수명	120 - 86,400 초

암호화 방식을 지정하는 Proposal을 정의한다. IKEv2 Proposal은 IKEv1의 **isakmp policy** 명령어와 같은 목적을 지니고 있다.

다만 이전 버전과의 차이점은 암호화 방식을 하나가 아닌 여러 개로 지정할 수 있다는 점이다. 이때 가장 먼저 입력한 방식부터 우선하여 협상하게 된다.

예제 12-11 R2의 IKEv2 Proposal 설정

```
① R2(config)# crypto ikev2 proposal FLEX_IKEV2_PROPOSAL
② R2(config-ikev2-proposal)# encryption aes-cbc-128 3des
③ R2(config-ikev2-proposal)# integrity sha1 md5
```

```
④ R2(config-ikev2-proposal)# group 2
  R2(config-ikev2-proposal)# exit
```

① IKE 메시지 교환에 사용한 Proposal를 설정한다. IKEv1에서 ISAKMP 폴리시와
유사하다.

② 암호화 종류를 선택한다. 사용할 종류로 AES-128과 3des를 선택하였으면 상대
방과 협상을 할 때 AES-128로 먼저 협상을 하고 상대방이 지원하지 않을 경우,
3des 방식으로 협상한다.

③ 무결성 체크에 사용할 알고리듬을 선택한다. IKEv1에서는 **hash** 로 사용되었지만
IKEv2에서는 **integrity**로 변경되었다. **encryption**과 마찬가지로 무결성 체크를 하
기위한 협상 방식을 sha1와 md5 두 개를 지정하여 협상에 이용한다.

④ 디피-헬만 그룹을 선택한다.

Proposal를 정의할 때에는 암호화 알고리듬(encryption), 무결성 검사 알고리듬
(integrity), 디피-헬만 그룹(group) 세 가지 설정은 반드시 되어있어야 한다. 설정이
끝났으면 Proposal를 보관할 IKEv2 폴리시(Policy)를 설정한다.

IKEv2 폴리시는 Proposal를 보관할 뿐만 아니라, 복수의 폴리시를 설정한 후 match
명령어를 이용하여 특정 vrf나 주소에게만 해당 폴리시를 협상하게 할 수도 있다.
본 설정에서는 vrf를 이용하거나 특정 주소를 사용하지 않으니 디폴트 상태로 설정해
보자.

예제 12-12 R2의 IKEv2 Policy설정

```
R2(config)# crypto ikev2 policy FLEX_IKEV2_POLICY
R2(config-ikev2-policy)# proposal FLEX_IKEV2_PROPOSAL
R2(config-ikev2-policy)# exit
```

폴리시를 사용할 때에는 적어도 하나 이상의 Proposal이 들어가야 한다. 지금까지
설정한 IKEv2 Proposal과 폴리시를 다음 명령어를 이용하여 확인한다.

예제 12-13 R2의 IKEv2 Proposal, Policy 확인

```
R2# show crypto ikev2 proposal FLEX_IKEV2_PROPOSAL
 IKEv2 proposal: FLEX_IKEV2_PROPOSAL
      Encryption : AES-CBC-128 3DES
      Integrity  : SHA96 MD596
      PRF        : SHA1 MD5
      DH Group   : DH_GROUP_1024_MODP/Group 2

R2 #show crypto ikev2 policy FLEX_IKEV2_POLICY
 IKEv2 policy : FLEX_IKEV2_POLICY
      Match fvrf  : global
      Match address local : any
      Proposal    : FLEX_IKEV2_PROPOSAL
```

Proposal은 설정한 그대로 적용되어 있으며 폴리시는 따로 설정하지 않았던 match 부분도 확인된다. 이 부분은 별도의 지정이 없으면 모든 IP와 global vrf로 매칭 된다.

이번에는 서버와 피어간 인증에 사용할 키링(Key ring)을 설정한다. 서버에서 사용할 키링은 클라이언트들의 주소를 따로 지정해주어도 되지만 와일드카드 마스크를 사용해도 무관하다.

예제 12-14 R2의 IKEv2 키링 설정

```
   R2(config)# crypto ikev2 keyring FLEX_KEY
 ① R2(config-ikev2-keyring)# peer CLIENT
 ② R2(config-ikev2-keyring-peer)# address 0.0.0.0 0.0.0.0
 ③ R2(config-ikev2-keyring-peer)# pre-shared-key cisco
   R2(config)# exit
```

① 피어의 이름을 지정한다. IKEv2 키링은 복수의 피어를 따로 관리할 수가 있다.

② 피어의 IP주소를 지정한다. 와일드카드 마스크로 할 경우에는 모든 IP주소에 대응하게 된다.

③ PSK의 값을 지정한다. IKEv2에서는 PSK의 local값과 remote값을 다르게 설정하는 비대칭 PSK를 지원하기에 local, remote 따로 설정할 수 있지만 비대칭 PSK

기능은 뒤에서 따로 설명하도록 하고 지금은 대칭 PSK를 이용한다.

계속해서 IKEv2 프로파일을 만든다. 여기서는 인증 방법, 동적인터페이스 구성에 사용될 인터페이스 등을 지정한다.

예제 12-15 R2의 IKEv2 profile설정

```
   R2(config)# crypto ikev2 profile FLEX_IKEV2_PROF
① R2(config-ikev2-profile)# match identity remote address 0.0.0.0
② R2(config-ikev2-profile)# authentication local pre-share
③ R2(config-ikev2-profile)# authentication remote pre-share
④ R2(config-ikev2-profile)# keyring local FLEX_KEY
⑤ R2(config-ikev2-profile)# virtual-template 1
   R2(config-ikev2-profile)# exit
```

① 피어의 IP 주소가 일치하는지 확인한다. 0.0.0.0 일 경우 모든 피어에 해당 프로파일을 적용한다.

② 상대방에게 사용할 인증 수단을 PSK로 지정한다. IKEv2에서는 인증 수단으로 대칭 키(PSK), RSA 기반 전자서명(RSA-sig), 타원곡선암호 기반 전자서명(ECDSA), 무선 네트워크에 주로 사용되는 EAP를 사용할 수 있다. 또, 자신이 상대방에게 사용할 인증 수단과 상대방이 자신에게 사용할 인증 수단을 다르게 구성하는 비대칭 인증방식이 가능하다. 이것은 나중에 자세히 다루도록 한다.

③ 상대방이 R2의 인증을 받을 때 사용할 인증 수단을 PSK로 지정한다.

④ 위에서 지정한 인증 수단인 PSK 값을 가지고 있는 키링(Keyring)을 첨부한다.

⑤ Flex VPN에서 서버는 Virtual-template 인터페이스를 이용해 DVTI를 구성하여 클라이언트와 세션을 맺는다. 해당 프로파일에 일치하는 클라이언트가 있을 때 여기서 지정한 Virtual-template 인터페이스를 통해 임시 인터페이스가 생성된다.

프로파일에 지정된 설정은 다음 명령어로 확인하면 설정한 내용 이외에 DPD, NAT, Lifetime 같은 옵션들의 상태도 확인할 수 있다.

예제 12-16 R2의 IKEv2 Profile 확인

```
R2 #show crypto ikev2 profile FLEX_IKEV2_PROF

IKEv2 profile: FLEX_IKEV2_PROF
 Ref Count: 1
 Match criteria:
  Fvrf: global
  Local address/interface: none
  Identities:
   address 0.0.0.0
  Certificate maps: none
 Local identity: none
 Remote identity: none
 Local authentication method: pre-share
 Remote authentication method(s): pre-share
 EAP options: none
 Keyring: FLEX_KEY
 Trustpoint(s): none
 Lifetime: 86400 seconds
 DPD: disabled
 NAT-keepalive: disabled
 Ivrf: none
 Virtual-template: 1
 AAA EAP authentication mlist: none
 AAA Accounting: none
 AAA group authorization: none
 AAA user authorization: none
```

이어서 실제 통신에 사용할 암호화 방식을 저장할 트랜스폼 셋을 지정한다. 설정 방법
은 IKEv1에서 사용하던 것과 같다.

예제 12-17 R2의 IPsec SA 설정

```
R2(config)# crypto ipsec transform-set FLEX_TRANSFORM esp-aes esp-sha256-hmac
R2(cfg-crypto-trans)# mode transport
R2(cfg-crypto-trans)# exit
```

설정이 끝났으면 마지막으로 IPsec 프로파일을 생성한다. 이 부분은 기존 VPN설정
에 사용하던 방식과 같지만, 추가된 점은 IPsec SA뿐만 아니라 IKEv2 프로파일도
같이 지정한다는 점이다.

R2의 IPsec 프로파일 설정

```
R2(config)# crypto ipsec profile FLEX_IPSEC_PROF
R2(ipsec-profile)# set transform-set FLEX_TRANSFORM
R2(ipsec-profile)# set ikev2-profile FLEX_IKEV2_PROF
R2(ipsec-profile)# exit
```

이것으로 기본적인 설정은 끝이 났다. 이제 Flex VPN으로 동작시킬 인터페이스를
생성하여 위에서 만든 프로파일을 적용한다.

예제 12-19 Dvti 인터페이스 생성 및 IPsec 프로파일 설정

```
① R2(config)# interface virtual-template 1 type tunnel
② R2(config-if)# ip unnumbered ethernet 0/0.23
③ R2(config-if)# tunnel source ethernet 0/0.23
④ R2(config-if)# tunnel mode ipsec ipv4
⑤ R2(config-if)# tunnel protection ipsec profile FLEX_IPSEC_PROF
```

① Flex VPN에 사용할 DVTI 인터페이스를 생성한다.

② 내부 주소를 사용하는 적당한 인터페이스의 IP 주소를 빌려서 사용한다. 별도의
루프백 인터페이스를 만들고 여기에 할당된 주소를 사용해도 된다.

③ 인터넷 또는 외부망에서 라우팅 가능한 IP 주소를 사용하여 터널의 출발지 IP
주소를 지정한다.

④ IPsec VTI를 동작시키기 위하여 터널의 모드를 IPsec IPv4로 지정한다.

⑤ DVTI 터널과 IPsec 프로파일을 연결하기 위하여 tunnel protection 명령어를
사용한다. 위의 과정이 끝나면 IKEv2 프로토콜이 작동하며 R2를 Flex VPN 서버로
구동하기 시작한다.

클라이언트의 라우터 R4와 R5의 설정은 R2의 설정과 대부분 동일하다.

R4의 IKEv2 Proposal 설정

```
R4(config)# crypto ikev2 proposal FLEX_IKEV2_PROPOSAL
R4(config-ikev2-proposal)# encryption aes-cbc-128 3des
R4(config-ikev2-proposal)# integrity sha1 md5
R4(config-ikev2-proposal)# group 2
R4(config-ikev2-proposal)# exit
```

R5의 IKEv2 Proposal 설정은 다음과 같다.

예제 12-21 R5의 IKEv2 Proposal 설정

```
R5(config)# crypto ikev2 proposal FLEX_IKEV2_PROPOSAL
R5(config-ikev2-proposal)# encryption aes-cbc-128 3des
R5(config-ikev2-proposal)# integrity sha1 md5
R5(config-ikev2-proposal)# group 2
R5(config-ikev2-proposal)# exit
```

R4의 IKEv2 폴리시 설정은 다음과 같다.

예제 12-22 R4의 IKEv2 Policy설정

```
R4(config)# crypto ikev2 policy FLEX_IKEV2_POLICY
R4(config-ikev2-policy)# proposal FLEX_IKEV2_PROPOSAL
R4(config-ikev2-policy)# exit
```

R5의 IKEv2 폴리시 설정은 다음과 같다.

예제 12-23 R5의 IKEv2 Policy설정

```
R5(config)# crypto ikev2 policy FLEX_IKEV2_POLICY
R5(config-ikev2-policy)# proposal FLEX_IKEV2_PROPOSAL
R5(config-ikev2-policy)# exit
```

R4의 IKEv2 키링 설정은 다음과 같다.

예제 12-24 R4의 IKEv2 Keyring 설정

```
    R4(config)# crypto ikev2 keyring FLEX_KEY
    R4(config-ikev2-keyring)# peer SERVER
①  R4(config-ikev2-keyring-peer)# address 1.1.23.2
    R4(config-ikev2-keyring-peer)# pre-shared-key cisco
    R4(config)# exit
```

① 서버에서는 확장성을 고려하여 와일드카드 마스크를 이용하여 피어 어드레스를 지정하였지만, 클라이언트에서는 서버의 DVTI 주소를 직접 지정한다.

R5의 IKEv2 키링 설정은 다음과 같다.

예제 12-25 R5의 IKEv2 Keyring 설정

```
R5(config)# crypto ikev2 keyring FLEX_KEY
R5(config-ikev2-keyring)# peer SERVER
R5(config-ikev2-keyring-peer)# address 1.1.23.2
R5(config-ikev2-keyring-peer)# pre-shared-key cisco
R5(config)# exit
```

R4의 IKEv2 프로파일 설정은 다음과 같다.

예제 12-26 R4의 IKEv2 profile설정

```
    R4(config)# crypto ikev2 profile FLEX_IKEV2_PROF
①  R4(config-ikev2-profile)# match identity remote address 1.1.23.2 255.255.255.255
    R4(config-ikev2-profile)# authentication remote pre-share
    R4(config-ikev2-profile)# authentication local pre-share
    R4(config-ikev2-profile)# keyring local FLEX_KEY
    R4(config-ikev2-profile)# exit
```

① 와일드카드 마스크를 사용하지 않고 피어의 IP 주소를 서버 하나로 특정시킨다. 주소 뒤에 사용되는 마스크는 와일드카드 마스크가 아닌 일반 마스크로 /32비트 일치를 의미한다.

R5의 IKEv2 프로파일 설정은 다음과 같다.

예제 12-27 R5의 IKEv2 profile설정

```
R5(config)# crypto ikev2 profile FLEX_IKEV2_PROF
R5(config-ikev2-profile)# match identity remote address 1.1.23.2 255.255.255.255
R5(config-ikev2-profile)# authentication remote pre-share
R5(config-ikev2-profile)# authentication local pre-share
R5(config-ikev2-profile)# keyring local FLEX_KEY
R5(config-ikev2-profile)# exit
```

R4의 IPsec SA 설정은 다음과 같다.

예제 12-28 R4의 IPsec SA 설정

```
R4(config)# crypto ipsec transform-set FLEX_TRANSFORM esp-aes esp-sha256-hmac
R4(cfg-crypto-trans)# mode transport
R4(cfg-crypto-trans)# exit
```

R5의 IPsec SA 설정은 다음과 같다.

예제 12-29 R5의 IPsec SA 설정

```
R5(config)# crypto ipsec transform-set FLEX_TRANSFORM esp-aes esp-sha256-hmac
R5(cfg-crypto-trans)# mode transport
R5(cfg-crypto-trans)# exit
```

R4의 IPsec 프로파일 생성은 다음과 같다.

예제 12-30 R4의 IPsec 프로파일 설정

```
R4(config)# crypto ipsec profile FLEX_IPSEC_PROF
R4(ipsec-profile)# set transform-set FLEX_TRANSFORM
R4(ipsec-profile)# set ikev2-profile FLEX_IKEV2_PROF
R4(ipsec-profile)# exit
```

R5의 IPsec 프로파일 생성은 다음과 같다.

예제 12-31 R5의 IPsec 프로파일 설정

```
R5(config)# crypto ipsec profile FLEX_IPSEC_PROF
R5(ipsec-profile)# set transform-set FLEX_TRANSFORM
R5(ipsec-profile)# set ikev2-profile FLEX_IKEV2_PROF
R5(ipsec-profile)# exit
```

R4를 Flex VPN으로 동작시킬 인터페이스를 생성하여 위에서 생성한 프로파일을 적용시킨다. 클라이언트의 경우 DVTI가 아닌 SVTI를 이용한다.

예제 12-32 R4의 SVTI 인터페이스 생성 및 IPsec 프로파일 설정

```
   R4(config)# interface tunnel 1
   R4(config-if)# ip unnumbered ethernet 0/0.34
   R4(config-if)# tunnel source ethernet 0/0.34
①  R4(config-if)# tunnel destination 1.1.23.2
   R4(config-if)# tunnel mode ipsec ipv4
   R4(config-if)# tunnel protection ipsec profile FLEX_IPSEC_PROF
```

① 터널의 목적지를 서버의 DVTI주소로 설정한다. **Dynamic** 으로 지정할 때에는 **crypto ikev2 client flexvpn**를 이용한 추가 설정이 필요하다. 모든 설정이 끝나고 ISAKMP가 작동하면 본사의 R2와 Flex VPN 세션을 맺으며 R2에서는 R4와 연결되는 Virtual-Access 인터페이스가 생성된다.

예제 12-33 Virtual-Access 인터페이스 생성 메시지

```
R2#
*Oct  8 07:58:49.861: %LINEPROTO-5-UPDOWN: Line protocol on Interface Virtual-A
ccess1, changed state to up
```

R5의 터널 인터페이스 설정은 다음과 같다.

예제 12-34 R5의 SVTI 인터페이스 생성 및 IPsec 프로파일 설정

```
R5(config)# interface tunnel 1
R5(config-if)# ip unnumbered ethernet 0/0.35
R5(config-if)# tunnel source ethernet 0/0.35
```

```
R5(config-if)# tunnel destination 1.1.23.2
R5(config-if)# tunnel mode ipsec ipv4
R5(config-if)# tunnel protection ipsec profile FLEX_IPSEC_PROF
```

R2와 R4, R5가 Flex VPN을 정상적으로 맺는 것을 확인하였다. 이제 본사와 지사
간의 동적 라우팅 프로토콜을 설정한다. R2와 R4는 터널을 통하여 OSPF네이버를
맺어서 통신한다. R2와 R4의 터널 주소는 외부와 마주 보는 IP를 설정하였기에, 라우
팅 구성을 IP주소로 광고하게 되면 터널이 무너지니 인터페이스에 직접 설정한다.

또한, R2의 DVTI는 Virtual-Access 인터페이스가 생성되어 있을 때는 설정의 수정
및 추가가 되지 않으니 먼저 R4의 터널 인터페이스를 다운시켜 Virtual-Access
인터페이스를 제거한 후 OSPF 설정을 한다.

예제 12-35 R4, R5의 OSPF 라우팅 구성

```
   R4(config)# interface tunnel 1
   R4(config-if)# shutdown
①  R4(config-if)# ip ospf 1 area 0
   R4(config-if)# exit
   R4(config)# router ospf 1
②  R4(config-router)# network 10.1.40.4 0.0.0.0 area 0
   R4(config-router)# exit

   R5(config)# interface tunnel 1
   R5(config-if)# shutdown
   R5(config-if)# ip ospf 1 area 0
   R5(config-if)# exit
   R5(config)# router ospf 1
   R5(config-router)# network 10.1.50.5 0.0.0.0 area 0
   R5(config-router)# exit
```

① 터널 인터페이스를 OSPF 인터페이스로 지정한다.

② R4의 내부망을 광고한다.

이후 R2의 DVTI에도 동일하게 OSPF 인터페이스로 지정하고 내부망을 라우팅을
설정한다.

```
R2(config)# interface Virtual-Template1 type tunnel
R2(config-if)# ip ospf 1 area 0
R2(config-if)# exit
R2(config)# router ospf 1
R2(config-router)# network 10.1.12.2 0.0.0.0 area 0
R2(config-router)# end

R1(config)# router ospf 1
R1(config-router)# network 10.1.10.1 0.0.0.0 area 0
R1(config-router)# network 10.1.12.1 0.0.0.0 area 0
R1(config-router)# end
```

설정을 끝내고 클라이언트의 터널 인터페이스를 다시 동작시킨다.

예제 12-37 R4, R5의 터널 인터페이스 복구

```
R4(config)# interface tunnel 1
R4(config-if)# no shutdown

R5(config)# interface tunnel 1
R5(config-if)# no shutdown
```

터널 인터페이스가 다시 동작하게 되면 R2에서 Virtual-Access 인터페이스가 다시
생성되며 OSPF 네이버를 맺으면서 동적 라우팅을 이용한 Flex VPN이 완성된다.

예제 12-38 R2의 OSPF 구성 확인

```
R2#
*Oct  8 08:18:23.052: %LINEPROTO-5-UPDOWN: Line protocol on Interface Virtual-A
ccess1, changed state to up
*Oct  8 08:18:23.071: %OSPF-5-ADJCHG: Process 1, Nbr 10.1.40.4 on Virtual-Access1
from LOADING to FULL, Loading Done

R2# sh ip ospf neighbor

Neighbor ID     Pri   State          Dead Time   Address        Interface
10.1.40.4        0    FULL/ -        00:00:38    1.1.34.4       Virtual-Access1
10.1.50.5        0    FULL/ -        00:00:39    1.1.34.4       Virtual-Access2
10.1.12.1        1    FULL/DR        00:00:39    10.1.12.1      Ethernet0/0.12
```

OSPF를 이용한 Flex VPN 동작 확인

R4에서 show crypto ikev2 sa detailed 명령어를 사용하여 Flex VPN의 피어, 암호화 방식, NAT-T 적용 여부, DPD 상태 등을 확인할 수 있다.

예제 12-39 R4의 Flex VPN 구성 확인

```
R4# show crypto ikev2 sa detailed
 IPv4 Crypto IKEv2  SA

Tunnel-id Local                    Remote               fvrf/ivrf            Status
1         1.1.34.4/500             1.1.23.2/500         none/none            READY
          Encr: AES-CBC, keysize: 128, Hash: SHA96, DH Grp:2, Auth sign: PSK, Auth
verify: PSK
          Life/Active Time: 86400/1190 sec
          CE id: 1010, Session-id: 3
          Status Description: Negotiation done
          Local spi: 29CAFC64F42C14DA        Remote spi: 7E6AC56438DBC9CC
          Local id: 1.1.34.4
          Remote id: 1.1.23.2
          Local req msg id: 2                Remote req msg id: 0
          Local next msg id: 2               Remote next msg id: 0
          Local req queued: 2                Remote req queued: 0
          Local window:      5               Remote window:      5
          DPD configured for 0 seconds, retry 0
          Fragmentation not configured.
          Extended Authentication not configured.
          NAT-T is not detected
          Cisco Trust Security SGT is disabled
          Initiator of SA : Yes

 IPv6 Crypto IKEv2  SA
```

본사 R2의 라우팅 테이블을 확인하면 R4, R5의 내부 네트워크가 터널 인터페이스를 통해 OSPF로 광고되고 있는 것을 확인할 수 있다.

예제 12-40 R2의 라우팅 테이블 확인

```
R2# show ip route
    (생략)
```

```
Gateway of last resort is 1.1.23.3 to network 0.0.0.0

S*      0.0.0.0/0 [1/0] via 1.1.23.3
            1.0.0.0/8 is variably subnetted, 2 subnets, 2 masks
C           1.1.23.0/24 is directly connected, Ethernet0/0.23
L           1.1.23.2/32 is directly connected, Ethernet0/0.23
            10.0.0.0/8 is variably subnetted, 5 subnets, 2 masks
O           10.1.10.0/24 [110/20] via 10.1.12.1, 01:25:40, Ethernet0/0.12
C           10.1.12.0/24 is directly connected, Ethernet0/0.12
L           10.1.12.2/32 is directly connected, Ethernet0/0.12
O           10.1.40.0/24 [110/1010] via 1.1.34.4, 00:49:23, Virtual-Access1
O           10.1.50.0/24 [110/1010] via 1.1.35.5, 00:16:04, Virtual-Access2
```

지사 R4 네트워크에서도 R1과 R5의 내부 네트워크를 확인 할 수 있다.

예제 12-41 R4의 라우팅 테이블 확인

```
R4# show ip route
        (생략)


S*      0.0.0.0/0 [1/0] via 1.1.34.3
            1.0.0.0/8 is variably subnetted, 2 subnets, 2 masks
C           1.1.34.0/24 is directly connected, Ethernet0/0.34
L           1.1.34.4/32 is directly connected, Ethernet0/0.34
            10.0.0.0/8 is variably subnetted, 5 subnets, 2 masks
O           10.1.10.0/24 [110/1020] via 1.1.23.2, 00:59:58, Tunnel1
O           10.1.12.0/24 [110/1010] via 1.1.23.2, 00:59:58, Tunnel1
C           10.1.40.0/24 is directly connected, Ethernet0/0.40
L           10.1.40.4/32 is directly connected, Ethernet0/0.40
O           10.1.50.0/24 [110/2010] via 1.1.23.2, 00:26:39, Tunnel1
```

지사 라우터에서 본사 내부네트워크 R1까지의 통신을 핑으로 확인한다. 지사는 내부의
네트워크만 보호되기 때문에 핑 테스트를 할 때 소스를 지사 내부 네트워크로 설정한다.

예제 12-42 핑 테스트

```
R4# ping 10.1.10.1 source 10.1.40.4
Type escape sequence to abort.
Sending 5, 100-byte ICMP Echos to 10.1.10.1, timeout is 2 seconds:
Packet sent with a source address of 10.1.40.4
```

```
!!!!!
Success rate is 100 percent (5/5), round-trip min/avg/max = 4/4/6 ms
```

다음과 같이 show crypto ipsec sa 명령어를 사용하면 인터페이스별로 송수신된 패킷의 수량뿐만 아니라 동작 모드, MTU, 사용된 보안 알고리듬들의 종류 등을 알 수 있다.

예제 12-43 IPsec SA 확인

```
R2# show crypto ipsec sa

interface: Virtual-Access1
    Crypto map tag: Virtual-Access1-head-0, local addr 1.1.23.2

    protected vrf: (none)
    local  ident (addr/mask/prot/port): (0.0.0.0/0.0.0.0/0/0)
    remote ident (addr/mask/prot/port): (0.0.0.0/0.0.0.0/0/0)
    current_peer 1.1.34.4 port 500
      PERMIT, flags={origin_is_acl,}
     #pkts encaps: 462, #pkts encrypt: 462, #pkts digest: 462
     #pkts decaps: 458, #pkts decrypt: 458, #pkts verify: 458
     #pkts compressed: 0, #pkts decompressed: 0
     #pkts not compressed: 0, #pkts compr. failed: 0
     #pkts not decompressed: 0, #pkts decompress failed: 0
     #send errors 0, #recv errors 0

      local crypto endpt.: 1.1.23.2, remote crypto endpt.: 1.1.34.4
      plaintext mtu 1438, path mtu 1500, ip mtu 1500, ip mtu idb Ethernet0/0.23
      current outbound spi: 0xAE432C2B(2923637803)
      PFS (Y/N): N, DH group: none

       (생략)

interface: Virtual-Access2
    Crypto map tag: Virtual-Access2-head-0, local addr 1.1.23.2

    protected vrf: (none)
    local  ident (addr/mask/prot/port): (0.0.0.0/0.0.0.0/0/0)
    remote ident (addr/mask/prot/port): (0.0.0.0/0.0.0.0/0/0)
    current_peer 1.1.35.5 port 500
      PERMIT, flags={origin_is_acl,}
```

```
#pkts encaps: 146, #pkts encrypt: 146, #pkts digest: 146
#pkts decaps: 146, #pkts decrypt: 146, #pkts verify: 146
#pkts compressed: 0, #pkts decompressed: 0
#pkts not compressed: 0, #pkts compr. failed: 0
#pkts not decompressed: 0, #pkts decompress failed: 0
#send errors 0, #recv errors 0

local crypto endpt.: 1.1.23.2, remote crypto endpt.: 1.1.35.5
plaintext mtu 1438, path mtu 1500, ip mtu 1500, ip mtu idb Ethernet0/0.23
current outbound spi: 0x65109DD3(1695587795)
PFS (Y/N): N, DH group: none
   (생략)
```

이상으로 동적 라우팅 프로토콜을 Flex VPN을 설정하고 동작하는 것을 확인해 보았다.

IKEv2 라우팅을 이용한 Flex VPN

IKEv2 라우팅은 Flex VPN에서 사용가능한 기능으로 사용자가 보호하기 원하는 네트워크를 IKE SA 교환을 통해 상대방 라우팅 테이블에 등록한다.

기존의 RRI(reverse route injection)는 자신의 IPsec SA에서 보호대상 네트워크를 추출하여 라우팅 테이블에 추가시킨다. 하지만 IKEv2 라우팅에서는 라우팅 정보를 상대방 피어에게 전달하여 라우팅 테이블에 등록시킨다는 차이점이 있다.

또한, IKEv2 라우팅은 대규모 VPN망 구축 시 설정이 간편하고, 스태틱으로 구성되어 관리되기 때문에 다른 다이나믹 라우팅 프로토콜을 이용하는 것보다 확장성이 뛰어나다는 장점이 있다.

이번에는 IKEv2 라우팅을 이용하여 Flex VPN을 구성해보자. 테스트를 위하여 기존의 OSPF 설정을 삭제한다.

예제 12-44 OSPF 설정 삭제

```
R4(config)# interface tunnel 1
R4(config-if)# shutdown
R4(config-if)# exit
R4(config)# no router ospf 1

R5(config)# interface tunnel 1
R5(config-if)# shutdown
R5(config-if)# exit
R5(config)# no router ospf 1

R2(config)# interface Virtual-Template1 type tunnel
R2(config-if)# no ip ospf 1 area 0
```

R2에서 Virtual- Access 인터페이스가 동작 중일 때에는 Virtual-Template를 설정하지 못하기에 R4와 R5 터널 인터페이스를 먼저 셧다운시킨다.

다음은 IKEv2 라우팅을 설정하기 위해서 ACL을 이용해 라우팅 네트워크 대역을 지정한다. 지사간 통신을 허용하려면 10.1.0.0 대역을 보호대상 네트워크로 지정한다. 그렇지 않다면 10.1.10.0 대역으로 지정한다.

예제 12-45 R2의 IKEv2 라우팅 네트워크대역 설정

```
R2(config)# ip access-list standard PROTECTED_ACL
R2(config-std-nacl)# permit 10.1.0.0 0.0.255.255
```

클라이언트에게 할당할 IP 주소 풀(pool)을 설정한다. 할당을 하지 않아도 IKEv2라우팅 구현이 가능하지만 다양한 테스트를 위해 설정하기로 한다.

예제 12-46 IP 주소 풀 지정

```
R2(config)# ip local pool FLEX_POOL 192.168.1.1 192.168.1.100
```

IKEv2 라우팅을 위해서는 IKEv2 인가 정책(authorization policy)이 필요하다. 여기에는 앞에서 설정하였던 IKEv2 라우팅 네트워크 대역 ACL과 IP 주소 풀을 저장하여 관리한다.

예제 12-47 IKEv2 인가 정책 설정

```
① R2(config)# crypto ikev2 authorization policy IKEV2_AUTHR_POLICY
② R2(config-ikev2-author-policy)# pool FLEX_POOL
③ R2(config-ikev2-author-policy)# route set access-list PROTECTED_ACL
```

① IKEv2 인가정책을 생성한다.

② 클라이언트에게 할당할 IP 풀을 지정한다.

③ 클라이언트에게 알려줄 IKEv2 라우팅 정보를 지정한다.

AAA 관련 설정을 한다. AAA 서버를 사용하거나, 다음과 같이 로컬 데이터베이스를 사용해도 된다.

AAA 관련 설정

```
R2(config)# aaa new-model
R2(config)# aaa authorization network FLEX_LIST local
```

마지막으로 설정한 AAA와 IKEv2 인가정책을 IKEv2 프로파일에 추가시켜준다.

예제 12-49 IKEv2 프로파일 설정

```
R2(config)# crypto ikev2 profile FLEX_IKEV2_PROF
R2(config-ikev2-profile)# aaa authorization group psk list FLEX_LIST IKEV2_AUTHR_
POLICY
```

클라이언트인 R4와 R5의 설정은 R2의 설정에서 IP주소 풀 설정을 제외하면 동일하다. R4의 IKEv2 라우팅 네트워크 대역을 지정한다.

예제 12-50 R4의 IKEv2 라우팅 네트워크대역 설정

```
R4(config)# ip access-list standard PROTECTED_ACL
R4(config-std-nacl)# permit 10.1.40.0 0.0.0.255
```

R5의 설정은 다음과 같다.

예제 12-51 R5의 IKEv2 라우팅 네트워크대역 설정

```
R5(config)# ip access-list standard PROTECTED_ACL
R5(config-std-nacl)# permit 10.1.50.0 0.0.0.255
```

IKEv2 라우팅 네트워크 대역 ACL을 IKEv2 authorization policy에 지정한다.

예제 12-52 IKEv2 인가 정책 설정

```
R4(config)# crypto ikev2 authorization policy IKEV2_AUTHR_POLICY
R4(config-ikev2-author-policy)# route set access-list PROTECTED_ACL

R5(config)# crypto ikev2 authorization policy IKEV2_AUTHR_POLICY
R5(config-ikev2-author-policy)# route set access-list PROTECTED_ACL
```

AAA 관련 설정을 한다.

예제 12-53 AAA 관련 설정

```
R4(config)# aaa new-model
R4(config)# aaa authorization network FLEX_LIST local

R5(config)# aaa new-model
R5(config)# aaa authorization network FLEX_LIST local
```

설정한 AAA와 인가정책을 IKEv2 프로파일에 추가시켜준다.

예제 12-54 IKEv2 프로파일 설정

```
R4(config)# crypto ikev2 profile FLEX_IKEV2_PROF
R4(config-ikev2-profile)# aaa authorization group psk list FLEX_LIST IKEV2_AUTHR_
POLICY

R5(config)# crypto ikev2 profile FLEX_IKEV2_PROF
R5(config-ikev2-profile)# aaa authorization group psk list FLEX_LIST IKEV2_AUTHR_
POLICY
```

클라이언트의 터널 IP주소를 negotiated로 변경하고 인터페이스를 활성화시키면 자동으로 Flex VPN 세션을 맺는다.

예제 12-55 클라이언트 터널 인터페이스 설정

```
R4(config)# interface tunnel 1
R4(config-if)# ip address negotiated
R4(config-if)# no shutdown

R5(config)# interface tunnel 1
R5(config-if)# ip address negotiated
R5(config-if)# no shutdown
```

IKEv2 라우팅을 이용한 Flex VPN 동작 확인

세션이 정상적으로 맺어진 후, show ip interface brief 명령어를 사용하여 확인해보면 다음과 같이 클라이언트 R4, R5의 터널 주소는 서버인 R2에서 부여한 주소로 등록되어 있다.

예제 12-56 R4의 인터페이스 IP 주소부여 확인

```
R4# show ip interface brief
Interface        IP-Address      OK? Method Status                Protocol
Ethernet0/0      unassigned      YES NVRAM  up                         up
Ethernet0/0.34   1.1.34.4        YES NVRAM  up                         up
Ethernet0/0.40   10.1.40.4       YES NVRAM  up                         up
Ethernet0/1      unassigned      YES NVRAM  administratively down   down
Ethernet0/2      unassigned      YES NVRAM  administratively down   down
Ethernet0/3      unassigned      YES NVRAM  administratively down   down
Tunnel1          192.168.1.1     YES manual up                         up
```

R5가 부여받은 IP 주소는 다음과 같다.

예제 12-57 R5의 인터페이스 IP 주소부여 확인

```
R5# show ip interface brief
Interface        IP-Address      OK? Method Status                Protocol
Ethernet0/0      unassigned      YES NVRAM  up                         up
Ethernet0/0.35   1.1.35.5        YES NVRAM  up                         up
Ethernet0/0.50   10.1.50.5       YES NVRAM  up                         up
Ethernet0/1      unassigned      YES NVRAM  administratively down   down
Ethernet0/2      unassigned      YES NVRAM  administratively down   down
Ethernet0/3      unassigned      YES NVRAM  administratively down   down
Tunnel1          192.168.1.2     YES manual up                         up
```

또한, 라우팅 테이블을 확인해 보면 다음과 같이 본사가 광고하는 10.1.0.0 대역이 정상적으로 인스톨되어 있다.

예제 12-58 R4의 라우팅 테이블 확인

```
R4# show ip route
    (생략)
```

```
Gateway of last resort is 1.1.34.3 to network 0.0.0.0

S*      0.0.0.0/0 [1/0] via 1.1.34.3
        1.0.0.0/8 is variably subnetted, 2 subnets, 2 masks
C          1.1.34.0/24 is directly connected, Ethernet0/0.34
L          1.1.34.4/32 is directly connected, Ethernet0/0.34
        10.0.0.0/8 is variably subnetted, 3 subnets, 3 masks
S          10.1.0.0/16 is directly connected, Tunnel1
C          10.1.40.0/24 is directly connected, Ethernet0/0.40
L          10.1.40.4/32 is directly connected, Ethernet0/0.40
        192.168.1.0/32 is subnetted, 1 subnets
C          192.168.1.1 is directly connected, Tunnel1
```

R2의 라우팅 테이블을 확인해 보면 다음과 같이 모든 지사 내부 주소가 정상적으로 인스톨되어 있다.

예제 12-59 R2의 인터페이스 확인

```
R2# show ip route
        (생략)
Gateway of last resort is 1.1.23.3 to network 0.0.0.0

S*      0.0.0.0/0 [1/0] via 1.1.23.3
        1.0.0.0/8 is variably subnetted, 2 subnets, 2 masks
C          1.1.23.0/24 is directly connected, Ethernet0/0.23
L          1.1.23.2/32 is directly connected, Ethernet0/0.23
        10.0.0.0/8 is variably subnetted, 5 subnets, 2 masks
O          10.1.10.0/24 [110/20] via 10.1.12.1, 04:15:02, Ethernet0/0.12
C          10.1.12.0/24 is directly connected, Ethernet0/0.12
L          10.1.12.2/32 is directly connected, Ethernet0/0.12
S          10.1.40.0/24 is directly connected, Virtual-Access2
S          10.1.50.0/24 is directly connected, Virtual-Access1
```

R2에 인스톨된 지사 내부 주소를 R1에 광고하기 위해 OSPF에서 재분배를 해준다. 이후 R1의 라우팅 테이블을 확인하면 R4, R5의 내부 주소가 정상적으로 인스톨되어 있다.

예제 12-60 OSPF 네트워크 재분배 및 R1의 라우팅 테이블 확인

```
R2(config)# router ospf 1
R2(config-router)# redistribute static subnets

R1# show ip route
(생략)

Gateway of last resort is not set

      10.0.0.0/8 is variably subnetted, 6 subnets, 2 masks
C        10.1.10.0/24 is directly connected, Ethernet0/0.10
L        10.1.10.1/32 is directly connected, Ethernet0/0.10
C        10.1.12.0/24 is directly connected, Ethernet0/0.12
L        10.1.12.1/32 is directly connected, Ethernet0/0.12
O E2     10.1.40.0/24 [110/20] via 10.1.12.2, 00:01:16, Ethernet0/0.12
O E2     10.1.50.0/24 [110/20] via 10.1.12.2, 00:01:16, Ethernet0/0.12
```

지사 라우터 R4에서 본사 내부 네트워크 R1까지의 통신을 핑으로 확인한다.

예제 12-61 핑 테스트

```
R4# ping 10.1.10.1 source 10.1.40.4
Type escape sequence to abort.
Sending 5, 100-byte ICMP Echos to 10.1.10.1, timeout is 2 seconds:
Packet sent with a source address of 10.1.40.4
!!!!!
Success rate is 100 percent (5/5), round-trip min/avg/max = 4/4/6 ms
```

show crypto ikev2 sa detailed 명령어를 사용하면 피어의 정보, 할당한 IP 주소, 암호화 정책, 피어에서 보내온 IKEv2 라우팅 정보 등을 확인할 수가 있다.

예제 12-62 IKEv2 SA 확인

```
R2# show crypto ikev2 sa detailed
 IPv4 Crypto IKEv2  SA

Tunnel-id Local              Remote             fvrf/ivrf          Status
1      1.1.23.2/500          1.1.34.4/500       none/none          READY
   Encr: AES-CBC, keysize: 128, Hash: SHA96, DH Grp:2, Auth sign: PSK, Auth verify: PSK
```

```
        Life/Active Time: 86400/16 sec
        CE id: 1006, Session-id: 6
        Status Description: Negotiation done
        Local spi: 7074311E997E37CE        Remote spi: 0DCFD77ECAD6FD46
        Local id: 1.1.23.2
        Remote id: 1.1.34.4
        Local req msg id:  0              Remote req msg id:  3
        Local next msg id: 0              Remote next msg id: 3
        Local req queued:  0              Remote req queued:  3
        Local window:      5              Remote window:      5
        DPD configured for 0 seconds, retry 0
        Fragmentation not configured.
        Extended Authentication not configured.
        NAT-T is not detected
        Cisco Trust Security SGT is disabled
        Assigned host addr: 192.168.1.1
        Initiator of SA : No
        Remote subnets:
        10.1.40.0 255.255.255.0

Tunnel-id Local              Remote             fvrf/ivrf          Status
2        1.1.23.2/500        1.1.35.5/500       none/none          READY
    Encr: AES-CBC, keysize: 128, Hash: SHA96, DH Grp:2, Auth sign: PSK, Auth verify: PSK
        Life/Active Time: 86400/17 sec
        CE id: 1005, Session-id: 5
        Status Description: Negotiation done
        Local spi: FC080D174DD9F818        Remote spi: D5EF36C1C46F77A1
        Local id: 1.1.23.2
        Remote id: 1.1.35.5
        Local req msg id:  0              Remote req msg id:  3
        Local next msg id: 0              Remote next msg id: 3
        Local req queued:  0              Remote req queued:  3
        Local window:      5              Remote window:      5
        DPD configured for 0 seconds, retry 0
        Fragmentation not configured.
        Extended Authentication not configured.
        NAT-T is not detected
        Cisco Trust Security SGT is disabled
        Assigned host addr: 192.168.1.2
        Initiator of SA : No
        Remote subnets:
        10.1.50.0 255.255.255.0
```

이상으로 IKEv2 라우팅을 이용한 Flex VPN을 설정, 동작하는 것을 확인해 보았다.

IKEv2 스마트 디폴트

IKEv2 스마트 디폴트는 VPN 설정에 필요한 많은 명령어를 미리 설정해 Flex VPN 설정을 최소화시켜준다는 장점이 있다. IKEv2에서 설정하는 authorization policy, proposal, policy와 IPsec profile, IPsec transform-set에 default가 추가되어 기본적인 설정들은 따로 명시할 필요 없이 사용자가 필요한 구성만 추가하여 이용할 수 있다.

각 기본 설정에 들어있는 값은 다음과 같이 확인할 수 있다. 먼저, IKEv2의 인가정책 기본값은 다음과 같다.

예제 12-63 default ikev2 authorization policy 설정 확인

```
R2# show crypto ikev2 authorization policy default
IKEv2 Authorization Policy : default
  route set interface
  route accept any tag : 1 distance : 1
```

IKEv2 제안(proposal) 기본값은 다음과 같다.

예제 12-64 default ikev2 proposal 설정 확인

```
R2# show crypto ikev2 proposal default
IKEv2 proposal: default
     Encryption : AES-CBC-256 AES-CBC-192 AES-CBC-128
     Integrity  : SHA512 SHA384 SHA256 SHA96 MD596
     PRF        : SHA512 SHA384 SHA256 SHA1 MD5
     DH Group   : DH_GROUP_1536_MODP/Group 5 DH_GROUP_1024_MODP/Group 2
```

IKEv2 정책(policy) 기본값은 다음과 같다. IKEv2 정책 기본값에는 위의 제안 기본값이 지정되어 있다.

예제 12-65 default ikev2 policy 설정 확인

```
R2# show crypto ikev2 policy default
IKEv2 policy : default
    Match fvrf : any
```

```
        Match address local : any
        Proposal      : default
```

IPsec 트랜스 폼 셋(transform-set) 기본값은 다음과 같다.

예제 12-66 default IPsec transform-set 설정 확인

```
R2# show crypto ipsec transform-set default
{ esp-aes esp-sha-hmac  }
   will negotiate = { Transport,  },
```

IPsec 프로파일(profile) 기본값은 다음과 같다. 프로파일에 들어가는 IPsec SA 또한 기본값으로 지정되어 있다. IKEv2 프로파일은 따로 추가해 주어야 한다.

예제 12-67 default IPsec profile 설정 확인

```
R2# show crypto ipsec profile default
IPSEC profile default
        Security association lifetime: 4608000 kilobytes/3600 seconds
        Responder-Only (Y/N): N
        PFS (Y/N): N
        Mixed-mode : Disabled
        Transform sets={ default:  { esp-aes esp-sha-hmac  } ,      }
```

테스트를 위하여 기존에 설정한 정책들을 제거하고 Flex VPN을 동작시켜보자. 먼저 각 라우터에 설정된 IKEv2 SA와 IPsec SA, 프로파일을 제거한다.

R2의 DVTI 인터페이스 설정을 먼저 제거해야 하므로 다음과 같이 클라이언트 라우터의 터널 인터페이스를 셧다운시킨다.

예제 12-68 R4, R5의 VPN 설정 제거

```
R4(config)# interface tunnel 1
R4(config-if)# shutdown
R4(config-if)# no tunnel protection ipsec profile FLEX_IPSEC_PROF
R4(config-if)# exit
R4(config)# no crypto ipsec profile FLEX_IPSEC_PROF
R4(config)# no crypto ipsec transform-set FLEX_TRANSFORM esp-aes esp-sha256-h
```

```
mac
R4(config)# no crypto ikev2 policy FLEX_IKEV2_POLICY
R4(config)# no crypto ikev2 proposal FLEX_IKEV2_PROPOSAL

R5(config)# interface tunnel 1
R5(config-if)# shutdown
R5(config-if)# no tunnel protection ipsec profile FLEX_IPSEC_PROF
R5(config-if)# exit
R5(config)# no crypto ipsec profile FLEX_IPSEC_PROF
R5(config)# no crypto ipsec transform-set FLEX_TRANSFORM esp-aes esp-sha256-h
mac
R5(config)# no crypto ikev2 policy FLEX_IKEV2_POLICY
R5(config)# no crypto ikev2 proposal FLEX_IKEV2_PROPOSAL
```

서버인 R2의 VPN 설정을 제거한다.

예제 12-69 R2의 VPN 설정 제거

```
R2(config)# interface Virtual-Template1 type tunnel
R2(config-if)# no tunnel protection ipsec profile FLEX_IPSEC_PROF
R2(config-if)# exit
R2(config)# no crypto ipsec profile FLEX_IPSEC_PROF
R2(config)# no crypto ipsec transform-set FLEX_TRANSFORM esp-aes esp-sha256-h
mac
R2(config)# no crypto ikev2 policy FLEX_IKEV2_POLICY
R2(config)# no crypto ikev2 proposal FLEX_IKEV2_PROPOSAL
```

스마트 디폴트 기능으로 Flex VPN 설정을 한다. IKEv2 proposal은 디폴트로 존재하고 IKEv2 policy에 default proposal이 등록되어 있으므로 설정할 필요가 없다.

또한, IPsec SA도 프로파일에 설정되어 있으므로 IPsec 프로파일에 앞서 설정한 IKEv2 프로파일만 지정하고 터널 인터페이스에 적용한다.

예제 12-70 R2의 Flex VPN 설정

```
R2(config)# crypto ipsec profile default
R2(ipsec-profile)# set ikev2-profile FLEX_IKEV2_PROF
R2(ipsec-profile)# exit
R2(config)# interface  virtual-template 1
R2(config-if)# tunnel protection ipsec profile default
```

```
R2(config-if)# end
```

R4도 R2와 동일한 설정을 하고 터널 인터페이스를 활성화시킨다.

예제 12-71 R4의 Flex VPN 설정

```
R4(config)# crypto ipsec profile default
R4(ipsec-profile)# set ikev2-profile FLEX_IKEV2_PROF
R4(ipsec-profile)# exit
R4(config)# interface tunnel 1
R4(config-if)# tunnel protection ipsec profile default
R4(config-if)# no shutdown
R4(config-if)# end
```

R5의 설정은 다음과 같다.

예제 12-72 R5의 Flex VPN 설정

```
R5(config)# crypto ipsec profile default
R5(ipsec-profile)# set ikev2-profile FLEX_IKEV2_PROF
R5(ipsec-profile)# exit
R5(config)# interface tunnel 1
R5(config-if)# tunnel protection ipsec profile default
R5(config-if)# no shutdown
R5(config-if)# end
```

설정이 끝나면 Flex VPN 세션을 맺는다.

IKEv2 스마트 디폴트 동작 확인

이제, 본사 내부 라우터 R1에서 지사 내부 네트워크까지의 통신을 핑으로 확인한다.

예제 12-73 핑 테스트

```
R1# ping 10.1.40.4
Type escape sequence to abort.
Sending 5, 100-byte ICMP Echos to 10.1.40.4, timeout is 2 seconds:
!!!!!
```

```
Success rate is 100 percent (5/5), round-trip min/avg/max = 1/1/1 ms

R1# ping 10.1.50.5
Type escape sequence to abort.
Sending 5, 100-byte ICMP Echos to 10.1.50.5, timeout is 2 seconds:
!!!!!
Success rate is 100 percent (5/5), round-trip min/avg/max = 1/1/1 ms
```

R2에서 각 클라이언트와 맺은 IKEv2 SA를 확인한다. 각 라우터는 디폴트에 저장되어있는 설정 중, 왼쪽에 있는 설정부터 협상을 하여 가장 강력한 알고리듬으로 세션을 맺은 것을 확인할 수 있다. 이외의 동작은 이전과 같기에 자세한 설명은 생략한다.

예제 12-74 IKEv2 SA 확인

```
R2# show crypto ikev2 sa
 IPv4 Crypto IKEv2  SA

Tunnel-id Local              Remote            fvrf/ivrf            Status
1        1.1.23.2/500       1.1.34.4/500       none/none            READY
        Encr: AES-CBC, keysize: 256, Hash: SHA512, DH Grp:5, Auth sign: PSK,
        Auth verify: PSK
        Life/Active Time: 86400/939 sec

Tunnel-id Local              Remote            fvrf/ivrf            Status us
2        1.1.23.2/500       1.1.35.5/500       none/none            READY
        Encr: AES-CBC, keysize: 256, Hash: SHA512, DH Grp:5, Auth sign: PSK,
        Auth verify: PSK
        Life/Active Time: 86400/160 sec
```

스마트 디폴트 기능을 사용하지 않을 경우 **no crypto ikev2 policy default** 명령어를 사용하여 스마트 디폴트를 비활성화 시킬 수 있다. 이후, 다시 사용하려면 **default crypto ikev2 policy** 명령어를 사용하면 스마트 디폴트 기능이 재활성화된다.

이상으로 스마트 디폴트 기능을 이용한 Flex VPN을 구성해 보았다.

Flex VPN 지사간 직접 통신

이번에는 DMVPN의 특징이었던 지사 간 직접 통신을 구현해 본다. DMVPN에서 NHRP를 이용하여 구현한 지사 간 직접 통신은 허브-스포크 통신으로 사용하던 터널 인터페이스를 사용한다. 하지만 Flex VPN에서는 최초 NHRP 메시지 교환 및 지사 간 VPN 구성 시에만 터널 인터페이스를 이용하고 이후 통신은 새로운 VTI를 추가하여 사용한다.

그림 12-10 Site-to-Site 설정

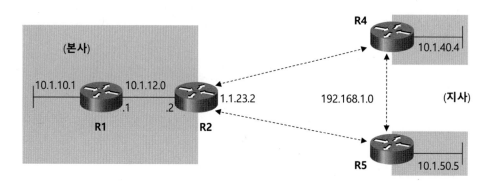

이번에는 NHRP를 이용하여 지사 끼리 허브를 거치지 않고 직접 암호화 통신을 하도록 구성한다. 또, 새로 추가된 인증방식인 서로 다른 값을 사용하여 2개의 PSK로 각기 인증하는 비대칭 PSK를 구성해 본다. 먼저 비대칭 PSK설정을 위해 각 라우터의 기존에 설정되어 있던 키링(keyring)을 수정한다.

예제 12-75 R2의 비대칭 PSK 설정

```
   R2(config)# crypto ikev2 keyring FLEX_KEY
   R2(config-ikev2-keyring)# peer CLIENT
 ① R2(config-ikev2-keyring-peer)# no pre-shared-key cisco
 ② R2(config-ikev2-keyring-peer)# pre-shared-key local cisco
 ③ R2(config-ikev2-keyring-peer)# pre-shared-key remote ocsic
   R2(config-ikev2-keyring-peer)# exit
```

① 기존의 대칭 PSK(pre-shared key)를 제거한다.

② local PSK 값을 설정한다. 이는 자신이 상대방에게 인증할 때 보낼 PSK 값을

말한다. 상대방은 remote 값을 현재의 로컬 값과 동일한 cisco로 설정한다.

③ remote PSK 값을 설정한다. remote는 local PSK와 반대로 상대방이 R2에 인증을 받을 때 사용할 PSK값을 설정한다.

R2에서 remote로 ocsic를 지정하였다면 상대방은 로컬 값으로 R2가 지정해놓은 ocsic을 보내야만 인증이 된다.

다음은 클라이언트 R4의 비대칭 PSK 설정이다. 지사간 직접통신을 하기 위해서는 지사끼리 Flex VPN 세션을 맺어야 한다. 따라서 R4, R5 서로간의 피어를 추가하여 PSK 인증을 할 수 있도록 한다. 지사간의 인증은 대칭 PSK를 이용하기로 한다.

예제 12-76 R4의 비대칭 PSK 설정

```
    R4(config)# crypto ikev2 keyring FLEX_KEY
    R4(config-ikev2-keyring)# peer SERVER
    R4(config-ikev2-keyring-peer)# no pre-shared-key cisco
①  R4(config-ikev2-keyring-peer)# pre-shared-key local ocsic
②  R4(config-ikev2-keyring-peer)# pre-shared-key remote cisco
    R4(config-ikev2-keyring-peer)# exit
③  R4(config-ikev2-keyring)# peer SPOKE
④  R4(config-ikev2-keyring-peer)# address 1.1.35.5
    R4(config-ikev2-keyring-peer)# pre-shared-key cisco
    R4(config-ikev2-keyring-peer)# exit
    R4(config-ikev2-keyring)# exit
```

① local PSK 값을 설정한다. R2의 remote PSK 값을 ocsic 설정하였기에 인증을 맺는 R4의 local PSK는 이와 같아야 한다.

② remote PSK 값을 설정한다. R2의 local PSK 값과 동일하게 cisco로 설정한다.

③ 스포크인 R5를 위한 새로운 피어를 추가한다.

④ R5의 주소를 지정해준다.

R5의 설정은 R4와 같다.

예제 12-77 R5의 비대칭 PSK 설정

```
R5(config)# crypto ikev2 keyring FLEX_KEY
R5(config-ikev2-keyring)# peer SERVER
R5(config-ikev2-keyring-peer)# no pre-shared-key cisco
R5(config-ikev2-keyring-peer)# pre-shared-key local ocsic
R5(config-ikev2-keyring-peer)# pre-shared-key remote cisco
R5(config-ikev2-keyring-peer)# exit
R5(config-ikev2-keyring)# peer SPOKE
R5(config-ikev2-keyring-peer)# address 1.1.34.4
R5(config-ikev2-keyring-peer)# pre-shared-key cisco
R5(config-ikev2-keyring-peer)# exit
R5(config-ikev2-keyring)# exit
```

허브인 R2의 DVTI에 스포크간 직접 통신을 허용하기 위해서는 터널의 모드를 기존의 IPsec이 아닌 GRE로 설정한다. 또한, 쇼트 컷을 위하여 DMVPN에서 처럼 NHRP 관련 명령어를 추가해준다. DVTI 인터페이스는 Virtual-access 인터페이스가 모두 종료되어야 설정이 가능하므로 스포크 라우터의 터널을 다운시키고 설정을 계속한다.

예제 12-78 R2의 DVTI 설정

```
    R4(config)# interface tunnel 1
    R4(config-if)# shutdown

    R5(config)# interface tunnel 1
    R5(config-if)# shutdown

    R2(config)# interface Virtual-Template1 type tunnel
①  R2(config-if)# no tunnel mode ipsec ipv4
②  R2(config-if)# ip nhrp network-id 1
③  R2(config-if)# ip nhrp redirect
    R2(config-if)# exit
```

① 터널의 모드는 기본적으로 GRE이므로 설정하였던 IPsec ipv4 모드를 제거한다.

② NHRP 네트워크 ID를 지정한다. NHRP 등록 과정에 참여하려면 모든 라우터가 NHRP 네트워크 ID로 구분되는 동일한 NHRP 네트워크에 소속되어야 한다. 즉, NHRP 네트워크 ID는 NHRP 도메인을 나타낸다.

③ NHRP 쇼트컷(shortcut) 경로를 사용하는 것을 의미한다. NHRP 쇼트컷 경로란 스포크 간의 직접 통신을 할 수 있는 경로를 말한다.

다음은 지사 R4, R5의 설정이다. 기존의 터널 이외에 지사간 통신에 이용할 VTI를 생성해주고 Flex VPN을 적용해야 한다. 먼저, R4의 터널 인터페이스 설정은 다음과 같다.

예제 12-79 R4의 터널 인터페이스 설정

```
   R4(config)# interface tunnel 1
   R4(config-if)# no tunnel mode ipsec ipv4
   R4(config-if)# ip nhrp network-id 1
①  R4(config-if)# ip nhrp shortcut virtual-template 1
   R4(config-if)# ip nhrp redirect
```

① 지사에서의 쇼트컷 스위칭을 동작시키는 명령어이다. 이 명령어가 없으면 쇼트컷 스위칭이 일어나지 않는다.

R5의 터널 인터페이스 설정은 다음과 같다.

예제 12-80 R5의 터널 인터페이스 설정

```
R5(config)# interface tunnel 1
R5(config-if)# no tunnel mode ipsec ipv4
R5(config-if)# ip nhrp network-id 1
R5(config-if)# ip nhrp shortcut virtual-template 1
R5(config-if)# ip nhrp redirect
```

다음은 R4에서 지사간 통신을 위해 사용할 VTI 인터페이스를 생성하고 쇼트컷을 설정한다.

예제 12-81 R4의 VTI 인터페이스 설정

```
R4(config)# interface Virtual-Template1 type tunnel
R4(config-if)# ip unnumbered Tunnel 1
R4(config-if)# ip nhrp network-id 1
R4(config-if)# ip nhrp shortcut virtual-template 1
```

```
R4(config-if)# ip nhrp redirect
R4(config-if)# tunnel protection ipsec profile default
```

R5의 VTI 설정은 다음과 같다.

예제 12-82 R5의 VTI 인터페이스 설정

```
R5(config)# interface Virtual-Template1 type tunnel
R5(config-if)# ip unnumbered Tunnel 1
R5(config-if)# ip nhrp network-id 1
R5(config-if)# ip nhrp shortcut virtual-template 1
R5(config-if)# ip nhrp redirect
R5(config-if)# tunnel protection ipsec profile default
```

설정이 끝나면 R4의 IKEv2 프로파일을 설정한다.

예제 12-83 R4의 IKEv2 Profile 설정

```
    R4(config)# crypto ikev2 profile FLEX_IKEV2_PROF
①  R4(config-ikev2-profile)# match identity remote address 1.1.35.5 255.255.255.255
②  R4(config-ikev2-profile)# virtual-template 1
```

① 피어의 주소가 1.1.35.5일 경우 프로파일을 교환하도록 한다.

② DVTI가 동작할 때 사용한 VTI를 지정한다. 이 명령어가 없으면 동작을 하지 않는다.

R5의 IKEv2 프로파일 설정은 다음과 같다.

예제 12-84 R5의 IKEv2 Profile 설정

```
R5(config)# crypto ikev2 profile FLEX_IKEV2_PROF
R5(config-ikev2-profile)# match identity remote address 1.1.34.4 255.255.255.255
R5(config-ikev2-profile)# virtual-template 1
```

설정이 끝났으면 스포크 R4, R5의 터널 인터페이스를 다시 활성화시킨다.

예제 12-85 R4, 5의 터널인터페이스 복구

```
R4(config)# interface tunnel 1
R4(config-if)# no shutdown

R5(config)# interface tunnel 1
R5(config-if)# no shutdown
```

터널인터페이스가 정상적으로 동작하면 R2와 세션을 맺어서 IP 주소를 부여받고 Flex VPN 구성이 완료된다.

Flex VPN 지사간 직접통신 동작 확인

정상적으로 VPN이 구성 되었는지 확인하기 위하여 지사 R4의 라우팅 테이블을 확인한다.

예제 12-86 R4의 라우팅 테이블 확인

```
R4# show ip route
    (생략)
Gateway of last resort is 1.1.34.3 to network 0.0.0.0

S*    0.0.0.0/0 [1/0] via 1.1.34.3
      1.0.0.0/8 is variably subnetted, 2 subnets, 2 masks
C        1.1.34.0/24 is directly connected, Ethernet0/0.34
L        1.1.34.4/32 is directly connected, Ethernet0/0.34
      10.0.0.0/8 is variably subnetted, 3 subnets, 3 masks
S        10.1.0.0/16 is directly connected, Tunnel1
C        10.1.40.0/24 is directly connected, Ethernet0/0.40
L        10.1.40.4/32 is directly connected, Ethernet0/0.40
      192.168.1.0/32 is subnetted, 1 subnets
C        192.168.1.1 is directly connected, Tunnel1
```

R2에서 광고하고 있는 네트워크 대역대가 정상적으로 등록이 되어있 다. 그러나, R5로 가는 라우팅 테이블은 따로 올라와 있지 않다. 다음은 IKEv2 SA를 확인해 본다.

예제 12-87 R4의 IKEv2 SA 확인

```
R4# show crypto ikev2 sa
 IPv4 Crypto IKEv2  SA

Tunnel-id Local              Remote           fvrf/ivrf           Status
1        1.1.34.4/500        1.1.23.2/500     none/none           READY
        Encr: AES-CBC, keysize: 256, Hash: SHA512, DH Grp:5, Auth sign: PSK,
        Auth verify: PSK
        Life/Active Time: 86400/129 sec


 IPv6 Crypto IKEv2  SA
```

R4가 R5와 데이터를 주고받지 않았기 때문에 IKEv2 SA에서도 R5와의 세션은 존재하지 않는다. 최초 1회 통신은 허브를 거친다. 이후, NHRP 쇼트컷 스위칭이 동작하여 양측의 DVTI를 통해 지사간 직접 Flex VPN이 구성된다.

R4에서 R5로 트레이스 루트를 해보자.

예제 12-88 트레이스 루트 확인

```
R4# traceroute 10.1.50.5 source 10.1.40.4
Type escape sequence to abort.
Tracing the route to 10.1.50.5
VRF info: (vrf in name/id, vrf out name/id)
  1 1.1.23.2 5 msec 5 msec 5 msec
  1 192.168.1.2 5 msec 5 msec *
```

최초의 트레이스 루트는 허브인 R2를 거쳐 R5에 도착한다. 메시지가 도착하면서 지사에 Virtual-Access 인터페이스가 생성되는 메시지가 올라오며 이후 스포크 간 Flex VPN을 구성한다.

예제 12-89 R4의 Virtual-Access 인터페이스 생성 메시지

```
*Oct 11 11:06:42.810: %LINEPROTO-5-UPDOWN: Line protocol on Interface Virtual-
Access1, changed state to up
```

다시 한 번 R4의 라우팅 테이블을 확인하면 R5의 피어와 내부 네트워크 정보가 라우

팅 테이블에 H 또는 %로 인스톨되어 있다.

예제 12-90 R4의 라우팅 테이블 확인

```
R4# show ip route
       (생략)


Gateway of last resort is 1.1.34.3 to network 0.0.0.0


S*      0.0.0.0/0 [1/0] via 1.1.34.3
        1.0.0.0/8 is variably subnetted, 2 subnets, 2 masks
C          1.1.34.0/24 is directly connected, Ethernet0/0.34
L          1.1.34.4/32 is directly connected, Ethernet0/0.34
        10.0.0.0/8 is variably subnetted, 4 subnets, 3 masks
S          10.1.0.0/16 is directly connected, Tunnel1
C          10.1.40.0/24 is directly connected, Ethernet0/0.40
L          10.1.40.4/32 is directly connected, Ethernet0/0.40
S    %     10.1.50.0/24 is directly connected, Virtual-Access1
        192.168.1.0/32 is subnetted, 2 subnets
C          192.168.1.1 is directly connected, Tunnel1
H          192.168.1.2 is directly connected, 00:00:18, Virtual-Access1
```

R4에서 본사인 R2 뿐만 아니라 지사인 R5와도 IKEv2 SA가 만들어진다.

예제 12-91 R4의 IKEv2 SA 확인

```
R4# show crypto ikev2 sa
 IPv4 Crypto IKEv2  SA

Tunnel-id Local              Remote            fvrf/ivrf           Status
1         1.1.34.4/500       1.1.23.2/500      none/none           READY
          Encr: AES-CBC, keysize: 256, Hash: SHA512, DH Grp:5, Auth sign: PSK,
          Auth verify: PSK
          Life/Active Time: 86400/129 sec


Tunnel-id Local              Remote            fvrf/ivrf           Status
2         1.1.34.4/500       1.1.35.5/500      none/none           READY

          Encr: AES-CBC, keysize: 256, Hash: SHA512, DH Grp:5, Auth sign: PSK,
          Auth verify: PSK
          Life/Active Time: 86400/131 sec
```

```
IPv6  Crypto  IKEv2   SA
```

다시 트레이스루트를 이용하여 R5의 내부 네트워크와 통신하면 허브인 R2를 거치지
않고 직접 R5와 통신하는 것을 확인 할 수 있다.

예제 12-92 트레이스 루트 확인

```
R4# traceroute 10.1.50.5 source 10.1.40.4
Type escape sequence to abort.
Tracing the route to 10.1.50.5
VRF info: (vrf in name/id, vrf out name/id)
  1 192.168.1.2 6 msec 5 msec *
```

이상으로 Flex VPN 지사간 직접통신을 설정하고 동작하는 것을 확인해 보았다. 다
음 테스트를 위해 기존 설정을 제거하고 터널 모드를 ipsec ipv4로 변경한다.

예제 12-93 기존 설정 제거

```
R2# clear crypto session
R2# conf t
R2(config)# int vrtual-template 1
R2(config-if)# tunnel mode ipsec ipv4
R2(config-if)# no ip nhrp network-id 1
R2(config-if)# no ip nhrp redirect

R4# clear crypto session
R4# conf t
R4(config)# no int vrtual-template 1
R4(config)# int tunnel 1
R4(config-if)# tunnel mode ipsec ipv4
R4(config-if)# no ip nhrp network-id 1
R4(config-if)# no ip nhrp shortcut virtual-template 1
R4(config-if)# no ip nhrp redirect
R4(config-if)# exit
R4(config)# crypto ikev2 keyring FLEX_KEY
R4(config-ikev2-keyring)# no peer SPOKE
R4(config-ikev2-keyring)# exit
R4(config)# crypto ikev2 profile FLEX_IKEV2_PROF
```

```
R4(config-ikev2-profile)# no match identity remote address 1.1.35.5
R4(config-ikev2-profile)# no virtual-template 1

R5# clear crypto session
R5# conf t
R5(config)# no int vrtual-template 1
R5(config)# int tunnel 1
R5(config-if)# tunnel mode ipsec ipv4
R5(config-if)# no ip nhrp network-id 1
R5(config-if)# no ip nhrp shortcut virtual-template 1
R5(config-if)# no ip nhrp redirect
R5(config-if)# exit
R5(config)# crypto ikev2 keyring FLEX_KEY
R5(config-ikev2-keyring)# no peer SPOKE
R5(config-ikev2-keyring)# exit
R5(config)# crypto ikev2 profile FLEX_IKEV2_PROF
R5(config-ikev2-profile)# no match identity remote address 1.1.34.4
R5(config-ikev2-profile)# no virtual-template 1
```

현재 R2에 남아있는 Flex VPN 설정은 다음과 같다.

예제 12-94 R2의 Flex VPN 설정

```
crypto ikev2 keyring FLEX_KEY
 peer CLIENT
  address 0.0.0.0 0.0.0.0
  pre-shared-key local cisco
  pre-shared-key remote ocsic

crypto ikev2 profile FLEX_IKEV2_PROF
 match identity remote address 0.0.0.0
 authentication remote pre-share
 authentication local pre-share
 keyring local FLEX_KEY
 virtual-template 1

crypto ipsec profile default
 set ikev2-profile FLEX_IKEV2_PROF
!
!
ip local pool FLEX_POOL 192.168.1.1 192.168.1.100

ip access-list standard PROTECTED_ACL
```

```
  permit 10.1.0.0 0.0.255.255

aaa new-model
aaa authorization network FLEX_LIST local

crypto ikev2 authorization policy IKEV2_AUTHR_POLICY
 pool FLEX_POOL
 route set access-list PROTECTED_ACL

crypto ikev2 profile FLEX_IKEV2_PROF
 aaa authorization group psk list FLEX_LIST IKEV2_AUTHR_POLICY
!
!
interface Virtual-Template1 type tunnel
 ip unnumbered Ethernet0/0.23
 tunnel source Ethernet0/0.23
 tunnel mode ipsec ipv4
 tunnel protection ipsec profile default
```

R4에 남아있는 Flex VPN 설정은 다음과 같다.

예제 12-95 R4의 Flex VPN 설정

```
crypto ikev2 keyring FLEX_KEY
 peer SERVER
  address 1.1.23.2
  pre-shared-key local ocsic
  pre-shared-key remote cisco

crypto ikev2 profile FLEX_IKEV2_PROF
 match identity remote address 1.1.23.2 255.255.255.255
 authentication remote pre-share
 authentication local pre-share
 keyring local FLEX_KEY

crypto ipsec profile default
 set ikev2-profile FLEX_IKEV2_PROF
!
!
aaa new-model
aaa authorization network FLEX_LIST local

ip access-list standard PROTECTED_ACL
```

```
   permit 10.1.40.0 0.0.0.255

crypto ikev2 authorization policy IKEV2_AUTHR_POLICY
 route set access-list PROTECTED_ACL

crypto ikev2 profile FLEX_IKEV2_PROF
 aaa authorization group psk list FLEX_LIST IKEV2_AUTHR_POLICY
!
!
interface Tunnel1
 ip address negotiated
 tunnel source Ethernet0/0.34
 tunnel mode ipsec ipv4
 tunnel destination 1.1.23.2
 tunnel protection ipsec profile default
```

R5에 남아있는 Flex VPN 설정은 다음과 같다.

예제 12-96 R5의 Flex VPN 설정

```
crypto ikev2 keyring FLEX_KEY
 peer SERVER
  address 1.1.23.2
  pre-shared-key local ocsic
  pre-shared-key remote cisco

crypto ikev2 profile FLEX_IKEV2_PROF
 match identity remote address 1.1.23.2 255.255.255.255
 authentication remote pre-share
 authentication local pre-share
 keyring local FLEX_KEY

crypto ipsec profile default
 set ikev2-profile FLEX_IKEV2_PROF
!
!
aaa new-model
aaa authorization network FLEX_LIST local

ip access-list standard PROTECTED_ACL
 permit 10.1.50.0 0.0.0.255

crypto ikev2 authorization policy IKEV2_AUTHR_POLICY
```

```
   route set access-list PROTECTED_ACL

crypto ikev2 profile FLEX_IKEV2_PROF
 aaa authorization group psk list FLEX_LIST IKEV2_AUTHR_POLICY
!
!
interface Tunnel1
 ip address negotiated
 tunnel source Ethernet0/0.35
 tunnel mode ipsec ipv4
 tunnel destination 1.1.23.2
 tunnel protection ipsec profile default
```

이제 다음 테스트를 위한 준비를 마쳤다.

비대칭 인증을 이용한 Flex VPN 설정

IKEv2에서는 피어 간 서로 다른 인증 방식을 사용하는 비대칭 인증이 가능하다. 테스트를 위해 R2에서 RSA-SIG(RSA 인증서) 인증 방식을 사용하고, R4, R5에서 PSK 인증 방식을 사용하도록 해 보자. 간편한 설정을 위해 RSA-SIG 인증 방식을 사용하는 R2를 CA 서버로 가정한다.

그림 12-11 테스트 네트워크

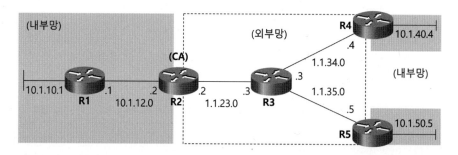

먼저 PKI 관련 설정을 한다. 설정 순서는 다음과 같다.

1) R2를 CA 서버로 설정한다.

2) R2, R4, R5에서 CA 인증서를 다운로드한다.

3) R2에서 디지털 인증서를 다운로드한다.

다음과 같이 R2를 CA 서버로 설정한다.

예제 12-97 CA 서버 설정

```
① R2(config)# ip http server

② R2(config)# crypto pki server CA1
③ R2(cs-server)# issuer-name cn=CA1
④ R2(cs-server)# grant auto
⑤ R2(cs-server)# no shutdown

   %Some server settings cannot be changed after CA certificate generation.
   % Please enter a passphrase to protect the private key
   % or type Return to exit
⑥ Password:

   Re-enter password:
⑦ % Generating 1024 bit RSA keys, keys will be non-exportable...
   [OK] (elapsed time was 1 seconds)

   % Certificate Server enabled.
   %SSH-5-ENABLED: SSH 1.99 has been enabled
   %PKI-6-CS_ENABLED: Certificate server now enabled.
   R2(cs-server)# exit
```

① 라우터가 HTTP 서버로 동작하도록 설정한다.

② CA 이름을 정의하고 설정 모드로 들어간다.

③ 인증서에 표시될 CA 이름을 CA1으로 지정한다.

④ 해당 CA로 인증서 요청이 들어오면 자동으로 인증서를 발급하도록 한다.

⑤ CA를 활성화시킨다.

⑥ CA가 생성하는 RSA 개인키를 보호하기 위한 7자리 이상의 암호를 지정한다.

⑦ RSA KEY가 생성되는 것을 확인할 수 있다.

설정 후 R2에서 **show crypto pki certificates verbose** 명령어를 사용하면 CA

인증서를 확인할 수 있다.

예제 12-98 CA 인증서 확인

```
R2# show crypto pki certificates verbose
CA Certificate
  Status: Available
  Version: 3
  Certificate Serial Number (hex): 01
  Certificate Usage: Signature
  Issuer:
    cn=CA1
  Subject:
    cn=CA1
  Validity Date:
    start date: 15:08:46 CET Oct 12 2015
    end   date: 15:08:46 CET Oct 11 2018
  Subject Key Info:
    Public Key Algorithm: rsaEncryption
    RSA Public Key: (1024 bit)
  Signature Algorithm: MD5 with RSA Encryption
  Fingerprint MD5: BCA3589C F1D49099 F877D2F9 7070AFC6
  Fingerprint SHA1: 9DBEF9A8 9E1C62AD 24B1321B F25217A1 229561B5
  X509v3 extensions:
    X509v3 Key Usage: 86000000
      Digital Signature
      Key Cert Sign
      CRL Signature
    X509v3 Subject Key ID: 2D6D4850 6CC7764D AA6F2D01 BE664984 ABC05D85
    X509v3 Basic Constraints:
        CA: TRUE
    X509v3 Authority Key ID: 2D6D4850 6CC7764D AA6F2D01 BE664984 ABC05D85
    Authority Info Access:
  Associated Trustpoints: CA1
```

또한 다음과 같이 show crypto key mypubkey rsa 명령어를 사용하면 CA의 RSA KEY 정보를 확인할 수 있다.

예제 12-99 CA의 RSA KEY 확인

```
R2# show crypto key mypubkey rsa
% Key pair was generated at: 15:08:46 CET Oct 12 2015
```

```
Key name: CA1
Key type: RSA KEYS
 Storage Device: not specified
 Usage: General Purpose Key
 Key is not exportable.
 Key Data:
  30819F30 0D06092A 864886F7 0D010101 05000381 8D003081 89028181 008CD
DC3
  B34F71CB 96104738 C8F3C739 B16B6C91 7416F0A0 0071A4AA 8F33242A 4521E
E11
      (생략)

% Key pair was generated at: 15:08:47 CET Oct 12 2015
Key name: CA1.server
Key type: RSA KEYS
Temporary key
 Usage: Encryption Key
 Key is not exportable.
 Key Data:
  307C300D 06092A86 4886F70D 01010105 00036B00 30680261 0089FBA2 4B6A072E
  FB1D7BF7 6D587194 47468A97 62C1CA35 F371C6FF 8F3826A3 92BA1E2F CC23F399
      (생략)
```

이번에는 R2, R4, R5에서 Trustpoint를 설정하고 CA 인증서를 다운로드한다.

R2의 설정은 다음과 같다.

예제 12-100 R2의 PKI 설정

```
① R2(config)# crypto pki trustpoint TRSTPNT_CA1
② R2(ca-trustpoint)# enrollment url http://1.1.23.2
   R2(ca-trustpoint)# exit

③ R2(config)# crypto pki authenticate TRSTPNT_CA1
   Certificate has the following attributes:
④     Fingerprint MD5: BCA3589C F1D49099 F877D2F9 7070AFC6
      Fingerprint SHA1: 9DBEF9A8 9E1C62AD 24B1321B F25217A1 229561B5

   % Do you accept this certificate? [yes/no]: yes
   Trustpoint CA certificate accepted.
```

① crypto pki trustpoint 명령어와 CA의 이름을 사용하여 신뢰할 CA를 선언한다.

하지만 현재 구성에서는 R2가 CA의 역할도 하기 때문에 CA 이름을 그대로 사용하면 아래와 같은 메시지가 출력된다. 따라서, 다른 이름을 사용하여 설정하였다.

예제 12-101 중복된 Trustpoint를 사용할 경우 메시지

```
R2(config)# crypto pki trustpoint CA1
% You are not supposed to change the configuration of this
% trustpoint. It is being used by the IOS CA server.
```

② WEB 등록 방식으로 인증서를 다운로드하기 위해 등록 URL을 설정한다.

③ CA 인증서를 다운로드하기 위해 **crypto pki authenticate** 명령어를 사용한다.

④ CA의 전자 서명(fingerprint)을 보여준다. CA 인증서에 포함되는 정보이다.

설정 후 **show crypto pki certificates verbose** 명령어를 사용하면 R2가 받은 CA 인증서를 확인할 수 있다.

예제 12-102 R2가 받은 CA 인증서 확인

```
R2# show crypto pki certificates verbose
CA Certificate
  Status: Available
  Version: 3
  Certificate Serial Number (hex): 01
  Certificate Usage: Signature
  Issuer:
    cn=CA1
  Subject:
    cn=CA1
  Validity Date:
    start date: 15:08:46 CET Oct 12 2015
    end   date: 15:08:46 CET Oct 11 2018
  Subject Key Info:
    Public Key Algorithm: rsaEncryption
    RSA Public Key: (1024 bit)
  Signature Algorithm: MD5 with RSA Encryption
  Fingerprint MD5: BCA3589C F1D49099 F877D2F9 7070AFC6
  Fingerprint SHA1: 9DBEF9A8 9E1C62AD 24B1321B F25217A1 229561B5
  X509v3 extensions:
    X509v3 Key Usage: 86000000
```

```
      Digital Signature
      Key Cert Sign
      CRL Signature
    X509v3 Subject Key ID: 2D6D4850 6CC7764D AA6F2D01 BE664984 ABC05D85
     X509v3 Basic Constraints:
        CA: TRUE
     X509v3 Authority Key ID: 2D6D4850 6CC7764D AA6F2D01 BE664984 ABC05D85
     Authority Info Access:
  Associated Trustpoints: TRSTPNT_CA1 CA1
```

R4에서도 CA 인증서가 필요하다. 그 이유는 피어(R2)의 디지털 인증서를 신뢰하기 위해서이다. R4는 CA의 전자 서명을 통해 피어의 디지털 인증서가 해당 CA에서 발급된 것임을 확인한다. 따라서, 다음과 같이 Trustpoint를 설정하고 CA 인증서를 다운로드한다.

예제 12-103 R4의 PKI 설정

```
R4(config)# crypto pki trustpoint CA1
R4(ca-trustpoint)# enrollment url http://1.1.23.2
R4(ca-trustpoint)# revocation-check none
R4(ca-trustpoint)# exit

R4(config)# crypto pki authenticate CA1
Certificate has the following attributes:
     Fingerprint MD5: BCA3589C F1D49099 F877D2F9 7070AFC6
     Fingerprint SHA1: 9DBEF9A8 9E1C62AD 24B1321B F25217A1 229561B5

% Do you accept this certificate? [yes/no]: yes
Trustpoint CA certificate accepted.
```

다음은 R4가 받은 CA 인증서의 내용이다.

예제 12-104 R4가 받은 CA 인증서 확인

```
R4# show crypto pki certificates verbose
CA Certificate
  Status: Available
  Version: 3
  Certificate Serial Number (hex): 01
  Certificate Usage: Signature
```

```
Issuer:
  cn=CA1
Subject:
  cn=CA1
Validity Date:
  start date: 15:08:46 CET Oct 12 2015
  end   date: 15:08:46 CET Oct 11 2018
Subject Key Info:
  Public Key Algorithm: rsaEncryption
  RSA Public Key: (1024 bit)
Signature Algorithm: MD5 with RSA Encryption
Fingerprint MD5: BCA3589C F1D49099 F877D2F9 7070AFC6
Fingerprint SHA1: 9DBEF9A8 9E1C62AD 24B1321B F25217A1 229561B5
X509v3 extensions:
  X509v3 Key Usage: 86000000
    Digital Signature
    Key Cert Sign
    CRL Signature
  X509v3 Subject Key ID: 2D6D4850 6CC7764D AA6F2D01 BE664984 ABC05D85
  X509v3 Basic Constraints:
    CA: TRUE
  X509v3 Authority Key ID: 2D6D4850 6CC7764D AA6F2D01 BE664984 ABC05D85
  Authority Info Access:
Associated Trustpoints: CA1
```

R5에서도 다음과 같이 Trustpoint를 설정하고 CA 인증서를 다운로드한다.

예제 12-105 R5의 PKI 설정

```
R5(config)# crypto pki trustpoint CA1
R5(ca-trustpoint)# enrollment url http://1.1.23.2
R5(ca-trustpoint)# revocation-check none
R5(ca-trustpoint)# exit

R5(config)# crypto pki authenticate CA1
Certificate has the following attributes:
     Fingerprint MD5: BCA3589C F1D49099 F877D2F9 7070AFC6
     Fingerprint SHA1: 9DBEF9A8 9E1C62AD 24B1321B F25217A1 229561B5

% Do you accept this certificate? [yes/no]: yes
Trustpoint CA certificate accepted.
```

이번에는 R2에서 디지털 인증서를 요청한다.

예제 12-106 R2의 디지털 인증서 요청

```
R2(config)# crypto pki enroll TRSTPNT_CA1
%
% Start certificate enrollment ..
% Create a challenge password. You will need to verbally provide this
  password to the CA Administrator in order to revoke your certificate.
  For security reasons your password will not be saved in the configuration.
  Please make a note of it.

Password:
%CRYPTO-6-AUTOGEN: Generated new 512 bit key pair
Re-enter password:

% The subject name in the certificate will include: R2
% Include the router serial number in the subject name? [yes/no]: no
% Include an IP address in the subject name? [no]:
Request certificate from CA? [yes/no]: yes
```

인증서 요청 후 show crypto pki certificates verbose 명령어를 사용하면 R2의
디지털 인증서 정보가 추가된 것을 확인할 수 있다.

예제 12-107 R2의 디지털 인증서 정보

```
R2# show crypto pki certificates verbose
Certificate
  Status: Available
  Version: 3
  Certificate Serial Number (hex): 03
  Certificate Usage: General Purpose
  Issuer:
    cn=CA1
  Subject:
    Name: R2
    hostname=R2
  Validity Date:
    start date: 15:43:40 CET Oct 12 2015
    end   date: 15:43:40 CET Oct 11 2016
  Subject Key Info:
    Public Key Algorithm: rsaEncryption
    RSA Public Key: (512 bit)
  Signature Algorithm: SHA1 with RSA Encryption
```

```
Fingerprint MD5: 71754CCF 86C5221D 140BEFA3 2AEBCABE
Fingerprint SHA1: D1A965C2 EC7BD1AE A47D263D 49C5B0A5 19813BE7
X509v3 extensions:
  X509v3 Key Usage: A0000000
    Digital Signature
    Key Encipherment
  X509v3 Subject Key ID: DB94E9BD 33961731 06D906EF 29218D0E 852D8E48
  X509v3 Authority Key ID: 2D6D4850 6CC7764D AA6F2D01 BE664984 ABC05D85
  Authority Info Access:
Associated Trustpoints: TRSTPNT_CA1
Key Label: R2
   (생략)
```

또, show crypto key mypubkey rsa 명령어를 사용하면 다음과 같이 R2의 RSA KEY가 생성된 것을 볼 수 있다.

예제 12-108 R2의 RSA KEY 확인

```
R2# show crypto key mypubkey rsa
      (생략)
% Key pair was generated at: 15:43:13 CET Oct 12 2015
Key name: R2
Key type: RSA KEYS
 Storage Device: not specified
 Usage: General Purpose Key
 Key is not exportable.
 Key Data:
  305C300D 06092A86 4886F70D 01010105 00034B00 30480241 00A48256 0ADFAB61
  8EBB47FE 9CDB3115 70E9406C 23763E8A 04C46784 637C53DE 20644632 D21A2DE4
  6623F4C8 9F911735 353E8330 16BC3F26 5B40E069 B47A8BDB CD020301 0001
```

IOS 버전에 따라 디지털 인증서를 요청하기 전에 다음과 같이 RSA KEY를 직접 생성해야 하는 경우도 있다.

예제 12-109 RSA KEY 생성하기

```
R2(config)# ip domain name cisco.com
R2(config)# crypto key generate rsa general-keys modulus 1024
The name for the keys will be: R2.cisco.com
```

```
% The key modulus size is 1024 bits
% Generating 1024 bit RSA keys, keys will be non-exportable...
[OK] (elapsed time was 0 seconds)
```

이제 R2에 RSA-SIG 인증 방식을 지정하기 위한 PKI 설정을 마쳤다. 이번에는 Flex VPN 설정을 변경하여 비대칭 인증 동작을 확인해 보도록 한다. 먼저 R4, R5에서 다음과 같이 터널 인터페이스를 비활성화시킨다.

예제 12-110 터널 인터페이스 비활성화

```
R4(config)# int tunnel 1
R4(config-if)# shutdown

R5(config)# int tunnel 1
R5(config-if)# shutdown
```

현재 R2에 적용된 IKEv2 Keyring 설정은 다음과 같다.

예제 12-111 R2의 Kering 설정 확인

```
R2# show run | s ikev2 keyring
crypto ikev2 keyring FLEX_KEY
 peer CLIENT
  address 0.0.0.0 0.0.0.0
  pre-shared-key local cisco
  pre-shared-key remote ocsic
 !
```

R2에서 다음과 같이 기존 설정을 제거한다.

예제 12-112 기존 설정 제거

```
① R2(config)# crypto ikev2 keyring FLEX_KEY
   R2(config-ikev2-keyring)# peer CLIENT
② R2(config-ikev2-keyring-peer)# no pre-shared-key local cisco
   R2(config-ikev2-keyring-peer)# exit
   R2(config-ikev2-keyring)# exit
```

① IKEv2 Keyring 설정 모드로 들어간다.

② R2는 RSA-SIG 인증 방식을 사용하므로 불필요한 **pre-shared-key local** 설정을 제거한다.

현재 R2에 적용된 IKEv2 Profile 설정은 다음과 같다.

예제 12-113 R2의 IKEv2 Profile 설정 확인

```
①  R2# show run | s ikev2 profile
    crypto ikev2 profile FLEX_IKEV2_PROF
     match identity remote address 0.0.0.0
②   authentication remote pre-share
③   authentication local pre-share
     keyring local FLEX_KEY
     aaa authorization group psk list FLEX_LIST IKEV2_AUTHR_POLICY
     virtual-template 1
```

① 현재 적용되어 있는 IKEv2 Profile 설정을 보여준다.

② **authentication local** 명령어는 로컬 인증 방식을 지정한다. 로컬 인증 방식이란 현재 장비가 피어에게 자신을 인증하는 방식이다. 즉, 현재 장비가 피어로 서명할 때(AUTH sign) 사용하는 인증 방식이다.

③ **authentication remote** 명령어는 리모트 인증 방식을 지정한다. 리모트 인증 방식이란 피어가 현재 장비에게 자신을 인증하는 방식이다. 즉, 피어가 현재 장비로 서명할 때 사용하는 인증 방식이다. 리모트 인증 방식에 따라 현재 장비는 피어의 서명을 검증하게(AUTH verify) 된다.

R2에서 다음과 같이 RSA-SIG 인증 방식을 사용하도록 설정한다.

예제 12-114 R2의 인증 방식 변경하기

```
    R2(config)# crypto ikev2 profile FLEX_IKEV2_PROF
①  R2(config-ikev2-profile)# identity local dn
②  R2(config-ikev2-profile)# no authentication local pre-share
③  R2(config-ikev2-profile)# authentication local rsa-sig
④  R2(config-ikev2-profile)# pki trustpoint TRSTPNT_CA1 sign
```

```
R2(config-ikev2-profile)# exit
```

① 로컬 IKE identity 형식을 DN(Distinguished Name)으로 정의한다. DN은 인증서를 고유하게 식별하는 일련의 이름이며, 해당 값은 인증서로부터 나온 값을 사용한다. **identity local** 의 디폴트 값은 로컬 인증 방식이 PSK일 경우 IP 주소이고, RSA-SIG 방식일 경우에는 DN이다.

② 기존에 설정된 PSK 인증 방식을 제거한다.

③ R2가 RSA-SIG 인증 방식을 사용하도록 설정한다.

④ 해당 IKEv2 Profile에서 PKI Trustpoint를 검색하도록 설정한다. **sign** 또는 **verify** 옵션이 가능하다. **sign** 옵션을 적용하면 Trustpoint는 디지털 인증서로 서명하기 위해서만 사용된다. sign, verify 모두 사용 시에는 옵션 없는 설정도 가능하다.

현재 R4의 설정은 다음과 같다.

예제 12-115 R4의 IKEv2 Keyring, IKEv2 Profile 설정 확인

```
R4# show run | s ikev2 keyring
crypto ikev2 keyring FLEX_KEY
 peer SERVER
  address 1.1.23.2
  pre-shared-key local ocsic
  pre-shared-key remote cisco
 !

R4# show run | s ikev2 profile
crypto ikev2 profile FLEX_IKEV2_PROF
 match identity remote address 1.1.23.2 255.255.255.255
 authentication remote pre-share
 authentication local pre-share
 keyring local FLEX_KEY
 aaa authorization group psk list FLEX_LIST IKEV2_AUTHR_POLICY
```

R4에서 피어 R2를 검증할 때 RSA-SIG 인증 방식을 사용하도록 설정한다.

예제 12-116 R4의 Flex VPN 설정 변경

```
    R4(config)# crypto ikev2 keyring FLEX_KEY
    R4(config-ikev2-keyring)# peer SERVER
①  R4(config-ikev2-keyring-peer)# no pre-shared-key remote cisco
    R4(config-ikev2-keyring-peer)# exit
    R4(config-ikev2-keyring)# exit

②  R4(config)# crypto pki certificate map PKI_CERT_MAP 10
③  R4(ca-certificate-map)# issuer-name eq cn = CA1
    R4(ca-certificate-map)# exit

    R4(config)# crypto ikev2 profile FLEX_IKEV2_PROF
    R4(config-ikev2-profile)# no match identity remote address 1.1.23.2
④  R4(config-ikev2-profile)# match certificate PKI_CERT_MAP
    R4(config-ikev2-profile)# no authentication remote pre-share
⑤  R4(config-ikev2-profile)# authentication remote rsa-sig
⑥  R4(config-ikev2-profile)# pki trustpoint CA1 verify
    R4(config-ikev2-profile)# no aaa authorization group psk list FLEX_LIST IKEV
    2_AUTHR_POLICY
⑦  R4(config-ikev2-profile)# aaa authorization group cert list FLEX_LIST IKEV2_
    AUTHR_POLICY
    R4(config-ikev2-profile)# exit
```

① 피어는 RSA-SIG 인증 방식을 사용하므로 불필요한 설정을 제거한다.

② PKI 인증서 맵을 정의한다. 숫자 10은 문장 번호를 의미한다. 해당 맵에서 지정한 조건에 따라 인증서를 분류할 수 있다.

③ 분류 조건을 CA 이름이 CA1인 인증서로 지정한다.

④ PKI_CERT_MAP에서 분류한 인증서를 사용하는 피어를 해당 IKEv2 Profile 적용 대상으로 지정한다.

⑤ 리모트 인증 방식을 RSA-SIG로 지정한다.

⑥ PKI Trustpoint를 검색하도록 설정한다. **verify** 옵션을 적용하면 Trustpoint는 디지털 인증서를 검증하기 위해서만 사용된다. 옵션 없는 설정도 가능하다.

⑦ IKEv2를 이용한 라우팅이 정상적으로 동작하도록 설정을 변경한다. 인증서 기반

의 인증 방식을 사용하는 피어에게 AAA 그룹 권한 부여를 적용한다.

R5에서도 피어 R2를 검증할 때 RSA-SIG 인증 방식을 사용하도록 설정한다. R4와 설정 내용이 동일하다.

예제 12-117 R5의 Flex VPN 설정 변경

```
R5(config)# crypto ikev2 keyring FLEX_KEY
R5(config-ikev2-keyring)# peer SERVER
R5(config-ikev2-keyring-peer)# no pre-shared-key remote cisco
R5(config-ikev2-keyring-peer)# exit
R5(config-ikev2-keyring)# exit

R5(config)# crypto pki certificate map PKI_CERT_MAP 10
R5(ca-certificate-map)# issuer-name eq cn = CA1
R5(ca-certificate-map)# exit

R5(config)# crypto ikev2 profile FLEX_IKEV2_PROF
R5(config-ikev2-profile)# no match identity remote address 1.1.23.2
R5(config-ikev2-profile)# match certificate PKI_CERT_MAP
R5(config-ikev2-profile)# no authentication remote pre-share
R5(config-ikev2-profile)# authentication remote rsa-sig
R5(config-ikev2-profile)# pki trustpoint CA1 verify
R5(config-ikev2-profile)# no aaa authorization group psk list FLEX_LIST IKEV2_AUTH
R_POLICY
R5(config-ikev2-profile)# aaa authorization group cert list FLEX_LIST IKEV2_AUTHR_
POLICY
R5(config-ikev2-profile)# exit
```

이제 다음과 같이 터널 인터페이스를 활성화시킨다.

예제 12-118 터널 인터페이스 활성화

```
R4(config)# int tunnel 1
R4(config-if)# no shutdown

R5(config)# int tunnel 1
R5(config-if)# no shutdown
```

show crypto ikev2 sa 명령어를 사용하여 현재 장비와 피어의 인증 방식을 확인해 볼 수 있다.

R2의 IKEv2 SA

```
R2# show crypto ikev2 sa
 IPv4 Crypto IKEv2  SA

Tunnel-id Local                Remote              fvrf/ivrf           Status
2        1.1.23.2/500          1.1.34.4/500        none/none           READY
     Encr: AES-CBC, keysize: 256, Hash: SHA512, DH Grp:5, Auth sign: RSA, Auth
verify: PSK
     Life/Active Time: 86400/285 sec

Tunnel-id Local                Remote              fvrf/ivrf           Status
1        1.1.23.2/500          1.1.35.5/500        none/none           READY
     Encr: AES-CBC, keysize: 256, Hash: SHA512, DH Grp:5, Auth sign: RSA, Auth
verify: PSK
     Life/Active Time: 86400/289 sec

 IPv6 Crypto IKEv2  SA
```

• Auth sign: 현재 장비가 피어에게 RSA 방식으로 서명한다.

• Auth verify: 현재 장비가 피어의 PSK 서명을 검증한다.

R4에서도 다음과 같이 현재 장비와 피어의 인증 방식을 확인할 수 있다.

예제 12-120 R4의 IKEv2 SA

```
R4# show crypto ikev2 sa
 IPv4 Crypto IKEv2  SA

Tunnel-id Local                Remote              fvrf/ivrf           Status
2        1.1.34.4/500          1.1.23.2/500        none/none           READY
     Encr: AES-CBC, keysize: 128, Hash: SHA96, DH Grp:2, Auth sign: PSK,  Auth
verify: RSA
     Life/Active Time: 86400/303 sec

 IPv6 Crypto IKEv2  SA
```

다음은 R4에서 debug crypto ikev2 명령어를 사용하여 디버깅한 결과의 일부 내용이다.

예제 12-121 R4 디버깅 결과

```
R4# debug crypto ikev2

%CRYPTO-6-ISAKMP_ON_OFF: ISAKMP is ON
     (생략)

IKEv2:(SESSION ID = 13,SA ID = 1):Get my authentication method
IKEv2:(SESSION ID = 13,SA ID = 1):My authentication method is 'PSK'
IKEv2:(SESSION ID = 13,SA ID = 1):Check for EAP exchange
IKEv2:(SESSION ID = 13,SA ID = 1):Generating IKE_AUTH message
IKEv2:(SESSION ID = 13,SA ID = 1):Constructing IDi payload: '1.1.34.4' of type 'IPv4
address'
IKEv2:(SA ID = 1):[IKEv2 -> PKI] Retrieve configured trustpoint(s)
IKEv2:(SA ID = 1):[PKI -> IKEv2] Retrieved trustpoint(s): 'TRSTPNT_ID'
IKEv2:(SA ID = 1):[IKEv2 -> PKI] Get Public Key Hashes of trustpoints
IKEv2:(SA ID = 1):[PKI -> IKEv2] Getting of Public Key Hashes of trustpoints PASSED
     (생략)

IKEv2:Found matching IKEv2 profile 'FLEX_IKEV2_PROF'
IKEv2:(SESSION ID = 13,SA ID = 1):Verify peer's policy
IKEv2:(SESSION ID = 13,SA ID = 1):Peer's policy verified
IKEv2:(SESSION ID = 13,SA ID = 1):Get peer's authentication method
IKEv2:(SESSION ID = 13,SA ID = 1):Peer's authentication method is 'RSA'
IKEv2:(SA ID = 1):[IKEv2 -> PKI] Validating certificate chain
IKEv2:(SA ID = 1):[PKI -> IKEv2] Validation of certificate chain PASSED
IKEv2:(SESSION ID = 13,SA ID = 1):Save pubkey
IKEv2:(SESSION ID = 13,SA ID = 1):Verify peer's authentication data
IKEv2:[IKEv2 -> Crypto Engine] Generate IKEv2 authentication data
IKEv2:[Crypto Engine -> IKEv2] IKEv2 authentication data generation PASSED
IKEv2:(SA ID = 1):[IKEv2 -> Crypto Engine] Verify signed authenticaiton data
IKEv2:(SA ID = 1):[Crypto Engine -> IKEv2] Verification of signed authentication
data PASSED
     (생략)
```

이제 R4의 내부망에서 R1의 내부망으로 핑을 사용하면 통신이 성공한다.

예제 12-122 핑 테스트

```
R4# ping 10.1.10.1 source e0/0.40
Type escape sequence to abort.
Sending 5, 100-byte ICMP Echos to 10.1.10.1, timeout is 2 seconds:
Packet sent with a source address of 10.1.40.4
!!!!!
Success rate is 100 percent (5/5), round-trip min/avg/max = 5/5/7 ms
```

이상으로 IKEv2 비대칭 인증 방식의 동작을 확인해 보았다.

Flex VPN 이중화

이번 절에서는 서버 장애에 대비하여 Flex VPN을 이중화하는 방법에 대해 살펴본다. Flex VPN은 피어에 우선순위를 정하고 IKEv2 프로토콜의 DPD 기능을 사용함으로써 이중화 구현이 가능하다.

Flex VPN 이중화 테스트 네트워크 기본 설정

Flex VPN 이중화 구성을 위하여 다음과 같은 테스트 네트워크를 구축한다. 그림에서 R2, R3를 각각 Flex VPN 프라이머리 서버, 백업 서버로 가정하고 R4, R5는 Flex VPN 클라이언트라고 가정한다. 그리고 R6과 연결하는 구간은 인터넷 또는 외부망이라고 가정한다.

그림 12-12 Flex VPN 이중화 테스트 네트워크

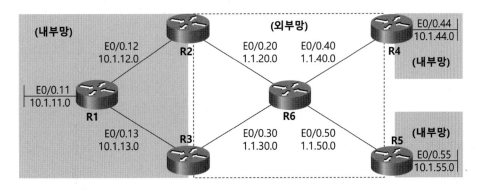

다음과 같이 각 라우터의 인터페이스에 IP 주소를 설정한다.

그림 12-13 인터페이스별 IP 주소

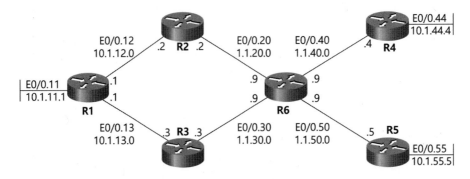

SW1에서 VLAN을 만들고 각 라우터와 연결되는 포트를 트렁크로 동작시킨다.

예제 12-123 SW1 설정

```
SW1(config)# vlan 11,12,13,20,30,40,44,50,55
SW1(config-vlan)# exit

SW1(config)# int ran e0/0 - 3, e1/0 - 2
SW1(config-if-range)# switchport trunk encapsulation dot1q
SW1(config-if-range)# switchport mode trunk
```

이번에는 각 라우터의 인터페이스를 활성화시키고, 서브 인터페이스를 만든 다음 IP
주소를 부여한다. R1의 설정은 다음과 같다.

예제 12-124 R1의 설정

```
R1(config)# int e0/0
R1(config-if)# no shut
R1(config-if)# exit

R1(config)# int e0/0.11
R1(config-subif)# encapsulation dot1Q 11
R1(config-subif)# ip address 10.1.11.1 255.255.255.0
R1(config-subif)# exit

R1(config)# int e0/0.12
R1(config-subif)# encapsulation dot1Q 12
R1(config-subif)# ip address 10.1.12.1 255.255.255.0
```

```
R1(config-subif)# exit

R1(config)# int e0/0.13
R1(config-subif)# encapsulation dot1Q 13
R1(config-subif)# ip address 10.1.13.1 255.255.255.0
```

R2의 설정은 다음과 같다.

예제 12-125 R2의 설정

```
R2(config)# int e0/0
R2(config-if)# no shut
R2(config-if)# exit

R2(config)# int e0/0.12
R2(config-subif)# encapsulation dot1Q 12
R2(config-subif)# ip address 10.1.12.2 255.255.255.0
R2(config-subif)# exit

R2(config)# int e0/0.20
R2(config-subif)# encapsulation dot1Q 20
R2(config-subif)# ip add 1.1.20.2 255.255.255.0
```

R3의 설정은 다음과 같다.

예제 12-126 R3의 설정

```
R3(config)# int e0/0
R3(config-if)# no shut
R3(config-if)# exit

R3(config)# int e0/0.13
R3(config-subif)# encapsulation dot1Q 13
R3(config-subif)# ip address 10.1.13.3 255.255.255.0
R3(config-subif)# exit

R3(config)# int e0/0.30
R3(config-subif)# encapsulation dot1Q 30
R3(config-subif)# ip address 1.1.30.3 255.255.255.0
R3(config-subif)# exit
```

R4의 설정은 다음과 같다.

예제 12-127 R4의 설정

```
R4(config)# int e0/0
R4(config-if)# no shut
R4(config-if)# exit

R4(config)# int e0/0.40
R4(config-subif)# encapsulation dot1Q 40
R4(config-subif)# ip address 1.1.40.4 255.255.255.0
R4(config-subif)# exit

R4(config)# int e0/0.44
R4(config-subif)# encapsulation dot1Q 44
R4(config-subif)# ip address 10.1.44.4 255.255.255.0
```

R5의 설정은 다음과 같다.

예제 12-128 R5의 설정

```
R5(config)# int e0/0
R5(config-if)# no shut
R5(config-if)# exit

R5(config)# int e0/0.50
R5(config-subif)# encapsulation dot1Q 50
R5(config-subif)# ip address 1.1.50.5 255.255.255.0
R5(config-subif)# exit

R5(config)# int e0/0.55
R5(config-subif)# encapsulation dot1Q 55
R5(config-subif)# ip address 10.1.55.5 255.255.255.0
```

R6의 설정은 다음과 같다.

예제 12-129 R6의 설정

```
R6(config)# int e0/0
R6(config-if)# no shut
R6(config-if)# exit
```

```
R6(config)# int e0/0.20
R6(config-subif)# encapsulation dot1Q 20
R6(config-subif)# ip address 1.1.20.9 255.255.255.0
R6(config-subif)# exit

R6(config)# int e0/0.30
R6(config-subif)# encapsulation dot1Q 30
R6(config-subif)# ip address 1.1.30.9 255.255.255.0
R6(config-subif)# exit

R6(config)# int e0/0.40
R6(config-subif)# encapsulation dot1Q 40
R6(config-subif)# ip address 1.1.40.9 255.255.255.0
R6(config-subif)# exit

R6(config)# int e0/0.50
R6(config-subif)# encapsulation dot1Q 50
R6(config-subif)# ip address 1.1.50.9 255.255.255.0
```

설정이 끝나면 넥스트 홉 IP 주소까지의 통신을 핑으로 확인한다.

예제 12-130 넥스트 홉 핑 테스트

```
R1# ping 10.1.12.2
R1# ping 10.1.13.3

R6# ping 1.1.20.2
R6# ping 1.1.30.3
R6# ping 1.1.40.4
R6# ping 1.1.50.5
```

다음으로 외부망 통신을 위해 R2–R5에서 R6 방향으로 정적인 디폴트 루트를 설정한다.

그림 12-14 외부망 라우팅

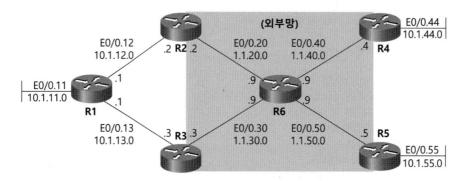

각 라우터의 설정은 다음과 같다.

예제 12-131 정적 경로 설정

```
R2(config)# ip route 0.0.0.0 0.0.0.0 1.1.20.9
R3(config)# ip route 0.0.0.0 0.0.0.0 1.1.30.9
R4(config)# ip route 0.0.0.0 0.0.0.0 1.1.40.9
R5(config)# ip route 0.0.0.0 0.0.0.0 1.1.50.9
```

정적 경로 설정이 끝나면 원격지까지의 통신을 핑으로 확인한다.

예제 12-132 원격지 핑 테스트

```
R2# ping 1.1.40.4
R2# ping 1.1.50.5

R3# ping 1.1.40.4
R3# ping 1.1.50.5
```

이번에는 다음 그림과 같이 내부망에서의 라우팅을 설정한다. IP 주소 10.0.0.0/8이 설정된 부분을 내부 네트워크로 사용한다.

그림 12-15 내부망 라우팅

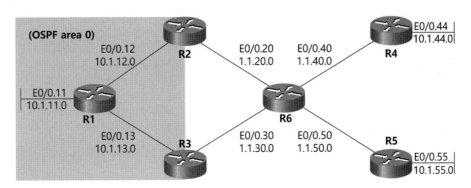

R1, R2, R3 간에 OSPF 에어리어 0을 설정한다.

예제 12-133 내부망 라우팅 설정

```
R1(config)# router ospf 1
R1(config-router)# network 10.1.11.1 0.0.0.0 area 0
R1(config-router)# network 10.1.12.1 0.0.0.0 area 0
R1(config-router)# network 10.1.13.1 0.0.0.0 area 0

R2(config)# router ospf 1
R2(config-router)# network 10.1.12.2 0.0.0.0 area 0

R3(config)# router ospf 1
R3(config-router)# network 10.1.13.3 0.0.0.0 area 0
```

잠시 후 R1에서 **show ip ospf neighbor** 명령어를 사용하여 OSPF 네이버를 확인한다.

예제 12-134 원격지 핑 테스트

```
R1# show ip ospf neighbor

Neighbor ID     Pri   State        Dead Time    Address      Interface
10.1.13.3        1    FULL/BDR     00:00:38     10.1.13.3    Ethernet0/0.13
10.1.12.2        1    FULL/BDR     00:00:33     10.1.12.2    Ethernet0/0.12
```

이제 Flex VPN 이중화 테스트 네트워크를 위한 기본 설정을 마쳤다.

Flex VPN 이중화 설정

다음 그림과 같이 Flex VPN을 구성해 본다. 서버와 클라이언트의 VPN 구성은 먼저 프라이머리 서버인 R2를 통하도록 설정한다. 이후 서버 R2와 클라이언트 사이에 통신 장애가 발생하면 백업 서버인 R3을 통하여 VPN이 구성되도록 한다.

그림 12-16 Flex VPN 구성

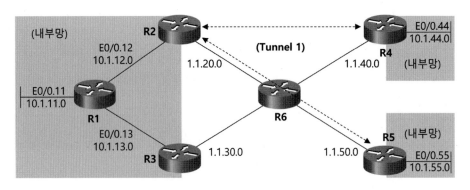

프라이머리 서버인 R2의 설정은 다음과 같다.

예제 12-135 R2의 Flex VPN 설정

```
① R2(config)# int virtual-template 1 type tunnel
   R2(config-if)# ip unnumbered e0/0.20
   R2(config-if)# tunnel mode ipsec ipv4
   R2(config-if)# tunnel source e0/0.20
   R2(config-if)# exit

② R2(config)# crypto ikev2 keyring FLEX_KEY
③ R2(config-ikev2-keyring)# peer CLIENT_R4
   R2(config-ikev2-keyring-peer)# address 1.1.40.4
   R2(config-ikev2-keyring-peer)# pre-shared-key remote cisco42
   R2(config-ikev2-keyring-peer)# pre-shared-key local cisco24
   R2(config-ikev2-keyring-peer)# exit
④ R2(config-ikev2-keyring)# peer CLIENT_R5
   R2(config-ikev2-keyring-peer)# address 1.1.50.5
   R2(config-ikev2-keyring-peer)# pre-shared-key remote cisco52
   R2(config-ikev2-keyring-peer)# pre-shared-key local cisco25
   R2(config-ikev2-keyring-peer)# exit
   R2(config-ikev2-keyring)# exit
⑤ R2(config)# crypto ikev2 profile FLEX_IKEV2_PROF
```

```
⑥ R2(config-ikev2-profile)# match identity remote address 0.0.0.0
⑦ R2(config-ikev2-profile)# identity local address 1.1.20.2
⑧ R2(config-ikev2-profile)# authentication remote pre-share
⑨ R2(config-ikev2-profile)# authentication local pre-share
⑩ R2(config-ikev2-profile)# keyring local FLEX_KEY
⑪ R2(config-ikev2-profile)# dpd 30 2 periodic
⑫ R2(config-ikev2-profile)# virtual-template 1
   R2(config-ikev2-profile)# exit

⑬ R2(config)# crypto ipsec profile default
⑭ R2(ipsec-profile)# set ikev2-profile FLEX_IKEV2_PROF
```

간편한 설정을 위해 IKEv2 Proposal, IKEv2 Policy, IPsec Transform-set은 설정하지 않고 해당 스마트 디폴트를 그대로 사용한다.

① Flex VPN 터널로 DVTI를 사용하도록 Virtual-Template을 구성한다.

② PSK 인증을 위한 IKEv2 Keyring을 구성한다.

③ 클라이언트 R4를 위한 pre-shared-key를 설정한다.

④ 클라이언트 R5를 위한 pre-shared-key를 설정한다.

⑤ IKEv2 Profile을 구성한다.

⑥ match 문장은 해당 IKEv2 Profile을 적용할 피어를 지정한다.

⑦ 로컬의 IKE identity 속성을 IP 주소로 지정한다.

⑧ 로컬 인증 방식을 PSK로 지정한다.

⑨ 리모트 인증 방식을 PSK로 지정한다.

⑩ PSK 인증 방식을 사용하므로 ②에서 생성한 Keyring 을 적용한다.

⑪ DPD를 설정하여 클라이언트와의 통신에 장애가 발생한 것을 감지한다. 이 설정을 생략하면 이중화 동작이 제대로 이루어지지 않는다.

⑫ DVTI를 사용하려면 IKEv2 Profile에 적용해야 한다.

⑬ 디폴트 IPsec Profile을 수정하여 사용한다. 디폴트 IPsec Transform-set이 자동으로 적용된다.

⑭ 디폴트 IPsec Profile에 ⑤에서 만든 IKEv2 Profile을 적용한다.

백업 서버인 R3의 설정은 R2의 설정 내용과 유사하다.

예제 12-136 R3의 Flex VPN 설정

```
R3(config)# int virtual-template 1 type tunnel
R3(config-if)# ip unnumbered e0/0.30
R3(config-if)# tunnel mode ipsec ipv4
R3(config-if)# tunnel source e0/0.30
R3(config-if)# exit

R3(config)# crypto ikev2 keyring FLEX_KEY
R3(config-ikev2-keyring)# peer CLIENT_R4
R3(config-ikev2-keyring-peer)# address 1.1.40.4
R3(config-ikev2-keyring-peer)# pre-shared-key remote cisco43
R3(config-ikev2-keyring-peer)# pre-shared-key local cisco34
R3(config-ikev2-keyring-peer)# exit
R3(config-ikev2-keyring)# peer CLIENT_R5
R3(config-ikev2-keyring-peer)# address 1.1.50.5
R3(config-ikev2-keyring-peer)# pre-shared-key remote cisco53
R3(config-ikev2-keyring-peer)# pre-shared-key local cisco35
R3(config-ikev2-keyring-peer)# exit
R3(config-ikev2-keyring)# exit

R3(config)# crypto ikev2 profile FLEX_IKEV2_PROF
R3(config-ikev2-profile)# match identity remote address 0.0.0.0
R3(config-ikev2-profile)# identity local address 1.1.30.3
R3(config-ikev2-profile)# authentication remote pre-share
R3(config-ikev2-profile)# authentication local pre-share
R3(config-ikev2-profile)# keyring local FLEX_KEY
R3(config-ikev2-profile)# dpd 30 2 periodic
R3(config-ikev2-profile)# virtual-template 1
R3(config-ikev2-profile)# exit

R3(config)# crypto ipsec profile default
R3(ipsec-profile)# set ikev2-profile FLEX_IKEV2_PROF
```

클라이언트 R4의 설정은 다음과 같다.

예제 12-137 R4의 Flex VPN 설정

```
① R4(config)# int tunnel 1
  R4(config-if)# ip unnumbered e0/0.40
  R4(config-if)# tunnel mode ipsec ipv4
  R4(config-if)# tunnel source e0/0.40
② R4(config-if)# tunnel destination dynamic
  R4(config-if)# exit

③ R4(config)# crypto ikev2 client flexvpn IKEV2_CLIENT_FLEXVPN
④ R4(config-ikev2-flexvpn)# peer 1 1.1.20.2
  R4(config-ikev2-flexvpn)# peer 2 1.1.30.3
⑤ R4(config-ikev2-flexvpn)# client connect tunnel 1
  R4(config-ikev2-flexvpn)# exit

  R4(config)# crypto ikev2 keyring FLEX_KEY
  R4(config-ikev2-keyring)# peer FLEX_PRI_SERVER
  R4(config-ikev2-keyring-peer)# address 1.1.20.2
  R4(config-ikev2-keyring-peer)# pre-shared-key remote cisco24
  R4(config-ikev2-keyring-peer)# pre-shared-key local cisco42
  R4(config-ikev2-keyring-peer)# exit
  R4(config-ikev2-keyring)# peer FLEX_BKUP_SERVER
  R4(config-ikev2-keyring-peer)# address 1.1.30.3
  R4(config-ikev2-keyring-peer)# pre-shared-key remote cisco34
  R4(config-ikev2-keyring-peer)# pre-shared-key local cisco43
  R4(config-ikev2-keyring-peer)# exit
  R4(config-ikev2-keyring)# exit

  R4(config)# crypto ikev2 profile FLEX_IKEV2_PROF
⑥ R4(config-ikev2-profile)# match identity remote address 1.1.20.2
⑦ R4(config-ikev2-profile)# match identity remote address 1.1.30.3
  R4(config-ikev2-profile)# authentication remote pre-share
  R4(config-ikev2-profile)# authentication local pre-share
  R4(config-ikev2-profile)# keyring local FLEX_KEY
⑧ R4(config-ikev2-profile)# dpd 30 2 periodic
  R4(config-ikev2-profile)# exit

⑨ R4(config)# crypto ipsec profile default
  R4(ipsec-profile)# set ikev2-profile FLEX_IKEV2_PROF
```

클라이언트에서도 IKEv2 Proposal, IKEv2 Policy, IPsec Transform-set은 설정하지 않고 해당 스마트 디폴트를 그대로 사용한다.

① Felx VPN 터널로 SVTI를 사용한다.

② 클라이언트가 2대의 서버와 통신할 수 있도록 터널 목적지를 **dynamic**으로 설정한다.

③ IKEv2 FlexVPN client profile은 클라이언트에서 여러 피어와 연결하는 경우 또는 출발지 인터페이스를 여러 개로 지정하는 경우에 필요하다. ②와 같이 터널 목적지를 dynamic으로 설정했을 때 FlexVPN client profile에서 피어가 검색된다.

④ **peer** 명령어와 순서 번호를 사용하여 피어(서버)의 우선순위를 지정한다. 순서 번호는 1부터 255까지 가능하며 작은 숫자일수록 높은 우선순위를 가진다.

⑤ **client connect tunnel** 명령어와 인터페이스 번호를 사용하여 해당 Flex VPN client profile에 ①에서 구성한 VTI를 지정한다. 1개의 터널 인터페이스만 지정할 수 있다.

⑥ **match** 명령어를 사용하여 해당 IKEv2 Profile의 대상으로 프라이머리 서버를 지정한다. match 문장은 여러 개가 가능하다.

⑦ 해당 IKEv2 Profile의 대상으로 백업 서버를 지정한다.

⑧ 서버의 동작 상태를 감지하기 위해 DPD 기능을 활성화한다. 프라이머리 서버가 다운되면 통신 불가능한 것으로 간주하고 백업 서버와 VPN 세션을 맺는다.

⑨ 디폴트 IPsec Profile을 수정하여 사용한다.
IKEv2 Profile **FLEX_IKEV2_PROF**을 적용한다.

클라이언트 R5의 설정은 다음과 같다.

예제 12-138 R5의 Flex VPN 설정

```
R5(config)# interface tunnel 1
R5(config-if)# ip unnumbered e0/0.50
R5(config-if)# tunnel mode ipsec ipv4
R5(config-if)# tunnel source e0/0.50
R5(config-if)# tunnel destination dynamic
R5(config-if)# exit
```

```
R5(config)# crypto ikev2 client flexvpn IKEV2_CLIENT_FLEXVPN
R5(config-ikev2-Flex VPN)# peer 1 1.1.20.2
R5(config-ikev2-Flex VPN)# peer 2 1.1.30.3
R5(config-ikev2-Flex VPN)# client connect tunnel 1
R5(config-ikev2-Flex VPN)# exit

R5(config)# crypto ikev2 keyring FLEX_KEY
R5(config-ikev2-keyring)# peer FLEX_PRI_SERVER
R5(config-ikev2-keyring-peer)# address 1.1.20.2
R5(config-ikev2-keyring-peer)# pre-shared-key remote cisco25
R5(config-ikev2-keyring-peer)# pre-shared-key local cisco52
R5(config-ikev2-keyring-peer)# exit
R5(config-ikev2-keyring)# peer FLEX_BKUP_SERVER
R5(config-ikev2-keyring-peer)# address 1.1.30.3
R5(config-ikev2-keyring-peer)# pre-shared-key remote cisco35
R5(config-ikev2-keyring-peer)# pre-shared-key local cisco53
R5(config-ikev2-keyring-peer)# exit
R5(config-ikev2-keyring)# exit
R5(config)# crypto ikev2 profile FLEX_IKEV2_PROF
R5(config-ikev2-profile)# match identity remote address 1.1.20.2
R5(config-ikev2-profile)# match identity remote address 1.1.30.3
R5(config-ikev2-profile)# authentication remote pre-share
R5(config-ikev2-profile)# authentication local pre-share
R5(config-ikev2-profile)# keyring local FLEX_KEY
R5(config-ikev2-profile)# dpd 30 2 periodic
R5(config-ikev2-profile)# exit

R5(config)# crypto ipsec profile default
R5(ipsec-profile)# set ikev2-profile FLEX_IKEV2_PROF
```

IKEv2를 이용한 라우팅 설정

다음으로 IKEv2를 이용하여 원격지 내부망 라우팅을 설정한다.

R2의 설정은 다음과 같다.

예제 12-139 R2의 라우팅 설정

```
① R2(config)# ip access-list standard PROTECTED_ACL
   R2(config-std-nacl)# permit 10.1.11.0 0.0.0.255
   R2(config-std-nacl)# exit
```

```
② R2(config)# aaa new-model
③ R2(config)# aaa authorization network FLEX_LIST local

④ R2(config)# crypto ikev2 authorization policy default
⑤ R2(config-ikev2-author-policy)# no route set interface
⑥ R2(config-ikev2-author-policy)# route set access-list PROTECTED_ACL
   R2(config-ikev2-author-policy)# exit

   R2(config)# crypto ikev2 profile FLEX_IKEV2_PROF
⑦ R2(config-ikev2-profile)# aaa authorization group psk list FLEX_LIST default
   R2(config-ikev2-profile)# exit
```

① Flex VPN으로 보호할 대상인 내부망 네트워크를 ACL로 지정한다.

② AAA를 활성화한다.

③ 로컬 데이터베이스를 사용하여 AAA 권한 부여 리스트를 생성한다.

④ IKEv2 Authorization Policy는 AAA를 사용하여 인증된 세션에 대한 정책을 설정할 수 있다. 디폴트 IKEv2 Authorization Policy를 수정하여 사용한다.

⑤ 디폴트로 설정된 **route set interface** 명령어를 제거한다. 해당 명령어가 설정되어 있으면 피어에게 Flex VPN 터널의 IP 주소를 광고한다. 현재 네트워크 구성에서는 해당 주소를 광고할 경우, 클라이언트에서 터널 플래핑이 발생한다. 이 내용은 라우팅 관련 설정에 대해 설명을 마친 후 자세히 다루도록 한다.

⑥ 해당 IKEv2 Authorization Policy에 ①에서 구성한 ACL을 적용한다.

⑦ **aaa authorization group** 명령어를 사용하여 그룹 권한 부여를 설정한다. 피어가 PSK 인증 방식을 사용할 때 AAA 리스트로 ③에서 설정한 **FLEX_LIST**를 사용하고, IKEv2 Authorization Policy로 ④에서 수정한 **default**를 사용한다.

터널 플래핑은 터널 인터페이스가 UP, DOWN 상태를 반복하는 현상으로, 터널 목적지 주소(피어의 터널 출발지 주소)로 가는 경로를 터널을 통해 광고 받는 경우에 발생한다.

현재 R2의 Virtual-Template 1 인터페이스의 IP 주소가 터널 출발지 주소와 동일
하게 설정되어 있다. 따라서 DVTI의 IP 주소가 광고되면 클라이언트에서 플래핑이
발생한다.

예제 12-140 R2의 DVTI 설정 확인

```
R2# show run int virtual-template 1
Building configuration...

Current configuration : 172 bytes
!
interface Virtual-Template1 type tunnel
 ip unnumbered Ethernet0/0.20
 tunnel source Ethernet0/0.20
 tunnel mode ipsec ipv4
```

다음은 서버에서 **no route set interface** 명령어를 사용하지 않았을 때 클라이언트
의 콘솔 창에 반복적으로 출력되는 로그 메시지이다. 예제 12-147까지의 설정을
마친 후 확인할 수 있다.

예제 12-141 터널 플래핑 로그 메시지

```
%LINEPROTO-5-UPDOWN: Line protocol on Interface Tunnel1, changed state to
up
%ADJ-5-PARENT: Midchain parent maintenance for IP midchain out of Tunnel1 (inco
mplete) - looped chain attempting to stack
R4#
%Flex VPN-6-Flex VPN_CONNECTION_UP: Flex VPN(IKEV2_CLIENT_Flex VPN) Client
_public_addr = 1.1.40.4 Server_public_addr = 1.1.20.2
%TUN-5-RECURDOWN: Tunnel1 temporarily disabled due to recursive routing
%LINEPROTO-5-UPDOWN: Line protocol on Interface Tunnel1, changed state to down
R4#
%Flex VPN-6-Flex VPN_CONNECTION_DOWN: Flex VPN(IKEV2_CLIENT_Flex VPN)
Client_public_addr = 1.1.40.4 Server_public_addr = 1.1.20.2
```

터널 플래핑이 발생하는 과정은 다음과 같다.

1) 터널 목적지로 가는 새로운 경로(논리적인 경로)가 라우팅 테이블에 인스톨된다.

다음과 같이 클라이언트가 터널을 통해 광고 받은 터널 목적지 주소(1.1.20.2) 정보를 확인해 보면 메트릭 값이 0이다.

예제 12-142 터널을 통해 광고 받는 경로 정보

```
R4# show ip route 1.1.20.2
Routing entry for 1.1.20.2/32
  Known via "static", distance 1, metric 0 (connected)
  Tag 1
  Routing Descriptor Blocks:
  * directly connected, via Tunnel1, permanent
      Route metric is 0, traffic share count is 1
      Route tag 1
```

이 값은 실제 물리적인 경로의 메트릭보다 작기 때문에(또는 새로 광고 받은 네트워크 정보가 라우팅 테이블의 기존 정보보다 더 상세할 수 있다.) R4의 라우팅 테이블에는 터널을 통하는 새로운 경로가 인스톨된다.

예제 12-143 플래핑 발생 시 R4의 라우팅 테이블

```
R4# show ip route
    (생략)
Gateway of last resort is 1.1.40.9 to network 0.0.0.0

S*    0.0.0.0/0 [1/0] via 1.1.40.9
      1.0.0.0/8 is variably subnetted, 3 subnets, 2 masks
S        1.1.20.2/32 is directly connected, Tunnel1
C        1.1.40.0/24 is directly connected, Ethernet0/0.40
L        1.1.40.4/32 is directly connected, Ethernet0/0.40
      10.0.0.0/8 is variably subnetted, 3 subnets, 2 masks
S        10.1.11.0/24 is directly connected, Tunnel1
C        10.1.44.0/24 is directly connected, Ethernet0/0.44
L        10.1.44.4/32 is directly connected, Ethernet0/0.44
```

2) 루프가 발생한다.

터널 목적지로 가는 경로를 알고 있어야 터널이 형성되는데 그 경로를 터널을 통해 광고 받는다. 따라서 모순이 발생하고 루프가 일어난다.

3) 터널 목적지까지 도달할 수 없기 때문에 터널이 무너진다.

터널이 형성되고 유지되려면 터널 목적지로 가는 경로를 실제 라우팅이 가능한 물리적인 경로로 알고 있어야 한다. 하지만 루프가 발생하는 논리적인 경로가 인 스톨되면 기존의 물리적인 경로(디폴트 루트)는 더 이상 사용하지 않기 때문에 터널이 무너진다.

4) 터널이 UP, DOWN 상태를 반복한다.

터널이 무너지고 나면 터널을 통해 광고 받는 경로가 사라진다. 따라서 물리적인 경로를 통해 터널이 다시 정상적으로 구성된다. 이후에는 같은 이유로 터널이 무너 지고, 구성되는 과정이 계속해서 반복된다.

R3의 설정은 다음과 같다.

예제 12-144 R3의 라우팅 설정

```
R3(config)# ip access-list standard PROTECTED_ACL
R3(config-std-nacl)# permit 10.1.11.0 0.0.0.255
R3(config-std-nacl)# exit

R3(config)# aaa new-model
R3(config)# aaa authorization network FLEX_LIST local

R3(config)# crypto ikev2 authorization policy default
R3(config-ikev2-author-policy)# no route set interface
R3(config-ikev2-author-policy)# route set access-list PROTECTED_ACL
R3(config-ikev2-author-policy)# exit

R3(config)# crypto ikev2 profile FLEX_IKEV2_PROF
R3(config-ikev2-profile)# aaa authorization group psk list FLEX_LIST default
R3(config-ikev2-profile)# exit
```

R4의 설정은 다음과 같다.

예제 12-145 R4의 라우팅 설정

```
R4(config)# ip access-list standard PROTECTED_ACL
R4(config-std-nacl)# permit 10.1.44.0 0.0.0.255
```

```
R4(config-std-nacl)# exit

R4(config)# aaa new-model
R4(config)# aaa authorization network FLEX_LIST local

R4(config)# crypto ikev2 authorization policy default
R4(config-ikev2-author-policy)# no route set interface
R4(config-ikev2-author-policy)# route set access-list PROTECTED_ACL
R4(config-ikev2-author-policy)# exit

R4(config)# crypto ikev2 profile FLEX_IKEV2_PROF
R4(config-ikev2-profile)# aaa authorization group psk list FLEX_LIST default
R4(config-ikev2-profile)# exit
```

R5의 설정은 다음과 같다.

예제 12-146 R5의 라우팅 설정

```
R5(config)# ip access-list standard PROTECTED_ACL
R5(config-std-nacl)# permit 10.1.55.0 0.0.0.255
R5(config-std-nacl)# exit

R5(config)# aaa new-model
R5(config)# aaa authorization network FLEX_LIST local

R5(config)# crypto ikev2 authorization policy default
R5(config-ikev2-author-policy)# no route set interface
R5(config-ikev2-author-policy)# route set access-list PROTECTED_ACL
R5(config-ikev2-author-policy)# exit

R5(config)# crypto ikev2 profile FLEX_IKEV2_PROF
R5(config-ikev2-profile)# aaa authorization group psk list FLEX_LIST default
R5(config-ikev2-profile)# exit
```

이번에는 다음과 같이 설정한 정책을 적용시켜 VPN 세션이 맺어지도록 한다.

예제 12-147 IPsec Profile 적용

```
R2(config)# int virtual-template 1
R2(config-if)# tunnel protection ipsec profile default
R3(config)# int virtual-template 1
```

```
R3(config-if)# tunnel protection ipsec profile default

R4(config)# int tunnel 1
R4(config-if)# tunnel protection ipsec profile default

R5(config)# int tunnel 1
R5(config-if)# tunnel protection ipsec profile default
```

이후 R2에서 show crypto ikev2 sa 명령어를 사용하면 Flex VPN 세션이 맺어진 것을 확인할 수 있다.

예제 12-148 R2의 IKEv2 SA

```
R2# show crypto ikev2 sa
 IPv4 Crypto IKEv2  SA

Tunnel-id Local                   Remote                fvrf/ivrf            Status
2        1.1.20.2/500            1.1.40.4/500          none/none            READY
 Encr: AES-CBC, keysize: 256, Hash: SHA512, DH Grp:5, Auth sign: PSK, Auth verify: PSK
 Life/Active Time: 86400/15 sec

Tunnel-id Local                   Remote                fvrf/ivrf            Status
1        1.1.20.2/500            1.1.50.5/500          none/none            READY
 Encr: AES-CBC, keysize: 256, Hash: SHA512, DH Grp:5, Auth sign: PSK, Auth verify: PSK
 Life/Active Time: 86400/16 sec

 IPv6 Crypto IKEv2  SA
```

R2의 라우팅 테이블에 클라이언트의 내부망 네트워크 정보가 인스톨된다. 해당 정보는 crypto ikev2 sa detailed 명령어를 사용하여 Remote subnets 부분에서도 확인할 수 있다.

예제 12-149 R2의 라우팅 테이블

```
R2# show ip route
     (생략)
Gateway of last resort is 1.1.20.9 to network 0.0.0.0

S*     0.0.0.0/0 [1/0] via 1.1.20.9
```

```
        1.0.0.0/8 is variably subnetted, 2 subnets, 2 masks
C          1.1.20.0/24 is directly connected, Ethernet0/0.20
L          1.1.20.2/32 is directly connected, Ethernet0/0.20
        10.0.0.0/8 is variably subnetted, 6 subnets, 2 masks
O          10.1.11.0/24 [110/20] via 10.1.12.1, 02:21:25, Ethernet0/0.12
C          10.1.12.0/24 is directly connected, Ethernet0/0.12
L          10.1.12.2/32 is directly connected, Ethernet0/0.12
O          10.1.13.0/24 [110/20] via 10.1.12.1, 02:21:11, Ethernet0/0.12
S          10.1.44.0/24 is directly connected, Virtual-Access2
S          10.1.55.0/24 is directly connected, Virtual-Access1
```

내부 라우터인 R1에서도 10.1.40.0/24, 10.1.50.0/24 네트워크 정보를 가지고 있어
야 통신이 가능하다. 현재는 R1이 VPN 게이트웨이로부터 광고 받은 주소가 없다.

예제 12-150 R1의 라우팅 테이블

```
R1# show ip route ospf
    (생략)
Gateway of last resort is not set
```

IKEv2 SA에서 만들어진 정적 경로를 내부 라우터(R1)로 광고하기 위하여 OSPF에
정적 경로를 재분배한다.

예제 12-151 정적 경로를 OSPF로 재분배하기

```
R2(config)# router ospf 1
R2(config-router)# redistribute static subnets

R3(config)# router ospf 1
R3(config-router)# redistribute static subnets
```

설정 후 R1의 라우팅 테이블을 확인해 보면 클라이언트의 내부망 네트워크 정보가
인스톨된다.

예제 12-152 R1의 라우팅 테이블

```
R1# show ip route ospf
      (생략)
Gateway of last resort is not set

      10.0.0.0/8 is variably subnetted, 8 subnets, 2 masks
O E2      10.1.44.0/24 [110/20] via 10.1.12.2, 00:00:26, Ethernet0/0.12
O E2      10.1.55.0/24 [110/20] via 10.1.12.2, 00:00:26, Ethernet0/0.12
```

R4의 내부망에서 R1의 내부망으로 핑을 사용하여 통신이 가능한 것을 확인한다.

예제 12-153 원격지 내부망 핑 테스트

```
R4# ping 10.1.11.1 source e0/0.44
Type escape sequence to abort.
Sending 5, 100-byte ICMP Echos to 10.1.11.1, timeout is 2 seconds:
Packet sent with a source address of 10.1.44.4
!!!!!
Success rate is 100 percent (5/5), round-trip min/avg/max = 5/5/6 ms
```

이제 Flex VPN 이중화 테스트를 위한 모든 설정이 끝났다.

Flex VPN 이중화 동작 확인

이번에는 Flex VPN 이중화 동작을 확인해 보도록 한다. 다음 그림과 같이 프라이머리 서버와의 통신 장애가 발생하면 백업 서버로 통신이 가능해야 한다.

그림 12-17 네트워크 장애 발생 시 Flex VPN 동작

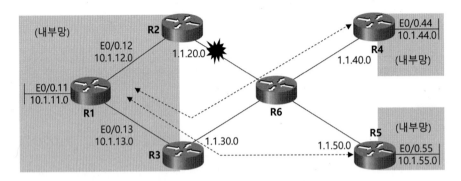

현재 프라이머리 서버로 통신이 이루어지기 때문에 백업 서버는 클라이언트와 VPN 세션을 맺지 않고 있다.

예제 12-154 R3의 IKEv2 SA

```
R3# show crypto ikev2 sa
R3#
```

다음과 같이 클라이언트에서 원격지의 내부망으로 트래픽을 발생시킨다.

예제 12-155 원격지로 트래픽 발생시키기

```
R4# ping 10.1.11.1 source e0/0.44 repeat 100000
```

이중화 동작 확인을 위해 프라이머리 서버인 R2의 외부 인터페이스를 비활성화시킨다.

예제 12-156 네트워크 장애 발생시키기

```
R2(config)# int e0/0.20
```

```
R2(config-subif)# shutdown
```

R4에서 잠시 동안 VPN 통신이 끊어진 후 다시 연결된다.

예제 12-157 Flex VPN 재동작

```
R4# ping 10.1.11.1 source e0/0.44 repeat 100000
Type escape sequence to abort.
Sending 100000, 100-byte ICMP Echos to 10.1.11.1, timeout is 2 seconds:
Packet sent with a source address of 10.1.44.4
!!!!!!!!!!!!!!!!!!!!!!!!!!!!!!!!!!!!!!!!!!!!!!!!!!!!!!!!!!!!!!!!!!!!!!
!!!!!!!!!!!!!!!!!!!!!!!!!!!!!!!!!!!!!!!!!!!!!!!!!!!!!!!!!!!!!!!!!!!!!!
!!!!..........
%LINEPROTO-5-UPDOWN: Line protocol on Interface Tunnel1, changed state to down
%Flex VPN-6-Flex VPN_CONNECTION_DOWN: Flex VPN(IKEV2_CLIENT_Flex VPN)
Client_public_addr = 1.1.40.4 Server_public_addr = 1.1.20.2
%LINEPROTO-5-UPDOWN: Line protocol on Interface Tunnel1, changed state to
up
%Flex VPN-6-Flex VPN_CONNECTION_UP: Flex VPN(IKEV2_CLIENT_Flex VPN)   Clien
t_public_addr = 1.1.40.4 Server_public_addr = 1.1.30.3
.....!!!!!!!!!!!!!!!!!!!!!!!!!!!!!!!!!!!!!!!!!!!!!!!!!!!
```

이후 백업 서버인 R3에서 클라이언트와 VPN 세션이 맺어진 것을 확인할 수 있다.

예제 12-158 R3의 IKEv2 SA

```
R3# show crypto ikev2 sa
 IPv4 Crypto IKEv2  SA

Tunnel-id Local               Remote              fvrf/ivrf         Status
2      1.1.30.3/500           1.1.40.4/500        none/none         READY
  Encr: AES-CBC, keysize: 256, Hash: SHA512, DH Grp:5, Auth sign: PSK, Auth verify: PSK
  Life/Active Time: 86400/99 sec

Tunnel-id Local               Remote              fvrf/ivrf         Status
1      1.1.30.3/500           1.1.50.5/500        none/none         READY
  Encr: AES-CBC, keysize: 256, Hash: SHA512, DH Grp:5, Auth sign: PSK, Auth verify: PSK
  Life/Active Time: 86400/99 sec

  IPv6 Crypto IKEv2  SA
```

R1의 라우팅 테이블을 확인해 보면 R3으로부터 원격지 내부망 정보를 광고 받는 것을 볼 수 있다.

예제 12-159 R1의 라우팅 테이블

```
R1# show ip route ospf
     (생략)
Gateway of last resort is not set

        10.0.0.0/8 is variably subnetted, 8 subnets, 2 masks
O E2    10.1.44.0/24 [110/20] via 10.1.13.3, 00:16:03, Ethernet0/0.13
O E2    10.1.55.0/24 [110/20] via 10.1.13.3, 00:16:00, Ethernet0/0.13
```

만약 서버에서 DPD 설정을 하지 않으면 R2는 클라이언트와 연결이 끊어진 것을 감지하지 못하고 R1에게 계속해서 내부망 정보를 광고한다. 따라서 블랙홀 현상이 발생할 수 있다.

예제 12-160 R1의 라우팅 테이블

```
R1# show ip route ospf
     (생략)
Gateway of last resort is not set

        10.0.0.0/8 is variably subnetted, 8 subnets, 2 masks
O E2    10.1.44.0/24 [110/20] via 10.1.13.3, 00:05:06, Ethernet0/0.13
                     [110/20] via 10.1.12.2, 00:07:03, Ethernet0/0.12
O E2    10.1.55.0/24 [110/20] via 10.1.13.3, 00:05:14, Ethernet0/0.13
                     [110/20] via 10.1.12.2, 00:07:03, Ethernet0/0.12
```

네트워크 장애가 복구되어 프라이머리 서버와 연결 가능한 상태가 되었을 경우를 생각해 보자. 이 경우 클라이언트는 다시 프라이머리 서버로 통신하는 것이 이상적이다. 다음과 같이 프라이머리 서버의 외부 인터페이스를 활성화시킨다.

예제 12-161 네트워크 장애 복구하기

```
R2(config)# int e0/0.20
R2(config-subif)# no shutdown
```

프라이머리 서버가 정상적으로 동작하지만 백업 서버와의 연결이 끊어지기 전까지는 다시 프라이머리 서버로 통신하지 않는다. 그 이유는 클라이언트가 DPD 기능을 통해 피어가 죽은 것을 감지할 수 있는 반면에, 피어가 살아났다는 정보는 받지 못하기 때문이다.

예제 12-162 R2의 IKEv2 SA

```
R2# show crypto ikev2 sa
R2#
```

다음 테스트를 위해 다시 R2의 외부 인터페이스를 비활성화시킨다.

예제 12-163 네트워크 장애 발생시키기

```
R2(config)# int e0/0.20
R2(config-subif)# shutdown
```

IP SLA 트래킹을 이용한 프라이머리 피어 재활성화

Flex VPN은 프라이머리 피어 재활성화 기능을 제공한다. 이 기능은 높은 우선순위를 가진 피어가 연결 가능 상태가 되면, 해당 피어로의 연결을 보장한다. 이번에는 IP SLA(Service Level Agreement) 트래킹 설정을 이용하여 피어와의 연결 가능 상태를 추적하고, Flex VPN의 프라이머리 피어 재활성화 기능을 사용하도록 설정해 보자.

예제 12-164 R4의 IP SLA 트래킹 설정

```
① R4(config)# ip sla 1
② R4(config-ip-sla)# icmp-echo 1.1.20.2
   R4(config-ip-sla-echo)# exit
   R4(config)# ip sla 2
   R4(config-ip-sla)# icmp-echo 1.1.30.3
   R4(config-ip-sla-echo)# exit
③ R4(config)# ip sla schedule 1 start-time now life forever
   R4(config)# ip sla schedule 2 start-time now life forever
```

```
④ R4(config)# track 1 ip sla 1 reachability
   R4(config-track)# exit
   R4(config)# track 2 ip sla 2 reachability
   R4(config-track)# exit

⑤ R4(config)# crypto ikev2 client flexvpn IKEV2_CLIENT_FLEXVPN
⑥ R4(config-ikev2-Flex VPN)# peer 1 1.1.20.2 track 1
⑦ R4(config-ikev2-Flex VPN)# peer 2 1.1.30.3 track 2
⑧ R4(config-ikev2-Flex VPN)# peer reactivate
   R4(config-ikev2-Flex VPN)# exit
```

① IP SLA operation을 만들고 설정 모드로 들어간다. operation 1은 프라이머리 서버, operation 2는 백업 서버를 위해 설정한다.

② 해당 operation의 실행 타입을 icmp-echo로 지정하고, 대상 IP를 1.1.20.2로 지정한다.

③ IP SLA operation 1을 위한 스케줄링 파라미터를 설정한다. start-time 옵션은 해당 operation의 정보 수집 시점을 지정하고, life 옵션은 operation의 실행 기간을 지정한다. life 옵션의 디폴트 값은 3600초이다.

④ 트래킹 리스트 1을 만들고 IP SLA 1을 모니터링한다.

⑤ IP SLA 트래킹을 적용하기 위해 Flex VPN client profile로 들어간다.

⑥ peer 문장에 track 옵션을 사용하여 트래킹 리스트를 적용한다. 프라이머리 서버에 트래킹 리스트 1을 설정한다.

⑦ 백업 서버에 트래킹 리스트 2를 설정한다.

⑧ peer reactivate 명령어를 사용하여 프라이머리 서버 재활성화 기능을 동작시킨다.

다음과 같이 R4에서 show ip sla configuration 명령어를 사용하면 IP SLA 설정을 확인할 수 있다.

```
R4# show ip sla configuration
IP SLAs Infrastructure Engine-III
Entry number: 1
Owner:
Tag:
Operation timeout (milliseconds): 5000
Type of operation to perform: icmp-echo
Target address/Source address: 1.1.20.2/0.0.0.0
Type Of Service parameter: 0x0
Request size (ARR data portion): 28
Verify data: No
Vrf Name:
Schedule:
    Operation frequency (seconds): 60   (not considered if randomly scheduled)
    Next Scheduled Start Time: Start Time already passed
    Group Scheduled : FALSE
    Randomly Scheduled : FALSE
    Life (seconds): Forever
    Entry Ageout (seconds): never
    Recurring (Starting Everyday): FALSE
    Status of entry (SNMP RowStatus): Active
Threshold (milliseconds): 5000
Distribution Statistics:
    Number of statistic hours kept: 2
    Number of statistic distribution buckets kept: 1
    Statistic distribution interval (milliseconds): 20
Enhanced History:
History Statistics:
    Number of history Lives kept: 0
    Number of history Buckets kept: 15
    History Filter Type: None

Entry number: 2
Owner:
Tag:
Operation timeout (milliseconds): 5000
Type of operation to perform: icmp-echo
Target address/Source address: 1.1.30.3/0.0.0.0
    (생략)
```

R5의 설정은 다음과 같다. R4와 설정 내용이 동일하다.

R5의 IP SLA 트래킹 설정

```
R5(config)# ip sla 1
R5(config-ip-sla)# icmp-echo 1.1.20.2
R5(config-ip-sla-echo)# exit
R5(config)# ip sla 2
R5(config-ip-sla)# icmp-echo 1.1.30.3
R5(config-ip-sla-echo)# exit
R5(config)# ip sla schedule 1 life forever start-time now
R5(config)# ip sla schedule 2 life forever start-time now

R5(config)# track 1 ip sla 1 reachability
R5(config-track)# exit
R5(config)# track 2 ip sla 2 reachability
R5(config-track)# exit

R5(config)# crypto ikev2 client flexvpn IKEV2_CLIENT_FLEXVPN
R5(config-ikev2-Flex VPN)# peer 1 1.1.20.2 track 1
R5(config-ikev2-Flex VPN)# peer 2 1.1.30.3 track 2
R5(config-ikev2-Flex VPN)# peer reactivate
R5(config-ikev2-Flex VPN)# exit
```

설정 후에는 Flex VPN 연결이 잠시 끊어진다.

예제 12-167 Flex VPN 연결 상태

```
%FLEXVPN-6-FLEXVPN_CONNECTION_DOWN: FlexVPN(IKEV2_CLIENT_FLEXVPN)
Client_public_addr = 1.1.40.4 Server_public_addr = 1.1.30.3
R4#
%LINEPROTO-5-UPDOWN: Line protocol on Interface Tunnel1, changed state to down
R4#
%TRACK-6-STATE: 2 ip sla 2 reachability Down -> Up
%LINEPROTO-5-UPDOWN: Line protocol on Interface Tunnel1, changed state to up
R4#
%FLEXVPN-6-FLEXVPN_CONNECTION_UP: FlexVPN(IKEV2_CLIENT_FLEXVPN) Clien
t_public_addr = 1.1.40.4 Server_public_addr = 1.1.30.3
```

백업 서버와 VPN 세션이 다시 정상적으로 맺어지면 프라이머리 서버 R2의 외부
인터페이스를 활성화시킨다.

예제 12-168 네트워크 장애 복구하기

```
R2(config)# int e0/0.20
R2(config-subif)# no shutdown
```

이제 클라이언트의 콘솔 창을 확인해 보면 아래와 같은 로그 메시지가 출력되면서
프라이머리 서버와 재연결을 시도한다.

예제 12-169 IP SLA 동작 확인

```
R4#
%TRACK-6-STATE: 1 ip sla 1 reachability Down -> Up
%Flex VPN-6-Flex VPN_CONNECTION_DOWN: Flex VPN(IKEV2_CLIENT_Flex VPN)
Client_public_addr = 1.1.40.4 Server_public_addr = 1.1.30.3
R4#
%LINEPROTO-5-UPDOWN: Line protocol on Interface Tunnel1, changed state to down
%LINEPROTO-5-UPDOWN: Line protocol on Interface Tunnel1, changed state to up
R4#
%Flex VPN-6-Flex VPN_CONNECTION_UP: Flex VPN(IKEV2_CLIENT_Flex VPN)    Clien
t_public_addr = 1.1.40.4 Server_public_addr = 1.1.20.2
```

다음과 같이 프라이머리 서버에서 VPN 세션이 정상적으로 맺어진 것을 확인할 수
있다.

예제 12-170 R2의 IKEv2 SA

```
R2# show crypto ikev2 sa
 IPv4 Crypto IKEv2  SA

Tunnel-id Local                 Remote              fvrf/ivrf           Status
2        1.1.20.2/500          1.1.40.4/500        none/none           READY
 Encr: AES-CBC, keysize: 256, Hash: SHA512, DH Grp:5, Auth sign: PSK, Auth verify: PSK
 Life/Active Time: 86400/10 sec

Tunnel-id Local                 Remote              fvrf/ivrf           Status
1        1.1.20.2/500          1.1.50.5/500        none/none           READY
 Encr: AES-CBC, keysize: 256, Hash: SHA512, DH Grp:5, Auth sign: PSK, Auth verify: PSK
 Life/Active Time: 86400/815 sec
```

클라이언트에서 R1 내부망으로 통신도 성공한다.

```
R4# ping 10.1.11.1 source e0/0.44
Type escape sequence to abort.
Sending 5, 100-byte ICMP Echos to 10.1.11.1, timeout is 2 seconds:
Packet sent with a source address of 10.1.44.4
!!!!!
Success rate is 100 percent (5/5), round-trip min/avg/max = 3/5/7 ms
```

이상으로 IP SLA 트래킹을 이용하여 프라이머리 피어 재활성화 동작을 살펴보았다.

제13장
SSL VPN

SSL VPN 동작방식 및 설정

SSL(secure sockets layer)은 응용계층을 보호하는 프로토콜로 넷스케이프사가 개발했다. 버전 1.0은 공개되지 않았으며, 2.0은 1995년에 발표되었으나 보안 오류가 발견되었고, 1996년에 SSL 버전 3.0이 공개되었다. SSL은 TCP 포트번호 443을 사용한다.

IETF에서 1999년 RFC 2246을 통하여 TLS 1.0을 발표하였다. TLS 1.0은 SSL 3.0을 발전시킨 것으로 SSL 3.1이라고도 한다. 또, 2006년 RFC 4346에서 TLS 1.1(SSL 3.2)을 발표하였고, 2008년 RFC 5246에서 TLS 1.2(SSL 3.3)를 발표하였다.

TLS는 전송계층 상위에서 동작하여 응용계층을 암호화시킨다. 그러나, 시스코의 SSL VPN을 터널 모드로 동작시키면 전송계층의 정보부터 보호한다. TLS의 주용도는 HTTP 패킷을 보호하는 것이지만 메일, FTP, SIP 시그널링 등의 보호에도 사용된다.

SSL VPN은 대부분의 웹 브라우저에서 지원되므로 클라이언트에서 별도의 프로그램이 필요없다. 또, IPsec VPN에 비해서 방화벽 통과 및 NAT 지원이 용이하다.

시스코의 SSL VPN은 클라이언트리스(clientless) 모드, 씬 클라이언트(thin-client) 모드 및 터널(tunnel) 모드와 같이 세가지 접속방법을 지원한다.

클라이언트리스는 일반 웹 브라우저를 사용하며, 웹을 사용하는 애플리케이션은 대부분 지원한다. 씬 클라이언트는 자바 애플릿을 사용하여 포트 포워딩 (port-forwarding) 기능을 지원하는 것을 말하며 웹 외에도 POP3, SMTP, SSH 등을 지원한다.

터널 모드는 시스코 애니커넥트(Cisco AnyConnect) VPN 클라이언트 프로그램을 사용하는 것을 말하며, IPsec VPN과 유사하게 네트워크 계층 위를 모두 보호하며 거의 모든 애플리케이션을 사용할 수 있다. 시스코 애니커넥트 VPN 클라이언트는 IOS 12.4(15)T에서부터 지원된다.

TLS의 핸드쉐이킹 과정

IPsec VPN의 ISAKMP 과정에 해당하는 TLS의 핸드쉐이킹(handshaking) 과정은 다음과 같다. 즉, 다음과 같은 과정을 거쳐 SSL VPN 게이트웨이와 PC(클라이언트) 사이에 보안정책을 결정하고, 인증을 하며, 실제 데이터의 암호화 및 무결성 확인을 위한 키를 결정한다.

1) 클라이언트가 서버에게 보안접속을 요청하면서 사용가능한 암호화 및 해싱 방식 (CiperSuites, 사이퍼 스위트)를 제시한다.

2) 서버는 그중에서 지원가능한 가장 강력한 암호화 방식(ciper)과 해시 방식(hash function)을 선택하여 클라이언트에게 통보한다.

3) 서버는 자신의 ID를 디지털 인증서 형식으로 전송한다. 인증서에는 서버명, CA 주소 및 공개키가 포함된다.

4) 클라이언트는 필요에 따라 인증서를 발급한 CA의 서버에 접속하여 인증서의 유효성을 확인한다.

5) 보안접속에 필요한 세션 키를 만들기 위하여 클라이언트는 서버의 공개키를 이용하여 임의의 수를 암호화시킨 후 결과를 서버에게 전송하고, 서버는 자신의 개인키를 이용하여 이를 복호화시킨다.

6) 이때 사용한 임의의 수를 이용하여 양측은 암호화 및 복호화에 필요한 키를 생성한다.

시스코에서는 SSL VPN을 WebVPN이라고 한다. WebVPN에서는 클라이언트가 원격접속후 인증을 통과하면 내부 네트워크에 접속을 허용하는 포털 페이지와 연결된다. 포털 페이지에는 사용가능한 내부 네트워크 자원을 표시할 수 있다.

SSL VPN 테스트 네트워크 구축

SSL VPN의 설정 및 동작 확인을 위하여 다음과 같은 테스트 네트워크를 구축한다. 그림에서 R1은 웹 서버로 동작시키고, R9를 SSL VPN 게이트웨이로 설정한다. 이후 외부 네트워크에 연결된 PC에서 SSL VPN을 이용하여 본사 내부의 웹 서버와 통신하도록 한다.

그림 13-1 테스트 네트워크

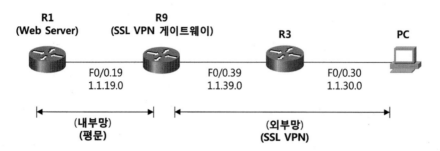

각 라우터에서 F0/0 인터페이스를 서브 인터페이스로 동작시킨다. 서브 인터페이스
번호, 서브넷 번호 및 VLAN 번호를 동일하게 사용한다. 이를 위하여 다음과 같이
SW1에서 VLAN을 만들고, 각 라우터와 연결되는 포트를 트렁크로 동작시킨다. 또,
PC의 루프백 인터페이스와 연결되는 F1/12 포트를 VLAN 30에 할당한다.

예제 13-1 SW1 설정

```
SW1(config)# vlan 19
SW1(config-vlan)# vlan 39
SW1(config-vlan)# vlan 30
SW1(config-vlan)# exit

SW1(config)# interface range f1/1 , f1/3 , f1/9
SW1(config-if-range)# switchport trunk encapsulation dot1q
SW1(config-if-range)# switchport mode trunk
SW1(config-if-range)# exit

SW1(config)# interface f1/12
SW1(config-if)# switchport mode access
SW1(config-if)# switchport access vlan 30
```

이번에는 각 라우터의 인터페이스를 활성화시키고, 서브 인터페이스를 만든 다음 IP
주소를 부여한다. IP 주소 1.0.0.0/8을 서브넷팅하여 사용한다. R1의 설정은 다음과
같다.

예제 13-2 R1 설정

```
R1(config)# interface f0/0
R1(config-if)# no shut
R1(config-if)# exit

R1(config)# interface f0/0.19
R1(config-subif)# encapsulation dot1Q 19
R1(config-subif)# ip address 1.1.19.1 255.255.255.0
```

R9의 설정은 다음과 같다.

예제 13-3 R9 설정

```
R9(config)# interface f0/0
R9(config-if)# no shut
R9(config-if)# exit

R9(config)# interface f0/0.19
R9(config-subif)# encapsulation dot1Q 19
R9(config-subif)# ip address 1.1.19.9 255.255.255.0
R9(config-subif)# exit

R9(config)# interface f0/0.39
R9(config-subif)# encapsulation dot1Q 39
R9(config-subif)# ip address 1.1.39.9 255.255.255.0
```

R3의 설정은 다음과 같다.

예제 13-4 R3 설정

```
R3(config)# interface f0/0
R3(config-if)# no shut

R3(config)# interface f0/0.39
R3(config-subif)# encapsulation dot1Q 39
R3(config-subif)# ip address 1.1.39.3 255.255.255.0
R3(config-subif)# exit

R3(config)# interface f0/0.30
R3(config-subif)# encapsulation dot1Q 30
```

```
R3(config-subif)# ip address 1.1.30.3 255.255.255.0
```

다음에는 모든 라우터에서 OSPF 에어리어 0을 설정한다.

예제 13-5 OSPF 에어리어 0 설정

```
R1(config)# router ospf 1
R1(config-router)# network 1.1.19.1 0.0.0.0 area 0

R9(config)# router ospf 1
R9(config-router)# network 1.1.19.9 0.0.0.0 area 0
R9(config-router)# network 1.1.39.9 0.0.0.0 area 0

R3(config)# router ospf 1
R3(config-router)# network 1.1.39.3 0.0.0.0 area 0
R3(config-router)# redistribute connected subnets
```

잠시후 R1의 라우팅 테이블을 확인해 보면 다음과 같다.

예제 13-6 R1의 라우팅 테이블

```
R1# show ip route ospf
     1.0.0.0/24 is subnetted, 3 subnets
O E2    1.1.30.0 [110/20] via 1.1.19.9, 00:00:02, FastEthernet0/0.19
O       1.1.39.0 [110/2] via 1.1.19.9, 00:00:30, FastEthernet0/0.19
```

PC의 마이크로소프트 루프백 인터페이스에 다음과 같이 IP 주소 1.1.30.1/24를 설정한다.

그림 13-2 마이크로소프트 루프백 인터페이스

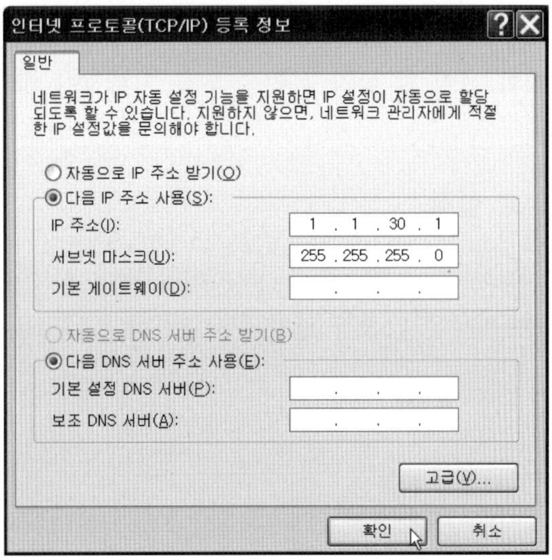

윈도우의 도스창에서 다음과 같이 정적 경로를 설정한다.

예제 13-7 PC의 정적 경로 설정

```
C:\> route add 1.1.0.0 mask 255.255.0.0 1.1.30.3
```

설정후 다음과 같이 웹 서버로 사용할 IP 주소 1.1.19.1까지 통신이 되는지 핑으로 확인한다.

예제 13-8 핑 테스트

```
C:\> ping 1.1.19.1

Pinging 1.1.19.1 with 32 bytes of data:

Reply from 1.1.19.1: bytes=32 time=271ms TTL=253
Reply from 1.1.19.1: bytes=32 time=94ms TTL=253
Reply from 1.1.19.1: bytes=32 time=132ms TTL=253
Reply from 1.1.19.1: bytes=32 time=133ms TTL=253

Ping statistics for 1.1.19.1:
    Packets: Sent = 4, Received = 4, Lost = 0 (0% loss),
```

```
Approximate round trip times in milli-seconds:
    Minimum = 94ms, Maximum = 271ms, Average = 157ms
```

이제, SSL VPN의 설정 및 동작 확인을 위한 기본적인 네트워크가 완성되었다.

WebVPN을 위한 AAA 설정

이제, 기본적인 WebVPN을 설정해 보자. WebVPN을 동작시키기 위하여 필수적으로 설정해야 하는 항목은 다음과 같다.

· 사용자 인증을 위한 AAA 설정

· WebVPN 게이트웨이 설정

· WebVPN 컨텍스트 설정

· WebVPN 그룹 정책 설정

먼저, 다음과 같이 AAA를 설정한다.

예제 13-9 AAA 설정

```
① R9(config)# aaa new-model
② R9(config)# aaa authentication login WEBVPN local
③ R9(config)# aaa authentication login default line none
④ R9(config)# username user1 secret cisco
```

① 인증을 위하여 AAA를 활성화시킨다.

② 'WEBVPN'이라는 적당한 이름을 사용하여 인증 방식을 정의하고, local 옵션을 사용하여 현재의 라우터에 설정된 이용자명과 암호를 사용하여 인증할 것을 정의한다. 사용자가 많다면 AAA 서버를 사용하는 것이 가장 편리하고 효과적이다.

③ 이 설정은 반드시 필요한 것은 아니나 WebVPN을 제외한 다른 관리업무를 위하여 설정하였다. 즉, 콘솔이나 텔넷 접속시 해당 라인에 설정된 암호를 사용하여 인증하고, 설정된 암호가 없으면 인증하지 않겠다는 의미이다.

④ 이용자명과 암호를 설정한다.

WebVPN 게이트웨이 설정

AAA 설정이 끝나면 다음과 같이 **webvpn gateway** 명령어 다음에 적당한 이름을 사용하여 WebVPN 게이트웨이 설정모드로 들어간다. 그러면, 자동으로 RSA 키와 디지털 인증서를 생성하고, 인증서 서버로 동작한다.

예제 13-10 WebVPN 게이트웨이 설정

```
R9(config)# webvpn gateway SSL-VPN-GW
R9(config-webvpn-gateway)#
% Generating 1024 bit RSA keys, keys will be non-exportable...[OK]

%SSH-5-ENABLED: SSH 1.99 has been enabled
%PKI-4-NOAUTOSAVE: Configuration was modified.  Issue "write memory" to save
new certificate
```

show running-config 명령어를 사용하여 확인해 보면 다음과 같이 SSL VPN 게이트웨이를 자동으로 디지털 인증서 서버로 동작시킨다.

예제 13-11 SSL VPN 게이트웨이를 CA로 동작시킨다

```
crypto pki trustpoint TP-self-signed-4294967295   ①
 enrollment selfsigned
 subject-name cn=IOS-Self-Signed-Certificate-4294967295
 revocation-check none
 rsakeypair TP-self-signed-4294967295
!
!
crypto pki certificate chain TP-self-signed-4294967295   ②
 certificate self-signed 01
  3082023A 308201A3 A0030201 02020101 300D0609 2A864886 F70D0101 04050030
  31312F30 2D060355 04031326 494F532D 53656C66 2D536967 6E65642D 43657274
     (생략)
        quit
!
webvpn gateway SSL-VPN-GW
 ssl trustpoint TP-self-signed-4294967295   ③
```

① CA 이름이 **TP-self-signed-4294967295**인 디지털 인증서 서버로 동작한다.

② 자동으로 디지털 인증서를 만들었다.

③ **ssl trustpoint** 명령어 다음에 앞서 설정한 CA인 TP-self-signed-4294967295를 인증서 서버로 사용한다. 필요시 나중에 **ssl trustpoint** 명령어를 이용하여 다른 인증서 서버를 지정할 수 있다.

WebVPN 게이트웨이 설정모드에서 다음과 같이 게이트웨이가 사용할 IP 주소를 지정하고 **inservice** 명령어를 사용하여 SSL VPN 서버를 활성화시킨다.

예제 13-12 SSL VPN 서버 활성화

```
R9(config)# webvpn gateway SSL-VPN-GW
R9(config-webvpn-gateway)# ip address 1.1.39.9 port 443
R9(config-webvpn-gateway)# inservice
```

설정 후 **show webvpn gateway SSL-VPN-GW** 명령어를 사용하여 확인했을 때 관리(Admin) 상태와 동작(Operation) 상태가 모두 'up'으로 표시되어야 한다.

예제 13-13 SSL VPN 게이트웨이 상태 확인

```
R9# show webvpn gateway SSL-VPN-GW
Admin Status: up
Operation Status: up
Error and Event Logging: Disabled
IP: 1.1.39.9, port: 443
SSL Trustpoint: TP-self-signed-4294967295
FVRF Name not configured
```

이상으로 기본적인 WebVPN 게이트웨이 설정이 완료되었다.

WebVPN 컨텍스트와 그룹 정책 설정

이번에는 WebVPN 컨텍스트와 그룹 정책을 설정한다.

예제 13-14 WebVPN 컨텍스트와 그룹 정책 설정

```
① R9(config)# webvpn context VPN1
② R9(config-webvpn-context)# gateway SSL-VPN-GW
③ R9(config-webvpn-context)# aaa authentication list WEBVPN
④ R9(config-webvpn-context)# policy group GROUP1
   R9(config-webvpn-group)# exit
⑤ R9(config-webvpn-context)# default-group-policy GROUP1
⑥ R9(config-webvpn-context)# inservice
   R9(config-webvpn-context)# exit
```

① webvpn context 명령어와 함께 적당한 이름을 사용하여 WebVPN 컨텍스트 설정모드로 들어간다.

② 앞서 설정한 WebVPN 게이트웨이를 사용할 것임을 알린다.

③ 앞서 설정한'WEBVPN'이라는 이름의 인증방식을 이용하여 사용자들은 인증할 것임을 알린다.

④ policy group 명령어 다음에 적당한 이름을 사용하여 그룹정책을 설정한다. 예와 같이 별다른 정책을 지정하지 않으면 기본적으로 제공되는 정책이 적용된다.

⑤ 앞서 설정한'GROUP1'이라는 그룹정책을 기본 그룹정책으로 사용할 것임을 알린 다.

⑥ 컨텍스트를 활성화시킨다.

설정후 다음과 같이 show webvpn context 명령어를 사용하여 확인했을 때 관리 (Admin) 상태와 동작(Operation) 상태가 모두'up'으로 표시되어야 한다.

예제 13-15 WebVPN 컨텍스트 내용 확인

```
R9# show webvpn context
Context Name: VPN1
```

```
Admin Status: up
Operation Status: up
Error and Event Logging: Disabled
CSD Status: Disabled
Certificate authentication type: All attributes (like CRL) are verified
AAA Authentication List: WEBVPN
AAA Authorization List not configured
AAA Accounting List not configured
AAA Authentication Domain not configured
Authentication mode: AAA authentication
Default Group Policy: GROUP1
Associated WebVPN Gateway: SSL-VPN-GW
Domain Name and Virtual Host not configured
Maximum Users Allowed: 1000 (default)
NAT Address not configured
VRF Name not configured
Virtual Template not configured
```

다음과 같이 show webvpn policy group GROUP1 context all 명령어를 사용하여
확인해 보면 기본적으로 GROUP1에 적용되는 정책의 내용을 알 수 있다.

예제 13-16 WebVPN 그룹 정책 확인

```
R9# show webvpn policy group GROUP1 context all
WEBVPN: group policy = GROUP1 ; context = VPN1
        idle timeout = 2100 sec
        session timeout = Disabled
        citrix disabled
        dpd client timeout = 300 sec
        dpd gateway timeout = 300 sec
        keepalive interval = 30 sec
        SSLVPN Full Tunnel mtu size = 1406 bytes
        keep sslvpn client installed = disabled
        rekey interval = 3600 sec
        rekey method =
        lease duration = 43200 sec
```

이상으로 기본적인 WebVPN 설정이 완료되었다.

WebVPN 동작 확인

이제, 웹 브라우저의 주소 입력창에서 https://1.1.39.9를 입력하고 접속하면 보안 인증서 경고창이 표시된다. 이 표시는 WebVPN 게이트웨이의 인증서가 브라우저에 등록되지 않았기 때문에 나타난다. 경고를 무시하고'이 웹 사이트를 계속 탐색합니다'를 선택한다.

잠시후 다음과 같은 SSL VPN 로그인 창이 나타난다. WebVPN 게이트웨이인 R9에 서 설정한 것과 동일한 이용자명(user1)과 암호(cisco)를 입력하고'Login'버튼을 누른다.

그림 13-3 SSL VPN 로그인 창

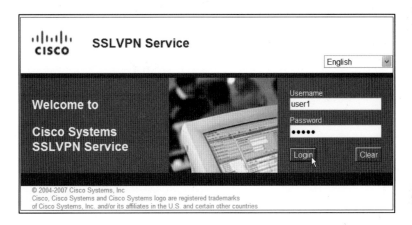

이제, 다음 그림과 같이 좀 밋밋한 SSL VPN 게이트웨이 초기화면이 표시된다.

그림 13-4 초기 SSL VPN 게이트웨이 화면

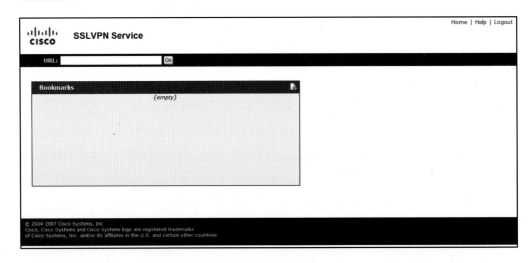

이상으로 기본적인 WebVPN 게이트웨이를 설정하고 접속해 보았다.

SSL VPN 조정

이번 절에서는 앞서 설정한 기본적인 SSL VPN을 조정해 보자.

HTTP 리다이렉션

기본적으로 WebVPN과 접속하려면 HTTPS를 사용해야 한다. 이때 HTTP로 접속을 시도하면 자동으로 HTTPS로 변경해주는 HTTP 리다이렉션(redirection)을 동작시키는 방법은 다음과 같다.

예제 13-17 HTTP 리다이렉션

```
R9(config)# webvpn gateway SSL-VPN-GW
R9(config-webvpn-gateway)# http-redirect
R9(config-webvpn-gateway)# exit
```

설정후 브라우저의 주소창에서 https:// 대신 http://를 사용하면 WebVPN 게이트웨이와 연결되면서 주소가 자동으로 https://로 변경된다.

로고와 타이틀 메시지 조정

처음 로그인 화면에 표시되는 로고, 타이틀 메시지 및 로그인 메시지를 조정하는 방법은 다음과 같다.

예제 13-18 로고와 타이틀 메시지 조정

```
R9(config)# webvpn context VPN1
R9(config-webvpn-context)# logo file nvram:/logo.jpg
R9(config-webvpn-context)# title "MyComany IntraNet"
R9(config-webvpn-context)# login-message "Type Your Login Information"
R9(config-webvpn-context)# exit
```

로고 파일은 WebVPN 게이트웨이 라우터의 플래시 메모리나 NVRAM에 미리 저장해 놓아야 한다. 또, 파일 포맷은 GIF, JPG 또는 PNG를 사용하며 크기는 100KB

이내여야 한다. 설정후 다시 브라우저로 R9에 접속해보면 다음과 같은 화면이 나타난다.

그림 13-5 변경된 로그인 창

로고, 타이틀 및 로그인 메시지가 변경되어 있다.

브라우저에 인증서 등록하기

SSLVPN 게이트웨이인 R9가 생성한 디지털 인증서를 브라우저에 등록해 놓으면 접속할 때마다 인증서 오류가 생기지 않는다. 이를 위하여 다음 그림과 같이 브라우저의 주소창 옆에 있는 인증서 오류 메시지를 클릭하고'인증서 보기'를 누른다.

그림 13-6 브라우저에 인증서 등록하기

그러면, 다음과 같이 R9가 발행한 디지털 인증서가 보인다. 하단의'인증서 설치'버튼을 누른다.

그림 13-7 인증서 정보

그러면 다음과 같이 인증서 가져오기 마법사가 시작된다. 인증서 저장소를 묻는 화면에서'인증서 종류 기준으로 인증서 저장소를 자동으로 선택'을 체크한다. 인증서 가져오기 마법사 완료 화면에서'마침'버튼을 누른다. IOS 인증서 설치를 묻는 창에서'예'를 선택하면 인증서 등록이 완료된다.

북 마크 설정하기

SSL VPN 게이트웨이에서 내부 자원과 연결되는 북 마크를 설정하는 방법은 다음과 같다.

예제 13-19 북 마크 설정하기

```
① R9(config)# webvpn context VPN1
② R9(config-webvpn-context)# url-list URLS
③ R9(config-webvpn-url)# heading "Quick Links"
④ R9(config-webvpn-url)# url-text "Finance Dept" url-value finance.mycompany.co.
```

```
kr
    R9(config-webvpn-url)# url-text "Network Security Team" url-value http://1.1.19.
1
    R9(config-webvpn-url)# exit

⑤ R9(config-webvpn-context)# policy group GROUP1
⑥ R9(config-webvpn-group)# url-list URLS
    R9(config-webvpn-group)# exit
    R9(config-webvpn-context)# exit
```

① WebVPN 컨텍스트 설정모드로 들어간다.

② url-list 명령어와 함께 적당한 이름을 사용하여 URL을 정의할 수 있는 모드로 들어간다.

③ 초기화면에 표시될 URL 리스트 위에 나타낼 문구를 지정한다.

④ url-text 명령어 다음에 접속할 자원을 나타내는 적당한 이름을 지정하고, url-value 파라메터 다음에 실제 URL을 지정한다.

⑤ policy group 명령어 다음에 URL 리스트를 지정할 그룹을 선택한다.

⑥ 앞서 만든 URL 리스트를 지정한다.

설정후 다시 SSL VPN 게이트웨이로 접속한 다음 로그인하면 다음과 같이 앞서 설정한 URL 리스트가 나타난다.

그림 13-8 변경된 초기 화면

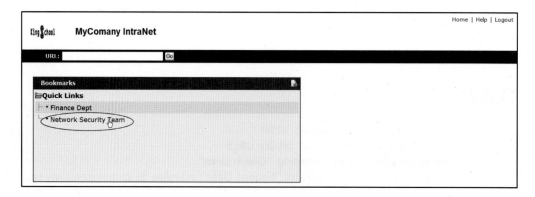

예를 들어, 'Network Security Team'을 클릭해 보자. 다음과 같이 R1과 연결된다. 현재는 웹 서버 대신 R1을 이용하여 테스트했기 때문에 라우터의 로그인 화면이 나타난다. 라우터의 기본적인 HTTP 서버의 암호인 cisco를 입력한다.

그림 13-9 웹서버 (라우터) 접속을 위한 인증창

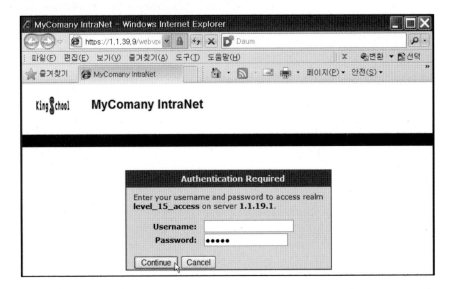

그러면 다음과 같이 R1 웹서버와 접속된다. 상단의 '홈' 버튼을 눌러보자.

그림 13-10 웹서버 (라우터) 초기 화면

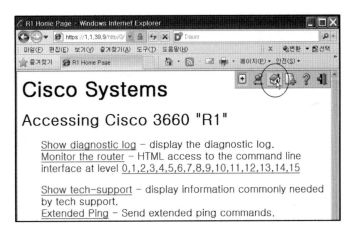

그러면, 다시 SSL VPN 초기화면으로 돌아온다. 이번에는 오른쪽 위의 'Logout' 버튼

을 눌러보자. 이제, 다음과 같이 SSL VPN 세션이 종료된다.

그림 13-11 SSL VPN 세션 종료 화면

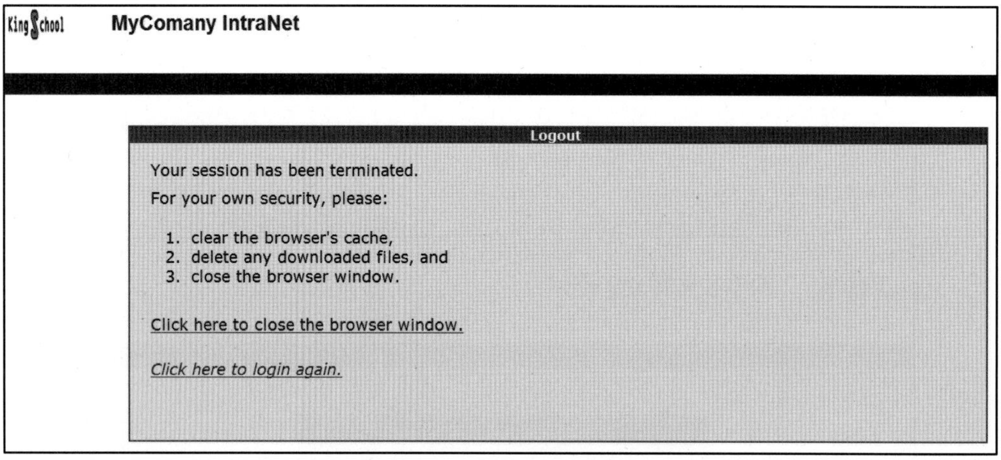

이상으로 SSL VPN 게이트웨이를 조정해 보았다.

제14장
L2TP와 PPTP

L2TP 동작 방식 및 설정

L2TP(layer 2 tunneling protocol)는 시스코의 L2F(layer 2 forwarding)와 마이크로소프트의 PPTP(point-to-point tunneling protocol)을 조합하여 만든 레이어 2 터널링 프로토콜이다.

L2TP는 터널링 프로토콜로서 자체로는 암호화 기능이 없어 IPsec과 같은 보안용 프로토콜을 동시에 사용하여 패킷을 보호하며, 이를 L2TP/IPsec이라고 한다. L2TP는 헤더를 포함한 전체 패킷을 UDP 포트 1701을 사용하여 전송한다. L2TP는 RFC 2661에 의해 표준화되었으며, RFC 3931에서 L2TPv3이 발표되었다.

본사측에서 L2TP 서버 역할을 하는 장비를 LNS(L2TP network server)라고 한다. 또, PPP를 이용하여 VPN 서버와 접속하는 액세스용 VPN을 VPDN(virtual private dial network)이라고 한다.

L2TP/IPsec의 동작방식

LNS와 L2TP 클라이언트인 PC 사이에 동작하는 L2TP/IPsec은 다음과 같은 과정을 거친다.

1) L2TP 서버와 클라이언트간에 IKE 제1단계 협상을 한다.

2) L2TP 서버와 클라이언트간에 IKE 제2단계 협상을 하고, ESP를 이용한 트랜스포트 모드의 세션이 만들어진다.

3) 앞서 만들어진 IPsec 세션을 통하여 L2TP 터널이 만들어진다.

4) L2TP 터널을 통하여 PPP 인증을 수행한다.

5) LNS와 클라이언트간에 PPP 링크가 셋업된다.

테스트 네트워크 구축

L2TP/IPsec의 설정 및 동작 확인을 위하여 다음과 같은 테스트 네트워크를 구축한

다. 그림에서 R1, R2는 본사 라우터, R3은 인터넷 역할을 하는 라우터라고 가정한다. R2를 L2TP 서버 즉, LNS(L2TP network server)로 설정하고 인터넷으로 연결된 PC와 L2TP를 이용하여 통신하도록 한다.

그림 14-1 테스트 네트워크

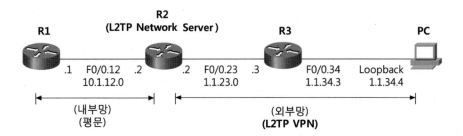

각 라우터에서 F0/0 인터페이스를 서브 인터페이스로 동작시킨다. 서브 인터페이스 번호, 서브넷 번호 및 VLAN 번호를 동일하게 사용한다. 이를 위하여 다음과 같이 SW1에서 VLAN을 만들고, 각 라우터와 연결되는 포트를 트렁크로 동작시킨다. 또, PC의 루프백 인터페이스와 연결되는 F1/12 포트를 VLAN 34에 할당한다.

예제 14-1 SW1 설정

```
SW1(config)# vlan 12
SW1(config-vlan)# vlan 23
SW1(config-vlan)# vlan 34
SW1(config-vlan)# exit

SW1(config)# interface range f1/1 - 3
SW1(config-if-range)# switchport trunk encapsulation dot1q
SW1(config-if-range)# switchport mode trunk
SW1(config-if-range)# exit

SW1(config)# interface f1/12
SW1(config-if)# switchport mode access
SW1(config-if)# switchport access vlan 34
```

이번에는 각 라우터의 인터페이스를 활성화시키고, 서브 인터페이스를 만든 다음 IP 주소를 부여한다. R3과 인접 장비 사이는 인터넷이라고 가정하고, IP 주소 1.0.0.0/8 을 서브넷팅하여 사용한다. 나머지 부분은 내부망이라고 가정하고 IP 주소

10.0.0.0/8을 서브넷팅하여 사용한다. R1의 설정은 다음과 같다.

예제 14-2 R1 설정

```
R1(config)# interface f0/0
R1(config-if)# no shut
R1(config-if)# exit

R1(config)# interface f0/0.12
R1(config-subif)# encapsulation dot1Q 12
R1(config-subif)# ip address 10.1.12.1 255.255.255.0
```

R2의 설정은 다음과 같다.

예제 14-3 R2 설정

```
R2(config)# interface f0/0
R2(config-if)# no shut
R2(config-if)# exit

R2(config)# interface f0/0.12
R2(config-subif)# encapsulation dot1Q 12
R2(config-subif)# ip address 10.1.12.2 255.255.255.0
R2(config-subif)# exit

R2(config)# interface f0/0.23
R2(config-subif)# encapsulation dot1Q 23
R2(config-subif)# ip address 1.1.23.2 255.255.255.0
```

R3의 설정은 다음과 같다.

예제 14-4 R3 설정

```
R3(config)# interface f0/0
R3(config-if)# no shut
R3(config-if)# exit

R3(config)# interface f0/0.23
R3(config-subif)# encapsulation dot1Q 23
R3(config-subif)# ip address 1.1.23.3 255.255.255.0
R3(config-subif)# exit
```

```
R3(config)# interface f0/0.34
R3(config-subif)# encapsulation dot1Q 34
R3(config-subif)# ip address 1.1.34.3 255.255.255.0
```

PC의 MS 루프백 인터페이스에 다음과 같이 IP 주소를 부여한다.

그림 14-2 MS 루프백 인터페이스

IP 주소 설정이 끝나면 넥스트 홉 IP 주소까지의 통신을 핑으로 확인한다.

내부망과 외부망 라우팅 설정

이번에는 다음 그림과 같이 VPN 서버인 R2와 PC 사이의 라우팅을 설정한다.

그림 14-3 외부망 라우팅

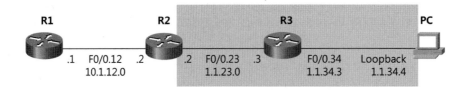

이를 위하여 R2에서는 R3으로 디폴트 루트를 설정한다.

예제 14-5 디폴트 루트 설정

```
R2(config)# ip route 0.0.0.0 0.0.0.0 1.1.23.3
```

PC에서는 다음과 같이 VPN 서버인 R2로 가는 네트워크에 대한 라우팅을 설정한다. 실제 환경이라면 DHCP 등을 이용하여 인터넷으로 디폴트 게이트웨이가 설정될 것이다. 지금도 특정한 네트워크로 향하는 정적경로 대신에 디폴트 게이트웨이를 사용해도 되지만 테스트 환경상 인터넷이 동작하지 않아 귀찮을 수 있어 정적경로를 사용한다.

예제 14-6 PC의 정적 경로 설정

```
C:\> route add 1.1.23.0 mask 255.255.255.0 1.1.34.3
```

PC에서 VPN 서버로 동작시킬 R2까지의 통신을 핑으로 확인한다.

예제 14-7 핑 테스트

```
C:\> ping 1.1.23.2
```

이번에는 내부망인 R1과 R2 사이에 OSPF를 설정한다. R2에서 내부 라우터인 R1에게 OSPF를 이용하여 디폴트 루트를 광고한다.

예제 14-8 내부망 라우팅 설정

```
R1(config)# router ospf 1
R1(config-router)# network 10.1.12.1 0.0.0.0 area 0

R2(config)# router ospf 1
R2(config-router)# network 10.1.12.2 0.0.0.0 area 0
R2(config-router)# default-information originate
```

잠시후 R1의 라우팅 테이블을 확인해 보면 다음과 같이 R2에게서 광고받은 디폴트 루트가 보인다.

예제 14-9 R1의 라우팅 테이블

```
R1# show ip route ospf
O*E2 0.0.0.0/0 [110/1] via 10.1.12.2, 00:00:16, FastEthernet0/0.12
```

이제, L2TP를 설정하고 동작을 확인할 기본적인 네트워크가 완성되었다.

L2TP 서버 설정

R2를 L2TP 서버로 구성한다. 먼저, AAA 관련 설정을 한다. AAA 서버를 사용하거나, 다음과 같이 로컬 데이터베이스를 사용해도 된다.

예제 14-10 AAA 관련 설정

```
① R2(config)# aaa new-model
② R2(config)# aaa authentication login default line none
③ R2(config)# aaa authentication ppp default local
④ R2(config)# username user1 password cisco123
```

① AAA를 활성화시킨다.

② 콘솔 및 텔넷 접속시 해당 라인에 설정된 암호를 사용하여 인증하고, 없으면 인증하지 않도록 한다. 이 설정은 L2TP 인증과 무관하며, 각자의 환경에 따라 수정하거나 생략해도 된다.

③ PPP 인증시 로컬 데이터베이스를 사용한다.

④ 로컬 데이터베이스를 만든다.

다음과 같이 L2TP 관련 설정을 한다.

예제 14-11 L2TP 관련 설정

```
① R2(config)# vpdn enable
② R2(config)# vpdn-group myL2TP
③ R2(config-vpdn)# accept-dialin
④ R2(config-vpdn-acc-in)# protocol l2tp
⑤ R2(config-vpdn-acc-in)# virtual-template 1
   R2(config-vpdn-acc-in)# exit
⑥ R2(config-vpdn)# no l2tp tunnel authentication
   R2(config-vpdn)# exit
```

① VPDN을 활성화시킨다.

② 적당한 이름을 사용하여 VPDN 그룹을 만들고, 설정모드로 들어간다.

③ accept-dialin 서브 설정모드로 들어간다.

④ 터널링 프로토콜을 L2TP로 지정한다.

⑤ 클라이언트와의 연결에 사용할 가상 인터페이스인 L2TP 터널 인터페이스의 번호를 지정한다.

⑥ L2TP 터널 생성시 이루어지는 상호 인증을 생략한다. L2TP 터널은 IPsec 터널 생성 이후에 만들어지기 때문에 이미 보안성이 확보되어 있다.

L2TP 클라이언트에게 할당할 IP 주소 풀 (pool)을 설정한다.

예제 14-12 IP 주소 풀 설정

```
R2(config)# ip local pool POOL12 10.1.12.100 10.1.12.200
```

L2TP를 위한 가상 인터페이스를 만든다.

예제 14-13 L2TP 가상 인터페이스 설정

```
① R2(config)# interface virtual-template 1
② R2(config-if)# ip unnumbered f0/0.12
③ R2(config-if)# peer default ip address pool POOL12
④ R2(config-if)# ppp mtu adaptive
⑤ R2(config-if)# ppp authentication ms-chap-v2 ms-chap
```

① interface virtual-template 명령어와 함께 앞서 지정한 번호를 사용하여 인터페이스 설정모드로 들어간다.

② 내부 주소를 사용하는 적당한 인터페이스의 IP 주소를 빌려서 사용한다. 별도의 루프백 인터페이스를 만들고 여기에 할당된 주소를 사용해도 된다.

③ 클라이언트에게 할당할 IP 주소 풀을 지정한다.

④ PPP 패킷의 MTU를 상대의 MRU(maximum receive unit)에 따라 조정한다.

⑤ PPP 인증방식을 MS-CHAP-V2와 MS-CHAP으로 설정한다. 상대가 MS-CHAP-V2를 지원하면 MS-CHAP-V2로 동작하고, 지원하지 않으면 MS-CHAP으로 동작한다. 이 상과 같이 L2TP LNS 설정이 끝났다.

다음은 ISAKMP 관련 설정을 한다.

예제 14-14 ISAKMP 관련 설정

```
① R2(config)# crypto isakmp fragmentation

② R2(config)# crypto isakmp policy 10
   R2(config-isakmp)# authentication pre-share
   R2(config-isakmp)# encryption 3des
   R2(config-isakmp)# group 2
   R2(config-isakmp)# lifetime 3600
   R2(config-isakmp)# exit

③ R2(config)# crypto isakmp key cisco address 0.0.0.0 0.0.0.0
```

① 디지털 인증서 등을 사용하여 ISAKMP 패킷이 큰 경우 ISAKMP 정보를 실어나르

는 UDP 패킷이 분할된다. 많은 방화벽들이 분할된 UDP 패킷은 공격의 일환으로 간주하고 차단한다. 결과적으로 ISAKMP가 동작하지 않는다. 이를 방지하기 위하여 ISAKMP 정보를 미리 분할하여 UDP 패킷이 분할되지 않도록 하는 기능이다.

② ISAKMP 정책을 정의한다.

③ ISAKMP가 장비 인증용으로 사용할 암호를 지정한다. 클라이언트의 주소를 모르 거나 유동적이므로 0.0.0.0 0.0.0.0을 사용하였다.

L2TP/IPSec에서 사용할 트랜스폼 셋트를 지정한다.

예제 14-15 트랜스폼 셋트 지정

```
R2(config)# crypto ipsec transform-set PHASE2 esp-3des esp-sha-hmac
R2(cfg-crypto-trans)# mode transport
R2(cfg-crypto-trans)# exit
```

동적인 크립토 맵을 설정한다. L2TP 서버는 클라이언트가 접속하기 전에는 클라이언 트의 IP 주소를 모른다. 따라서 원격 접속 세션을 다루기 위하여 동적인 크립토 맵이 필요하다.

예제 14-16 동적 크립토 맵 설정

```
R2(config)# crypto dynamic-map DYNA-MAP 10
R2(config-crypto-map)# set nat demux
R2(config-crypto-map)# set transform-set PHASE2
R2(config-crypto-map)# exit
```

L2TP/IPsec 장비와 클라이언트 사이에 NAT 장비가 있으면 하나의 클라이언트만 L2TP/IPsec 장비에 연결된다. 즉, 새로운 클라이언트가 접속을 시도하면 기존의 클 라이언트는 통신이 끊긴다. 이런 현상을 해결해주는 것이 set nat demux 명령어이다.

다음에는 정적인 크립토 맵을 설정한다.

예제 14-17 정적 크립토 맵 설정

```
R2(config)# crypto map VPN 10 ipsec-isakmp dynamic DYNA-MAP
```

다음에는 외부와 연결되는 인터페이스에 정적인 크립토 맵을 적용시켜 L2TP를 활성화시킨다.

예제 14-18 정적 크립토 맵 활성화

```
R2(config)# interface f0/0.23
R2(config-subif)# crypto map VPN
```

이것으로 L2TP 서버 설정이 완료되었다.

PC의 L2TP 설정

PC에서 L2TP 연결을 설정하는 방법은 다음과 같다.

1) PC의 제어판에서 '네트워크 및 공유 센터'를 클릭한다.

2) 네트워크 설정 변경에서 '새 연결 또는 네트워크 설정'을 클릭한다.

3) 연결 옵션 선택에서 '회사에 연결'을 선택하고 '다음'을 클릭한다.

그림 14-4 연결 옵션 선택

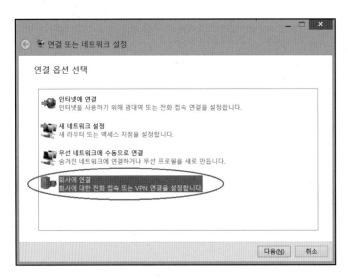

4) 연결 방법 선택 화면에서'내 인터넷 연결 사용(VPN)(I)'을 선택한다.

그림 14-5 연결 방법 선택

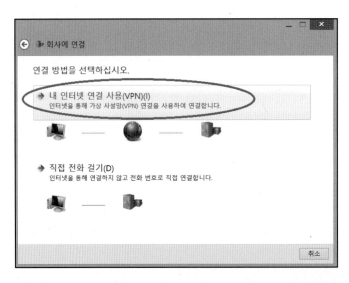

5) 인터넷 주소에 L2TP 서버의 IP 주소를 입력하고, 대상 이름에 적당한 이름을 지정한 후'만들기'를 클릭한다.

그림 14-6 인터넷 주소와 대상 이름 입력

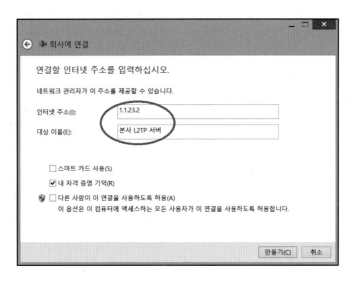

6) 네트워크 및 공유 센터에서 좌측 상단의 '어댑터 설정 변경'을 클릭한다.

7) 네트워크 연결 화면에서 '본사 L2TP 서버'에 오른 마우스 버튼을 누른 다음 '속성'을 클릭한다.

그림 14-7 L2TP 속성 변경

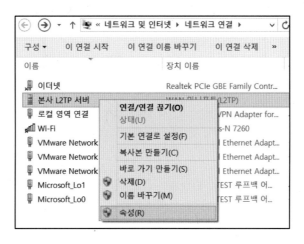

다음은 속성 화면 중 '일반' 탭 화면이다.

그림 14-8 일반 탭

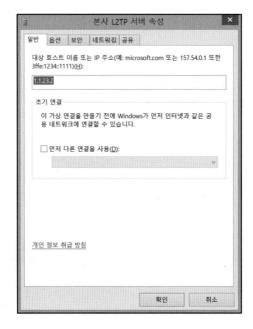

다음은 속성 화면 중 '옵션' 탭 화면이다.

그림 14-9 옵션 탭

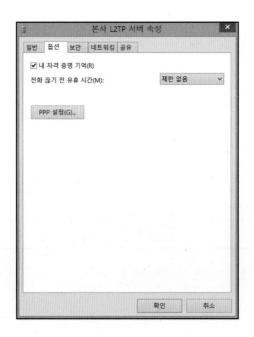

8) '보안' 탭을 선택한 다음, 'VPN 종류'에서 'IPesec을 사용한 계층 2 터널링 프로토콜 (L2TP/IPsec)'을 선택한다.

그림 14-10 보안 탭 VPN 종류

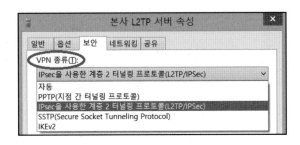

9) '보안' 탭에서 '고급 설정' 버튼을 누른다.

그림 14-11 보안 탭 고급 설정 버튼

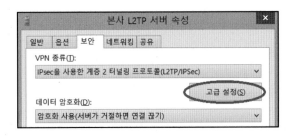

10) L2TP 서버에 설정한 IKE 1단계 장비 인증을 위한 암호를 입력한다.

그림 14-12 IKE 1단계 장비 인증을 위한 암호 입력

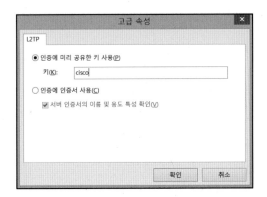

11)‘다음 프로토콜 허용’버튼을 체크한 다음‘Microsoft CHAP Version 2 (MS-CHAP v2)’를 체크한다.

그림 14-13 보안 탭 인증

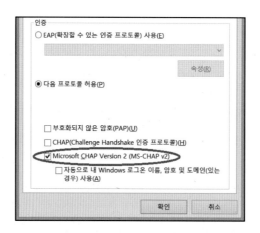

12)‘네트워킹’탭을 선택한 다음,‘Internet Protocol Version 4 (TCP/IPv4)’를 선택하고‘속성’버튼을 누른다.

그림 14-14 네트워킹 탭 속성 버튼

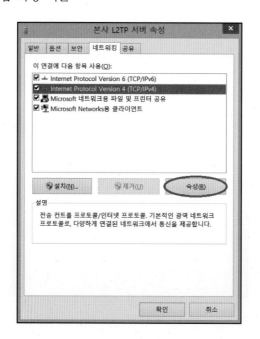

13) '일반' 탭에서 '고급' 버튼을 누른다.

그림 14-15 고급 버튼

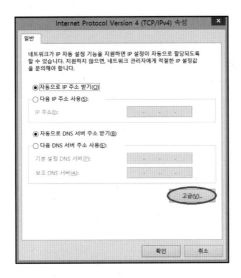

14) '일반' 탭에서 '원격 네트워크에 기본 게이트웨이 사용' 앞의 체크 버튼을 없앤다.
이 항목에 체크를 하면 L2TP 서버와 연결된 후 PC의 게이트웨이가 L2TP 서버로
변경되고, 인터넷이 되지 않는다.

그림 14-16 '원격 네트워크에 기본 게이트웨이 사용'언체크

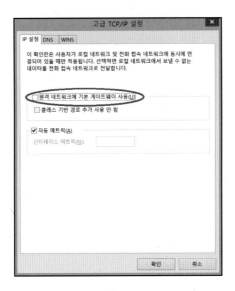

15) 설정을 끝내고 네트워크 화면에서 '본사 L2TP 서버'를 클릭하고 '연결' 버튼을 누르면 로그인 화면이 나타난다.

그림 14-17 본사 L2TP 서버 연결 버튼

16) 사용자 이름(user1)과 암호(cisco123)를 입력하고, '확인' 버튼을 클릭하면 본사의 L2TP 서버와 연결된다.

그림 14-18 로그인 화면

다음과 같이 원격지 PC에서 본사 내부의 사설 IP 주소와 바로 연결된다.

그림 14-19 사설 IP 주소를 사용한 내부망 연결

17) 네트워크 연결 화면에서 '본사 L2TP 서버'에 오른 마우스 버튼을 누른 다음 '연결 끊기'를 선택하면 L2TP 세션이 종료된다.

그림 14-20 L2TP 세션 종료

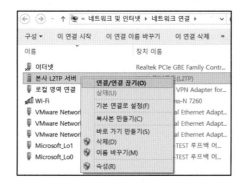

사용자 이름과 암호를 입력하면 다시 본사 L2TP 서버와 연결된다.

그림 14-21 인증 화면

이제, L2TP를 이용하여 본사와 접속되었다. DOS 창에서 다음과 같이 ipconfig 명령어를 실행하면 공인 IP 주소 (1.1.34.4)외에 본사의 L2TP 서버에서 할당받은 내부 IP 주소 (10.1.12.100)를 확인할 수 있다.

예제 14-19 L2TP 서버에서 할당받은 내부 IP 주소

```
Ethernet adapter MS LB:

        Connection-specific DNS Suffix  . :
        IP Address. . . . . . . . . . . : 1.1.34.4
        Subnet Mask . . . . . . . . . . : 255.255.255.0
        Default Gateway . . . . . . . . :

PPP adapter L2TP SERVER:

        Connection-specific DNS Suffix  . :
        IP Address. . . . . . . . . . . : 10.1.12.100
        Subnet Mask . . . . . . . . . . : 255.255.255.255
        Default Gateway . . . . . . . . : 10.1.12.100
```

본사의 내부 네트워크와 핑도 된다.

예제 14-20 핑 테스트

```
C:\> ping 10.1.12.1

Pinging 10.1.12.1 with 32 bytes of data:

Reply from 10.1.12.1: bytes=32 time=179ms TTL=254
Reply from 10.1.12.1: bytes=32 time=241ms TTL=254
Reply from 10.1.12.1: bytes=32 time=220ms TTL=254
Reply from 10.1.12.1: bytes=32 time=259ms TTL=254

Ping statistics for 10.1.12.1:
    Packets: Sent = 4, Received = 4, Lost = 0 (0% loss),
Approximate round trip times in milli-seconds:
    Minimum = 179ms, Maximum = 259ms, Average = 224ms
```

L2TP 서버인 R2의 라우팅 테이블에도 다음과 같이 PC와 연결되는 경로가 호스트 루트로 인스톨된다.

예제 14-21 R2의 라우팅 테이블

```
R2# show ip route
     (생략)
Gateway of last resort is 1.1.23.3 to network 0.0.0.0

     1.0.0.0/24 is subnetted, 1 subnets
C       1.1.23.0 is directly connected, FastEthernet0/0.23
     10.0.0.0/8 is variably subnetted, 2 subnets, 2 masks
C       10.1.12.0/24 is directly connected, FastEthernet0/0.12
C       10.1.12.100/32 is directly connected, Virtual-Access2.1
S*   0.0.0.0/0 [1/0] via 1.1.23.3
```

다음과 같이 **show crypto isakmp sa** 명령어를 사용하여 확인해 보면 L2TP 서버와 PC 사이에 ISAKMP 세션이 맺어져 있다.

예제 14-22 ISAKMP 세션 확인

```
R2# show crypto isakmp sa
IPv4 Crypto ISAKMP SA
dst             src             state       conn-id   slot    status
1.1.23.2        1.1.34.4        QM_IDLE     1008      0       ACTIVE
```

다음과 같이 **show crypto map** 명령어를 사용하여 확인해보면 UDP 포트번호 1701을 사용하는 L2TP 서버와 PC 사이의 트래픽이 IPsec으로 보호되는 것을 알 수 있다.

예제 14-23 크립토 맵

```
R2# show crypto map
Crypto Map "VPN" 10 ipsec-isakmp
        Dynamic map template tag: DYNA-MAP

Crypto Map "VPN" 65536 ipsec-isakmp
        Peer = 1.1.34.4
        Extended IP access list
            access-list  permit udp host 1.1.23.2 port = 1701 host 1.1.34.4 port = 1701
            dynamic (created from dynamic map DYNA-MAP/10)
        Current peer: 1.1.34.4
        Security association lifetime: 4608000 kilobytes/3600 seconds
```

```
        PFS (Y/N): N
        Transform sets={
                PHASE2,
        }
        Translation Enabled
        Interfaces using crypto map VPN:
                FastEthernet0/0.23
```

현재 생성된 VPDN 세션 정보를 확인하려면 다음과 같이 show vpdn session all
명령어를 사용한다.

예제 14-24 VPDN 세션 확인

```
R2# show vpdn session all

L2TP Session Information Total tunnels 1 sessions 1

Session id 2 is up, tunnel id 1934
   Remote session id is 1, remote tunnel id 1
   Remotely initiated session
Call serial number is 0
Remote tunnel name is neversto-e443cd
   Internet address is 1.1.34.4
Local tunnel name is R2
   Internet address is 1.1.23.2
IP protocol 17
   Session is L2TP signaled
   Session state is established, time since change 00:07:38
   DF bit off, ToS reflect disabled, ToS value 0, TTL value 0
   UDP checksums are disabled
      (생략)
   Sequencing is off
   Conditional debugging is disabled
   Unique ID is 1
   Session username is user1
      Interface Vi2.1
```

이상으로 L2TP/IPsec을 이용하여 본사와 원격지의 PC를 접속하는 방법에 대하여
살펴보았다.

PPTP 동작 방식 및 설정

PPTP(point-to-point tunneling protocol)는 마이크로소프트에서 만든 VPN 프로토콜이다. 기본적으로 PPP를 사용하기 때문에 IP가 아닌 IPX, NetBEUI, IPX 등의 프로토콜까지 지원되며, PAP, CHAP, MS-CHAP 등을 이용한 이용자 인증도 가능하다. 또, 무선 랜 등에서 사용하는 인증기능인 EAP (extensible authentication protocol)도 지원된다.

PPTP의 동작방식

L2TP와 마찬가지로 PPTP도 기본적으로 데이터의 암호화 기능이 없다. 따라서, L2TP가 IPSec을 이용하는 것처럼 PPTP는 MPPE(microsoft point-to-point encryption)를 이용하여 데이터를 암호화한다. MPPE는 이용자 인증시 초기 키가 생성되며, 이후 주기적으로 갱신된다. 데이터는 PPP 패킷으로 만들어지며, 다시 PPTP 패킷으로 인캡슐레이션된다. PPTP 서버 역할을 하는 장비를 PNS(PPTP network server)라고 한다.

PPTP는 두단계의 과정을 거쳐 통신이 이루어진다. 먼저, TCP 포트번호 1723을 이용하여 제어용 세션이 만들어진다. 이후, GRE의 확장판 (IP 프로토콜 번호 47)을 이용하여 데이터가 인캡슐레이션되어 전송된다.

테스트 네트워크 구축

PPTP의 설정 및 동작 확인을 위하여 다음과 같이 앞서 L2TP 테스트를 위하여 사용했던 것과 동일한 네트워크를 사용한다. 그림에서 R1, R2는 본사 라우터, R3은 인터넷 역할을 하는 라우터라고 가정한다. R2를 PPTP 서버 즉, PNS(PPTP network server)로 설정하고 인터넷으로 연결된 PC와 PPTP를 이용하여 통신하도록 한다.

그림 14-22 테스트 네트워크

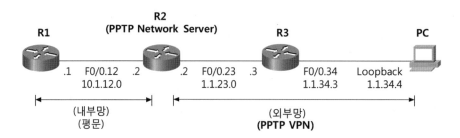

IP 주소를 부여하고, 라우팅을 설정하는 방법은 앞 절과 동일하므로 설명을 생략한다.

PNS 설정

R2를 PNS(PPTP network server)로 구성한다. 먼저, AAA 관련 설정을 한다. AAA 서버를 사용하거나, 다음과 같이 로컬 데이터베이스를 사용해도 된다.

예제 14-25 AAA 관련 설정

```
R2(config)# aaa new-model
R2(config)# aaa authentication login default line none
R2(config)# aaa authentication ppp default local
R2(config)# username user1 password cisco123
```

AAA 설정도 앞절과 동일하므로 설명을 생략한다. 다음과 같이 VPDN 그룹을 설정한다.

예제 14-26 VPDN 그룹 설정

```
R2(config)# vpdn enable

R2(config)# vpdn-group myPPTP
R2(config-vpdn)# accept-dialin
R2(config-vpdn-acc-in)# protocol pptp
R2(config-vpdn-acc-in)# virtual-template 10
R2(config-vpdn-acc-in)# exit
R2(config-vpdn)# exit
```

PPTP를 위한 VPDN 그룹 설정도 L2TP와 동일하다. 다만, 프로토콜을 PPTP로 지정하였다. PPTP 클라이언트에게 할당할 IP 주소 풀 (pool)을 설정한다.

예제 14-27 IP 주소 풀 설정

```
R2(config)# ip local pool POOL12 10.1.12.100 10.1.12.200
```

PPTP를 위한 가상 인터페이스를 만든다.

예제 14-28 PPTP를 위한 가상 인터페이스

```
① R2(config)# interface virtual-template 10
② R2(config-if)# ip unnumbered f0/0.12
③ R2(config-if)# peer default ip address pool POOL12
④ R2(config-if)# ppp mtu adaptive
⑤ R2(config-if)# ppp authentication ms-chap-v2 ms-chap
```

① interface virtual-template 명령어와 함께 앞서 지정한 번호를 사용하여 인터페이스 설정모드로 들어간다.

② 내부 주소를 사용하는 적당한 인터페이스의 IP 주소를 빌려서 사용한다. 별도의 루프백 인터페이스를 만들고 여기에 할당된 주소를 사용해도 된다.

③ 클라이언트에게 할당할 IP 주소 풀을 지정한다.

④ PPP 패킷의 MTU를 상대의 MRU(maximum receive unit)에 따라 조정한다.

⑤ PPP 인증방식을 MS-CHAP-V2와 MS-CHAP으로 설정한다. 이상과 같이 PPTP PNS 설정이 끝났다.

PC의 PPTP 설정

PC를 PPTP 클라이언트로 설정하는 방법은 앞절의'PC의 L2TP 설정'과 동일하다. 다만 8)번의'VPN 종류'에서 다음과 같이'PPTP VPN'을 선택하고 9), 10)번의 IPsec 관련 설정은 하지 않는다.

그림 14-23 VPN 종류 지정

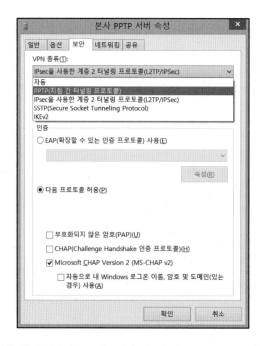

설정이 끝나면 '확인' 버튼을 누른다. 다음과 같이 PPTP 로그인 화면에서 사용자 이름과 암호를 입력하면 본사 PPTP 서버와 연결된다.

그림 14-24 로그인 화면

이제, PPTP를 이용하여 본사와 접속되었다. DOS 창에서 다음과 같이 **ipconfig** 명령어를 실행하면 공인 IP 주소 (1.1.34.4)외에 본사의 PPTP 서버에서 할당받은 내부

IP 주소 (10.1.12.101)를 확인할 수 있다.

예제 14-29 PPTP 서버에서 할당받은 내부 IP 주소

```
PPP adapter 회사 PPTP 서버:

        Connection-specific DNS Suffix  . :
        IP Address. . . . . . . . . . . : 10.1.12.101
        Subnet Mask . . . . . . . . . . : 255.255.255.255
        Default Gateway . . . . . . . . :
```

본사의 내부 네트워크와 핑도 된다.

예제 14-30 핑 테스트

```
C:\> ping 10.1.12.1

Pinging 10.1.12.1 with 32 bytes of data:

Reply from 10.1.12.1: bytes=32 time=236ms TTL=254
        (생략)
```

PPTP 서버인 R2의 라우팅 테이블에도 다음과 같이 PC와 연결되는 경로가 호스트 루트로 인스톨된다.

예제 14-31 R2의 라우팅 테이블

```
R2# show ip route
        (생략)
Gateway of last resort is 1.1.23.3 to network 0.0.0.0

        1.0.0.0/24 is subnetted, 1 subnets
C          1.1.23.0 is directly connected, FastEthernet0/0.23
        10.0.0.0/8 is variably subnetted, 2 subnets, 2 masks
C          10.1.12.0/24 is directly connected, FastEthernet0/0.12
C          10.1.12.101/32 is directly connected, Virtual-Access3
S*      0.0.0.0/0 [1/0] via 1.1.23.3
```

이상으로 PPTP를 이용하여 본사와 원격지의 PC를 접속하는 방법에 대하여 살펴보았다.

제15장
ASA VPN

ASA IPsec L2L VPN

ASA에서는 IPsec VPN 중 순수 IPsec L2L(LAN-to-LAN) VPN과 remote VPN, SSL VPN이 지원된다. 그러나, 라우터에서 지원되는 DMVPN, GET-VPN 등은 지원하지 않는다. 또, 시큐리티 컨텍스트 모드에서는 VPN을 사용할 수 없다.

이번 절에서는 ASA 장비에서 IPsec L2L VPN을 설정해 본다. IKEv1 또는 IKEv2 를 사용하여 설정할 수 있으며 그 절차는 다음과 같다.

1) IKE 정책을 설정한다.

2) 크립토 맵을 설정한다.

4) 크립토 맵을 인터페이스에 활성화시킨다.

ASA와 라우터의 기본 ISAKMP 정책이 다르다. 따라서, ASA와 라우터 사이에 IPsec VPN을 구성할 때 각 장비에서 기본값을 사용하면 ISAKMP 세션이 맺어지지 않으므로 주의해야 한다.

표 15-1

항목	ASA	라우터
피어 인증방식	pre-share	rsa signature
암호화 방식	3des	des
디피 헬먼 그룹	2	1

ASA IPsec L2L VPN 테스트 네트워크

ASA IPsec L2L VPN의 설정 및 동작 확인을 위하여 다음과 같은 테스트 네트워크를 구축한다. 그림에서 R1, FW1은 본사 장비이고, R4, R5는 지사 라우터이다. 또, R3을 연결하는 구간은 IPsec으로 보호하지 않을 외부망이라고 가정한다.

그림 15-1 테스트 네트워크

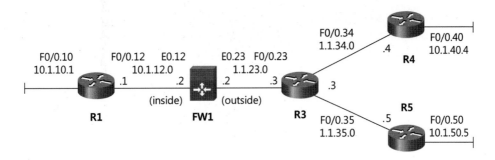

각 라우터의 F0/0 인터페이스와 FW1의 E0 인터페이스를 서브 인터페이스로 동작시킨다. 서브 인터페이스 번호, 서브넷 번호 및 VLAN 번호를 동일하게 사용한다. 이를 위하여 다음과 같이 SW1에서 VLAN을 만들고, 각 장비와 연결되는 포트를 트렁크로 동작시킨다.

예제 15-1 SW1 설정

```
SW1(config)# vlan 10
SW1(config-vlan)# vlan 12
SW1(config-vlan)# vlan 23
SW1(config-vlan)# vlan 34
SW1(config-vlan)# vlan 35
SW1(config-vlan)# vlan 40
SW1(config-vlan)# vlan 50
SW1(config-vlan)# exit

SW1(config)# interface range f1/1 , f1/3 - 5 , f1/10
SW1(config-if-range)# switchport trunk encapsulation dot1q
SW1(config-if-range)# switchport mode trunk
```

이번에는 장비의 인터페이스를 활성화시키고, 서브 인터페이스를 만든 다음 IP 주소를 부여한다. R3과 인접 장비 사이는 인터넷이라고 가정하고, IP 주소 1.0.0.0/8을 서브넷팅하여 사용한다. 나머지 부분은 내부망이라고 가정하고 IP 주소 10.0.0.0/8을 서브넷팅하여 사용한다. R1의 설정은 다음과 같다.

예제 15-2 R1 설정

```
R1(config)# interface f0/0
R1(config-if)# no shut
R1(config-if)# exit

R1(config)# interface f0/0.10
R1(config-subif)# encapsulation dot1Q 10
R1(config-subif)# ip address 10.1.10.1 255.255.255.0
R1(config-subif)# exit

R1(config)# interface f0/0.12
R1(config-subif)# encapsulation dot1Q 12
R1(config-subif)# ip address 10.1.12.1 255.255.255.0
```

FW1의 설정은 다음과 같다.

예제 15-3 FW1 설정

```
FW1(config)# interface e0
FW1(config-if)# no shut
FW1(config-if)# exit

FW1(config)# interface e0.12
FW1(config-subif)# vlan 12
FW1(config-subif)# ip address 10.1.12.2 255.255.255.0
FW1(config-subif)# nameif inside
FW1(config-subif)# exit

FW1(config)# interface e0.23
FW1(config-subif)# vlan 23
FW1(config-subif)# ip address 1.1.23.2 255.255.255.0
FW1(config-subif)# nameif outside
```

R3의 설정은 다음과 같다.

예제 15-4 R3 설정

```
R3(config)# interface f0/0
R3(config-if)# no shut
R3(config-if)# exit
```

```
R3(config)# interface f0/0.23
R3(config-subif)# encapsulation dot1Q 23
R3(config-subif)# ip address 1.1.23.3 255.255.255.0
R3(config-subif)# exit

R3(config)# interface f0/0.34
R3(config-subif)# encapsulation dot1Q 34
R3(config-subif)# ip address 1.1.34.3 255.255.255.0
R3(config-subif)# exit

R3(config)# interface f0/0.35
R3(config-subif)# encapsulation dot1Q 35
R3(config-subif)# ip address 1.1.35.3 255.255.255.0
```

R4의 설정은 다음과 같다.

예제 15-5 R4 설정

```
R4(config)# interface f0/0
R4(config-if)# no shut
R4(config-if)# exit

R4(config)# interface f0/0.34
R4(config-subif)# encapsulation dot1Q 34
R4(config-subif)# ip address 1.1.34.4 255.255.255.0
R4(config-subif)# exit

R4(config)# interface f0/0.40
R4(config-subif)# encapsulation dot1Q 40
R4(config-subif)# ip address 10.1.40.4 255.255.255.0
```

R5의 설정은 다음과 같다.

예제 15-6 R5 설정

```
R5(config)# interface f0/0
R5(config-if)# no shut
R5(config-if)# exit

R5(config)# interface f0/0.35
```

```
R5(config-subif)# encapsulation dot1Q 35
R5(config-subif)# ip address 1.1.35.5 255.255.255.0
R5(config-subif)# exit

R5(config)# interface f0/0.50
R5(config-subif)# encapsulation dot1Q 50
R5(config-subif)# ip address 10.1.50.5 255.255.255.0
```

인터페이스 설정이 끝나면 넥스트 홉 IP 주소까지의 통신을 핑으로 확인한다. 다음에는 외부망 또는 인터넷으로 사용할 R3과 인접 장비간에 라우팅을 설정한다. 이를 위하여 FW1, R4, R5에서 R3 방향으로 정적인 디폴트 루트를 설정한다.

그림 15-2 외부망 라우팅

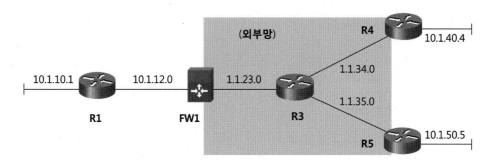

각 장비에서 다음과 같이 디폴트 루트를 설정한다.

예제 15-7 디폴트 루트 설정

```
FW1(config)# route outside 0 0 1.1.23.3
R4(config)# ip route 0.0.0.0 0.0.0.0 1.1.34.3
R5(config)# ip route 0.0.0.0 0.0.0.0 1.1.35.3
```

설정이 끝나면 FW1에서 원격지까지의 통신을 핑으로 확인한다.

예제 15-8 핑 테스트

```
FW1# ping 1.1.34.4
FW1# ping 1.1.35.5
```

내부망 라우팅을 위하여 다음 그림과 같이 R1과 FW1 사이에 OSPF 에어리어 0을 설정한다.

그림 15-3 내부망 라우팅

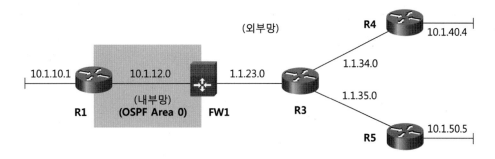

R1의 내부 네트워크인 10.1.10.0/24를 OSPF에 포함시키지 않은 것은 나중에 터널 용 디폴트 루트를 설정하기 위함이다. R1과 FW1의 OSPF 설정은 다음과 같다.

예제 15-9 R1과 FW1의 OSPF 설정

```
R1(config)# router ospf 1
R1(config-router)# network 10.1.12.1 0.0.0.0 area 0

FW1(config)# router ospf 1
FW1(config-router)# network 10.1.12.2 255.255.255.255 area 0
FW1(config-router)# redistribute static subnets
```

FW1에서 정적 경로를 재분배시킨 이유는 나중에 RRI를 이용하여 생성된 정적 경로를 OSPF를 통하여 R1에게 전달하기 위한 목적이다. 잠시후 FW1에서 show ospf neighbor 명령어를 사용하여 확인해 보면 다음과 같이 R1과 네이버가 맺어져 있다.

예제 15-10 OSPF 네이버 확인

```
FW1# show ospf neighbor
Neighbor ID     Pri   State          Dead Time     Address        Interface
10.1.12.1        1    FULL/BDR       0:00:31       10.1.12.1      inside
```

이제 ASA에서 L2L VPN 설정을 위한 네트워크가 구축되었다.

IPsec L2L VPN 구성

이제, 다음 그림과 같이 FW1과 원격지의 라우터 사이에 IKEv1 프로토콜을 사용하여 IPsec L2L VPN을 구성해 보자.

그림 15-4 IPsec L2L VPN

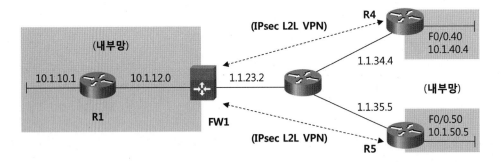

FW1에서 IPsec L2L VPN을 구성하는 방법은 다음과 같다.

예제 15-11 FW1의 IPsec L2L VPN 구성

```
FW1(config)# crypto ikev1 enable outside   ①

FW1(config)# crypto ikev1 policy 10   ②
FW1(config-ikev1-policy)# encryption aes
FW1(config-ikev1-policy)# authentication pre-share
FW1(config-ikev1-policy)# group 2
FW1(config-ikev1-policy)# exit

FW1(config)# tunnel-group 1.1.34.4 type ipsec-l2l   ③
FW1(config)# tunnel-group 1.1.34.4 ipsec-attributes   ④
FW1(config-tunnel-ipsec)# ikev1 pre-shared-key cisco   ⑤
FW1(config-tunnel-ipsec)# exit
FW1(config)# tunnel-group 1.1.35.5 type ipsec-l2l
FW1(config)# tunnel-group 1.1.35.5 ipsec-attributes
FW1(config-tunnel-ipsec)# ikev1 pre-shared-key cisco
FW1(config-tunnel-ipsec)# exit

FW1(config)# access-list R4 permit ip 10.1.0.0 255.255.0.0 10.1.40.0 255.255.255.0   ⑥
FW1(config)# access-list R5 permit ip 10.1.0.0 255.255.0.0 10.1.50.0 255.255.255.0

FW1(config)# crypto ipsec ikev1 transform-set PHASE2 esp-aes esp-sha-hmac⑦
```

```
FW1(config)# crypto map VPN 10 set peer 1.1.34.4   ⑧
FW1(config)# crypto map VPN 10 match address R4   ⑨
FW1(config)# crypto map VPN 10 set ikev1 transform-set PHASE2   ⑩
FW1(config)# crypto map VPN 10 set reverse-route   ⑪
FW1(config)# crypto map VPN 20 match address R5
FW1(config)# crypto map VPN 20 set peer 1.1.35.5
FW1(config)# crypto map VPN 20 set ikev1 transform-set PHASE2
FW1(config)# crypto map VPN 20 set reverse-route

FW1(config)# crypto map VPN interface outside   ⑫
```

ASA 장비의 IPsec L2L VPN 설정은 본서에서 설명한 라우터에서의 순수 IPsec VPN 설정과 차이가 있다. **isakmp** 명령어 대신 **ikev1** 또는 **ikev2** 명령어를 사용하며, 피어 인증 설정 방법과 크립토 맵을 만드는 방법도 약간 다르다. 각 과정에 대한 설명은 다음과 같다.

① outside 인터페이스에 IKEv1을 활성화시킨다.

② IKEv1 정책을 설정한다.

③ 터널 그룹을 정의한다. 터널 그룹 이름으로 피어의 IP 주소를 사용하고 터널 그룹의 타입을 **ipsec-l2l** 로 지정한다.

④ 터널 그룹 이름과 함께 **ipsec-attributes** 파라메터를 이용하여 ipsec 어트리뷰트 설정 서브모드로 들어간다.

⑤ 해당 그룹의 장비 인증용 키를 지정한다.

⑥ 보호대상 트래픽을 ACL로 지정한다.

⑦ IPsec 정책을 만든다.

⑧ 크립토 맵에서 피어를 지정한다.

⑨ 보호대상 트래픽을 지정한다.

⑩ IPsec 정책을 지정한다.

⑪ RRI(reverse route injection)를 설정한다.

⑫ outside 인터페이스에 크립토 맵을 적용한다.

지사 라우터인 R4에서도 다음과 같이 순수 IPsec VPN을 구성한다.

예제 15-12 R4의 순수 IPsec 터널 구성

```
R4(config)# crypto isakmp policy 10
R4(config-isakmp)# encryption aes
R4(config-isakmp)# authentication pre-share
R4(config-isakmp)# group 2
R4(config-isakmp)# exit

R4(config)# crypto isakmp key cisco address 1.1.23.2

R4(config)# ip access-list extended VPN-ACL
R4(config-ext-nacl)# permit ip 10.1.40.0 0.0.0.255 10.1.0.0 0.0.255.255
R4(config-ext-nacl)# exit

R4(config)# crypto ipsec transform-set PHASE2 esp-aes esp-sha-hmac
R4(cfg-crypto-trans)# exit

R4(config)# crypto map VPN 10 ipsec-isakmp
R4(config-crypto-map)# match address VPN-ACL
R4(config-crypto-map)# set peer 1.1.23.2
R4(config-crypto-map)# set transform-set PHASE2
R4(config-crypto-map)# exit

R4(config)# interface f0/0.34
R4(config-subif)# crypto map VPN
```

지사 라우터인 R5에서의 순수 IPsec VPN 설정은 다음과 같다.

예제 15-13 R5의 순수 IPsec 터널 구성

```
R5(config)# crypto isakmp policy 10
R5(config-isakmp)# encryption aes
R5(config-isakmp)# authentication pre-share
R5(config-isakmp)# group 2
R5(config-isakmp)# exit
```

```
R5(config)# crypto isakmp key cisco address 1.1.23.2

R5(config)# ip access-list extended VPN-ACL
R5(config-ext-nacl)# permit ip 10.1.50.0 0.0.0.255 10.1.0.0 0.0.255.255
R5(config-ext-nacl)# exit

R5(config)# crypto ipsec transform-set PHASE2 esp-aes esp-sha-hmac
R5(cfg-crypto-trans)# exit

R5(config)# crypto map VPN 10 ipsec-isakmp
R5(config-crypto-map)# match address VPN-ACL
R5(config-crypto-map)# set peer 1.1.23.2
R5(config-crypto-map)# set transform-set PHASE2
R5(config-crypto-map)# exit

R5(config)# interface f0/0.35
R5(config-subif)# crypto map VPN
```

이상으로 FW1과 지사 라우터 사이에 순수 IPsec VPN이 구성되었다.

ASA IPsec L2L VPN 동작 확인

앞서 설정한 ASA의 IPsec L2L VPN이 동작하는 것을 확인해 보자. FW1의 라우팅을 확인해 보면 다음과 같이 보호 대상 네트워크인 지사의 내부망이 RRI에 의해서 정적경로로 인스톨된다.

예제 15-14 FW1의 라우팅

```
FW1# show route
    (생략)

Gateway of last resort is 1.1.23.3 to network 0.0.0.0

C    1.1.23.0 255.255.255.0 is directly connected, outside
C    10.1.12.0 255.255.255.0 is directly connected, inside
S    10.1.40.0 255.255.255.0 [1/0] via 1.1.23.3, outside
S    10.1.50.0 255.255.255.0 [1/0] via 1.1.23.3, outside
S*   0.0.0.0 0.0.0.0 [1/0] via 1.1.23.3, outside
```

다음과 같이 R1의 라우팅 테이블에 FW1에서 OSPF로 재분배된 정적경로가 인스톨된다.

예제 15-15 R1의 라우팅 테이블

```
R1# show ip route ospf
        10.0.0.0/24 is subnetted, 4 subnets
O E2    10.1.40.0 [110/20] via 10.1.12.2, 00:09:49, FastEthernet0/0.12
O E2    10.1.50.0 [110/20] via 10.1.12.2, 00:09:45, FastEthernet0/0.12
```

R1에서 지사 네트워크로 핑을 해보면 성공한다.

예제 15-16 핑 테스트

```
R1# ping 10.1.40.4
Type escape sequence to abort.
Sending 5, 100-byte ICMP Echos to 10.1.40.4, timeout is 2 seconds:
!!!!!
Success rate is 100 percent (5/5), round-trip min/avg/max = 184/292/408 ms

R1# ping 10.1.50.5
Type escape sequence to abort.
Sending 5, 100-byte ICMP Echos to 10.1.50.5, timeout is 2 seconds:
.!!!!
Success rate is 80 percent (4/5), round-trip min/avg/max = 64/157/220 ms
```

다음과 같이 show crypto isakmp sa 또는 show crypto ikev1 sa 명령어를 사용하여 확인해 보면 IKE 피어 주소, VPN 타입(L2L), 처음 세션을 시작했는지의 여부 (initiator), 상태 등의 정보를 알 수 있다.

예제 15-17 FW1의 IKEv1 SA 세션 확인

```
FW1# show crypto ikev1 sa

IKEv1 SAs:

    Active SA: 2
     Rekey SA: 0 (A tunnel will report 1 Active and 1 Rekey SA during rekey)
Total IKE SA: 2

1    IKE Peer: 1.1.34.4
```

```
         Type    : L2L           Role     : initiator
         Rekey   : no            State    : MM_ACTIVE
2   IKE Peer: 1.1.35.5
         Type    : L2L           Role     : initiator
         Rekey   : no            State    : MM_ACTIVE
```

다음과 같이 show crypto ipsec sa 명령어를 사용하여 확인해 보면 피어별로 송수신 패킷 수량, 입력/출력 IPsec SA 등의 정보를 알 수 있다.

예제 15-18 FW1의 IPsec SA 확인

```
FW1# show crypto ipsec sa
interface: outside
    Crypto map tag: VPN, seq num: 10, local addr: 1.1.23.2

      access-list R4 extended permit ip 10.1.0.0 255.255.0.0 10.1.40.0 255.255.255.0
      local ident (addr/mask/prot/port): (10.1.0.0/255.255.0.0/0/0)
      remote ident (addr/mask/prot/port): (10.1.40.0/255.255.255.0/0/0)
      current_peer: 1.1.34.4

      #pkts encaps: 4, #pkts encrypt: 4, #pkts digest: 4
      #pkts decaps: 4, #pkts decrypt: 4, #pkts verify: 4
      #pkts compressed: 0, #pkts decompressed: 0
      #pkts not compressed: 4, #pkts comp failed: 0, #pkts decomp failed: 0
      #pre-frag successes: 0, #pre-frag failures: 0, #fragments created: 0
      #PMTUs sent: 0, #PMTUs rcvd: 0, #decapsulated frgs needing reassembly: 0
      #send errors: 0, #recv errors: 0

      local crypto endpt.: 1.1.23.2/0, remote crypto endpt.: 1.1.34.4/0
      path mtu 1500, ipsec overhead 74, media mtu 1500
      current outbound spi: 741E08C0
      current inbound spi : E94F2AFA

    inbound esp sas:
    spi: 0xE94F2AFA (3914279674)
        transform: esp-aes esp-sha-hmac no compression
        in use settings ={L2L, Tunnel, }
        slot: 0, conn_id: 4096, crypto-map: VPN
        sa timing: remaining key lifetime (kB/sec): (4373999/3533)
        IV size: 16 bytes
        replay detection support: Y
        Anti replay bitmap:
         0x00000000 0x0000001F
```

```
    outbound esp sas:
      spi: 0x741E08C0 (1948125376)
         transform: esp-aes esp-sha-hmac no compression
         in use settings ={L2L, Tunnel, }
         slot: 0, conn_id: 4096, crypto-map: VPN
         sa timing: remaining key lifetime (kB/sec): (4373999/3533)
         IV size: 16 bytes
         replay detection support: Y
         Anti replay bitmap:
           0x00000000 0x00000001
    (생략)
```

터널을 통하여 송수신된 패킷만 확인하려면 다음과 같이 show crypto ipsec stats
명령어를 사용한다.

예제 15-19 FW1의 IPsec 통계 확인

```
FW1# show crypto ipsec stats

IPsec Global Statistics
-----------------------------
Active tunnels: 2
Previous tunnels: 2
Inbound
      Bytes: 3000
      Decompressed bytes: 3000
      Packets: 30
      Dropped packets: 0
      Replay failures: 0
      Authentications: 30
      Authentication failures: 0
      Decryptions: 30
      Decryption failures: 0
      Decapsulated fragments needing reassembly: 0
Outbound
      Bytes: 2500
      Uncompressed bytes: 2500
      Packets: 25
      Dropped packets: 0
      Authentications: 25
      Authentication failures: 0
      Encryptions: 25
```

```
        Encryption failures: 0
        Fragmentation successes: 0
            Pre-fragmentation successses: 0
            Post-fragmentation successes: 0
        Fragmentation failures: 0
            Pre-fragmentation failures: 0
            Post-fragmentation failures: 0
        Fragments created: 0
        PMTUs sent: 0
        PMTUs rcvd: 0
    Protocol failures: 0
    Missing SA failures: 0
    System capacity failures: 0
```

IPsec 헤어피닝

IPsec 헤어피닝(hairpinning)이란 지사 사이의 IPsec VPN 트래픽이 다음 그림과 같이 머리핀 모양으로 본사 ASA의 인터페이스로 입력되었다가 동일 인터페이스를 통하여 출력되는 것을 말한다. 이처럼 헤어피닝되는 패킷들도 FW1에서 일일이 무결성 확인, 암호화/복호화 과정을 거친다.

그림 15-5 IPsec 헤어피닝

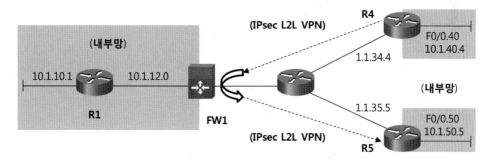

기본적으로는 IPsec 헤어피닝이 지원되지 않는다. 다음과 같이 R4에서 R5로 핑이 되지 않는다.

핑 테스트

```
R4# ping 10.1.50.5 source 10.1.40.4

Type escape sequence to abort.
Sending 5, 100-byte ICMP Echos to 10.1.50.5, timeout is 2 seconds:
Packet sent with a source address of 10.1.40.4
.....
Success rate is 0 percent (0/5)
```

FW1에서 same-security-traffic permit intra-interface 명령어를 사용하면 동일한 인터페이스를 통하여 입력되었다가 출력되는 트래픽을 허용한다.

예제 15-21 헤어피닝 허용

```
FW1(config)# same-security-traffic permit intra-interface
```

이제, 다음과 같이 지사간의 트래픽이 허용된다.

예제 15-22 핑 테스트

```
R4# ping 10.1.50.5 source 10.1.40.4

Type escape sequence to abort.
Sending 5, 100-byte ICMP Echos to 10.1.50.5, timeout is 2 seconds:
Packet sent with a source address of 10.1.40.4
!!!!!
Success rate is 100 percent (5/5), round-trip min/avg/max = 196/302/424 ms
```

터널 디폴트 게이트웨이

IPsec VPN 터널을 통하여 수신한 패킷의 목적지가 라우팅 테이블에 없을 때, 해당 패킷 전송에 사용하는 넥스트 홉 주소를 터널 디폴트 게이트웨이라고 한다. 다음 그림에서 FW1이 IPsec 터널을 통하여 수신한 패킷의 목적지가 10.1.10.1이고, FW1의 라우팅 테이블에는 10.1.10.0/24 네트워크가 존재하지 않는다.

그림 15-6 터널 디폴트 게이트웨이

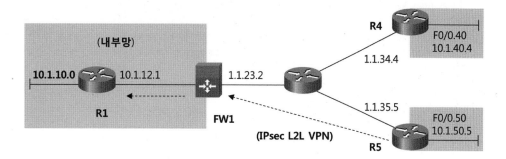

이때, 터널 디폴트 게이트웨이가 10.1.12.1로 설정되어 있다면 이 패킷을 R1로 전송한다. 먼저, 터널 디폴트 게이트웨이가 설정되지 않은 상황에서 다음과 같이 R5에서 10.1.10.1로 핑을 해보면 실패한다.

예제 15-23 핑 테스트

```
R5# ping 10.1.10.1 source 10.1.50.5

Type escape sequence to abort.
Sending 5, 100-byte ICMP Echos to 10.1.10.1, timeout is 2 seconds:
Packet sent with a source address of 10.1.50.5
.....
Success rate is 0 percent (0/5)
```

이제, FW1에서 다음과 같이 터널 디폴트 게이트웨이를 설정해 보자.

예제 15-24 터널 디폴트 게이트웨이 설정

```
FW1(config)# route inside 0 0 10.1.12.1 tunneled
```

설정 후 FW1의 라우팅 테이블을 확인해 보면 다음과 같이 터널 디폴트 게이트웨이가 인스톨되어 있다.

예제 15-25 FW1의 라우팅 테이블

```
FW1(config)# show route
```

```
    (생략)
Gateway of last resort is 1.1.23.3 to network 0.0.0.0

C    1.1.23.0 255.255.255.0 is directly connected, outside
C    10.1.12.0 255.255.255.0 is directly connected, inside
S    10.1.40.0 255.255.255.0 [1/0] via 1.1.23.3, outside
S    10.1.50.0 255.255.255.0 [1/0] via 1.1.23.3, outside
S*   0.0.0.0 0.0.0.0 [1/0] via 1.1.23.3, outside
S    0.0.0.0 0.0.0.0 [255/0] via 10.1.12.1, inside tunneled
```

이제, 다음과 같이 R5에서 10.1.10.1로 핑이 성공한다.

예제 15-26 핑 테스트

```
R5# ping 10.1.10.1 source 10.1.50.5

Type escape sequence to abort.
Sending 5, 100-byte ICMP Echos to 10.1.10.1, timeout is 2 seconds:
Packet sent with a source address of 10.1.50.5
!!!!!
Success rate is 100 percent (5/5), round-trip min/avg/max = 48/161/248 ms
```

이상으로 ASA와 라우터 사이에 IPsec L2L VPN을 설정하고 동작을 확인해 보았다.

ASA 장비 간의 IPsec L2L VPN

이번에는 다음 그림과 같이 ASA 장비 간의 IPsec L2L VPN을 구성해 보자.

그림 15-7 테스트 네트워크

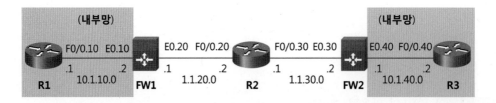

각 방화벽의 E0 인터페이스와 라우터의 F0/0 인터페이스를 서브 인터페이스로 동작
시킨다. 서브 인터페이스 번호, 서브넷 번호 및 VLAN 번호를 동일하게 사용한다.

이를 위하여 스위치에서 VLAN을 만들고, 각 장비와 연결되는 포트를 트렁크로 동작시킨다. SW1의 설정은 다음과 같다.

예제 15-27 SW1 설정

```
SW1(config)# vlan 10
SW1(config-vlan)# vlan 20
SW1(config-vlan)# vlan 30
SW1(config-vlan)# vlan 40
SW1(config-vlan)# exit

SW1(config)# interface range f1/1 - 3 , f1/10 - 11
SW1(config-if-range)# switchport trunk encapsulation dot1q
SW1(config-if-range)# switchport mode trunk
```

이번에는 장비의 인터페이스를 활성화시키고, 서브 인터페이스를 만든 다음 IP 주소를 부여한다. R2와 인접 장비 사이는 인터넷이라고 가정하고, IP 주소 1.0.0.0/8을 서브넷팅하여 사용한다. 나머지 부분은 내부망이라고 가정하고 IP 주소 10.0.0.0/8을 서브넷팅하여 사용한다. R1의 설정은 다음과 같다.

예제 15-28 R1의 설정

```
R1(config)# interface f0/0
R1(config-if)# no shut
R1(config-if)# exit

R1(config)# interface f0/0.10
R1(config-subif)# encapsulation dot1Q 10
R1(config-subif)# ip address 10.1.10.1 255.255.255.0
```

FW1의 설정은 다음과 같다.

예제 15-29 FW1의 설정

```
FW1(config)# interface e0
FW1(config-if)# no shut
FW1(config-if)# exit

FW1(config)# interface e0.10
```

```
FW1(config-subif)# vlan 10
FW1(config-subif)# ip address 10.1.10.2 255.255.255.0
FW1(config-subif)# nameif inside
FW1(config-subif)# exit

FW1(config)# interface e0.20
FW1(config-subif)# vlan 20
FW1(config-subif)# ip address 1.1.20.1 255.255.255.0
FW1(config-subif)# nameif outside
```

R2의 설정은 다음과 같다.

예제 15-30 R2의 설정

```
R2(config)# interface f0/0
R2(config-if)# no shut
R2(config-if)# exit

R2(config)# interface f0/0.20
R2(config-subif)# encapsulation dot1Q 20
R2(config-subif)# ip address 1.1.20.2 255.255.255.0
R2(config-subif)# exit

R2(config)# interface f0/0.30
R2(config-subif)# encapsulation dot1Q 30
R2(config-subif)# ip address 1.1.30.1 255.255.255.0
```

FW2의 설정은 다음과 같다.

예제 15-31 FW2의 설정

```
FW2(config)# interface e0
FW2(config-if)# no shut
FW2(config-if)# exit

FW2(config)# interface e0.30
FW2(config-subif)# vlan 30
FW2(config-subif)# ip address 1.1.30.2 255.255.255.0
FW2(config-subif)# nameif outside
FW2(config-subif)# exit
```

```
FW2(config)# interface e0.40
FW2(config-subif)# vlan 40
FW2(config-subif)# ip address 10.1.40.1 255.255.255.0
FW2(config-subif)# nameif inside
```

R3의 설정은 다음과 같다.

예제 15-32 R3의 설정

```
R3(config)# interface f0/0
R3(config-if)# no shut
R3(config-if)# exit

R3(config)# interface f0/0.40
R3(config-subif)# encapsulation dot1Q 40
R3(config-subif)# ip address 10.1.40.2 255.255.255.0
```

인터페이스 설정이 끝나면 넥스트 홉 IP 주소까지의 통신을 핑으로 확인한다. 다음에는 외부망 또는 인터넷으로 사용할 R2와 인접 장비간에 라우팅을 설정한다. 이를 위하여 다음과 같이 FW1, FW2에서 R2 방향으로 정적인 디폴트 루트를 설정한다.

예제 15-33 정적인 디폴트 루트 설정

```
FW1(config)# route outside 0 0 1.1.20.2
FW2(config)# route outside 0 0 1.1.30.1
```

설정이 끝나면 FW1에서 FW2까지의 통신을 핑으로 확인한다.

예제 15-34 핑 테스트

```
FW1# ping 1.1.30.2
```

이번에는 다음 그림과 같이 내부망에서의 라우팅을 설정한다.

그림 15-8 내부망 라우팅

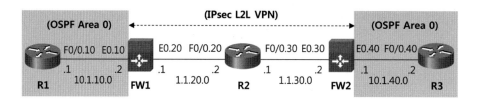

예제 15-37 내부망 라우팅 설정

```
R1(config)# router ospf 1
R1(config-router)# network 10.1.10.1 0.0.0.0 area 0

FW1(config)# router ospf 1
FW1(config-router)# network 10.1.10.2 255.255.255.255 area 0
FW1(config-router)# redistribute static subnets

FW2(config)# router ospf 1
FW2(config-router)# network 10.1.40.1 255.255.255.255 area 0
FW2(config-router)# redistribute static subnets

R3(config)# router ospf 1
R3(config-router)# network 10.1.40.2 0.0.0.0 area 0
```

예제 15-35 OSPF 네이버 확인

```
FW1# show ospf neighbor

Neighbor ID    Pri    State       Dead Time    Address      Interface
10.1.10.1        1    FULL/DR     0:00:39      10.1.10.1    inside
```

이제 ASA 장비에서 IPsec L2L VPN 설정을 위한 네트워크가 구축되었다.

ASA 장비 간의 IPsec L2L VPN 구성

이제, 다음 그림과 같이 두 개의 ASA 장비 사이에 IPsec L2L VPN을 구성해 보자.
이번에는 IKEv2 프로토콜을 사용하여 설정해 본다.

그림 15-9 ASA 장비 간의 IPsec L2L VPN

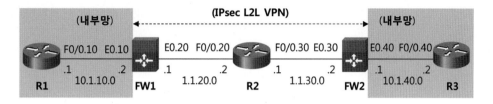

FW1에서 IPsec L2L VPN을 구성하는 방법은 다음과 같다.

예제 15-37 FW1의 IPsec L2L VPN 구성

```
FW1(config)# crypto ikev2 enable outside  ①

FW1(config)# crypto ikev2 policy 10  ②
FW1(config-ikev2-policy)# exit


FW1(config)# tunnel-group 1.1.30.2 type ipsec-l2l
FW1(config)# tunnel-group 1.1.30.2 ipsec-attributes
FW1(config-tunnel-ipsec)# ikev2 remote-authentication pre-shared-key cisco  ③
FW1(config-tunnel-ipsec)# ikev2 local-authentication pre-shared-key cisco  ④
FW1(config-tunnel-ipsec)# exit

FW1(config)# access-list FW2 permit ip 10.1.10.0 255.255.255.0 10.1.40.0 255.255.255.0

FW1(config)# crypto ipsec ikev2 ipsec-proposal IPSEC_PROP  ⑤
FW1(config-ipsec-proposal)# protocol esp encryption aes-256  ⑥
FW1(config-ipsec-proposal)# protocol esp integrity sha-1  ⑦
FW1(config-ipsec-proposal)# exit

FW1(config)# crypto map L2LVPN 10 match address FW2
FW1(config)# crypto map L2LVPN 10 set peer 1.1.30.2
FW1(config)# crypto map L2LVPN 10 set ikev2 ipsec-proposal IPSEC_PROP ⑧
FW1(config)# crypto map L2LVPN 10 set reverse-route  ⑨

FW1(config)# crypto map L2LVPN interface outside
```

① outside 인터페이스에 IKEv2을 활성화시킨다.

② IKEv2 정책을 설정한다.

③ 피어의 인증 방식을 pre-shared-key로 지정하고 암호를 설정한다.

④ 현재 장비의 인증 방식을 pre-shared-key로 지정하고 암호를 설정한다.

⑤ IPSEC_PROP 이라는 이름의 ipsec-proposal을 생성한다. IPsec SA를 설정하기 위한 트랜스폼 셋트와 기능이 유사하다.

⑥ 암호화 알고리듬으로 aes-256 사용한다.

⑦ 무결성 확인 알고리듬으로 sha-1을 사용한다.

⑧ 크립토 맵에 IPsec 정책을 지정한다.

⑨ RRI(reverse route injection)를 설정한다.

FW2에서도 다음과 같이 IPsec L2L VPN 터널을 구성한다.

예제 15-36 FW2의 IPsec L2L VPN 구성

```
FW2(config)# crypto ikev2 enable outside

FW2(config)# crypto ikev2 policy 10
FW2(config-ikev2-policy)# exit


FW2(config)# tunnel-group 1.1.20.1 type ipsec-l2l
FW2(config)# tunnel-group 1.1.20.1 ipsec-attributes
FW2(config-tunnel-ipsec)# ikev2 remote-authentication pre-shared-key cisco
FW2(config-tunnel-ipsec)# ikev2 local-authentication pre-shared-key cisco
FW2(config-tunnel-ipsec)# exit

FW2(config)# access-list FW1 permit ip 10.1.40.0 255.255.255.0 10.1.10.0 255.255.255.0

FW2(config)# crypto ipsec ikev2 ipsec-proposal IPSEC_PROP
FW2(config-ipsec-proposal)# protocol esp encryption aes-256
FW2(config-ipsec-proposal)# protocol esp integrity sha-1
FW2(config-ipsec-proposal)# exit

FW2(config)# crypto map L2LVPN 10 match address FW1
FW2(config)# crypto map L2LVPN 10 set peer 1.1.20.1
FW2(config)# crypto map L2LVPN 10 set ikev2 ipsec-proposal IPSEC_PROP
FW2(config)# crypto map L2LVPN 10 set reverse-route
```

```
FW2(config)# crypto map L2LVPN interface outside
```

이상으로 두 개의 ASA 장비 사이에 IPsec L2L VPN이 구성되었다. 이후 FW1의
라우팅 테이블을 확인해 보면 원격지 내부망의 네트워크가 인스톨된다.

예제 15-37 FW1의 라우팅 테이블

```
FW1# show route
     (생략)
Gateway of last resort is 1.1.20.2 to network 0.0.0.0

C    1.1.20.0 255.255.255.0 is directly connected, outside
C    10.1.10.0 255.255.255.0 is directly connected, inside
S    10.1.40.0 255.255.255.0 [1/0] via 1.1.20.2, outside
S*   0.0.0.0 0.0.0.0 [1/0] via 1.1.20.2, outside
```

R1의 라우팅 테이블에도 다음과 같이 원격지의 네트워크가 인스톨된다.

예제 15-38 R1의 라우팅 테이블

```
R1# show ip route ospf
     (생략)
Gateway of last resort is not set
     10.0.0.0/8 is variably subnetted, 3 subnets, 2 masks
O E2    10.1.40.0/24 [110/20] via 10.1.10.2, 00:01:27, FastEthernet0/0.10
```

현재는 FW1에 IKEv2 SA가 존재하지 않는다.

예제 15-39 IKEv2 세션 확인

```
FW1# show crypto ikev2 SA

There are no IKEv2 SAs
```

IPsec으로 보호해야 하는 트래픽을 발생시키기 위해 다음과 같이 R1에서 R3의 내부
망으로 핑을 사용한다.

예제 15-40 핑 테스트

```
R1# ping 10.1.40.2
Type escape sequence to abort.
Sending 5, 100-byte ICMP Echos to 10.1.40.2, timeout is 2 seconds:
.!!!!
Success rate is 80 percent (4/5), round-trip min/avg/max = 48/119/260 ms
```

이후 확인해 보면 다음과 같이 IKEv2 세션이 맺어져 있다.

예제 15-41 IKEv2 세션 확인

```
FW1# show crypto ikev2 sa

IKEv2 SAs:

Session-id:1, Status:UP-ACTIVE, IKE count:1, CHILD count:1

Tunnel-id              Local              Remote         Status        Role
 16300749           1.1.20.1/500       1.1.30.2/500     READY      INITIATOR
        Encr: 3DES, Hash: SHA96, DH Grp:2, Auth sign: PSK, Auth verify: PSK
        Life/Active Time: 86400/29 sec
Child sa: local selector   10.1.10.0/0 - 10.1.10.255/65535
          remote selector 10.1.40.0/0 - 10.1.40.255/65535
          ESP spi in/out: 0xee4a626c/0x7f7fb8e
```

FW1에서 **show crypto ipsec sa** 명령어를 사용하여 확인해 보면 다음과 같이
IPsec VPN 터널을 통하여 송수신된 패킷 수를 알 수 있다.

예제 15-42 IPsec SA 확인

```
FW1# show crypto ipsec sa

interface: outside
    Crypto map tag: L2LVPN, seq num: 10, local addr: 1.1.20.1

        access-list FW2 extended permit ip 10.1.10.0 255.255.255.0 10.1.40.0 255.255.
255.0
        local ident (addr/mask/prot/port): (10.1.10.0/255.255.255.0/0/0)
        remote ident (addr/mask/prot/port): (10.1.40.0/255.255.255.0/0/0)
        current_peer: 1.1.30.2
```

```
#pkts encaps: 4, #pkts encrypt: 4, #pkts digest: 4
#pkts decaps: 4, #pkts decrypt: 4, #pkts verify: 4
#pkts compressed: 0, #pkts decompressed: 0
(생략)
```

이상으로 ASA 장비의 IPsec L2L VPN 기능에 대하여 살펴보았다.

ASA 리모트 VPN

이번 절에는 ASA의 리모트(remote) VPN에 대하여 살펴보자. ASA의 리모트 VPN은 라우터의 이지 VPN과 같다. 즉, 시스코 VPN 클라이언트 프로그램이 탑재된 PC를 이용하여 원격지에서 본사의 리모트 VPN 게이트웨이와 IPsec VPN으로 통신할 수 있게 한다. 뿐만 아니라 라우터를 리모트 VPN 클라이언트로 사용할 수도 있다.

IPsec 리모트 VPN 동작 방식

ASA와 리모트 VPN 클라이언트간에는 다음과 같은 과정을 거쳐 암호화된 데이터를 교환한다.

1) IKE 1단계 협상을 한다. 즉, ISAKMP SA를 결정하고, 패킷 암호화에 필요한 키정보를 교환하며, 상대를 인증한다.

2) ASA가 이용자 인증(XAUTH, extended authentication)을 요청하고, 클라이언트가 응답한다.

3) 클라이언트가 IP 주소, DNS 서버 주소 등 동작에 필요한 설정 파라메터를 요청하고, ASA가 응답한다.

4) IPsec SA를 협상한다.

이 과정들이 끝나면 ASA와 클라이언트가 IPsec VPN을 통하여 데이터를 송수신한다.

IPsec 리모트 VPN 테스트 네트워크

IPsec 리모트 VPN의 설정 및 동작 확인을 위하여 다음과 같은 네트워크를 구축한다.

그림 15-10 테스트 네트워크

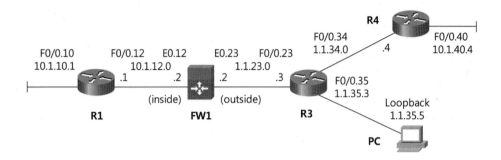

그림에서 R1, FW1은 본사 장비이고, R4와 PC는 지사 또는 외부 근무자의 장비이다. 또, R3을 연결하는 구간은 IPsec으로 보호하지 않을 외부망이라고 가정한다.

각 라우터의 F0/0 인터페이스와 FW1의 E0 인터페이스를 서브 인터페이스로 동작시킨다. 서브 인터페이스 번호, 서브넷 번호 및 VLAN 번호를 동일하게 사용한다. 이를 위하여 다음과 같이 SW1에서 VLAN을 만들고, 각 장비와 연결되는 포트를 트렁크로 동작시킨다.

예제 15-43 SW1의 설정

```
SW1(config)# vlan 10
SW1(config-vlan)# vlan 12
SW1(config-vlan)# vlan 23
SW1(config-vlan)# vlan 34
SW1(config-vlan)# vlan 35
SW1(config-vlan)# vlan 40
SW1(config-vlan)# exit

SW1(config)# interface range f1/1 , f1/3 - 4 , f1/10
SW1(config-if-range)# switchport trunk encapsulation dot1q
SW1(config-if-range)# switchport mode trunk
SW1(config-if-range)# exit

SW1(config)# interface f1/12
SW1(config-if)# switchport mode access
SW1(config-if)# switchport access vlan 35
```

이번에는 장비의 인터페이스를 활성화시키고, 서브 인터페이스를 만든 다음 IP 주소

를 부여한다. R3과 인접 장비 사이는 인터넷이라고 가정하고, IP 주소 1.0.0.0/8을
서브넷팅하여 사용한다. 나머지 부분은 내부망이라고 가정하고 IP 주소 10.0.0.0/8
을 서브넷팅하여 사용한다. R1의 설정은 다음과 같다.

예제 15-44 R1의 설정

```
R1(config)# interface f0/0
R1(config-if)# no shut
R1(config-if)# exit

R1(config)# interface f0/0.10
R1(config-subif)# encapsulation dot1Q 10
R1(config-subif)# ip address 10.1.10.1 255.255.255.0
R1(config-subif)# exit

R1(config)# interface f0/0.12
R1(config-subif)# encapsulation dot1Q 12
R1(config-subif)# ip address 10.1.12.1 255.255.255.0
```

FW1의 설정은 다음과 같다.

예제 15-45 FW1의 설정

```
FW1(config)# interface e0
FW1(config-if)# no shut
FW1(config-if)# exit

FW1(config)# interface e0.12
FW1(config-subif)# vlan 12
FW1(config-subif)# ip address 10.1.12.2 255.255.255.0
FW1(config-subif)# nameif inside
FW1(config-subif)# exit

FW1(config)# interface e0.23
FW1(config-subif)# vlan 23
FW1(config-subif)# ip address 1.1.23.2 255.255.255.0
FW1(config-subif)# nameif outside
```

R3의 설정은 다음과 같다.

R3의 설정

```
R3(config)# interface f0/0
R3(config-if)# no shut
R3(config-if)# exit

R3(config)# interface f0/0.23
R3(config-subif)# encapsulation dot1Q 23
R3(config-subif)# ip address 1.1.23.3 255.255.255.0
R3(config-subif)# exit

R3(config)# interface f0/0.34
R3(config-subif)# encapsulation dot1Q 34
R3(config-subif)# ip address 1.1.34.3 255.255.255.0
R3(config-subif)# exit

R3(config)# interface f0/0.35
R3(config-subif)# encapsulation dot1Q 35
R3(config-subif)# ip address 1.1.35.3 255.255.255.0
```

R4의 설정은 다음과 같다.

예제 15-47 R4의 설정

```
R4(config)# interface f0/0
R4(config-if)# no shut
R4(config-if)# exit

R4(config)# interface f0/0.34
R4(config-subif)# encapsulation dot1Q 34
R4(config-subif)# ip address 1.1.34.4 255.255.255.0
R4(config-subif)# exit

R4(config)# interface f0/0.40
R4(config-subif)# encapsulation dot1Q 40
R4(config-subif)# ip address 10.1.40.4 255.255.255.0
```

PC의 마이크로소프트 루프백 인터페이스에 다음과 같이 IP 주소를 설정한다.

그림 15-11 마이크로소프트 루프백 인터페이스

인터페이스 설정이 끝나면 넥스트 홉 IP 주소까지의 통신을 핑으로 확인한다. 다음에는 외부망 또는 인터넷으로 사용할 R3과 인접 장비간에 라우팅을 설정한다. 이를 위하여 FW1, R4에서 R3 방향으로 정적인 디폴트 루트를 설정한다. 또, PC에서는 R3 방향으로 1.1.23.0/24로 가는 정적 경로를 설정한다.

그림 15-12 외부망 라우팅

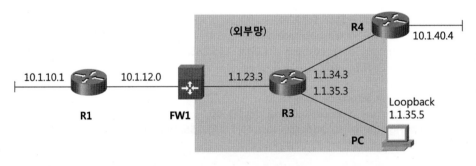

각 장비에서 다음과 같이 디폴트 루트를 설정한다.

예제 15-48 디폴트 루트 설정

```
FW1(config)# route outside 0 0 1.1.23.3
R4(config)# ip route 0.0.0.0 0.0.0.0 1.1.34.3
```

PC에서도 다음과 같이 1.1.23.0/24로 가는 정적 경로를 설정한다.

예제 15-49 정적 경로 설정

```
C:\> route add 1.1.23.0 mask 255.255.255.0 1.1.35.3
```

설정이 끝나면 FW1에서 원격지까지의 통신을 핑으로 확인한다.

예제 15-50 핑 테스트

```
FW1# ping 1.1.34.4
FW1# ping 1.1.35.5
```

내부망 라우팅을 위하여 다음 그림과 같이 R1과 FW1 사이에 OSPF 에어리어 0을 설정한다.

그림 15-13 내부망 라우팅

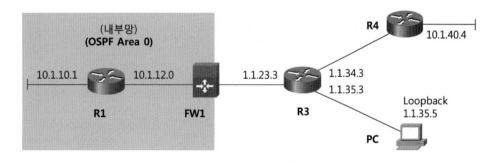

R1과 FW1의 OSPF 설정은 다음과 같다.

OSPF 설정

```
R1(config)# router ospf 1
R1(config-router)# network 10.1.12.1 0.0.0.0 area 0
R1(config-router)# network 10.1.10.1 0.0.0.0 area 0

FW1(config)# router ospf 1
FW1(config-router)# network 10.1.12.2 255.255.255.255 area 0
FW1(config-router)# redistribute static subnets
```

FW1에서 정적 경로를 재분배시킨 이유는 나중에 RRI를 이용하여 생성된 정적 경로를 OSPF를 통하여 R1에게 전달하기 위한 목적이다. 잠시후 FW1에서 show ospf neighbor 명령어를 사용하여 확인해 보면 다음과 같이 R1과 네이버가 맺어져 있다.

OSPF 네이버 확인

```
FW1# show ospf neighbor
Neighbor ID     Pri   State          Dead Time    Address       Interface
10.1.12.1        1    FULL/BDR       0:00:31      10.1.12.1     inside
```

ASA에서 리모트 VPN 설정을 위한 네트워크가 구축되었다.

IPsec 리모트 VPN 설정하기

이제, 다음 그림과 같이 본사의 ASA와 원격지의 라우터 및 PC가 IPsec 리모트 VPN을 통하여 통신할 수 있도록 설정해 보자.

그림 15-14 IPsec 리모트 VPN

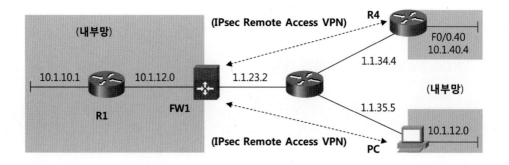

FW1에서 IPsec 리모트 VPN을 설정하는 방법은 다음과 같다.

예제 15-53 FW1의 IPsec 리모트 VPN 설정

```
① FW1(config)# crypto ikev1 enable outside

② FW1(config)# crypto ikev1 policy 10
   FW1(config-isakmp-policy)# authentication pre-share
   FW1(config-isakmp-policy)# encryption aes-256
   FW1(config-isakmp-policy)# exit

③ FW1(config)# ip local pool POOL1 10.1.12.100-10.1.12.199

④ FW1(config)# username user1 password cisco123
⑤ FW1(config)# crypto ipsec ikev1 transform-set PHASE2 esp-aes-256 esp-sha-hmac

⑥ FW1(config)# tunnel-group GROUP1 type remote-access

⑦ FW1(config)# tunnel-group GROUP1 general-attributes
   FW1(config-tunnel-general)# address-pool POOL1
   FW1(config-tunnel-general)# exit

⑧ FW1(config)# tunnel-group GROUP1 ipsec-attributes
   FW1(config-tunnel-ipsec)# ikev1 pre-shared-key cisco
   FW1(config-tunnel-ipsec)# exit

⑨ FW1(config)# crypto dynamic-map DMAP 10 set ikev1 transform-set PHASE2
   FW1(config)# crypto dynamic-map DMAP 10 set reverse-route

⑩ FW1(config)# crypto map VPN 10 ipsec-isakmp dynamic DMAP

⑪ FW1(config)# crypto map VPN interface outside
```

① outside 인터페이스에 IKEv1을 활성화시킨다.

② IKEv1 SA를 정의한다. ASA는 디피-헬먼 그룹2가 기본이므로 별도로 설정하지 않았다.

③ 클라이언트에게 할당할 주소의 풀(pool)을 만든다.

④ 이용자 인증(XAUTH, extended authentication)을 위한 로컬 DB를 만든다.

⑤ 데이터 보호를 위한 IPsec SA를 정의한다.

⑥ 적당한 이름의 터널 그룹을 정의하고, **type remote-access** 파라메터를 이용하여 리모트 VPN임을 알린다.

⑦ 터널 그룹 이름과 함께 **general-attributes** 파라메터를 이용하여 일반 어트리뷰트 설정 서브모드로 들어가서 해당 그룹에 할당할 주소 풀을 지정한다.

⑧ 터널 그룹 이름과 함께 **ipsec-attributes** 파라메터를 이용하여 ipsec 어트리뷰트 설정 서브모드로 들어가서 해당 그룹의 장비 인증용 키를 지정한다.

⑨ 동적 크립토 맵을 만든다.

⑩ 정적 크립토 맵을 만들고, 앞서 만든 동적 크립토 맵을 참조한다.

⑪ 정적 크립토 맵을 외부 인터페이스에 적용한다.

R4에서 다음과 같이 이지(Easy) VPN 클라이언트를 설정한다.

예제 15-54 이지 VPN 클라이언트 설정

```
① R4(config)# crypto ipsec client ezvpn EVC
② R4(config-crypto-ezvpn)# connect auto
③ R4(config-crypto-ezvpn)# group GROUP1 key cisco
④ R4(config-crypto-ezvpn)# mode client
⑤ R4(config-crypto-ezvpn)# peer 1.1.23.2
   R4(config-crypto-ezvpn)# exit

   R4(config)# interface f0/0.34
⑥ R4(config-subif)# crypto ipsec client ezvpn EVC outside
   R4(config-subif)# exit

   R4(config)# interface f0/0.40
⑦ R4(config-subif)# crypto ipsec client ezvpn EVC inside
```

① **crypto ipsec client ezvpn** 명령어 다음에 적당한 이름을 사용하여 이지 VPN 클라이언트를 정의한다.

② 자동으로 접속하도록 설정한다.

③ ASA에서 정의한 것과 동일한 그룹 이름과 암호를 지정한다.

④ 모드를 클라이언트로 지정하면 본사 게이트웨이에서 할당한 IP 주소만을 사용하여 통신한다. 내부의 PC들이 본사와 통신할 때에도 출발지 IP 주소가 모두 동일한 것으로 변환된다.

⑤ 본사의 IPsec 리모트 VPN 게이트웨이인 ASA의 IP 주소를 피어 주소로 지정한다.

⑥ 이지 VPN 외부 인터페이스를 선언한다.

⑦ 이지 VPN 내부 인터페이스를 선언한다. 이처럼 라우터에서 IPsec 리모트 클라이언트를 설정할 때에는 이지 VPN 클라이언트 설정과 동일하다. 설정후 본사 VPN 게이트웨이와 ISAKMP 협상, IP 주소 등 모드 관련 정보 요청 및 수신후 다음과 같이 사용자 인증을 하라는 메시지가 표시된다. 메시지의 내용중에서 **crypto ipsec client ezvpn xauth** 명령어를 복사하여 붙여넣은 다음 사용자명(user1)과 암호(cisco123)를 입력한다.

예제 15-55 사용자 인증하기

```
R4# crypto ipsec client ezvpn xauth
Username: user1
Password:
```

인증이 성공하면 다음과 같이 자동으로 루프백 10000 인터페이스가 생성되고, 게이트웨이에서 할당한 IP 주소가 부여된다.

예제 15-56 자동으로 생성되는 루프백 10000 인터페이스

```
R4#
%LINEPROTO-5-UPDOWN: Line protocol on Interface Loopback10000, changed state to up
%LINEPROTO-5-UPDOWN: Line protocol on Interface NVI0, changed state to up
%CRYPTO-6-EZVPN_CONNECTION_UP: (Client) User= Group=GROUP1 Client_public_a
ddr=1.1.34.4  Server_public_addr=1.1.23.2   Assigned_client_addr=10.1.12.100
```

show ip interface brief 명령어를 사용하여 확인해 보면 다음과 같이 자동으로 할당

된 IP 주소가 보인다.

예제 15-57 할당된 IP 주소 확인

```
R4# show ip interface brief
Interface              IP-Address      OK?  Method  Status   Protocol
FastEthernet0/0        unassigned      YES  unset   up       up
FastEthernet0/0.34     1.1.34.4        YES  manual  up       up
FastEthernet0/0.40     10.1.40.4       YES  manual  up       up
NVI0                   1.1.34.4        YES  unset   up       up
Loopback10000          10.1.12.100     YES  manual  up       up
```

R4의 라우팅 테이블은 다음과 같다.

예제 15-58 R4의 라우팅 테이블

```
R4# show ip route
      (생략)
Gateway of last resort is 1.1.34.3 to network 0.0.0.0

      1.0.0.0/24 is subnetted, 1 subnets
C        1.1.34.0 is directly connected, FastEthernet0/0.34
      10.0.0.0/8 is variably subnetted, 2 subnets, 2 masks
C        10.1.40.0/24 is directly connected, FastEthernet0/0.40
C        10.1.12.100/32 is directly connected, Loopback10000
S*    0.0.0.0/0 [1/0] via 1.1.34.3
```

다음과 같이 본사의 IPsec 리모트 VPN 게이트웨이와 ISAKMP 세션이 맺어져 있다.

예제 15-59 ISAKMP 세션 확인

```
R4# show crypto isakmp sa
IPv4 Crypto ISAKMP SA
dst             src             state       conn-id   slot   status
1.1.23.2        1.1.34.4        QM_IDLE     1007      0      ACTIVE
```

다음과 같이 show crypto ipsec client ezvpn 명령어를 사용하여 확인해 보면 이지 VPN 클라이언트에 적용된 정책들을 알 수 있다.

예제 15-60 이지 VPN 클라이언트에 적용된 정책

```
R4# show crypto ipsec client ezvpn
Easy VPN Remote Phase: 6

Tunnel name : EVC
Inside interface list: FastEthernet0/0.40
Outside interface: FastEthernet0/0.34
Current State: IPSEC_ACTIVE
Last Event: MTU_CHANGED
Address: 10.1.12.100 (applied on Loopback10000)
Mask: 255.255.255.255
Save Password: Disallowed
Current EzVPN Peer: 1.1.23.2
```

R4에서 본사의 내부망으로 핑을 해보면 성공한다.

예제 15-61 핑 테스트

```
R4# ping 10.1.10.1 source 10.1.40.4

Type escape sequence to abort.
Sending 5, 100-byte ICMP Echos to 10.1.10.1, timeout is 2 seconds:
Packet sent with a source address of 10.1.40.4
.!!!!
Success rate is 80 percent (4/5), round-trip min/avg/max = 128/139/152 ms
```

show crypto session detail 명령어를 사용하여 확인해 보면 다음과 같이 IPsec으로 송수신된 패킷의 수량을 알 수 있다. 또, 출발지 IP 주소가 본사에서 할당받은 10.1.12.100인 경우 모든 목적지에 대해서 IPsec으로 보호하여 전송한다는 것도 확인할 수 있다.

예제 15-62 크립토 세션 확인하기

```
R4# show crypto session detail
Crypto session current status

Code: C - IKE Configuration mode, D - Dead Peer Detection
K - Keepalives, N - NAT-traversal, X - IKE Extended Authentication
```

```
F - IKE Fragmentation

Interface: FastEthernet0/0.34
Uptime: 00:02:25
Session status: UP-ACTIVE
Peer: 1.1.23.2 port 500 fvrf: (none) ivrf: (none)
      Phase1_id: 1.1.23.2
      Desc: (none)
  IKE SA: local 1.1.34.4/500 remote 1.1.23.2/500 Active
          Capabilities:CX connid:1007 lifetime:23:57:16
  IPSEC FLOW: permit ip host 10.1.12.100 0.0.0.0/0.0.0.0
          Active SAs: 2, origin: crypto map
          Inbound:  #pkts dec'ed 4 drop 0 life (KB/Sec) 4505174/28644
          Outbound: #pkts enc'ed 5 drop 0 life (KB/Sec) 4505174/28644
```

다음과 같이 R4에서 본사의 내부망으로 텔넷을 해보자.

예제 15-63 텔넷 테스트

```
R4# telnet 10.1.10.1 /source-interface f0/0.40
Trying 10.1.10.1 ... Open
User Access Verification

Password:
R1>
```

R1에서 확인해 보면 다음과 같이 출발지 IP 주소가 본사에서 할당받은 10.1.12.100 인 것을 알 수 있다.

예제 15-64 원격 접속자 확인하기

```
R1# show users
    Line      User      Host(s)        Idle        Location
*  0 con 0              idle           00:00:00
  226 vty 0             idle           00:00:06    10.1.12.100
```

이상으로 IPsec 리모트 VPN이 설정된 ASA와 클라이언트로 동작하는 라우터의 동작을 살펴보았다. 이번에는 PC를 클라이언트로 사용하는 경우를 살펴보자.

그림 15-15 시스코의 VPN 클라이언트 프로그램에서 새로운 접속 정보 입력

라우터를 클라이언트로 사용하는 경우와 마찬가지로 PC의 경우도 이지 VPN 사용시와 동일하다. 앞의 그림과 같이 PC에서 시스코의 VPN 클라이언트 프로그램을 실행하고, 우측 상단의 New 버튼을 누른 후 필요한 정보를 입력한다. 이번에는 다음과 같이 우측 상단의 Connect 버튼을 누른다.

그림 15-16 Connect 버튼

잠시후 ASA와 연결되고, 자동으로 장비 인증이 완료된 후에 다음과 같이 사용자 인증(XAUTH)을 요청하는 화면이 나타난다.

그림 15-17 XAUTH 요청 화면

사용자명과 암호를 입력하면 화면이 사라지고 IPsec 리모트 VPN을 통하여 본사와 연결된다. PC에서 확인해 보면 다음과 같이 IP 주소와 디폴트 게이트웨이 주소가 할당된다.

예제 15-65 본사에서 할당된 IP 주소와 게이트웨이

```
Ethernet adapter Cisco VPN:

        Connection-specific DNS Suffix   . :
        IP Address. . . . . . . . . . . : 10.1.12.101
        Subnet Mask . . . . . . . . . . : 255.0.0.0
        Default Gateway . . . . . . . . : 10.1.12.101
```

이상으로 ASA의 IPsec 리모트 VPN 기능에 대하여 살펴보았다.